Origin 9.1 科技绘图及数据分析

主 编　叶卫平
参 编　闵 捷　任 坤　杨 帆
　　　　李 威　陈 鹏　方安平

机械工业出版社

本书以科技绘图和数据分析为两条主线，结合大量实例，由浅入深、循序渐进地介绍了 Origin 9.1 的基本操作（包括 Origin 9.1 的安装、各类工作窗口和菜单等）、科技绘图功能（包括各种二维、三维图形绘制，多图层图形绘制和图形版面设计等）和数据分析功能（包括函数拟合、数据运算、数字信号分析、各类谱线分析和统计分析应用等）。本书内容翔实，实用性强，通过对该软件的全面介绍，使读者能够用最短的时间掌握 Origin 9.1，并将其应用于科研和生产实际的绘图和数据分析中。

本书适合科研人员，工程技术人员，高等院校的理工科教师、研究生和本科高年级学生使用。

图书在版编目（CIP）数据

Origin 9.1 科技绘图及数据分析/叶卫平主编 . —北京：机械工业出版社，2015.1（2022.7 重印）

ISBN 978-7-111-48800-2

Ⅰ.①O⋯ Ⅱ.①叶⋯ Ⅲ.①数值计算—应用软件 Ⅳ.①O245

中国版本图书馆 CIP 数据核字（2014）第 286584 号

机械工业出版社（北京市百万庄大街 22 号 邮政编码 100037）

策划编辑：陈保华 责任编辑：陈保华
版式设计：霍永明 责任校对：陈延翔
封面设计：路恩中 责任印制：刘 媛
涿州市京南印刷厂印刷

2022 年 7 月第 1 版·第 10 次印刷

169mm×239mm ·29.5 印张·599 千字

标准书号：ISBN 978-7-111-48800-2

定价：68.00 元

前　　言

　　图表是显示和分析复杂数据的理想方式。精美清晰的图表能使我们的论文和著作大为增色。因此，高端图表和数据分析软件是科学家和工程师们的必备工具。与其他科技绘图及数据处理分析软件相比，Origin 具有赏心悦目且简洁的界面和强大科技绘图及数据处理功能，能充分满足科技工作者的需求；此外，Origin 容易掌握，兼容性好，在全球高校和企业拥有 50 余万的用户，已成为科技工作者和工程技术人员的首选科技绘图及数据处理软件。

　　我们在 2004 年编写出版了《Origin 7.0 科技绘图及数据分析》，2006 年修订出版了《Origin 7.5 科技绘图及数据分析》，2009 年编写出版了《Origin 8.0 实用指南》。十余年来，Origin 软件在国内得到了很大的普及，已成为理工科学生必会的工具软件，这些书也一直受到读者的关注，得到了各界的肯定，并且成为高校理工科专业 Origin 软件学习的首选参考书。许多读者在给予极高的评价的同时也提出了意见和建议，这对我们这次编写好《Origin 9.1 科技绘图及数据分析》是一个极大的激励和鞭策。

　　与 Origin 8.0 相比，Origin 9.1 在科技绘图和数据分析两个方面均有了较大的提升。在绘图方面，增加了数十个绘图模板并对以前的绘图模板进行了改进，例如，在二维绘图方面增加了风场玫瑰图模板、雷达图模板、派珀三线图模板和股票走势图等，在三维绘图方面采用了新型 OpenGL 技术，大大提升了三维绘图质量。在数据分析方面，增加了快速分析工具（Gadgets），例如，主元素分析（Principal Component Analysis）、聚类分析（Cluster Analysis）、快速积分工具（Integration Gadget）和快速拟合工具（Quick Fit Gadget）等近 10 个分析工具，可对图形中感兴趣的区间（ROI）进行快速分析。基于 Origin 9.1 较以前版本有较大的更新，很多新的功能是以前版本所没有的，因此我们认为有必要重新编写新版的 Origin 指导书。

　　我们在编写《Origin 9.1 科技绘图及数据分析》过程中，不仅继承发扬了以前版本从读者的需求出发，突出实用性，所有的例子由浅入深、循序渐进和可以按书中的步骤一一实现的优点，而且在创新、实用和重点突出等方面根据领悟到的 Origin 软件精髓，始终贯彻科技绘图和数据分析这两条主线。在章节安排上，加强了 Origin 软件在科技绘图和数据分析方面相应的新功能介绍，删去了与科技绘图和数据分析关系不太紧密的"图像处理与分析""Origin 编程及数据传递""网上资源挖掘利用"三章和附录 B 等内容。

　　如果您是 Origin 的初级用户，本书可以在最短的时间内使您掌握 Origin 的基本功能，得到专业级的绘图和数据分析结果；如果您是 Origin 的高级用户，通过本书提供的有效便捷的查询，可使您在最短的时间内使用 Origin 9.1 强大的绘图分析功能，绘制出精美的图表，清晰展示复杂的数据，提高您的工作效率。

　　本书由叶卫平主编，闵捷、任坤、杨帆、李威、陈鹏和方安平参编。全书共 14 章，第 1 章~第 7 章主要介绍图形绘制内容，第 8 章~第 13 章主要介绍数据处理内容，第 14 章为综合练习。这次修订，我们虽然更正了以前版本的错误，但由于时间紧迫和学识有限，书中难免仍会出现不妥之处，敬请读者批评指正。

编　者

E-mail：yeweip@ whut. edu. cn

目　　录

第 1 章　Origin 9.1 概述

高端图表和数据分析软件是科学家和工程师们必备的工具。Origin 软件集绘制图表和数据分析为一体，是绘制图表和数据分析的理想工具，在科技领域享受很高的声誉。

Origin 自 1991 年问世，二十多年来，版本从 4.0 到 2013 年 10 月推出的最新版本 9.1，软件不断推陈出新，逐步完善，在同类软件中的市场占有率不断提高，现世界上已有 500000 多个注册用户和 12500 多个企业、高校和科研院所在使用该软件。Origin 为世界上数以万计需要科技绘图、数据分析和图表展示软件的科技工作者提供了一个全面解决方案，现已成为科技工作者的首选和主流科技绘图及数据处理软件。

与 Origin 8.0 相比，Origin 9.1 不仅在菜单设计和具体操作等很多方面做了大量改进，而且在功能上也有很大的提升。例如，在绘图图形类型、图形定制种类和灵活性上有了较大的提升，支持全新的坐标轴参数对话框和三维三元绘图；再如新增的 "2D Parametric Function Plot" 功能，可方便进行函数绘图和对函数绘图进行充填。可以认为，Origin 9.1 在各方面都较 Origin 8.0 有了较大的改善。此外，Origin 9.1 与 Origin 8.0 相比，在数据管理、数据分析处理和图形分析等方面也都有较大的提升，全面继承发扬了原 Origin 版本支持鼠标右键单击的功能。

OriginPro 是 Origin 的专业版，它除具有 Origin 的所有功能外，还进一步完善了以前版本的分析工具，在 3D 拟合、峰拟合、表面拟合、图形处理、统计分析、信号处理分析和图形处理等方面提供了较 Origin 更强大、更专业的功能。

OriginPro 9.1 将其以前版本整合到 Origin 中的 "Digitizer" 工具进一步完善和加以提升，使之能方便实现图形文件的数字化；对以前整合到 Origin 中的 "Peak and Baseline" 工具进一步完善和加以提升，使之峰拟合向导功能更加强大，通过峰拟合向导界面，可以方便完成如拉曼（Raman）光谱、红外光谱、X 衍射谱线等多峰谱线高级分析，自动完成基线检测、多峰定位和多于 100 个峰的拟合，这为各种谱线的分析提供了便捷的工具，故在材料学、工程学、光谱学、药理学及其他学科领域有着广泛的应用。若想获得 OriginPro 9.1 更加全面的信息，可浏览 www.originlab.com/originpro 网站。

本书以 OriginPro 9.1 为基础，对其主要功能进行了介绍。除 OriginPro9.1 的新增功能外，该书内容也适合 Origin 和 OriginPro 以前版本的读者使用，但请注意，Origin 9.1 在菜单和功能上都作了较大幅度的改进和变动。

与 Microsoft Word、Excel 等大众软件一样，Origin 是一个多文档界面（Multiple Document Interface，MDI）应用程序，但它是将用户的所有工作都保存在后缀为 opj 的项目（Project）文件中，保存项目文件时，各子窗口也随之一起保存，这点与 Visual Basic 等软件非常类似；另外，各子窗口也可以单独保存，以便被其他项目文件调用。Origin 的项目文件确确实实可以称为"一个项目"，因为其项目文件不仅可以存放相互关联工作表（Worksheet）窗口、绘图（Graph）窗口、函数图（Function Graph）窗口、矩阵（Matrix）窗口和版面设计（Layout Page）窗口等多个子窗口，而且可以附加其他的 Origin 项目文件，还可以存放其他第三方的文件，如图形文件、Word 文档或 PDF 文档等。这样，用户可以将相关的文件放在同一个项目文件中，便于文件的查阅和管理。在一个项目文件中的子窗口是相互关联的，可以实现数据实时更新。例如，工作表中的数据被更新后，其变化立即反映到其他绘图窗口，绘图窗口中所绘的数据点也立即得到更新。

本章主要介绍以下内容：

- Origin 9.1 安装
- Origin 9.1 文件类型
- 随机帮助与在线服务

1.1　Origin 9.1 安装

1.1.1　系统要求

Origin 9.1 能够在 32 位计算机或 64 位计算机 Windows 操作系统上运行使用，软件在安装时能自动对计算机硬件进行识别。除可在 Windows 操作系统下运行外，如果安装了虚拟化软件，Origin 9.1 还可以在 Mac（Intel-based）系统上运行。如果采用完全安装选项，则 Origin 9.1 安装后约占 700M 硬盘空间。

1.1.2　安装 Origin 9.1

在 Windows 操作系统环境下，插入 Origin 9.1 安装光盘，双击"setup. exe"文件，出现 Origin 9.1 安装图标（见图 1-1a），而后开始进入安装界面，如图 1-1b 所示。Origin 9.1 安装过程与其他的应用软件相同，根据安装提示，输入用户信息、选择安装程序和安装目录、数据输入的格式等信息，在安装向导引导下，将 Origin 9.1 安装到你的计算机硬盘上。图 1-2 所示为 Origin 9.1 正在进行安装的界面。安装完成后有安装成功提示信息，如图 1-3 所示。安装成功后，在开始文件菜单中可以看到有 Origin 9.1 的图标，如图 1-4 所示。双击 Origin 9.1 图标，第一次运行 Origin 9.1，在弹出的选择用户工作目录窗口中（见图 1-5）选择用户工作目录，再进行注册，完成安装。

a)

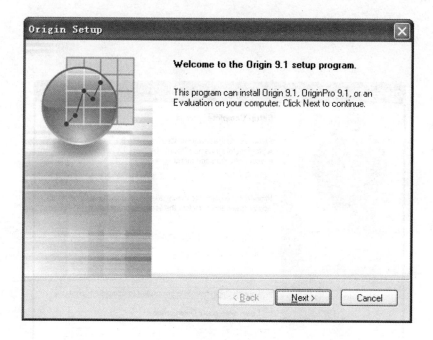

b)

图 1-1　Origin 9.1 安装图标和开始安装界面

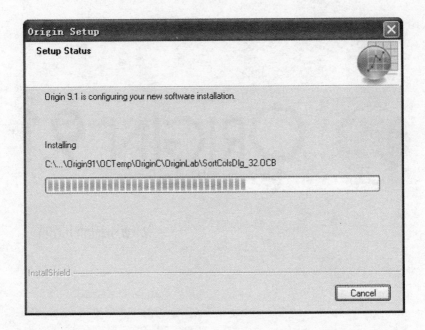

图 1-2　Origin 9.1 安装状态界面

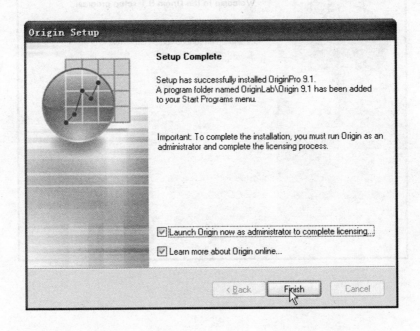

图 1-3　安装完成提示信息

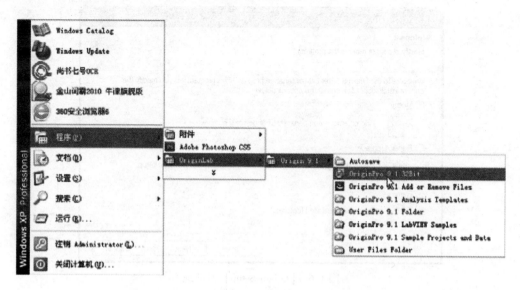

图 1-4　开始文件菜单中 Origin 9.1 图标

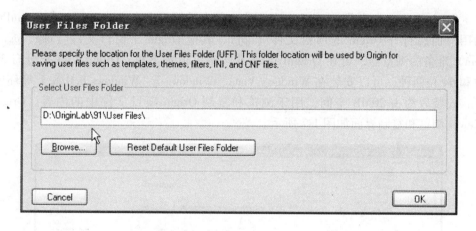

图 1-5　Origin 9.1 选择用户工作目录窗口

1.1.3　卸载 Origin 9.1

在 Origin 9.1 开始菜单中，运行"OriginPro 9.1 Add or Remove Files"程序，出现【Origin Setup】对话框（见图 1-6），选择"Remove"按钮，可将 Origin 9.1 从计算机中卸载。在卸载过程中，Origin 9.1 会将用户工作子目录中的文件，如模板文件、工程文件、自定义函数、主题文件、配置文件及其他数据文件等保存，以供今后重新安装后存入 Origin 软件时使用。

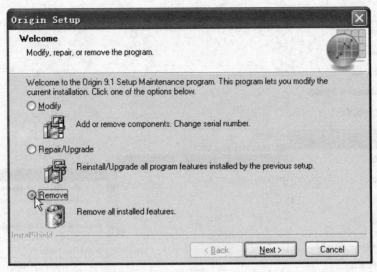

图 1-6 【Origin Setup】对话框

1.1.4 Origin Viewer

　　Origin Viewer 9.1 是 OriginLab 公司为方便在计算机上未安装 Origin 或 OriginPro 的用户而想打开 Origin 的项目文件（opj）、其他 Origin 子窗口文件（ogg、ogw、ogm）准备的浏览器，可在 OriginLab 官方网站上免费下载。Origin Viewer 分有 32 位和 64 位两种，可以安装在 Windows Vista、Windows 7、Windows 8.0/8.1 等环境下，安装后约占 20MB 空间，用于浏览和复制 Origin 项目文件中的内容。Origin Viewer 浏览和复制界面如图 1-7 所示。

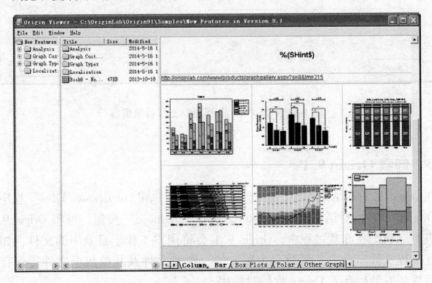

图 1-7　Origin Viewer 浏览和复制界面

1.2　Origin 9.1 子目录及文件类型

1.2.1　Origin 9.1 子目录

　　在安装的 Origin 目录下（含用户子目录）共有 23 个子目录，如图 1-8a 所示。其中，在 Samples 目录下，按子目录分类存放了 Origin 软件提供的数据分析和绘图用数据，除此之外还有用于演示的 Origin 工程文件，如图 1-8b 所示。

a)

b)

图 1-8　Origin 9.1 的文件夹和 Samples 子目录

　　在 Localization 子目录下存放有 Origin 的帮助文件，这些帮助文件是以 Windows 操作系统帮助文件格式提供的。在 FitFunc 子目录下存放的是 Origin 软件提供的用于回归分析的回归函数。在 Themes 子目录下存放有 Origin 提供的内置 Themes 文件。用户自定义的模板文件、主题文件和自编的回归拟合函数将会存放在用户目录下。

1.2.2　Origin 9.1 文件类型

Origin 9.1 的文件类型与以前的版本基本相同，由项目（Project）文件组织用户的数据分析和图形绘制。保存项目文件时，各子窗口，包括工作簿（Workbook）窗口、绘图（Graph）窗口、函数图（Function Graph）窗口、矩阵工作簿（Matrix）窗口和版面设计（Layout Page）窗口等将随之一起保存。各子窗口也可以单独保存为窗口文件或模板文件。当保存为窗口文件或模板文件时，它们的文件扩展名有所不同。Origin 9.1 有各类窗口、模板文件和其他类型文件，它们有不同的文件扩展名，熟悉这些文件类型、文件扩展名和了解这些文件的作用对掌握 Origin 软件是有帮助的。表 1-1 列出了 Origin 9.1 子窗口文件、模板文件和其他主要类型文件的扩展名。

表 1-1　Origin 9.1 子窗口文件、模板文件等的扩展名

文 件 类 型	文件扩展名	说　　　明
项目文件	opj	存放该项目中所有可见和隐藏的子窗口、命令历史窗口及第三方文件
子窗口文件	ogw	多工作表工作簿窗口
	ogg	绘图窗口
	ogm	多工作表矩阵窗口
	txt	记事本窗口
Excel 工作簿	xls	嵌入 Origin 中的 Excel 工作簿
模板文件	otw	多工作表工作簿模板
	otp	绘图模板
	otm	多工作表矩阵模板
主题文件	oth	工作表主题，绘图主题，矩阵主题，报告主题
	ois	分析主题，分析对话框主题
导入过滤文件	oif	数据导入过滤器文件
拟合函数文件	fdf	拟合函数定义文件
LabTalk Script 文件	ogs	LabTalk Script 语言编辑保存文件
Origin C 文件	c	C 语言代码文件
	h	C 语言头文件
X-Function 文件	oxf	X 函数文件
	xfc	由编辑 X 函数创建的文件
打包文件	opx	Origin 打包文件
初始化文件	ini	Origin 初始化文件
配置文件	cnf	Origin 配置文件

1.3　随机帮助与在线服务

1.3.1　随机帮助

Origin 9.1 的随机帮助包括了对 Origin 9.1 的新特性、快捷键、各种窗口功能及其他方面的描述。在 Origin 9.1 工作空间打开的状况下，选取菜单命令【Help】→【Origin】或单击热键 F1，即打开 Origin 9.1 帮助主界面。Origin 9.1 的帮助主界面与典型的 Windows 操作系统帮助界面风格一样，左边窗口显示帮助目录，右边窗口显示帮助详细内容。可以通过左边窗口的帮助目录和右边窗口的超级链接进行跳转，也可以用目录、索引、查找方式查阅帮助，还可设置书签、打印等。Origin 9.1 的帮助主界面如图 1-9 所示。如果想进一步了解相关内容，在该帮助主界面中可单击相关链接，此时计算机会链接到 Origin 网站，下载有关该信息的多媒体文件。例如，单击图 1-9 中所示的 "Overview of Origin"，会链接至图 1-10 所示的网页，下载 "Origin 9 New Feature Overview" MP4 多媒体帮助文件。

在第一次运行 Origin 9.1 时，会弹出【Startup Tips】窗口，如图 1-11 所示。在该窗口中有【Sample Projects】下拉选项，用户可以方便选择 Origin 9.1 新功能例程、2D 绘图例程、3D OpenGL 绘图例程等项目文件。图 1-12 所示就是当选中了

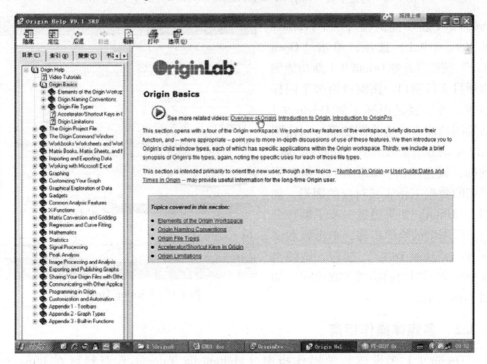

图 1-9　Origin 9.1 的帮助主界面

图 1-10　链接下载 "Origin 9 New Feature Overview" MP4 文件的网页

Origin 9.1 新功能例程（New Features in Version 9.1）选项，单击 "Open Now" 按钮打开的 Origin 9.1 新功能例程项目文件窗口。该窗口由多个图标组成，可以通过图标了解 Origin 9.1 新绘图功能或改进绘图功能。双击图 1-12 中的分组条形图型（grouped bar）图标，就会弹出 Origin 9.1 分组条形图型的数据工作表和对应的图形，如图 1-13 所示。如果想进一步了解该分组条形图型的绘图步骤，单击该图型下方的 "How To…" 按钮，则弹出该分组条形图型的绘图步骤说明，如图 1-14 所示。

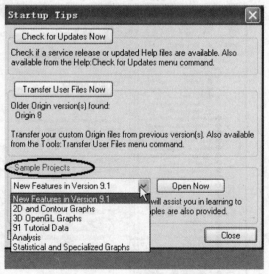

图 1-11　【Startup Tips】窗口

1.3.2　多媒体操作指南

Origin 9.1 多媒体教学操作指南（Multimedia Tutorials）资料可在 http：// www. originlab. com/VideoTutorials 网站下载，在该网站中按分类约有 140 多个 MP4

媒体教学资料，这些多媒体资料经常更新，可在线播放或下载播放。媒体教学操作指南的下载界面如图 1-15 所示。

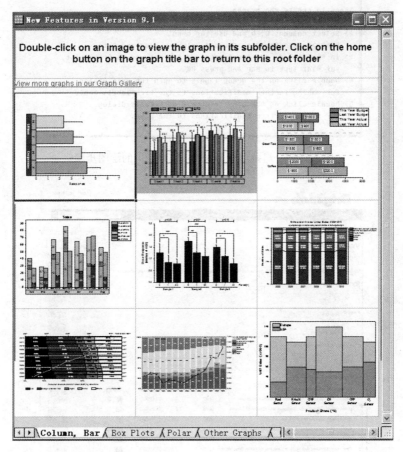

图 1-12　打开的 Origin 9.1 新功能例程项目文件

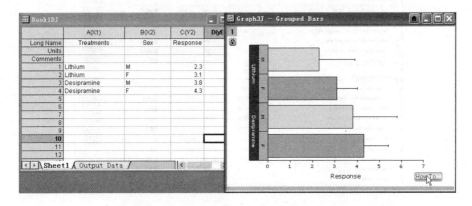

图 1-13　分组条形图型（grouped bar）的数据工作表和对应的图形

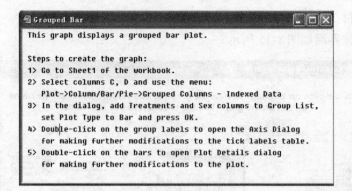

图 1-14　分组条形图型（grouped bar）的绘图步骤

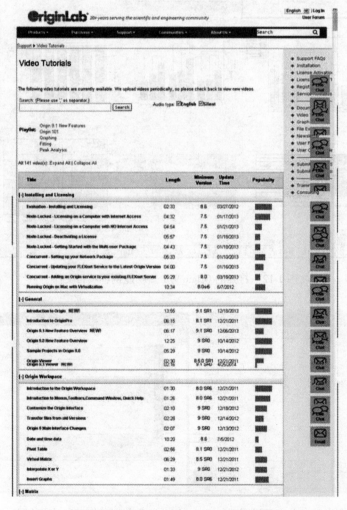

图 1-15　媒体教学操作指南下载界面

1.3.3　在线技术支持

Origin 9.1 的网站还提供了丰富的在线服务技术支持功能，具体的网站资源见表 1-2。通过 Origin 9.1 这些网站，能方便获取 OriginLab 公司的帮助和最新技术支持，如提供了用 Origin 软件解决不同专业问题的成功案例，为 Origin 用户之间的信息交流提供了一个共享空间；有在全球科技工作者中征集的用 Origin 软件绘出的精品图形，可供绘图时借鉴参考。

表 1-2　Origin 9.1 网站资源

信 息 资 源	网　　站
产品信息	originlab. com/doc
常见问题解答，OriginLab 用户支持文件和快报	originlab. com/HelpCenter
Origin 教学和特性视频多媒体	originlab. com/Videos
提供了不同专业运用 Origin 成功案例	originlab. com/CaseStudies
Origin 绘图杰出例程	originlab. com/GraphGallery
最新版本发布信息	wiki. originlab. com
Origin 插件与交换文件	originlab. com/fileexchange/

第 2 章　Origin 9.1 基础

Origin 软件具有两大类功能：绘图和数据分析。Origin 的绘图基于绘图模板，软件本身提供了 60 余种二维和三维绘图模板，并允许用户自己定制模板。绘图时，只要选择所需要的模板就能绘出精美的图形。Origin 数据分析包括数据的排序、调整、计算、统计、傅里叶变换、各种自带函数的曲线拟合，以及用户自己定义函数拟合等各种数学分析功能。此外，Origin 9.1 可以方便地和各种数据库软件、办公软件、图像处理软件等进行链接，实现数据共享；还可以用标准 ANSI C 等高级语言编写数据分析程序，以及用内置的 Origin C 语言或 Lab Talk 语言编程进行数据分析和绘图等。

本章主要介绍以下内容：

- Origin 9.1 工作空间
- Origin 9.1 基本操作

2.1　Origin 9.1 工作空间

2.1.1　工作空间概述

Origin 9.1 的工作空间如图 2-1 所示。从图中可以看到，Origin 的工作空间包括以下几部分：

（1）菜单栏。类似 Office 的多文档界面，Origin 9.1 窗口的顶部是主菜单栏。主菜单栏中的每个菜单项包括下拉菜单和子菜单，通过它们几乎能够实现 Origin 的所有功能。此外，Origin 软件的设置都是在其菜单栏中完成的，因而了解菜单中各菜单选项的功能对掌握 Origin 9.1 是非常重要的。

（2）工具栏。菜单栏下方是工具栏。Origin 9.1 提供了分类合理、直观、功能强大、使用方便的多种工具。一般最常用的功能都可以通过工具栏实现。

（3）绘图区。绘图区是该软件的主要工作区，包括项目文件的所有工作表、绘图子窗口等。大部分绘图和数据处理的工作都是在这个区域内完成的。

（4）项目管理器。窗口的下部是项目管理器，它类似于 Windows 操作系统下的资源管理器，能够以直观的形式给出用户的项目文件及其组成部分的列表，方便地实现各个窗口间的切换。

（5）状态栏。窗口的底部是状态栏，它的主要用途是标出当前的工作内容，以及对鼠标指到某些菜单按钮时进行说明。

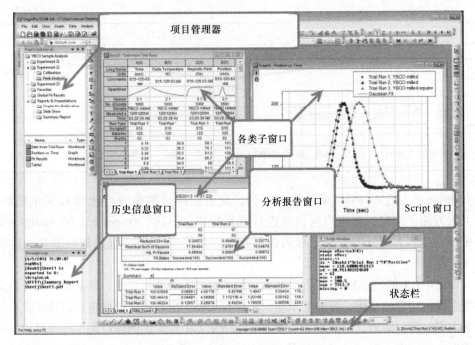

图 2-1　Origin 9.1 的工作空间

2.1.2　菜单栏

通过选择菜单命令【Format】→【Menu】，可选择完整菜单（Full Menus）和短菜单（Short Menus）两个选项。选择完整菜单则显示所有的菜单命令，而选择短菜单则只显示部分主要菜单命令。本书中列出的菜单，如无特别说明，均指完整菜单。

菜单栏的结构与当前活动窗口的操作对象有关，取决于当前的活动窗口。当前窗口为工作表窗口、绘图窗口或矩阵窗口时，主菜单及其各子菜单的内容并不完全相同。表 2-1 为 Origin 9.1 不同活动窗口主菜单结构。

表 2-1　Origin 9.1 不同活动窗口主菜单结构

活 动 窗 口	主菜单栏结构
Origin 工作簿窗口（Workbook）	File　Edit　View　Plot　Column　Worksheet　Analysis　Statistics　Image　Tools　Format　Window　Help
绘图窗口（Graph）	File　Edit　View　Graph　Data　Analysis　Gadgets　Tools　Format　Window　Help
矩阵工作簿窗口（Matrix）	File　Edit　View　Plot　Matrix　Image　Analysis　Tools　Format　Window　Help

(续)

活 动 窗 口	主菜单栏结构
Excel 工作表（Work-book）	File 编辑(E) 视图(V) 插入(I) 格式(O) 工具(T) 数据(D) Plot Window 帮助(H) Origin 菜单
版面设计窗口（Lay-out）	File Edit View Layout Tools Format Window Help
记事本窗口（Notes）	File Edit View Tools Format Window Help

Origin 9.1 的 Analysis 菜单是动态的，最近使用过的命令会出现在菜单底部。这大大方便了用户，使用户能快速进行重复操作。其次，Origin 9.1 的 Analysis 菜单更加简捷，大部分的命令选项后面跟有黑三角箭头（▶），这是指明其后面隐含有子菜单。

Origin 9.1 的菜单较为复杂，当不同的子窗口为活动窗口时，其菜单结构和内容类型会发生相应的变化，有的菜单项只是针对某种子窗口的，因此也可以说该菜单结构和内容对窗口敏感（Sensitive）。鉴于 Origin 9.1 中最常用的窗口是工作簿窗口和绘图窗口，在这里主要讨论这两种情况。例如，在工作簿窗口和绘图窗口分别被激活时，Analysis 下拉菜单内容和其后面隐含的二级子菜单都有差别。图 2-2a 和图 2-2b

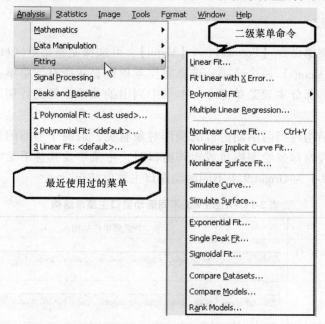

a) 工作簿窗口

图 2-2　工作簿窗口和绘图窗口被激活时 Analysis 下拉菜单和 Fitting 下的二级菜单

b) 绘图窗口

图 2-2　工作簿窗口和绘图窗口被激活时 Analysis 下拉菜单和 Fitting 下的二级菜单（续）

所示分别为工作簿窗口和绘图窗口被激活时 Analysis 下拉菜单和 Fitting 下隐含的二级菜单。由图 2-2 可以看出，有的工作簿窗口和绘图窗口下拉菜单内容相差还较大。

2.1.3　工具栏

Origin 提供了丰富的工具栏。这些工具栏可以根据需要放置在屏幕的任何位置浮动显示。为了使用方便和整齐起见，通常将工具栏放在工作空间的四周。工具栏包含了经常使用的菜单命令的快捷命令按钮，给用户带来了很大的方便。当将鼠标放在工具栏按钮上时，会出现一个显示框，显示工具栏按钮的名称和功能，如图 2-3 所示；当将鼠标放在输入多列 ASCII 按钮上时，鼠标下显示 "Import Multiple ASCII（Ctrl +

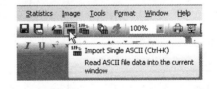

图 2-3　显示工具栏按钮的名称和功能

K)"，表明该按钮的名称和组合快捷键，同时显示的还有对该快捷命令按钮功能的简短注解 "Read ASCII file data into the current window"。这是 Origin 9.1 在工具按钮上的一大改进。

可通过选择菜单命令【View】→【Toolbars】，弹出【Customize】工具栏定制窗口。在 "Toolbars" 选项卡的工具栏名称列表框中的复选框选择想要在 Origin 工作窗口中显示/隐藏工具栏。如图 2-4a 所示，选择了二维绘图、编辑、三维绘图和标准工具等工具栏在工作窗口中显示。单击"Button Groups"选项卡，可以了解各工具栏的按钮，如图 2-4b 所示。单击"Options"选项卡，可以对工具栏的显示和简短注解等进行设置，如图 2-4c 所示。

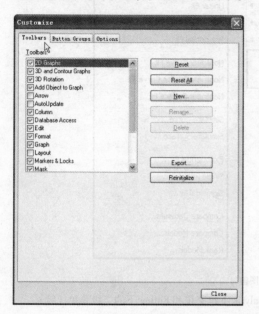
a)"Toolbars"选项卡

b)"Button Groups"选项卡

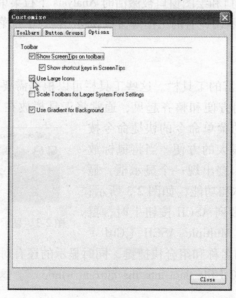
c)"Options"选项卡

图 2-4　工具栏显示/隐藏控制

Origin 提供了 20 种工具栏，它们的名称和主要功能如下：

（1）标准（Standard）工具栏。提供新建、打开项目和窗口、导入 ASCII 数据、打印、复制和更新窗口等基本工具。当数据需要更新时，标准工具栏的再计算按钮（Recalculate）会有相应的显示。标准工具栏如图 2-5a 所示。与 Origin 8.0 相比，Origin 9.1 在标准工具栏中增加了显示百分数下拉工具 100% 、图形幻灯

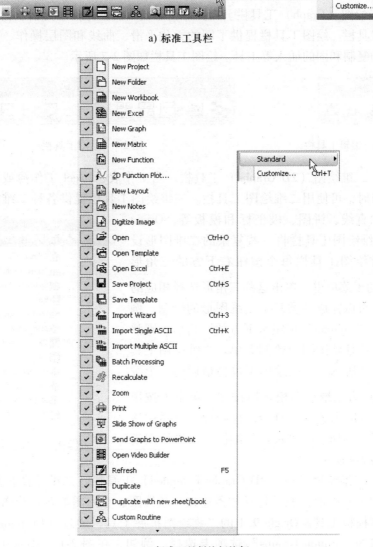

a) 标准工具栏

b) 标准工具栏按钮注解

图 2-5　标准工具栏及按钮注解

片显示按钮、向 PowerPoint 图形输出按钮和视频录制按钮等。在工具栏的右上方有一个倒三角形符号，单击该倒三角形符号，出现"Add or Remove Butters"提示。如选择"Standard"选项，会弹出标准工具栏每个按钮的注解，如图 2-5b 所示；如选择"Customize..."选项，可对该标准工具栏重新定制。这是 Origin 9.1 在工具栏上的一大改进。

（2）编辑（Edit）工具栏。编辑工具栏提供剪切、复制和粘贴等编辑工具。编辑工具栏如图 2-6 所示。

（3）绘图（Graph）工具栏。当图形窗口或版面设计窗口为活动窗口时，可使用绘图工具栏。绘图工具栏提供了图的柔化平滑、曲线和图层操作、图坐标轴添加、图的复制和图的插入等工具。绘图工具栏如图 2-7 所示。

图 2-6　编辑工具栏　　　　　　　　　　　图 2-7　绘图工具栏

（4）二维绘图（2D Graphs）工具栏。当工作表、Excel 工作簿或图形窗口为活动窗口时，可使用二维绘图工具栏。二维绘图工具栏提供各种二维绘图的图形样式，如直线、饼图、极坐标和模板等，Origin 9.1 的二维绘图工具栏将一些复杂的二维图形设计在二维绘图工具栏每个按钮右下方的三角形（ 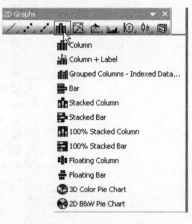 ）的子菜单里，单击这些三角形选择相应的子菜单，可以完成各类复杂二维图形的绘制。例如，单击"Column"按钮右下方的三角形，则弹出各种二维柱状图图形绘制菜单。二维绘图工具栏如图 2-8 所示。二维绘图工具栏最后的一个按钮（　）为二维绘图模板库按钮，单击该按钮则打开 Origin 内置的二维绘图模板库，可通过该绘图模板库选择绘图模板进行绘图。二维绘图模板库如图 2-9 所示。

图 2-8　二维绘图工具栏

（5）二维绘图扩展（2D Graphs Extended）工具栏。二维绘图扩展工具栏是二维绘图工具栏的扩充，包括样条连接、条形图、直方图等各种绘图形式，以及多屏绘图模板工具。Origin 9.1 的二维绘图扩展工具栏通过【Customize】工具栏定制窗口的"Button Groups"选项卡选择。例如，在图 2-10a 中选中"Waterfall Y：Color Mapping"按钮，可将该工具按钮拖曳到 Origin 的工作空间，如图 2-10b 所示。

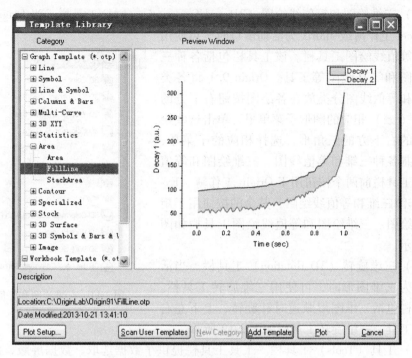

图 2-9　二维绘图模板库

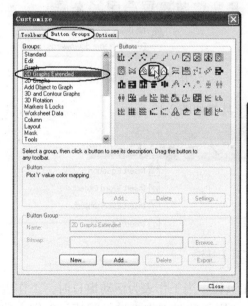

a) 二维绘图扩展工具栏

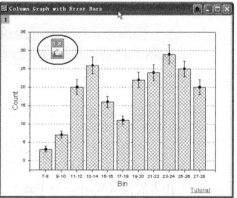

b) 拖曳 "Waterfall Y: color Mapping" 按钮
到 Origin 的工作空间

图 2-10　二维绘图扩展工具栏及拖曳的工具按钮

（6）三维绘图和等值线绘图（3D and Contour Graphs）工具栏。当 Origin 工作簿、Excel 工作簿或 Matrix 为活动窗口时，可使用三维和等值线绘图工具栏。该工具栏包括各种三维表面图和等高线图等工具。Origin 9.1 将各类的三维和等值线图分类放在各绘图按钮右下方的三角形（◢）相应的图形子菜单里，单击这些绘图按钮的右下方的三角形，选择相应的子菜单，可以绘制各种三维和等值线图。三维绘图和等值线绘图工具栏前两个按钮用于 Origin 工作簿、Excel 工作簿三维和等值线绘图，其余的按钮用于矩阵数据绘图。三维绘图和等值线绘图工具栏如图 2-11 所示。

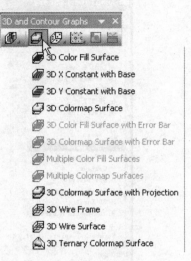

图 2-11　三维绘图和等值线绘图工具栏

（7）三维旋转（3D Rotation）工具栏。当活动窗口为三维图形时，可使用三维旋转工具栏。该工具栏包括三维图形顺逆时针旋转、上下左右倾斜等工具。三维旋转工具栏如图 2-12 所示。

（8）工具（Tools）工具栏。工具工具栏提供了数据选取，数据屏蔽，添加文本、线条和箭头，以及图形局部放大，数据读取等工具。Origin 9.1 的工具工具栏将各类的工具分类在各按钮右下方的三角形（◢）相应的图形子菜单里。与 Origin 8.0 相比，Origin 9.1 的工具工具栏增加了插入 Word 和 Excel 等对象，

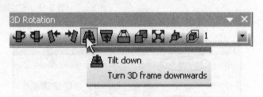

图 2-12　三维旋转工具栏

并增加了插入图片对象的工具按钮。工具工具栏如图 2-13 所示。

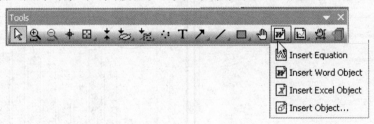

图 2-13　工具工具栏

（9）工作表数据（Worksheet Data）工具栏。当工作表为活动窗口时，工作表数据工具栏提供行、列统计、排序等工具和用函数对工作表进行赋值。工作表数据工具栏如图 2-14 所示。与 Origin 8.0 相比，Origin 9.1 的工作表数据工具栏增加了数据滤波等工具按钮。

（10）列（Column）工具栏。当工作表中的列被选中时，列工具栏提供列的 XYZ 属性设置、列的绘图标识和列的移动等。列工具栏如图 2-15 所示。

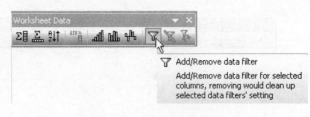

图 2-14　工作表数据工具栏

（11）版面设计（Layout）工具栏。当版面设计窗口为活动窗口时，可使用版面设计工具栏。版面设计工具栏用于在版面设计窗口中添加图形和工作表。版面设计工具栏如图 2-16 所示。

图 2-15　列工具栏　　　　　　　　　图 2-16　版面设计工具栏

（12）屏蔽（Mask）工具栏。当工作表或图形为活动窗口时，屏蔽工具栏提供屏蔽数据点进行分析、屏蔽数据范围、解除屏蔽等工具。屏蔽工具栏如图 2-17 所示。

（13）对象编辑（Object Edit）工具栏。当活动窗口中一个或多个对象被选中时，对象编辑工具栏提供对象上下左右对齐、对象置前或置后和对象组合等工具。对象编辑工具栏如图 2-18 所示。

图 2-17　屏蔽工具栏　　　　　　　　图 2-18　对象编辑工具栏

（14）图形风格（Style）工具栏。当编辑文字标签或注释时，可使用图形风格按钮对其进行格式化。图形风格工具栏还提供图形的颜色充填、符号的颜色、表格边框和线条的格式化等。图形风格工具栏如图 2-19 所示。

（15）字体格式（Format）工具栏。当编辑文字标签和工作表时，可使用字体格式按钮。字体格式工具栏提供不同字体类型、上下标及不同字体的希腊字母等。字体格式工具栏如图 2-20 所示。

（16）箭头（Arrow）工具栏。该工具栏包括使箭头水平、垂直对齐、箭头增大或减小、箭头增长或缩短等工具。箭头工具栏如图 2-21 所示。

（17）自动更新（Auto Update）工具栏。自动更新工具栏仅有一个按钮，在整个项目中为用户提供了自动更新开关（ON/OFF）。默认时，自动更新开关为打开状态（ON），进行更新时，可单击该按钮关闭自动更新。自动更新工具栏如图 2-22 所示。

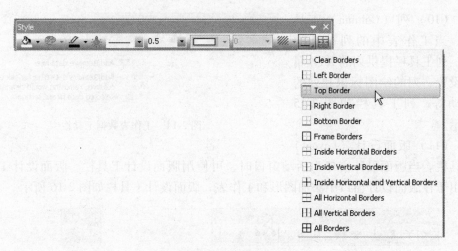

图 2-19　图形风格工具栏

图 2-20　字体格式工具栏

图 2-21　箭头工具栏　　　　　　　　图 2-22　自动更新工具栏

（18）数据库存取（Database Access）工具栏。该工具栏是为快速从数据库中输入数据而特地设置的。数据库存取工具栏如图 2-23 所示。与 Origin 8.0 相比，Origin 9.1 的数据库存取工具栏增加了对数据库中输入数据进行预览等工具按钮。

（19）图形中对象添加（Add Object to Graph）工具栏。该工具栏是为快速在图形中添加标签、表格等对象而特地设置的。图形中对象添加工具栏如图 2-24 所示。

（20）标记锁定（Markers Locks）工具栏。该工具栏是为对图形中数据标记进行锁定、去除而特地设置的。标记锁定工具栏如图 2-25 所示。

图 2-23　数据库存取工具栏　　　图 2-24　图形中对象添加工具栏　　　图 2-25　标记锁定工具栏

2.1.4　窗口类型

Origin 9.1 为图形和数据分析提供多种窗口类型。这些窗口包括 Origin 多工作表工作簿（Workbooks）窗口、多工作表矩阵（Matrix）窗口、Excel 工作簿窗口、绘图（Graph）窗口、版面设计（Layout Page）窗口和记事本（Notes）窗口。

一个项目文件中的各窗口是相互关联的，可以实现数据的实时更新。例如，当工作表中的数据被改动之后，其变化能立即反映到其他窗口中去，如绘图窗口中所绘数据点可以立即得到更新。然而，正因为它功能强大，其菜单界面也就较为繁杂，且当前激活的窗口类型不一样时，主菜单、工具栏结构也不一样。Origin 工作空间中的当前窗口决定了主菜单、工具栏结构和菜单条、工具条能否选用。

1. Origin 多工作表工作簿（Workbooks）窗口

Origin 多工作表工作簿的主要功能是输入、存放和组织 Origin 中的数据，并利用这些数据进行统计、分析和绘图。每个工作簿中的工作表可以多达 255 个，而每个工作表可以存放 1000000 行和 10000 列的数据。通过对其中列的配置，不同列可以存放不同类型的数据。

选择菜单命令【File】→【New】→【Workbook…】，弹出【New Workbook】窗口，如图 2-26 所示。在该窗口可对新建的工作簿各列的数据形式进行设置。例如，选择设置工作簿各列为"XMYE"，单击"OK"按钮，则新建立的工作簿显示为 X 列、X 列的误差列、Y 列、Y 列的误差列 4 列，如图 2-27 所示。

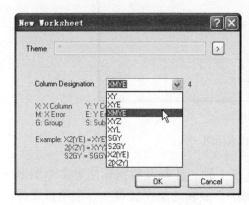

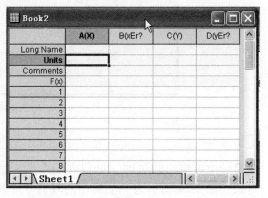

图 2-26　【New Workbook】窗口　　　　　图 2-27　列设置为"XMYE"工作簿

工作表窗口最上边一行为标题栏，A、B 和 C 等是数列的名称；X 和 Y 是数列的属性，其中，X 表示该列为自变量，Y 表示该列为因变量。可以双击数列的标题栏，打开【Worksheet Properties】对话框改变这些设置。工作表中的数据可直接输入，也可以从外部文件导入，最后通过选取工作表中的列完成绘图。例如，按图 2-28a 所示在工作表中输入数据并设置数列的属性，然后选中 A～E 列，在二维绘图工具栏中单击"Line&Symbol"按钮，则绘出图 2-28b 所示的二维线图。

2. 绘图（Graph）窗口

绘图窗口相当于图形编辑器，用于图形的绘制和修改。每一个绘图窗口都对

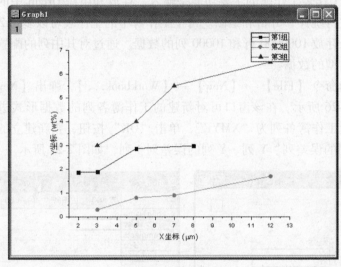

a) 工作表窗口

b) 二维线图

图 2-28　用工作表绘图

应着一个可编辑的页面，可包含多个图层、多个轴、注释及数据标注等多个图形对象。图 2-29 所示为一个典型的具有 3 个图层、多轴的绘图窗口。一个项目文件里可以同时包含多个绘图窗口、工作表工作簿窗口等。当绘图窗口创建后，可以双击该绘图窗口中的图层标记，打开【Layer Contents】对话框，如图 2-30 所示。通过该对话框对该图层的绘图数据的工作表进行选择，可对该图层绘图进行设置。

3. 版面布局设计（Layout page）窗口

版面布局设计窗口是用来将绘出的图形和工作簿结合起来进行展示的窗口。当需要在版面布局设计窗口展示图形和工作簿时，可通过选择菜单【File】→【New】下的【Layout】命令，或单击标准工具栏中按钮，在该项目文件中新建一个版面布局设计窗口，然后在该版面布局设计窗口中添加图形和工作簿等。在版面布局设计窗口里，工作簿、图形和其他文本等都是特定的对象，除不能进行编辑外，均可进行添加、移动、改变大小等操作。用户通过对图形位置进行排列，

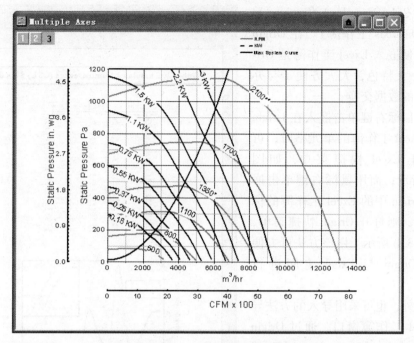

图 2-29　具有 3 个图层、多轴的绘图窗口

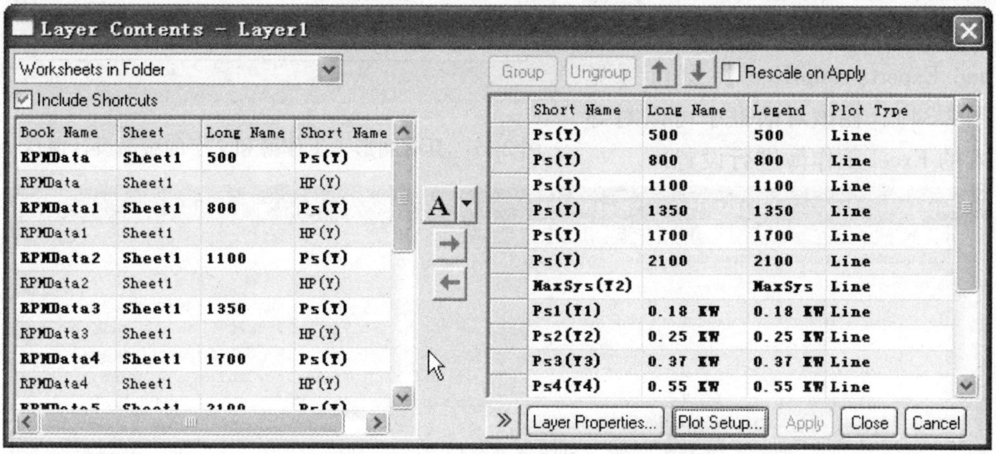

图 2-30　【Layer Contents】对话框

可设置自定义版面布局设计窗口，以 PDF 或 EPS 文件等格式输出。图 2-31 所示为一典型的具有图形、工作簿和文字的版面设计窗口。

4. Excel 工作簿窗口

通过 Origin 中【File】→【Open Excel...】命令，可打开 Excel 工作簿并用其数据进行分析和绘图。当 Excel 工作簿在 Origin 中被激活时，主菜单中包括 Origin 和 Excel 菜单及其相应功能。在 Origin 中打开的 Excel 工作簿窗口如图 2-32 所示

（Origin 9.1 \ Samples \ Graphing \ Excel Data. xls 工作簿）。在 Origin 中能方便嵌入 Excel 工作簿是 Origin 的一大特色，大大方便了与办公软件的数据交换。

用鼠标右键单击嵌入在 Origin 中的 Excel 工作簿的单元格时，可以打开 Excel 快捷菜单，如图 2-33a 所示；而用鼠标右键单击嵌入在 Origin 中的 Excel 工作簿的标题栏时，则打开 Origin 快捷菜单，如图 2-33b 所示。用该方法可方便地在 Origin 与 Excel 之间进行切换。

此外，也可采用导入的方法导入 Excel 工作簿窗口。通过 Origin 中【File】→【Import】→【Excel（XLS，XLSX，XLSM）…】命令，打开 Excel 工作簿的【Import and Export：impExcel】窗口（见图 2-34），在该对话框中可以对导入的 Excel 工作簿进行设置。

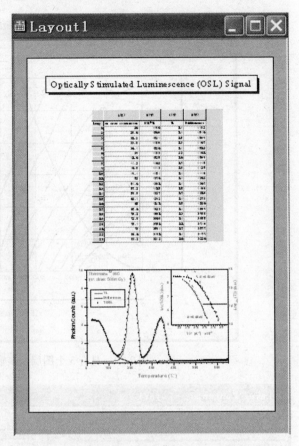

图 2-31　具有图形、工作簿和文字的版面设计窗口

Book1 - C:\OriginLab\Origin91\Samples\Graphing\Excel Data.xls

	A	B	C	D	E	F	G	H	I	J	K	L	M
1	(All quantities in millions of barrels/day)									Net imports as % of U.S. petroleu m consumpt ion (x100)	U.S. petroleu m consumpt ion as % of world consumpt ion (x100)	Transport ation petroleu m use as % of domestic productio n (x100)	
2	Year	Domestic crude oil productio n	Crude oil imports	Petroleu m products imports	Total imports	Crude oil exports	Petroleu m products exports	U.S. petroleu m consumpt ion	World petroleu m consumpt ion				
3	1973	9.21	3.24	2.78	6.03	0.00	0.23	17.31	56.39	0.348	0.307	0.915	
4	1974	8.77	3.47	2.42	5.89	0.00	0.22	16.65	55.91	0.354	0.298	0.937	
5	1975	8.37	4.10	1.75	5.85	0.00	0.20	16.32	55.48	0.358	0.294	0.994	
6	1976	8.13	5.28	1.81	7.09	0.00	0.22	17.46	58.74	0.406	0.297	1.076	
7	1977	8.25	6.57	2.00	8.57	0.05	0.19	18.43	61.63	0.465	0.299	1.102	
8	1978	8.71	6.20	1.80	8.00	0.16	0.20	18.85	63.30	0.424	0.298	1.087	
9	1979	8.55	6.28	1.70	7.99	0.24	0.24	18.51	65.17	0.432	0.284	1.096	
10	1980	8.60	4.98	1.39	6.37	0.29	0.26	17.06	63.07	0.373	0.270	1.044	

Sheet1 / Sheet2 / Sheet3 /

图 2-32　嵌入在 Origin 中的 Excel 工作簿

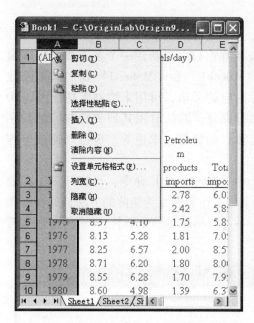

图 2-33　嵌入在 Origin 中的 Excel 工作簿的快捷菜单

Import and Export: impExcel				? X

Dialog Theme ▶

Description Import Excel 97-2003 files directly and import Excel 2007 and later files with COM component

Results Log Output	☐
File Name	C:\OriginLab\Origin91\Samples\Graphing\E ...
⊟ File Info And Data Selection	
⊟ Excel Data.xls	
File Info	File Size: 29 KB
⊟ File Sheet(s)	☑
Sheet1	☑
1st File Import Mode	Replace Existing Data ▾
Multi-File (except 1st) Import Mode	Start New Books ▾
Use Excel COM Component to Import	☑
Import Cell Formats	☐
Maximum Number of Empty Columns (-1 for all)	0
Exclude Empty Sheets	☑
⊞ **Column Headers**	
Column Designations	<Unchanged> ▾
Apply Header and Designation to All Sheets	☐
⊞ **Import Options**	
Output	[Book1]Sheet1

OK　Cancel

图 2-34　【Import and Export：impExcel】窗口

5. 多工作表矩阵（Matrix）窗口

与 Origin 9.1 中多工作表工作簿相同，多工作表矩阵窗口也可以由多个矩阵数据表构成，图 2-35 所示为典型的多工作表矩阵窗口。当新建一个多工作表矩阵窗口时，默认的矩阵窗口和工作表分别以"MBook1"和"MSheet1"命名。矩阵数据表用特定的行和列来表示与 X 和 Y 坐标对应的 Z 值，可用来绘制等高线图、3D图和表面图等。矩阵数据表没有列标题和行标题，默认时用其列和行对应的数字表示。利用该窗口可以方便地进行矩阵运算，如转置、求逆等，也可以通过矩阵数据表直接输出各种三维图表。

通过 Origin 中【File】→【Open...】→【Matrix...】命令，可打开多工作表矩阵窗口，如图 2-35 所示。Origin 还有多个将工作表转变为矩阵的方法，如在工作表被激活时，选取菜单命令【Worksheet】→【Convert to Matrix】，即可将工作表转变为矩阵。

MBook1D :2/2								
	1	2	3	4	5	6	7	8	9
1	2.73179	2.711	2.68315	2.75171	2.46321	2.95993	2.80668	2.48459	2.666
2	2.84896	2.73847	2.65326	2.81866	2.38768	2.82392	2.93012	2.78864	2.921
3	2.81639	2.60456	2.85659	2.73321	3.44027	2.78546	2.6466	2.81891	2.914
4	2.34834	2.80671	2.6992	2.65914	2.81851	2.94767	2.89929	2.91894	2.539
5	3.01122	3.06948	2.77544	2.76706	2.93096	2.71767	3.0859	2.80308	2.76
6	2.84413	2.99856	2.83327	2.99997	2.88524	2.77871	2.91079	2.79518	2.583
7	3.17585	2.92724	2.84886	3.01524	2.90313	3.07653	2.99915	2.66754	2.855
8	3.05422	2.96599	3.20097	3.24772	3.20504	3.06616	3.2228	2.91953	3.038

MSheet1

图 2-35　多工作表矩阵窗口

6. 记事本（Notes）窗口

Origin 中记事本窗口可用于记录用户使用过程中的文本信息，它可以用于记录分析过程，与其他用户交换信息。跟 Windows 操作系统中的记事本类似，其结果可以单独保存，也可以保存在项目文件里。单击标准工具栏中按钮，则可以新建一个"Notes"记事本窗口。图 2-36 所示为新命名为"Notes"的记事本窗口。

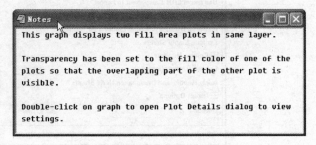

图 2-36　记事本窗口

7. 结果记录（Results Log）**窗口**

结果记录窗口是由 Origin 记录运行"Analysis"菜单里的命令自动生成的，用于保存如线性拟合、多项式拟合、S 曲线拟合的结果，每一项记录里都包含了运行时间、项目的位置、分析的数据集和类型，以便于查对校核。结果记录窗口与其他窗口一样在桌面上是可以移动的，可以根据需要用鼠标移动到 Origin 工作空间的任何位置。可通过选择菜单命令【View】→【Results Log】或单击标准工具栏中按钮，将其打开或关闭。

8. 代码编辑器（Code Builder）**窗口**

Origin C 是 Origin 的编程语言，它支持 ANSI C 语言及 C++ 内部和 DLL 外部类功能。Origin C 的集成开发环境（IDE）为代码编辑器。可通过选择菜单命令【View】→【Code Builder】，或在标准工具栏中单击按钮，打开代码编辑器。在代码编辑器中可完成函数代码输入、编译和函数调试。当 Origin C 函数通过编译后，可在 Origin 中调用。

9. 命令（Command）**窗口**

命令窗口保留了 Origin 以前版本的用户在 Script 窗口输入和执行命令的功能，它由"Command"面板和"History"面板两部分组成，如图 2-37 所示。可通过选择菜单命令【View】→【Command Window】，或在标准工具栏中单击按钮，打开或关闭命令窗口。

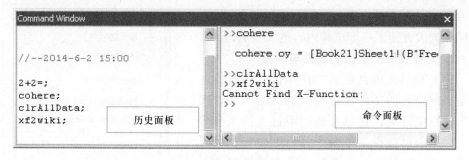

图 2-37　命令窗口

2.1.5　项目管理器

项目管理器（Project Explorer，PE）是帮助组织 Origin 项目的有力工具。如果你的项目中有多个窗口，那么项目管理器将显得尤为重要。通过项目管理器可建立一个管理项目文件夹，并用项目管理器观察 Origin 的工作空间。可通过选择菜单命令【View】→【Project Explorer】，或在标准工具栏中单击按钮，打开或关闭项目管理器。Origin 典型的项目管理器如图 2-38 所示，它由文件夹面板和文件面板两部分组成。Origin 项目管理器提供了强大的组织管理功能。鼠标停留在项目文件

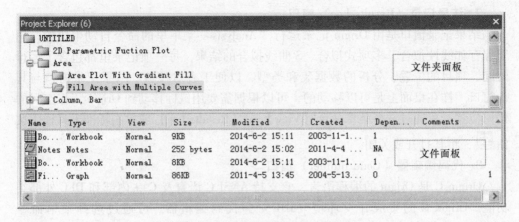

图 2-38　Origin 典型的项目管理器

夹的名字上时，单击右键，将弹出如图 2-39 所示的项目文件夹功能快捷菜单。项

目管理器快捷菜单的功能包括建立文件夹结构
功能和组织管理功能两类。其中，【Append Pro-
ject...】命令可以将其他的项目文件添加进来，
构成一个整体项目文件，用该功能对合并多个
Origin 项目文件非常方便。项目管理器除能管理
Origin 的各种文件外，还可以管理其他第三方的
文件，如图形文件、Word 文档或 PDF 文档等，
这样就大大方便了一个试验内容的文件管理。

1. 文件夹和子窗口的建立与调整

（1）项目文件夹命名。在项目管理器的左
侧是当前项目的文件夹结构，最顶层的文件夹
称为项目文件夹，它总是根据项目文件来命名
的。如果通过选择菜单命令【File】→【New】
→【Project】新建一个项目，那么项目和项目
文件夹的名称默认时为"Untitled"。

图 2-39　项目文件夹功能快捷菜单

（2）新建文件夹。如果要在项目管理器中用项目文件夹功能快捷菜单建立
文件夹结构，可在项目管理器项目文件夹中用鼠标右键单击，选择"New Fold-
er"命令，则一个"Folder1"文件夹将同时出现在项目管理器的文件夹面板和
文件面板中，此时文件夹面板中新建的子文件夹处于激活状态，可对此新建的子
文件夹重新命名。图 2-40 所示为在"Untitled"项目文件中新建"Folder1"子文
件夹。

（3）新建子窗口。在项目文件夹功能快捷菜单中选择"New Window"，即可
以新建工作表（Worksheet）、绘图（Graph）、矩阵（Matrix）、Excel 工作簿、记事

（Notes）、版面布局设计（Layout）和函数（Function）7 种子窗口。新建子窗口类型如图 2-41 所示。

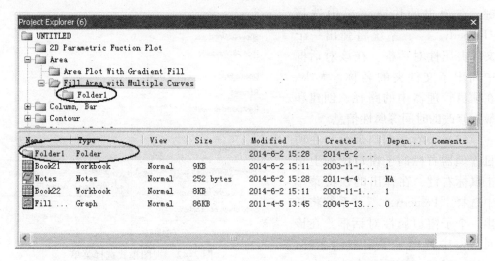

图 2-40　在 "Untitled" 项目文件中新建 "Folder1" 子文件夹

（4）移动子窗口。在建立文件夹结构之后，可以在文件夹之间移动窗口。首先在当前激活的文件夹中选择窗口（Origin 9.1 支持 Windows 操作系统中 "Shift + 单击文件" 和 "Ctrl + 单击文件" 的选取文件方法），然后用鼠标将其拖曳到目标文件夹即可。

（5）删除和重命名。对于窗口和自己建立的文件夹而言，功能快捷菜单比项目文件夹的功能快捷菜单多出一类功能，即文件夹的删除和重命名功能。但如果项目文件夹是随 Origin 项目而建立和命名的，则不能单独删除和重命名。

2. 文件夹和子窗口的组织管理

（1）工作空间视图的控制。在图
2-41 所示项目文件夹功能快捷菜单中选

图 2-41　新建子窗口类型

择 "View Windows"，则弹出视图模式选择菜单，有 "None" 不显示子窗口和 "Windows in Active Folder" 显示当前选定的文件夹内的子窗口（默认）两种选择。视图模式选择菜单如图 2-42 所示。

（2）查看项目文件夹属性。在项目文件夹图标上单击鼠标右键，在弹出的快捷菜单中选择"Property…"，系统将弹出一个文件夹属性对话框。在该对话框中列出了文件夹的名称、大小、在项目管理器中的路径、创建和最近修改的时间等属性信息。

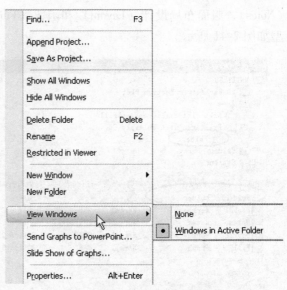

图 2-42　视图模式选择菜单

（3）查看子窗口属性。在项目管理器右栏的子窗口图标上单击鼠标右键，在弹出的快捷菜单中选择"Property…"，系统将弹出一个子窗口属性对话框。在该对话框中列出了子窗口的名称、标注、类型、位置和大小。在对话框中可以编辑子窗口的标注属性。另外，对话框中也列出了子窗口的相关数目、创建和最近修改的时间，以及子窗口的状态等。

（4）查找子窗口。当项目管理器中的文件夹很多时，人工查找某个子窗口将非常费时。Origin 9.1 提供了自动查找子窗口的功能，能方便快速查找到所要找的文件。查找子窗口时，在文件夹图标上单击鼠标右键，从弹出的快捷菜单中选择"Find…"，则弹出如图 2-43 所示的对话框。在对话框中输入子窗口名称，其操作方法与 Windows 操作系统中的操作方法基本相同。

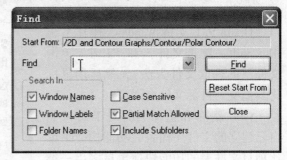

图 2-43　查找子窗口对话框

（5）项目管理器打开/关闭状态切换。为了组织管理 Origin 项目，有时需要打开项目管理器，但是，有时为了扩大工作空间，又需要关闭它。在 Origin 9.1 中，有以下两种切换项目管理器打开/关闭开关的方法：

1）选择菜单命令【View】→【Project Explorer】。

2）单击标准工具栏上的 ⌕ 命令按钮。

（6）保存项目文件。Origin 9.1 项目管理器中的内容和组织结构是具体针对当前项目的。当保存项目时，项目管理器的文件结构也同时保存在项目文件（扩展名为 opj）中。

2.2　Origin 9.1 基本操作

从资源管理的角度而言，Origin 9.1 的基本操作包括对项目文件的操作和对子窗口的操作两大类。

2.2.1　项目文件操作

Origin 对项目文件的操作包括新建、打开、保存、添加、关闭、退出等操作，这些操作都可以通过选择 "File" 菜单下相应的命令来实现。

1. 新建项目

如果要新建一个项目，可以选择菜单命令【File】→【New】，弹出新建对话框。从列表框中选择 "Project"，单击 "OK" 按钮，这样 Origin 就打开了一个新项目。如果这时已有一个打开的项目，Origin 9.1 将会提示在打开新项目以前是否保存对当前项目所作的修改。

在默认情况下，新建项目同时打开一个工作表。可以通过【Tool】→【Options】命令，打开项目选项对话框 "Open/Close" 选项卡，修改新建项目时打开子窗口的设置。【Options】 "Open/Close" 选项卡窗口如图 2-44 所示。

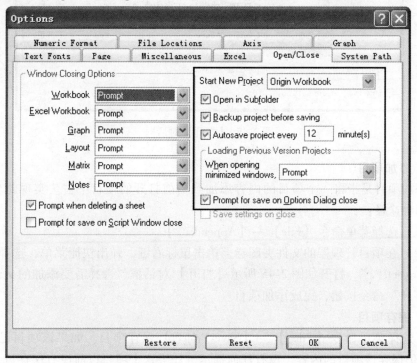

图 2-44　【Options】 "Open/Close" 选项卡窗口

2. 打开已存在项目

要打开现有的项目，可选择菜单命令【File】→【Open】，系统将弹出【打开】对话框，如图 2-45 所示。在文件类型的下拉列表中选择"Project（*.opj）"，然后在文件名列表中选择所要打开项目的文件名，单击"打开"命令按钮，打开该项目文件。在默认时，Origin 9.1 打开项目文件的路径为上次打开项目文件的路径。Origin 9.1 一次仅能打开一个项目文件，如果想同时打开两个项目文件，可以采用运行两次 Origin 9.1 软件的方法来实现。

图 2-45　【打开】对话框

3. 添加项目

添加项目是指将一个项目的内容添加到当前打开的项目中去。实现此功能有以下两种途径：

（1）选择菜单命令【File】→【Append...】。

（2）在项目管理器的文件夹图标上单击鼠标右键，弹出快捷菜单，选择"Append Project..."，打开如图 2-45 所示【打开】对话框。选择需要添加的文件，单击"打开"命令按钮，完成添加项目。

4. 保存项目

可选择菜单命令【File:】→【Save Project】保存项目。如果该项目已存在，Origin 仍保存该项目的内容，没有任何提示。如果这个项目以前没有保存过，系统将会弹出【Save As】对话框，默认时项目文件名为"UNTITLED.opj"。在文件名文本框内键入文件名，单击"保存"即可保存项目。如果需要以用户的文件名保存项目，选择菜单命令【File】→【Save Project As...】，即可打开保存项目的对话框，输入用户项目文件名进行保存。

5. 自动创建项目备份

当对已经保存过的项目文件进行一些修改，需再次保存，希望在保存修改后项目的同时，把修改前的项目作为备份时，这就需要用到 Origin 的自动备份功能。选择菜单命令【Tools】→【Option】，在打开的对话框内选择"Open/Close"选项卡，选中"Backup project before saving"复选框，如图 2-44 所示。单击"确认"命令按钮，即可实现在保存该项目文件前自动备份功能。备份项目文件名为"BACKUP. opj"，存放的目录可在"System Path"选项卡中找到，如图 2-46 所示。如果选中该窗口中"Autosave project every xx minute"复选框，则 Origin 9.1 将每隔一定时间自动保存当前项目文件，默认时自动保存时间间隔为 12min。

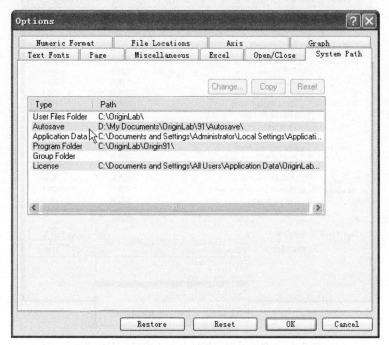

图 2-46　【Options】窗口中的"System Path"选项卡窗口

6. 关闭项目和退出 Origin 9.1

在不退出 Origin 的前提下关闭项目，选择菜单命令【File】→【Close】。如果修改了当前要关闭的项目，Origin 将会提醒存盘。退出 Origin 9.1 有以下两种方法：

（1）选择菜单命令【File】→【Exit】。

（2）单击 Origin 窗口右上角的▣图标。

2.2.2　窗口操作

Origin 是一个多文档界面（Multiple Document Interface，MDI）应用程序，在其工作空间内可同时打开多个子窗口，但这些子窗口只能有一个处于激活状态，所有对子窗口的操作都是针对当前激活的子窗口而言的。对子窗口的操作主要包括打开、重命名、排列、视图、删除、刷新、复制和保存等操作。

1. 从文件打开子窗口

Origin 子窗口可以脱离创建它们的项目而单独存盘和打开。要打开一个已存盘的子窗口，可选择菜单命令【File】→【Open】，弹出【打开】对话框，选择文件类型和文件名。文件类型、扩展名和子窗口的对应关系如图 2-47 中下拉列表框所示。

图 2-47　文件类型、扩展名和子窗口的对应关系

2. 新建子窗口

在标准工具栏单击图 2-48 中所示的新建子窗口中一个按钮，即完成新建相应子窗口。如果单击 按钮，则新建一个 Origin 多工作表工作簿窗口。

图 2-48　标准工具栏中新建子窗口按钮

3. 子窗口重命名

激活要重命名子窗口，可用鼠标右键单击该窗口标题名称，选择菜单命令【Properties...】，在弹出的【Window Properties】窗口中进行重命名。图 2-49 所示为将一个 Origin 多工作表工作簿窗口重命名为"我的工作簿"的工作簿窗口。

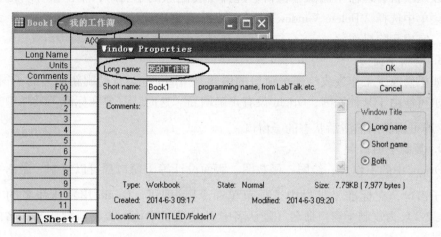

图 2-49　重命名 Origin 多工作表工作簿

4. 排列子窗口

在 Origin 的菜单中，包含有排列子窗口的命令。Origin 中子窗口的排列有以下三种类型：

（1）层叠。选择菜单命令【Window】→【Cascade】，则当前激活的子窗口在最前面显示，而其他子窗口层叠排列在其后方，只有子窗口标题栏可见。

（2）平铺。选择菜单命令【Window】→【Tile Horizontally】，则全部子窗口平铺显示。

（3）并列。选择菜单命令【Window】→【Tile Vertically】，则全部子窗口垂直并列显示。

5. 最小化、最大化、恢复子窗口

单击窗口右上角的最小化命令按钮，可使窗口最小化；再单击还原命令按钮或双击标题栏，则可使窗口恢复正常显示状态。单击窗口右上角的最大化命令按钮，可使窗口最大化；再单击还原命令按钮，则可使窗口恢复正常显示状态。

6. 隐藏子窗口

子窗口的视图状态有两种：显示和隐藏。有时子窗口比较多，为了最大限度地利用工作空间，往往需要在不删除子窗口的前提下隐藏一些窗口。双击项目管理器右栏中的子窗口图标，可实现子窗口的视图状态在显示和隐藏之间切换。也可用鼠标右键单击项目管理器中子窗口的图标或者子窗口的标题栏，在弹出快捷菜中选择"Hide Window"隐藏子窗口。

7. 删除子窗口

单击窗口右上角的 ❎关闭按钮，系统将弹出对话框，提示是隐藏还是删除子窗口。单击删除命令按钮，即完成删除子窗口操作，结果可从项目管理器中看到。也可以从项目管理器中删除子窗口。选择所要删除的子窗口，单击鼠标右键，从快捷菜单中选择"Delete Window"，这时系统会要求确认删除，单击"Yes"命令按钮，完成删除操作。

8. 刷新子窗口

如果修改了工作表或绘图子窗口的内容，Origin 将会自动刷新相关的子窗口。但偶尔可能由于某种原因，Origin 没有正确刷新。这时，只要在标准工具栏中选择 🖉，即可刷新当前激活状态的子窗口。

9. 复制子窗口

Origin 中的工作表、绘图、函数图、版面设计等子窗口都可以复制。激活要复制的子窗口，在标准工具栏中选择菜单命令 🖿即可。Origin 用默认命名的方式（见表 2-2）为复制子窗口命名（默认名中 N 是项目中该同类窗口默认文件名的最小序号）。

表 2-2　子窗口默认时的命名方式

窗 口 类 型	默认窗口名
工作簿/工作表	BookN/SheetN
绘图	GraphN
矩阵工作簿/工作表	MBookN/MSheetN
版面布局设计	LayoutN
函数绘图	GraphN

10. 子窗口保存

除版面设计子窗口外，其他子窗口可以保存为单独文件，以便在其他的项目中打开。保存当前激活状态窗口的菜单命令为【File】→【Save Window As】。Origin 会打开【Save As】对话框，并根据窗口类型自动选择文件扩展名。选择保存位置，输入文件名，则完成当前子窗口的保存。

11. 子窗口模板

Origin 根据相应子窗口模板来新建工作簿、绘图和矩阵子窗口。子窗口模板决定了新建子窗口的性质。例如，新建工作簿窗口，子窗口模板决定了其工作表列数、每列绘图名称和显示类型、输入的 ASCII 设置等；如新建绘图窗口，子窗口模板决定了其图层数，X、Y 轴的设置和图形种类等。Origin 提供了大量内置模板，如提供了大量绘图模板。此外，Origin 还提供了一个模板库，用于绘图模板的分类和提取。当 Origin 工作簿窗口或 Excel 工作簿窗口激活时，选取菜单命令【Plot】→

【Template Library】，可打开模板选择对话框，如图 2-50 所示。通过选择相应的模板可以方便地进行绘图。在该模板选择对话框中，可以看到相应的模板文件名和该图形的预览。

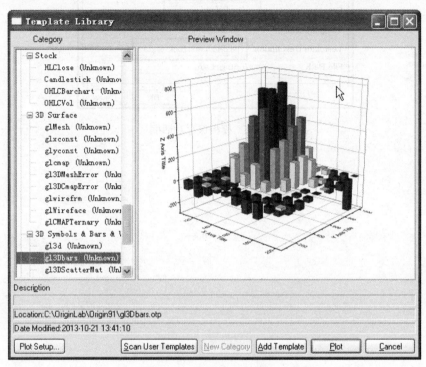

图 2-50 模板选择对话框

通过修改现有模板或新建的方法可以创建自己的模板，方法是按内置模板打开一个窗口，根据需要修改该窗口后，将该窗口另存为模板窗口。例如，在默认的情况下，Origin 工作簿打开时为 2 列表，在该基础上增加 2 列表，并将 C 列的选项设置为 X，如图 2-51 所示；选取菜单命令【File】→【Save Template As...】，打开模板保存对话框，如图 2-52 所示。若在 "category" 选择 "Built-in"，则以后新建 Origin 工作簿时就成为有 2 个 X 的 4 列工作表了。

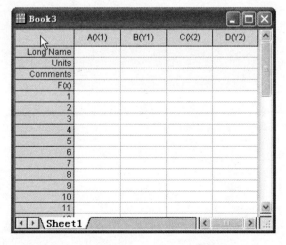

图 2-51 将默认 2 列 Origin 工作簿增加 2 列

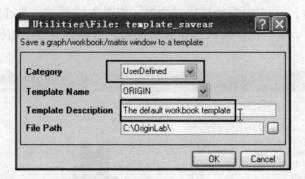

图 2-52　模板保存对话框

第3章　Origin 9.1 数据窗口

Origin 的数据窗口包括多工作表工作簿（Workbook）窗口、多工作表矩阵工作簿（Mbook）窗口和 Excel 工作簿窗口。其中，Excel 工作簿是将 Office 表格处理软件工作簿嵌入 Origin 中的，使其使用更加灵活。

本章主要介绍：

- 多工作表工作簿窗口的使用
- 多工作表矩阵窗口的使用
- 在 Origin 中的 Excel 工作簿使用
- 数据的输入与输出
- 数据导入向导

3.1　工作簿和工作表窗口

3.1.1　工作簿和工作表基本操作

一个 Origin 工作簿可以包含 1～255 个工作表，其工作表可以重新排列、重新命名、添加、删除和移植到其他工作簿去。每一个工作表可以存放 1000000 行和 10000 列的数据。在默认状态下，创建一个 Origin 项目时会同时打开一个带"Sheet1"工作表的"Book1"工作簿。

Origin 工作簿和工作表的主要功能是组织绘图数据。在工作表中能方便地对数据进行操作、扩充和分析。工作表的基本操作包括在工作表中添加、插入、删除、移动行和列，以及行、列转换等。

（1）将一个工作簿中的工作表移至另一个工作簿。用鼠标按住该工作表标签，将该工作表拖曳至目标工作簿中。如果在用鼠标按住该工作表标签的同时按下"Ctrl"键，将该工作表拖曳至目标工作簿中，则是将该工作表复制到目标工作簿中。

（2）用一个工作簿中的工作表创建新工作簿。用鼠标按住该工作表标签，将该工作表拖曳至 Origin 工作空间中空处，则创建了一个含该工作表的新工作簿。若在用鼠标按住该工作表标签的同时按下"Ctrl"键，将该工作表拖曳至 Origin 工作空间中空处，则是将该工作表复制后创建一个新工作簿。

（3）工作簿命名及标注。用鼠标右键单击工作簿标题栏，在弹出的菜单中选择【Properties...】，在弹出的【Window Properties】对话框中的"Long Name"栏、"Short Name"栏和"Comments"栏中输入名称和注释，并选择工作簿标题栏名称的显示方式按钮。【Window Properties】对话框如图 3-1 所示。

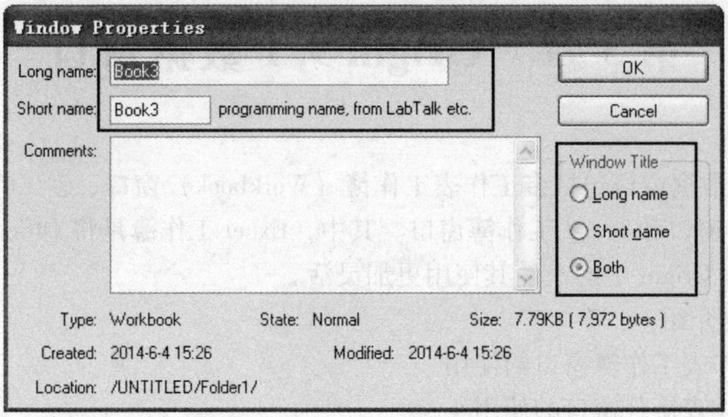

图 3-1　【Window Properties】对话框

（4）工作簿中工作表插入、复制、删除、重命名和移动。用鼠标右键单击工作表标签，弹出快捷菜单如图 3-2 所示。在弹出的快捷菜单中选择相应命令，可以完成工作表插入、复制、删除、重命名和移动等操作。例如，选择【Rename】后，可以对该工作表进行重命名。该菜单中的工作表复制有带工作表数据和不带工作表数据两种方式。

（5）添加列。选择菜单命令【Column】→【Add New Columns】，或在标准工具栏中单击 按钮。添加的列以字母顺序（A、B、C、…、X、Y、Z、AA、AB、AC...）自动命名。

（6）插入列和删除列。若要在工作表中某处插入一列，可选中其右边的列，选择菜单命令【Edit】→【Insert】，或单击鼠标右键，在弹出的快捷菜单中选择

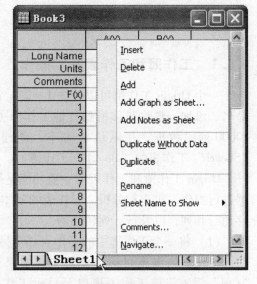

图 3-2　用鼠标右键单击工作表标签
弹出的快捷菜单

"Insert"命令。若要删除某列，可在工作表中高亮度选中该列，选择菜单命令【Edit】→【Delete】，或单击鼠标右键，在弹出的快捷菜单中选择"Delete"命令。

（7）移动列。在工作表中高亮度选中要移动的列，选择菜单命令【Column】→【Move Column】，在弹出的二级菜单中选择想要进行的移动列操作。移动列的二级菜单如图 3-3 所示。移动列也可在打开的列工具栏中通过单击相应按钮来实现。列移动按钮如图 3-4 所示。

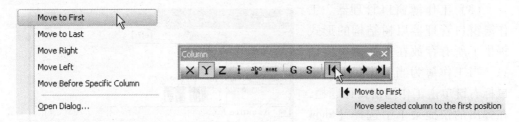

图 3-3　移动列的二级菜单　　　　　　　图 3-4　列移动按钮

（8）行、列转换。在工作表被激活的状态下，选择菜单命令【Worksheet】→【Transpose】可实现行、列转换。

3.1.2　工作簿窗口管理

Origin 工作簿由工作簿模板创建，而工作簿模板存放了工作簿中的工作表数量、工作表列名称及存放的数据类型等信息。工作簿窗口管理器（Workbook Organizer）以树结构的形式帮助用户了解这些工作簿信息。有些工作簿的信息，如工作表列名称，还可以在工作簿窗口管理器中进行编辑。

（1）工作簿模板创建。工作簿模板文件（＊.otw）包含了工作表的构造信息，它可由工作簿创建特定的工作簿模板。将当前工作簿窗口保存为工作簿模板的方法为：选择菜单命令【File】→【Save Template As】，打开【Save Template As】窗口，选择工作簿模板存放路径和文件名进行保存。

（2）用工作簿模板新建工作簿。选择菜单命令【File】→【New】，选择打开"Workbook…"窗口类型，打开【New Workbook】对话窗口，选择工作簿的设置（默认时采用系统的工作簿模板）。单击"OK"按钮，新建一个按设置要求的工作簿。图 3-5a 和图 3-5b 所示分别为打开"Workbook…"窗口类型菜单和【New Workbook】对话窗口。

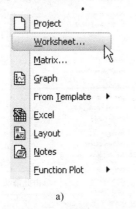

a)

b)

图 3-5　"Workbook…"窗口类型菜单和【New Workbook】对话窗口

（3）工作簿窗口管理器。工作簿窗口管理器以树结构的形式提供了所有存放在工作簿中的信息。当工作簿为当前窗口时，用鼠标右键单击工作簿窗口标题栏，在弹出的快捷菜单中选择【Show Organizer】命令，即可以打开该工作簿窗口管理器。图 3-6 所示为打开的 sample. wav 工作簿和工作簿窗口管理器。通常工作簿窗口管理器由左、右面板组成。当用户选择了左面板中的某一个对象时，则可在右面板中了解和编辑该对象。

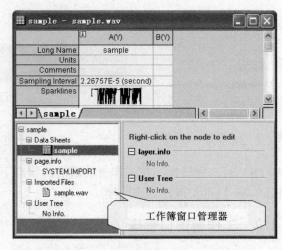

图 3-6　打开的 sample. wav 工作簿和工作簿窗口管理器

3.1.3　工作簿中的工作表

　　工作表的主要用途是管理原始数据和分析结果。除此以外，工作表的另一个用途是对数据进行操作。

　　（1）工作表列数据集。工作表是由能容纳一维文本、数字、时间和日期类型数据的列构成的数据集，其中每一列的数据可以单独配置以供绘图或进行数据分析操作。每一个数据集的名称是唯一的，一般用工作簿名称、工作表名称和列名称构成，即"［BookName］SheetName！ColumnName"。

　　（2）绘图标记（Plot Designation）。工作表中的列绘图标记是 Origin 在绘图时或进行数据分析时处置数据用的。工作表中的列绘图标记（括号中）有 X 轴（X）、Y 轴（Y）、Z 轴（Z）、标签（Label）、忽略（Disregard）、X 轴误差棒［X Error（bar）］、Y 轴误差棒［Y Error（bar）］和组群（Group or Subject）等。其中，忽略绘图标记列中的数据在绘图中不显示。设置绘图标记的方法有多种，最方便的方法是用鼠标右键单击工作表中列的标题，在弹出的快捷菜单中选择【Set As】命令，在其二级菜单中选择相应列绘图标记，如图 3-7 所示。此外，单击图 3-7 所示二

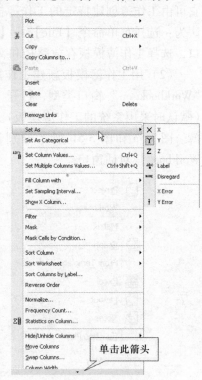

图 3-7　选择列绘图标记

级菜单中底部箭头，可以看到有关该菜单的过多信息。

（3）设置工作表抽样间隔（Sampling Interval）。工作表抽样间隔的设置是在工作表中设置等间隔 X 增量的快速方法。设置工作表抽样间隔的方法是，首先使工作表中不含有 X 轴（X 列）绘图标记，然后选中工作表中所有的列，用鼠标右键单击工作表，在弹出的快捷菜单中选择【Set Sampling Interval...】命令，在弹出的【Data Manipulation】菜单中选择 X 初值和 X 增量。图 3-8 所示为 sample.wav 工作簿【Data Manipulation】菜单中，X 初值为 0 和 X 增量为 2.26757×10^{-5}、时间单位为秒（s）的情况。

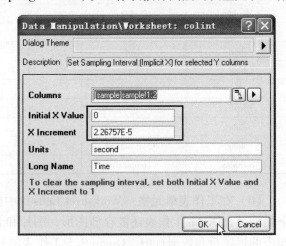

图 3-8　在【Data Manipulation】菜单中
选择 X 初值和 X 增量

（4）工作表分类数据（Categorical Data）。Origin 工作表中的 X 轴数据和 Y 轴数据都支持分类数据类型。用分类数据绘图需在工作表中将该列设置成"Categorical"数据类型。

（5）工作表列数字显示和设置。工作表列数字可以指定为特定的格式（如文本 + 数字、数字等）和数据类型（如数字可以是双精度型和实数型等），具体的数据类型需要根据计算机内存和需要而定，默认时为双精度型。工作表列数字格式和类型设置方法是：双击列标题，打开【Column Properties】对话框，在"Options"栏中选择相应的数字格式和类型。【Column Properties】对话框如图 3-9 所示。若数字格式为数字"Numeric"时，则在数字类型"Data Type"下拉列表中可选择的数字类型见表 3-1。

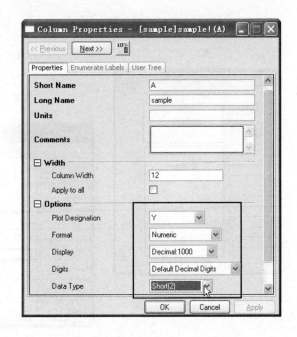

图 3-9　【Column Properties】对话框

表 3-1　工作簿和矩阵工作簿的数字类型与取值范围

工　作　簿	矩阵工作簿	字　节	取　值　范　围
double	double	8	±1.7E±308（15 位）
real	float	4	±3.4E±38（7 位）
short	short	2	−32768～32767
long	int	4	−2147483648～2147483647
char	char	1	−128～127
byte	char，unsigned	1	0～255
ushort	short，unsigned	2	0～65535
ulong	int，unsigned	4	0～4294967295
complex	complex	16	±1.7E±308（15 位）

（6）在工作表单元格（Worksheet Cells）中插入图形、图片和其他对象。除数字类型外，Origin 工作表还能存储图形、图片和其他对象。这些对象可以存放在工作表的标题行和数据行中。Origin 9.1 工作表的标题行中增加了 F(x) 函数行，工作表的标题行和数据行如图 3-10 所示。在工作表单元格中插入对象的方法是：选择要插入对象的工作表单元格，用鼠标右键单击打开快捷菜单，选择要插入对象的类型。例如，图 3-11 所示为在工作表单元格中采用文件的方式插入图形。

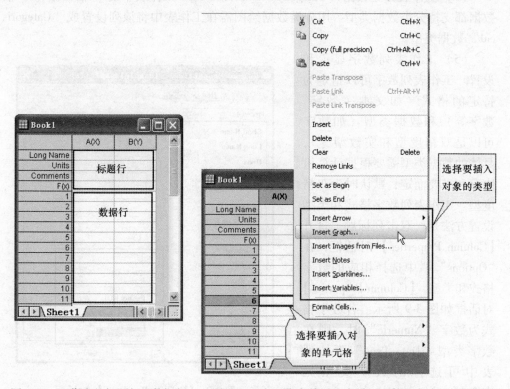

图 3-10　工作表的标题行和数据行　　　图 3-11　在工作表单元格中采用文件的方式插入图形

3.1.4　数据输入与删除

Origin 工作表中的数据输入方法非常灵活，除可直接在 Origin 工作表单元格中进行数据的添加、插入、删除、粘贴、移动外，还有以下多种数据交换的方法：

（1）从其他软件的数据文件导入。例如，从 ASCII、Excel、Sound、NI DIAdem、MATLAB、Minitab 和 SigmaPlot 等数十种第三方软件的数据文件中导入数据。方法是：通过选取菜单命令【File】→【Import】，打开图 3-12 所示的数据文件导入窗口，通过选择相关的数据格式文件进行数据导入。

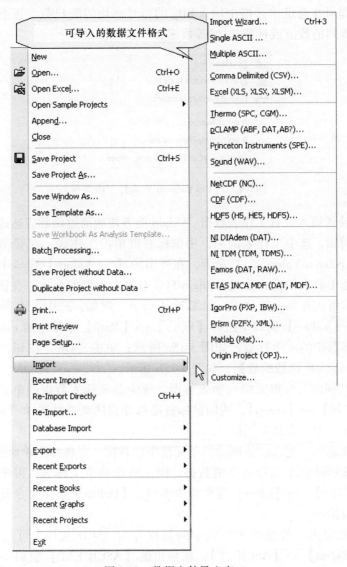

图 3-12　数据文件导入窗口

（2）用拖曳方法导入数据。在 Origin 软件打开的情况下，直接将第三方数据文件从 Windows 管理器拖曳到 Origin 工作空间来。当数据文件格式复杂时，Origin 软件会自动打开数据导入向导，导入数据。

（3）通过剪切板交换数据。通过剪切板，可与其他软件或在不同的工作表之间进行数据的交换。

（4）在列中输入相应行号或随机数。选中工作表中的列或单元格，选择菜单命令【Column】→【Fill Column With】打开其二级菜单，如图 3-13 所示。在二级菜单中选择【Row Numbers】、【Uniform Random Numbers】或【Normal Random Numbers】，即可在选定单元格中输入相应的行号、均匀随机数、正态随机数、一列中按要求排列的数值或日期/时间等数据。

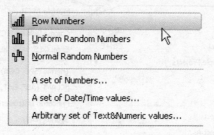

图 3-13 【Fill Column With】二级菜单

（5）用公式输入设置工作表数据。Origin 能方便地通过函数表达式在工作表中输入数据。例如，选中工作表的列，用鼠标右键单击工作表，在弹出的快捷菜单中选择【Set column Values...】命令，在弹出的【Set Values】窗口中的输入函数表达式对话框中输入相应的公式。Origin 自带有很多内置的公式，在该菜单中，单击 F(x) 菜单可选择其内置公式，如图 3-14 所示。例如，选中工作表的列 A(X)，在弹出的【Set Values】窗口中选择【F(x)】→【Math】菜单中的 exp(x) 函数公式，并设该函数中的 x 为行号，如图 3-15a 所示；单击"OK"按钮，则在工作表中得到一组 exp(x) 函数的数据，如图 3-15b 所示。

（6）在某列的一个单元格前插入数据。选中需要插入数据的单元格处，选择菜单命令【Edit】→【Insert】，或用鼠标右键打开快捷菜单并选择"Insert"，则在该单元格前插入了一个新单元格。

（7）数据删除。先选中要删除的单元格中的数据，再选择菜单命令【Edit】→【Clear】。若要删除整个工作表中的数据，则先选中整个工作表，再选择菜单命令【Edit】→【Clear】。与【Clear】菜单命令不同，【Delete】菜单命令是删除选中的单元格及其数据。

（8）数据输出。若想将工作表中的数据存为 ASCII 文件，可选择菜单命令【File】→【Export】→【ASCII...】，在弹出的【ASCII EXP】窗口中选择输出格式选项，如图 3-16 所示。单击"OK"按钮，完成数据输出。

图 3-14 【Set Values】菜单和 Origin 自带的内置公式

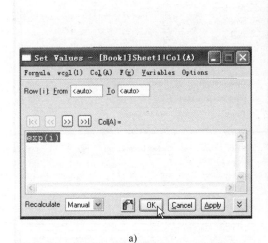

a)

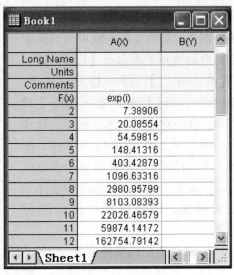

b)

图 3-15 用内置 exp(x)函数公式在工作表中输入该函数行号的数值

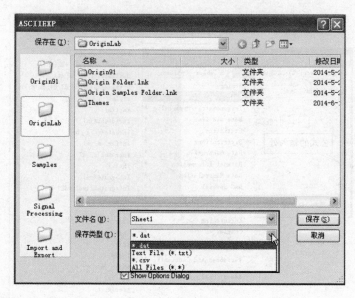

图 3-16　ASCII 输出窗口

3.1.5　工作表窗口设置

1. 工作表窗口显示设置

与其他窗口一样，包括工作表标题显示在内，工作表窗口可按需要进行定制。在工作表窗口的单元格外双击，或在工作表窗口为当前激活窗口时选择菜单命令【Format】→【Worksheet...】，即可打开【Worksheet Properties】对话框，如图 3-17 所示。在该对话框中选择相应的选项卡，可以对工作表窗口的字体、标题、单元格尺寸、颜色等显示参数进行灵活设置。例如，图 3-17 中选择了格式标签，可对数据的格式进行选择。

2. 工作表窗口属性设置

（1）列标题命名和列标签。默认时，Origin 列标题从左到右用字母命名。通过双击列标题，打开【Col-

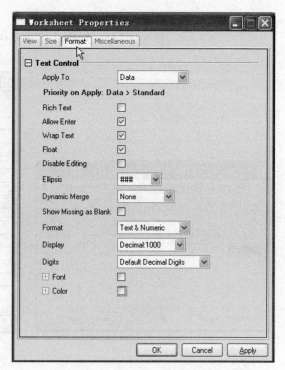

图 3-17　【Worksheet Properties】对话框

umn Properties】对话框，可对其重新命名。Origin 9.1 在列标签上进行了改进，增加了函数和参数等标签，在默认时工作表就带有列标签栏，用户可以根据需要输入增加标签。列标签为工作表数据提供更多的信息，如数据单位、数据说明和数据预览精灵（Sparklines）。例如，在工作表为当前窗口时，用鼠标右键单击窗口中空白，在打开的菜单中选择"Show Organizer"，可对工作表列标签进行选择和增加，如图 3-18a 所示。工作表的列标题和列标签如图 3-18b 所示。

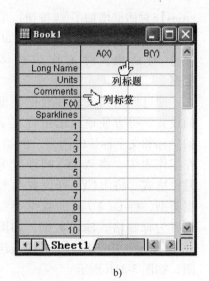

图 3-18　工作表的列标题和列标签

（2）数据列关联设置。工作表的数据列可设置为多个 X 关联列。绘图时，每个 X 列和与之对应的 Y 列进行绘图。图 3-19 所示为设置多个 X 关联列工作表。在工作表选定的情况下，A［X1］与 B［Y1］，C［X2］与 D［Y2］、E［Y2］，F［X3］与 G［Y3］的数据将分别绘图。

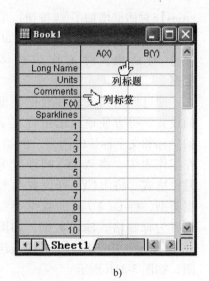

图 3-19　设置多个 X 关联工作表

3. 数据类型和格式设置

通过双击 Origin 工作表中的表头，打开【Column Properties】对话框，如图 3-20 所示。在该对话框中，可对工作表中的数据类型和格式进行设置。数据类型包括数字型、文本型、日期型、月份型、星期型、文本与数字型；数据格式有十进制、科学计数等多种方法。Origin 9.1 在【Column Properties】对话框增加了 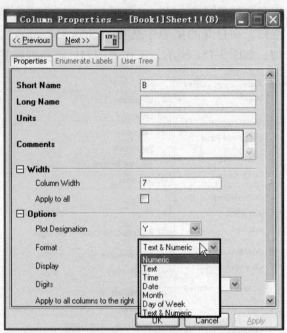 按钮，单击该按钮，可快捷打开【Set Values】对话框，对工作表输入数据。

通过数据列关联和数据类型的设置，可方便地绘出带有文字的坐标和文字标签的图表。例如，在工作表中，将 A(X) 列设置为月份格式，将 B(Y) 列设置为数据类型，将 C(Y) 列的数据类型设置为标签格式输入数据，如图 3-21a 所示；用 2D Column 模板绘图，如图 3-21b 所示。

图 3-20 【Column Properties】对话框

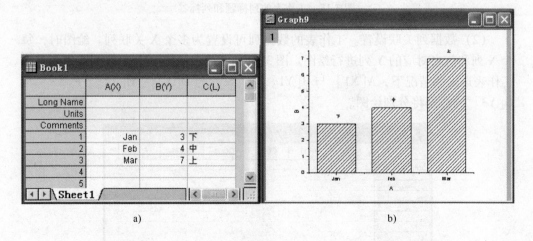

a)   b)

图 3-21 数据列关联设置绘制带有文字的坐标和文字标签的图表

4. 工作表快捷菜单

工作表快捷菜单对工作表的操作非常有用。当工作表为当前窗口时，如果选择工作表的地方不同，用右键打开的快捷菜单的内容也不相同。当选中工作表列或整个工作表时，打开的快捷菜单如图 3-22a 所示；当选中工作表中的单元格时，打开的快捷菜单如图 3-22b 所示；在工作表空白处打开的快捷菜单，如图 3-22c 所示。在打开的图 3-22a 所示的快捷菜单中的底部有一个向下的三角形，单击该三角形，可选择该菜单的其余选择项。

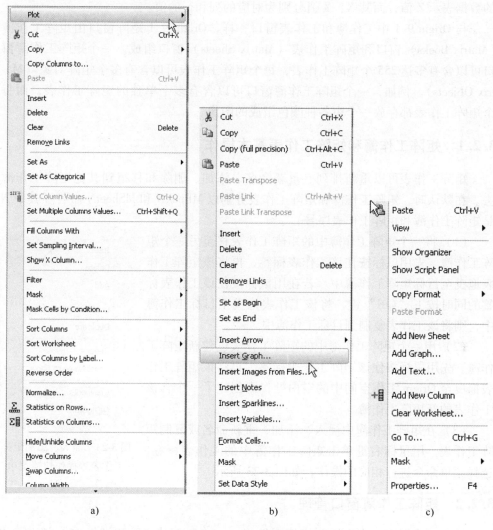

a)　　　　　　　　　　　b)　　　　　　　　　　　c)

图 3-22　工作表快捷菜单

3.2　矩阵工作簿和矩阵工作表窗口

在 Origin 中主要有工作表和矩阵两种数据结构。工作表中的数据可用来绘制二维和某些三维图形，但如果想绘制 3D 表面图、3D 轮廓图，以及处理图像时，则需要采用矩阵格式存放数据。矩阵数据格式中的行号和列号均以数字表示，其中，列数字线性将 X 的值均分，行数字线性将 Y 的值均分，单元格中存放的是该 XY 平面上的 Z 值。要观察矩阵某列或某行的 X 和 Y 值，可选择菜单命令【View】→【Show X/Y】，X 和 Y 值就显示在行号和列号栏上。在矩阵的每一个单元格中显示的数据表示 Z 值，而其 X、Y 值分别为对应的列和行的值。

　　与 Origin 9.1 中工作簿和工作表窗口一样，Origin 9.1 矩阵窗口由矩阵工作簿（Matrix Books）窗口和矩阵工作表（Matrix Sheets）窗口组成。一个矩阵工作簿窗口可以含有多达 255 个矩阵工作表，每个矩阵工作表可以含有多个矩阵对象（Matrix Objects）。例如，一个矩阵工作簿窗口可以含有多个单独的矩阵工作表，而每个矩阵工作表都存放一个由各种颜色组成的图像。

3.2.1　矩阵工作簿和矩阵工作表基本操作

　　矩阵工作表可以重新排列、重新命名、添加、删除和移植到其他矩阵工作簿去。在默认时，矩阵工作簿和矩阵工作表分别以 MBookN 和 MSheetN 命名（其中 N 是矩阵工作簿和矩阵工作表序号）。

　　（1）将一个矩阵工作簿中的矩阵工作表移至另一个矩阵工作簿。先用鼠标按住该工作表标签，再将该矩阵工作表拖曳至目标矩阵工作簿中。若在用鼠标按住该工作表标签的同时按下"Ctrl"键，将该工作表拖曳至目标工作簿中，则将该工作表复制到目标工作簿中。

　　（2）用一个矩阵工作簿中的矩阵工作表创建新矩阵工作簿。先用鼠标按住该矩阵工作表标签，再将该矩阵工作表拖曳至 Origin 工作空间中的空白处，则创建了一个含该工作表的新矩阵工作簿。

　　（3）在矩阵工作簿中插入、添加、重新命名或复制矩阵工作表。用鼠标右键单击矩阵工作簿中的工作表标签，选择菜单命令进行相应的操作，如图 3-23 所示。

图 3-23　插入、添加矩阵工作表等操作快捷菜单

3.2.2　矩阵工作簿窗口管理

　　矩阵工作簿窗口可由矩阵模板文件（＊.otm）创建。矩阵模板文件存放了该矩阵工作表数量、每张矩阵工作表中的行数与列数等信息。

　　（1）创建矩阵工作簿模板。矩阵工作簿模板文件可由矩阵工作簿创建。将当前矩阵工作簿窗口保存为工作簿模板的方法是：选择菜单命令【File】→【Save Template As】，打开【Save Template As】窗口，选择矩阵工作簿模板存放路径和文件名进行保存。

（2）用矩阵工作簿模板新建矩阵工作簿。选择菜单命令【File】→【New】，打开【New】对话窗口，在下拉菜单中选择打开【Matrix】窗口类型和矩阵工作簿模板文件（默认时采用系统的矩阵工作簿模板），也可在此时单击"Set Default"按钮，将此时的矩阵工作簿模板文件设置成默认矩阵工作簿模板。

（3）矩阵工作簿窗口管理器。与工作簿相同，矩阵工作簿窗口管理器也以树结构的形式提供了所有存放在矩阵工作簿中的信息。当矩阵工作簿为当前窗口时，用鼠标右键单击矩阵工作簿窗口标题栏，在弹出的快捷菜单中选择【Show Organizer】命令，即可以打开该矩阵工作簿窗口管理器。

（4）在矩阵工作表中添加矩阵对象。一张矩阵工作表可以容下高达65527个的矩阵对象（Matrix Objects）。当矩阵工作表为当前窗口时，选择菜单命令【Matrix】→【Set Value...】，打开【Set Values】对话框，在该对话框中设置矩阵对象的值。图 3-24 所示为在矩阵工作表中用公式$[\sin(x)\hat{\ }2 + \cos(y)\hat{\ }2]$输入数据。

图 3-24　在矩阵工作表中用公式
$[\sin(x)\hat{\ }2 + \cos(y)\hat{\ }2]$输入数据

3.2.3　矩阵窗口设置

1. 矩阵数据属性设置

矩阵属性（Matrix Properties）对话框用以控制矩阵工作表中数据的各种属性。选择菜单命令【Matrix】→【Set Properties】，打开矩阵属性【Matrix Properties】对话框，如图 3-25 所示。在该对话框中可以对矩阵中的数据属性进行设置。Origin 9.1 在【Matrix Properties】对话框增加了🔢按钮，单击该按钮，可快捷打开【Set Values】对话框，对矩阵工作表输入数据。

2. 矩阵大小和对应的 X、Y 坐标设置

为设置矩阵大小和与之相关的 X、Y 坐标，选择菜单命令【Matrix】→【Set Dimensions/Labels...】，打开矩阵设置【Matrix Dimensions and Labels】对话框，如图 3-26 所示。在该对话框里，可对矩阵的列数和行数、X 坐标和 Y 坐标的取值范围进行设置，还可对 X 坐标、Y 坐标和 Z 坐标标签进行设置。Origin 将根据设置的列数和行数线性将 X、Y 值均分。

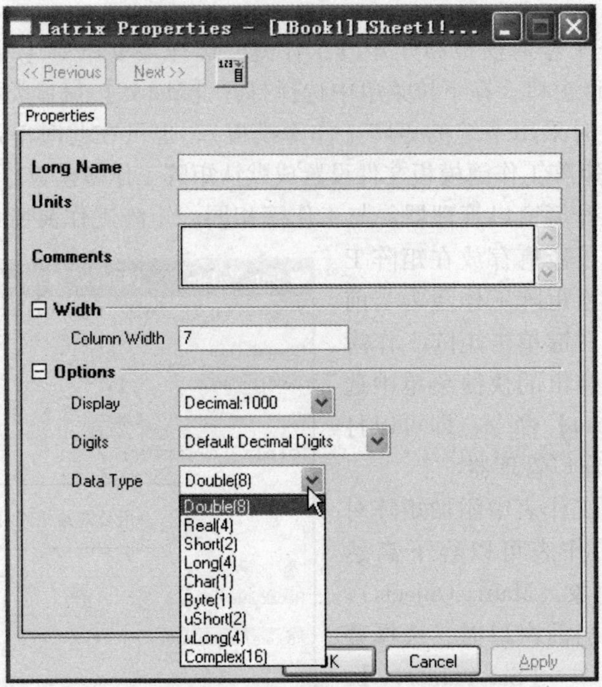

图 3-25 矩阵属性【Matrix Properties】对话框

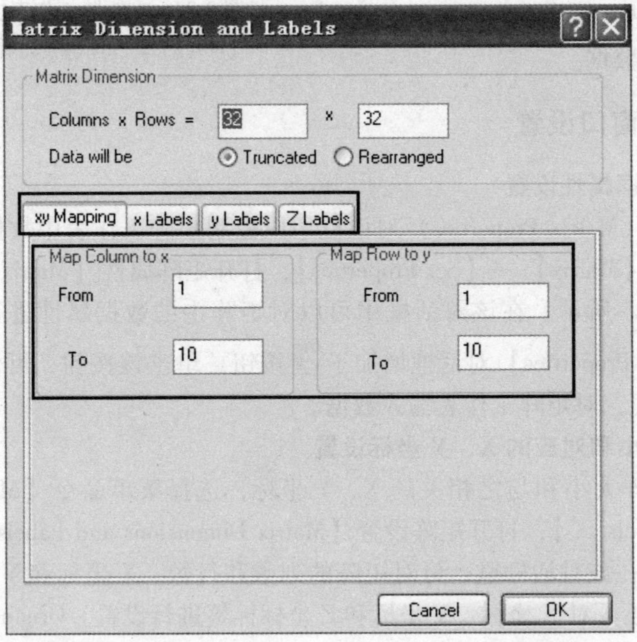

图 3-26 矩阵设置【Matrix Dimensions and Labels】对话框

3.2.4 矩阵工作表窗口操作

1. 从数据文件输入数据

选择菜单命令【File】→【Import】→【Single ASCII...】或【File】→【Import】→【Multiple ASCII...】，按对话框提示从数据文件输入数据。此时输入的数据为 Z 值，还需在矩阵设置对话框中对矩阵的 X、Y 映像值进行设置。

2. 矩阵行、列转置

实现当前矩阵窗口的行、列转置的方法是选择菜单命令【Matrix】→【Transpose...】，进行矩阵的行、列转置。

3. 矩阵旋转

选择菜单命令【Matrix】→【Rotate90】，即可完成将该矩阵工作表每一列中的最后一个单元格转变成第一个单元格。

4. 矩阵翻转

图 3-27 【Flip】
的二级菜单

选择菜单命令【Matrix】→【Flip】，打开其二级菜单，如图 3-27 所示。可以选择"Horizontal"或"Vertical"，分别实现矩阵的水平或垂直翻转。其中，水平翻转的含意为第一列转变为最后一列，而垂直翻转的含意为将每一列最后一个单元格中的数据转变到第一个单元格中。

5. 矩阵扩充

矩阵扩充采用插值方法增加矩阵的点数。选择菜单命令【Matrix】→【Expand...】，打开【Data Manipulation】对话框（见图 3-28），在"Col Factor"和"Row Factor"中输入扩充参数，进行矩阵扩充。例如，当"Col Factor"和"Row Factor"都是 2 时，将原矩阵的行与列都扩充一倍。

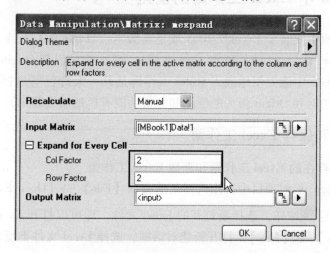

图 3-28 【Data Manipulation】对话框

此外，矩阵的操作还有收缩（Shrinking）和替代（Replacing）等，由于使用较少，这里不作介绍。

3.2.5 工作表与矩阵互转换

1. 工作表转换为矩阵

Origin 提供了数个将工作表转换为矩阵的方法，有直接转换、扩充列转换、2D重新分级转换、规则 XYZ 转换和自由 XYZ 转换等。采用何种转换方式取决于工作表中的数据类型。当工作表为当前激活窗口时，选择菜单命令【Edit】→【Convert to Matrix】，然后选择相应的转换方式，即实现了工作表向矩阵的转换。具体工作表转换为矩阵的方法，将在后面用到时再进一步介绍。

2. 矩阵转换为工作表

Origin 提供了两种将矩阵转换为工作表的方式，即直接转换和转换后生成具有 XYZ 列的工作表。方法为选择菜单命令【Matrix】→【Convert to Worksheet...】，打开【Data Manipulation】对话框，进行设置。【Data Manipulation】对话框如图3-29 所示。

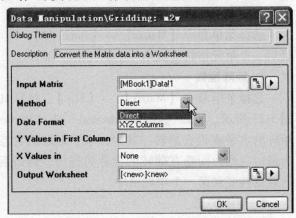

图 3-29 【Data Manipulation】对话框

3.3 Origin 中 Excel 工作簿的使用

如果计算机中安装了 Excel97-2003 或更高版本（Origin 9.1 支持 Excel 2007 等版本，可打开 *.xls、*.xlsx 和 *.xlsm 文档），那么就可以在 Origin 中打开 Excel 工作簿。在 Origin 中能方便地嵌入 Excel 工作簿是其一大特色（这样就把 Excel 强大的电子表格功能和 Origin 强大的绘图和分析功能有机地结合起来）。

3.3.1 打开和保存 Excel 工作簿

1. 打开已存在的 Excel 工作簿和新建 Excel 工作簿

在一个 Origin 工程项目中，用选择菜单命令【File】→【Open Excel...】或单击标准工具栏的▦按钮，选择要打开的 Excel 文件，即可以打开 Excel 文件。选择菜单命令【File】→【New】，打开新建对话框，选择 Excel 文件类型，或单击标准工具栏的▦按钮，则可新建一个 Excel 工作簿。

2. 保存 Excel 工作簿

在 Origin 项目中，有两种方法可以保存 Excel 工作簿，即把 Excel 工作簿保存在 Origin 项目之内或之外。

如果 Excel 工作簿被保存在 Origin 项目之内，那么它就成为 Origin 项目的一部分，只能通过打开项目文件的方式打开。如果 Excel 工作簿被保存在 Origin 项目之外，那么 Origin 项目只保存对该 Excel 工作簿的链接，而该 Excel 工作簿仍然可以由 Excel 打开和编辑。

在默认状态下，如果 Origin 项目中打开的是已经存在的 Excel 工作簿，那么该 Excel 工作簿保存在 Origin 项目之外；如果要保存的是在 Origin 项目中新建的 Excel 工作簿，那么该 Excel 工作簿将保存在 Origin 项目之内。保存选项可以在【Workbook Properties】对话框中更改。把 Excel 工作簿保存在 Origin 项目之内的步骤如下：

（1）在 Excel 工作簿窗口为当前窗口时，用鼠标右键单击 Excel 工作簿窗口的标题栏。

（2）在打开的快捷菜单中选择 "Properties"，然后在打开对话框的 "Save As" 组中选择 "Internal" 单选命令按钮，如图 3-30 所示。

（3）单击 "OK" 按钮，则完成在保存 Origin 项目时，Excel 工作簿被一起保存在 Origin 项目内的设定。

如果在 "Save As" 组中选择 "External" 单选命令按钮，并选择 "Update Automatical" 复选框，则 Excel 工作簿保存在 Origin 项目之外。但当 Excel 工作簿更新数据时，其项目内容也会自动更新。

与其他 Origin 子窗口相同，Excel 工作簿可与 Origin 项目分开保存。分开保存 Excel 工作簿的方法

图 3-30　Excel 工作簿属性对话框

是：用鼠标右键单击工作簿表头，在弹出的快捷菜单中选择 "Save Workbook As. . ."，或选择菜单命令【File】→【Save Window. . .】，将保存文件类型选择为 *. xls 后进行保存。

当 Excel 工作簿在 Origin 中为当前窗口时，Origin 的主菜单、工具栏、状态栏和快捷菜单都发生相应的改变，请读者自己体会。

3.3.2　Excel 工作簿和表单的重命名与使用

1. Excel 工作簿和表单的重命名

用鼠标右键单击 Excel 工作簿表头，在弹出的快捷菜单中选择"Properties"，在打开的对话框中输入新文件名，完成工作簿重命名。通过选择菜单命令也可以完成工作簿重命名。

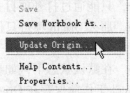

如果给一个在 Origin 已绘图的工作簿表单重命名，Origin 将失去图与工作表之间的关联。重新建立它们之间的关联的方法是：用鼠标右键单击工作簿表头，在弹出的快捷菜单中选择"Update Origin..."实现关联，如图 3-31 所示。

图 3-31　弹出的关联
快捷菜单

2. 用 Excel 工作簿中的数据绘图

在 Origin 中用 Excel 工作簿数据绘图的方法有：对话框法、拖曳法和默认法。

（1）对话框法绘图。这种方法是指利用【Select Data for Plotting】对话框，将工作簿中的列分别指定为 X 或 Y，然后绘图。例如，打开 Origin 9.1 \ Samples \ Graphing \ Excel Data. xls 工作簿，如图 2-32 所示。

1）选择菜单命令【Plot】→【Column/Bar/Pie】，单击"Column"图标，打开【Select Data for Plotting】对话框。

2）在工作簿中选中 A 列，然后单击该对话框中的图标 X，则 A 列作为绘图的 X 列。

3）在按下"Ctrl"键的同时，在工作簿中选中 C 列和 F 列，然后单击对话框中的图标 Y，则将 C 列和 F 列作为绘图的 Y 列。选择后的对话框如图 3-32 所示。

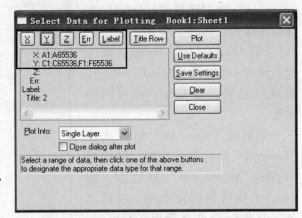

图 3-32　【Select Data for Plotting】选择后的对话框

在对话框中，命令按钮行下文本显示框的内容表示数列的类型和范围。例如，X：A1：A65536 表示 A 列的第 1 行到第 65536 行代表 X。

4）单击"Plot"，绘出如图 3-33 所示的直方图。

（2）拖曳法绘图。选中 Excel 工作簿的数列，并将其拖到 Origin 绘图窗口，称为用拖曳法绘图。Origin 对其作了以下规定：

1）如果选中的是一列（或一列的数据段），那么绘图时将该列数据作为 Y 值，其行标号作为 X 值。

2）如果选中的是两列以上（或两列以上的数据段），那么绘图时将最左列数据作为 X 值，其他列数据作为 Y 值。

3）如果选中的是两列以上（或两列以上的数据段），而且拖动数列时按下"Ctrl"键，那么将全部的列数据作为 Y 值，行标号作为 X 值。

拖曳法绘图的步骤如下：

1）单击标准工具栏上的"New Graph"命令按钮，新建一个绘图窗口。

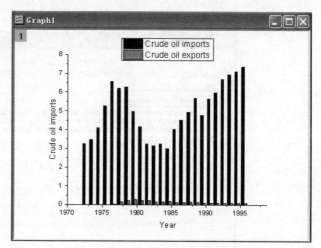

图 3-33　用 A 列与 C 列、F 列绘出的直方图

2）在激活的 Excel 工作簿窗口里选择要绘图的列（如选择图 2-32 中所示的前 A 列、B 列和 C 列）。

3）在选中 A 列、B 列和 C 列的情况下用鼠标拖曳到新建的绘图窗口，如图 3-34 所示。

（3）默认法绘图。这种方法允许选择工作簿数据和图形的类型，然后 Origin 根据默认设置绘制数据曲线图。该方法不是 Origin 启动时的默认选项，需 从【Window】→【Origin Options】对话框内激活。

1）如果 Excel 工作簿是当前激活窗口（见图 2-32），选择 菜 单 命 令【Window】→

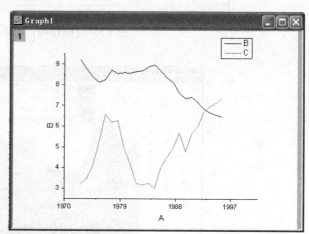

图 3-34　拖曳法绘图

【Origin Options】（如果当前窗口是 Origin 窗口，应选择菜单命令【Tools】→【Options】），打开【Options】对话框，如图 3-35 所示。

2）在 Excel 选项卡内，选择"Default Plot Assignments"复选框，单击"OK"按钮，在弹出的对话框中单击"No"命令按钮。

3）在 Excel 工作簿激活的状态下，选择 A 列后用"Ctrl + 单击"选择 D 列至 G 列。

4）选择菜单命令【Plot】→【Area】，单击"Stacked Area"图标，绘制面

积图，如图 3-36 所示。

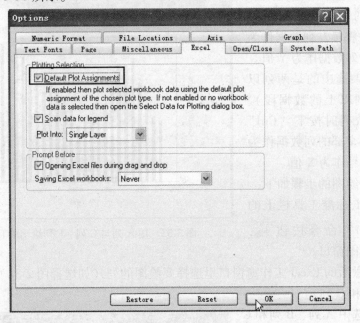

图 3-35　【Options】对话框

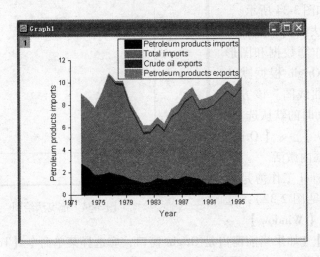

图 3-36　A 列、D 列至 G 列面积图

3.4　数据的输入与输出

在创建图形或数据分析的过程中，可能需要用到其他第三方应用程序中的数据。例如，导入 ASCII 数据文件、dBASE 数据文件等。此外，当 Origin 工作表中的

数据需要为第三方应用程序所用时，则又需要将工作表数据输出到 ASCII 数据文件。本节主要介绍工作表中数据的输入与输出。

1. Origin 工作表数据的导入

在 Origin 中创建项目、绘制图形时，可能要用到第三方应用程序中的数据。Origin 为其提供了丰富的数据接口资源，除 ASCII 文件、Excel 工作簿、数据库文件、Matlab 数据文件、NI 数据文件外，还包括 pClamp、TDM 和 NetCDF 数据文件等。第三方应用程序的数据文件格式见表 3-2。数据导入的基本方式是把其他应用程序创建的数据文件导入到 Origin 的工作表窗口。步骤如下：

（1）在 Origin 中激活工作表窗口，选择菜单命令【File】→【Import】，其下拉菜单显示了 Origin 支持的数据格式。

（2）选择相应的文件类型，Origin 将打开相应的对话框。

（3）选择文件位置及文件名，单击"打开"命令按钮，即可把数据导入工作表。

Origin 9.1 支持多 ASCII 文件的导入。选择菜单命令【File】→【Import】→【Multiple ASCII】，Origin 会弹出【ASCII】对话框，在该对话框中选中多个 ASCII 文件，单击"OK"按钮，则可完成多 ASCII 文件的导入。

此外，当激活窗口为绘图窗口时，Origin 9.1 支持数据向导方式导入数据，并且直接按照默认的绘图选项绘制出数据曲线图。选择菜单命令【File】→【Import】→【Import Wizard...】，打开【Import Wizard-Source】窗口，选择导入数据类型，实现数据导入。

表 3-2　第三方应用程序的数据文件格式

文件类型（扩展名）	文件类型（扩展名）
Thermo（SPC，CGM）	Prism（PZFX，XML）
pCLAMP（ABF，DAT）	MATLAB（Mat）
Princeton Instruments（SPE）	Minitab（MTW，MPJ）
Sound（WAV）	KaleidaGraph（QDA）
NetCDF（NC）CDF（CDF）	SigmaPlot（JNB）
HDF5（H5，HE，HDF5）	MZXML（mzData，mzXML，mzML，imzML）
NI DIAdem（DAT）	EarthProbe（EPA）
NI TDM（TDM，TDMS）	EDF（EDF，BDF，REC，HYP）
Famos（DAT，RAW）	Somat SIE（SIE）
ETAS INCA MDF（DAT，MDF）	JCAMP-DX（DX，DX1，JDX，JCM）
IgorPro（PXP，IBW）	HEKA（DAT）

2. 工作表数据的导出

工作表数据的导出有两种形式：通过剪贴板导出和导出为数据文件。

（1）通过剪贴板导出。选择所要复制的数据（方法在前面的章节有详细的论述），再选择菜单命令【Edit】→【Copy】，这些数据就会被复制进剪贴板，然后将其粘贴到其他工作表窗口或其他应用程序中去。

（2）导出为数据文件。Origin 可以把工作表窗口保存为 ASCII 文件，默认文件扩展名为 ∗.dat，默认分隔符为 TAB。导出数据文件的步骤如下：

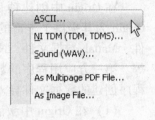

1）激活工作表窗口，如果是要导出整个工作表窗口的数据，可选择下一步；如果只导出一部分数据，可先选定数据范围，再进行下一步。

2）选择菜单命令【File】→【Export】，打开其二级菜单，如图 3-37 所示。

图 3-37　【Export】二级菜单

3）选择导出文件类型，如选择文件类型为 ASCII，弹出【Export ASCII】文件对话框，如图 3-38 所示。ASCII 默认文件扩展名为 ∗.dat。另外，还支持 ∗.txt 和 ∗.csv 两种文件格式。

4）单击"保存"命令按钮，打开图 3-39 所示的 ASCII 导出文件格式对话框，用复选框设置导出文件格式参数，然后单击"OK"按钮进行保存。

图 3-38　【Export ASCII】文件对话框

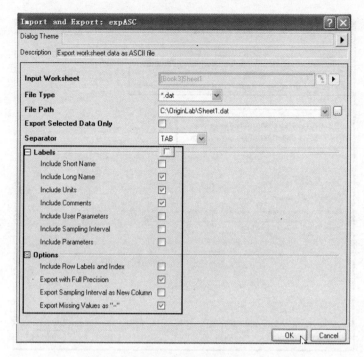

图 3-39　ASCII 导出文件格式对话框

3.5　数据导入向导（Wizard）

数据导入向导提供了一整套 ASCII 文件、简单二进制文件（带头文件和简单二进制结构）和用户自定义文件的导入控制方法，通过向导页面的选择，可将数据按一定格式导入到 Origin 中。数据导入时的设置可存放在过滤（Filter）文件（∗.oif）中，供同类数据导入使用。Origin 在其 Filter 目录下存放有很多内置过滤文件。本节用一个实例介绍数据向导导入数据的过程。

1. 选择导入的数据文件

新建一个项目文件。选择菜单命令【File】→【Import...】→【Import Wizard】，或在标准菜单中单击 按钮，打开【Import Wizard-Source】页面，如图 3-40 所示。在 "Data Type" 复选框中，选择数据类型为 ASCII，通过在 "Data Source" 的选择按钮 选择数据文件。图 3-40 所示为选择了 "Origin 9.1 \ Samples \ Data Manipulation \ Magnetization. dat" 文件。

2. 定制导入数据设置

单击 "Next" 按钮进入【Import Wizard-File Name Options】页面，如图 3-41 所示。在该页面中设置文件名选项，再单击 "Next" 按钮。【Import Wizard-Header Lines】页面如图 3-42 所示。

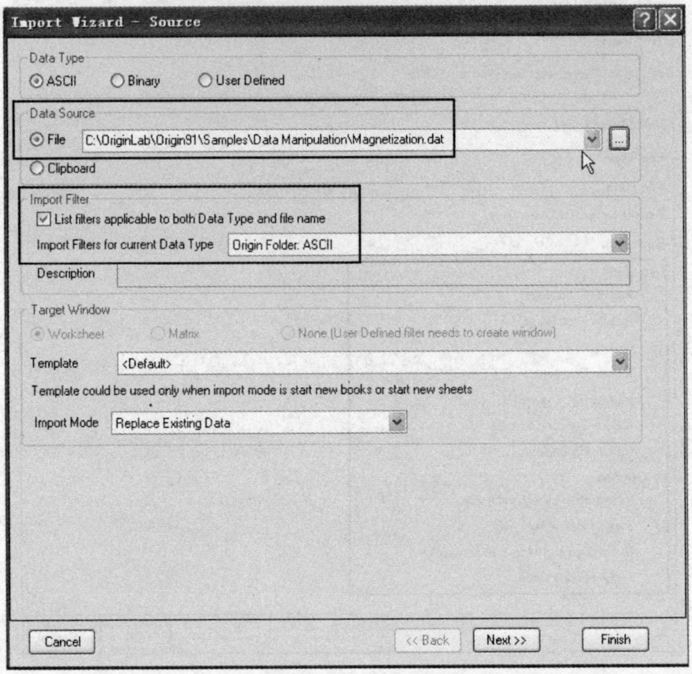

图 3-40　【Import Wizard-Source】页面

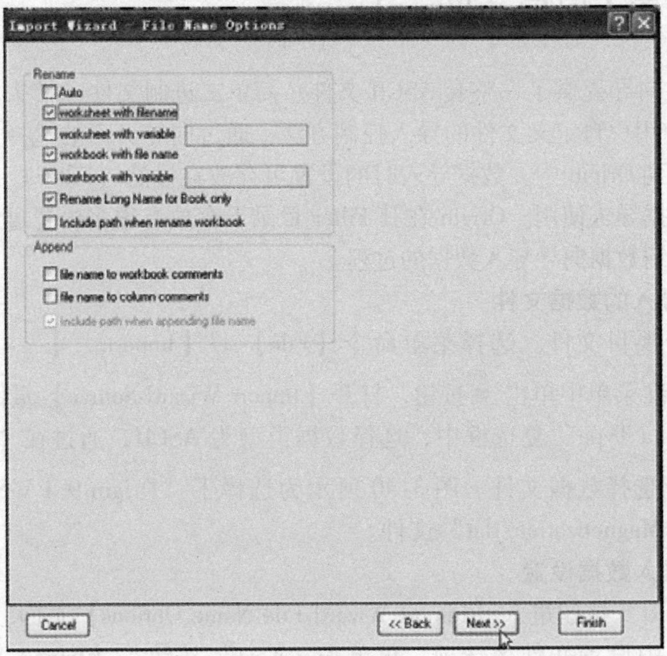

图 3-41　【Import Wizard-File Name Options】页面

图 3-42　【Import Wizard-Header Lines】页面

3. 保存导入设置过滤文件

多次单击"Next"按钮后，进入【Import Wizard-Save Filters】页面，如图 3-43 所示。选择"My filter1"过滤文件名进行保存，"My filter1"过滤文件被保存在用户目录下，与此同时将数据按格式导入到工作表中，如图 3-44 所示。

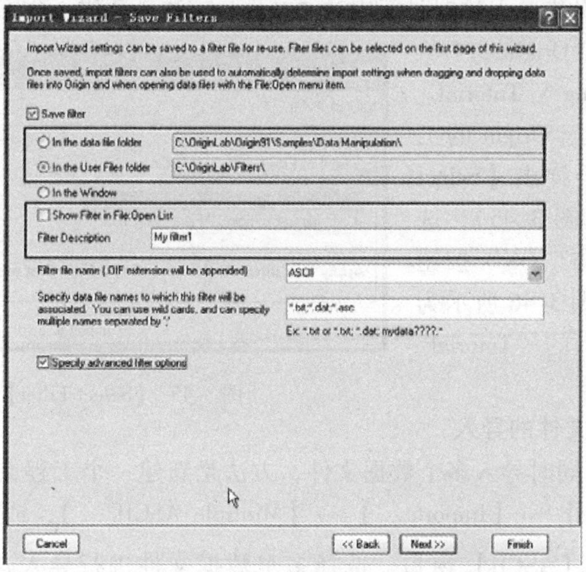

图 3-43　【Import Wizard-Save Filters】页面

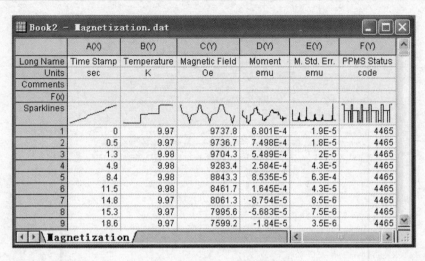

图 3-44　按格式导入的数据工作表

4. 过滤文件使用

　　下面介绍用刚刚创建的"My filter1"过滤文件打开同样的数据文件。方法为选择菜单命令【File】→【Import...】→【Import Wizard】，或在标准菜单中单击 按钮，打开【Import Wizard-Source】页面，如图 3-40 所示。按前面介绍的方法选择数据文件，选中"Import Filters"复选框，在"Import Filters for current"下拉列表中选择"My filter1"过滤文件。单击"Finish"按钮完成数据导入。从导入的数据看，其格式与图 3-44 所示的工作表完全相同。

　　也可以在拖曳法导入数据时使用过滤文件，方法是新建一个工程文件，用 Windows 浏览器将"Origin 9.1 \ Samples \ Graphing \ Tutorial_1. dat"文件拖曳至 Origin 的工作空间，Origin 会弹出【Select Filter】窗口（见图 3-45），选择过滤文件，单击"OK"按钮完成数据导入。图 3-46 所示为采用过滤文件导入的"Tutorial_1. dat"数据文件。

图 3-45　【Select Filter】窗口

5. 多个数据文件的导入

　　Origin 9.1 可同时导入多个数据文件，方法是新建一个工程文件的工作表，选择菜单命令【File】→【Import...】→【Multiple ASCII...】，或在标准菜单中单击 按钮，打开【ASCII】窗口，选择多个数据文件进行导入。例如，用"Add File (s)"按钮，选择添加"Origin 9.1 \ Samples \ Graphing \ Curve Fitting"目录

	A(X)	B(Y)	C(Y)	D(Y)	E(Y)	F(Y)	G(Y)
Long Name	Time	Test1	Error1	Test2	Error2	Test3	Error3
Units	min	mV	+-mV	mV	+-mV	mV	+-mV
Comments							
F(x)							
Sparklines							
1	0.021	4.309E-4	2.154E-5	5.176E-4	2.588E-5	2.971E-4	1.485E-5
2	0.038	4.393E-4	2.196E-5	5.065E-4	2.533E-5	3.042E-4	1.521E-5
3	0.054	4.309E-4	2.155E-5	5.355E-4	2.678E-5	2.999E-4	1.5E-5
4	0.071	4.362E-4	2.181E-5	5.106E-4	2.553E-5	3.073E-4	1.536E-5
5	0.088	4.34E-4	2.17E-5	5.002E-4	2.501E-5	2.797E-4	1.399E-5
6	0.104	4.517E-4	2.258E-5	4.946E-4	2.473E-5	2.894E-4	1.447E-5
7	0.121	4.467E-4	2.234E-5	5.01E-4	2.505E-5	2.992E-4	1.496E-5
8	0.138	4.428E-4	2.214E-5	5.039E-4	2.519E-5	3.017E-4	1.509E-5

图 3-46　导入的 "Tutorial_1. dat" 数据文件

下的 "Sensor01. dat" "Sensor02. dat" 和 "Sensor03. dat" 数据文件, 如图 3-47 所示。单击 "OK" 按钮, 进入【Import and Export：impASC】窗口, 如图 3-48 所示。在导入模式栏选择 "Start New Sheets", 单击 "OK" 按钮, 将 3 个数据文件同时导入到同一个工作簿的不同工作表中, 如图 3-49 所示。

图 3-47　【ASCII】窗口

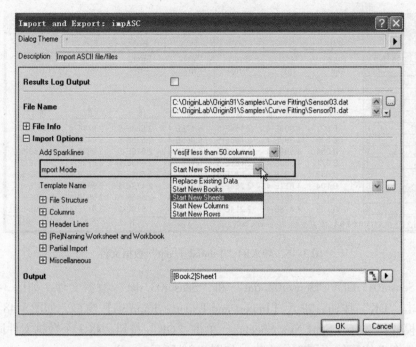

图 3-48 【Import and Export：impASC】窗口

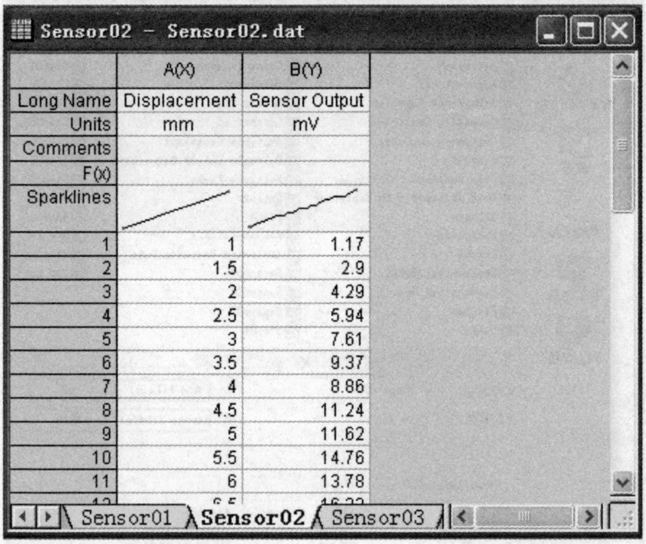

图 3-49　3 个数据文件同时导入到同一个工作簿的不同工作表中

第4章 二维图形绘制

数据曲线图主要包括二维和三维图。在科技文章和论文中，数据曲线图绝大部分采用的是二维坐标绘制。据统计，在科技文章和论文中，数据二维曲线图占总的数据图的90%以上。Origin 的绘图功能非常灵活，功能十分强大，能绘出数十种精美的、满足绝大部分科技文章和论文绘图要求的二维数据曲线图。这是 Origin 的精华和特点之一。

本章主要介绍以下内容：
- 简单二维图绘制
- 内置二维绘图类型
- 绘图主题（Themes）

4.1 简单二维图绘制

4.1.1 列属性设置

二维绘图的数据来源为工作表或 Excel 工作簿，可以直接从键盘输入，也可从文件输入。如果数据保存在 ASCII 文件中，则可按选择菜单命令【File】→【Import...】→【Import Wizard...】，Origin 将根据数据的设置按要求导入工作表。例如，将"Origin 9.1 \ Samples \ Curve Fitting \ Gaussian. dat"导入工作表。导入 ASCII 文件后的工作表窗口如图 4-1 所示。导入 ASCII 数据后，工作表窗口以该 ASCII 数据文件名命名。在该工作表窗口中的标签处包括有名称（Long Name）、单位和注解等信息，此外，数据预览精灵（Sparklines）显示了该数据的预览曲线。通过拖动该工作表的滚动条可观察全部数据。

导入数据后的工作表，各数列默认的关联格式为"X、Y、Y..."。如果数列不是这种关联格式，那么就需要进行人工调整。在本例中，根据该工作表窗口标签中信息将该工作表中 C 列数列关联为 Y 误差列。设置误差列的步骤为：双击要设置新关联的列标题，在弹出的【Column Properties】对话框的

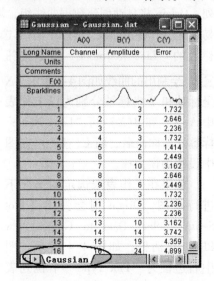

图 4-1　导入 ASCII 文件后的工作表窗口

"Plot Designation" 下拉列表中选择 Y Error 关联格式。设置了误差列的工作表窗口如图 4-2 所示。

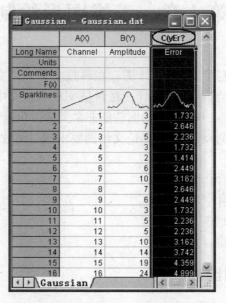

图 4-2　设置误差列的工作表窗口

4.1.2　绘制曲线图

Origin 9.1 提供了极为丰富的绘图类型选项。最快捷的绘图方法是高亮度选中绘图数列，然后单击工具栏上的绘图命令按钮。如果用这种方法选定的列数超过两列，Origin 将自动创建数据曲线组，增加诸如符号类型、颜色等属性，以使能够很容易地区分开各条曲线。例如，全部选中图 4-2 工作表数据，单击 "2D Graphs" 工具栏上的 "Line + Symbol" 命令按钮，绘制出的曲线如图 4-3 所示。X 坐标轴和 Y 坐标轴分别为以工作表中 A(X) 和 B(Y) 的 "Long Name" 标签处名称命名，而 C(yEr?) 在图中设置为误差棒。

如果在工作表未选定的情况下进行绘图，Origin 则会弹出【Plot Setup：Select Data to Create New Plot】对话框，如图 4-4 所示。图中右边栏为 "Plot Type" 下拉列表框，在其中选择绘图的线形；图中

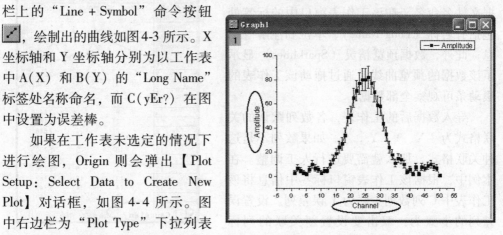

图 4-3　用工作表数据绘制曲线

左边栏为 "Gaussian" 数据栏，根据要求设置数据各列在图中的属性，选中数据关联复选框。例如，将 "A" 列设置为 X 轴，"B" 列设置为 Y 轴，"C" 列设置为误差列，完成数据关联的【Plot Setup：Select Data to Create New Plot】对话框如图 4-4 所示。单击 "OK" 按钮，则也可绘出与图 4-3 同样的图形。

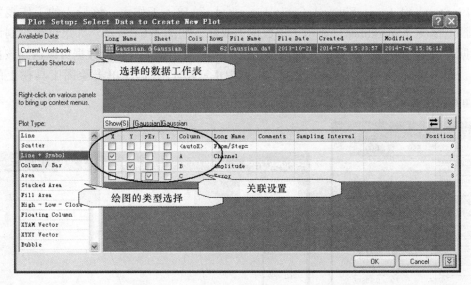

图 4-4　【Plot Setup：Select Date to Create New Plot】对话框

除逐个对工作表数据绘图关联进行设置外，还可以采用一种便捷的方法对工作表数据绘图关联进行设置。例如，将鼠标指针移至工作表的左上方，出现斜箭头（见图 4-5a），单击鼠标选中整个工作表。用鼠标右键单击工作表，选择 "Set

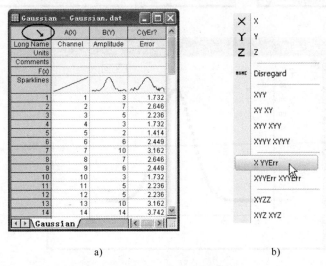

a)　　　　　　　　　　　　　　　　　b)

图 4-5　设置工作表绘图的便捷方法

As"菜单后打开快捷菜单（见图 4-5b），选择 XYYErr 菜单条，即完成了对工作表数据关联的设置。当对工作表数据关联设置具有一定规律时，如进行"XYY""XY""XY""XYYErr"关联时，选择该方法极为方便。

　　Origin 还提供了选用工作表中的部分数据进行绘图的方法。例如，将"Origin 9.1 \ Samples \ Curve Fitting \ Gauss Lorentz. dat"导入工作表，该导入的工作表数据预览精灵（Sparklines）显示了该数据为双峰，如图 4-6a 所示。如果仅想绘制该数据表中第一个峰，则双击该数据预览精灵，表明绘制 1～90 行数据可以达到该目的，如图 4-6b 所示。高亮度选中工作表中 1～90 行数据，单击绘图工具栏上的"Line + Symbol"命令按钮，绘制出的曲线如图 4-6c 所示。

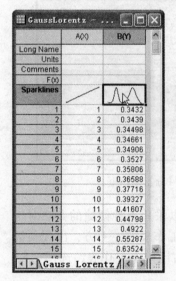

a)

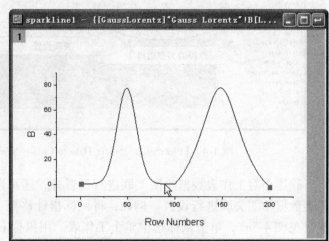

b)

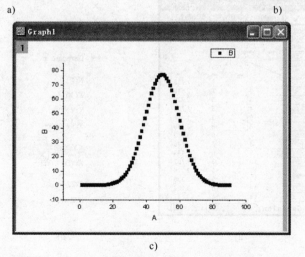

c)

图 4-6　选用工作表中部分数据绘图

4.1.3　图形观察、数据读取定制数据组绘图

当图形中的数据点太密、曲线相隔太近不容易分辨，或对图形中某一区域特别感兴趣时，希望仔细观察某一局部图形时，可以利用 Origin 提供的丰富图形观察和数据读取工具。表 4-1 为 Origin 图形常用浏览和观察的主要工具。

表 4-1　Origin 图形常用浏览和观察的主要工具

工具按钮及名称	用　途
![] Data Selector	选择一段数据曲线，做出标志
![] Data Reader / Annotation / Data Cursor Data Reader	读取数据曲线上选定点的 XY 坐标值，或对数据进行标注，或用鼠标指针选定点的 XY 坐标
![] Screen Reader	读取绘图窗口内选定点的 XY 坐标值
![] Zoom In	局部区域放大或还原
![] Zoom Out	局部区域缩小或还原
![] Selection on Active Plot / Selection on All Plots Selection on Active Plot	图形窗口上当前曲线数据选取或全部曲线数据选取
![] Mask Points on Active Plot	图形窗口中当前曲线数据点屏蔽
![] Draw Data	绘图窗口数据点标识
![] Zoom-Panning Tool	用鼠标滑轮进行图形窗口放大或还原
![] Insert Equation / Insert Word Object / Insert Excel Object / Insert Object... Insert Equation	在图形窗口中插入公式或其他对象
![] Insert Graph	在当前窗口插入图形
![] Rescale Tool	用鼠标滑轮对图形窗口坐标标尺移动或改变

　　为了说明这些工具的使用，采用"Nitrite. dat"数据文件绘图加以说明。

　　（1）导入"Origin 9.1 \ Samples \ Spectroscopy \ Nitrite. dat"数据文件，从数据预览精灵（Sparklines）显示该数据为时间与电压的关系，且电压为脉冲电压，如图 4-7a 所示。选中全部数据绘图，如图 4-7b 所示。

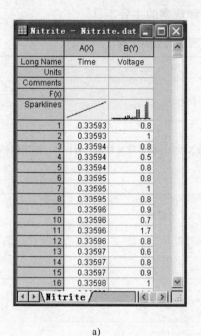

a)

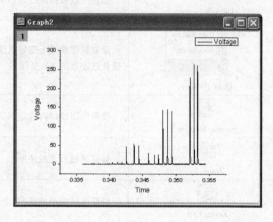

b)

图 4-7　脉冲电压数据及绘图

　　（2）图形局部放大。图 4-7b 中所示数据曲线峰值间相隔太近，为进一步仔细分析，可选用局部放大工具。具体步骤如下：

　　1）单击"Tools"工具栏的"Zoom In"按钮 。

　　2）在绘图窗口曲线的峰值周围按下鼠标左键并拖动，画出一个矩形框，如图 4-8a 所示。

　　3）释放鼠标，弹出一个"Enlaged"图形窗口，显示局部放大的图形，如图 4-8b所示。

　　Origin 9.1 的"Zoom In"按钮还具有图形还原功能。再次单击"Zoom In"按钮，该图形则还原到原始状态。这对于修改由于操作不慎造成的错误显得尤为方便。

　　有时需要将局部放大前后的数据曲线在同一个绘图窗口内显示和分析，这就要用到缩放（Zoom）工具。该工具采用的是 Origin 内置的区域放大绘图模板进行绘图。数据曲线缩放的步骤如下：

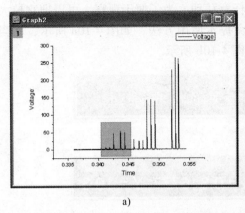
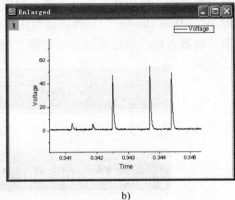

图 4-8　选择数据区及放大后的曲线图

1）在图 4-7a 所示的数据选中的情况下，选择菜单命名【Plot】→【Specialized】，打开特殊图绘制工具，在其中选择"Zoom"工具栏，如图 4-9a 所示。

2）此时打开一个有两个图层的绘图窗口。上层显示整条数据曲线，下层显示放大的曲线段。下层的放大图由上层全局图内的矩形选取框控制。

3）用鼠标移动矩形框，选择需放大的区域，则下层显示出相应部分的放大图，如图 4-9b 所示。

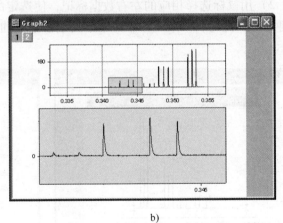

图 4-9　选择 Zoom 工具栏及曲线局部放大

（3）数据选择与读取。Origin 的数据显示（Data Display）工具模拟显示屏的功能，动态显示所选数据点或屏幕点的 XY 坐标值。在"Tools"工具栏中选择"Selection on Active Plot""Selection on All Plots""Data Selector""Data Reader""Screen Reader""Draw Data"等工具时，Origin 将自动启动"Data Display"工具。另外，当移动或删除数据点时，"Data Display"工具也会自动启动。"Data Display"

工具是浮动的，可以在 Origin 工作空间内任意移动。为了便于观察，可以把它拉大或缩小。"Data Display" 工具启动时用英文提示使用方法，如图 4-10a 所示；而当选取了数据点后，则显示该点的数据，如图 4-10b 所示。

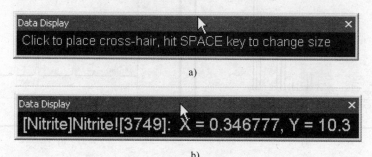

图 4-10　"Data Display" 工具

Origin 的区域数据选取工具（Data Selector）的功能是选择一段数据曲线，以做出标记，突出显示效果。其中，"Selection on Active Plot" 为当前数据曲线选取，而 "Selection on All Plot" 为所有数据曲线选取。区域数据选取的步骤如下：

1）单击 "Tools" 工具栏上的 "Data Selector" 命令按钮，在数据曲线两端出现标记，如图 4-11a 所示。

2）用鼠标选择相应的左右数据标记，使选定的数据标记向左右方向移动至感兴趣区域，此时，"Data Display" 工具显示数据曲线标记处的坐标值，如图 4-11b 所示。

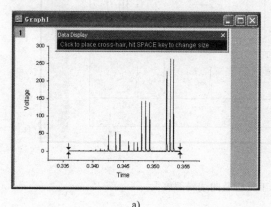
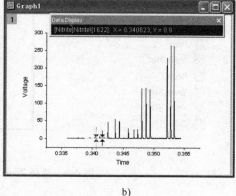

图 4-11　数据标记及移动

数据读取（Data Reader）工具和屏幕读取（Screen Reader）工具功能的区别是：显示数据曲线上选定点的 X、Y 坐标值（见图 4-12a）和显示屏幕上选定点的 X、Y 坐标值（见图 4-12b）。

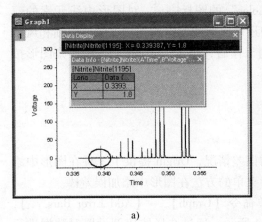

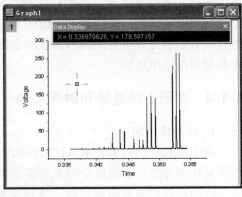

a)   b)

图 4-12　数据读取工具和屏幕读取工具的区别

（4）定制数据组绘图。Origin 可以灵活定制绘图中的每一个可视图形元素。通过双击图形中的某一个可视元素，即刻就可以改变图形中的该元素的外观。特别是，Origin 定制数据组绘图的方法更加便捷，定制数据组绘图主要在【Plot Details - Plot Properties】窗口中完成。当图中有多条曲线时，通过双击某曲线可以打开【Plot Details - Plot Properties】窗口，如图 4-13 所示。在"Line"选项卡中可对图

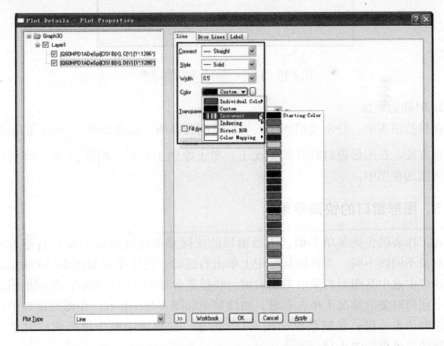

图 4-13　定制数据组绘图的【Plot Details - Plot Properties】窗口

形中的线元素进行设置。例如；选择"Color"的图标 .... ，对图形中线元素的颜色进行设置。此外，在"Line"选项卡中还可以对线元素的连接方式、粗细和风格进行设置。当完成所有的图形元素的定制工作后，单击"Apply"按钮，则图形按定制数据组绘图更新。

4.1.4　图形上误差棒和时间添加

1. 误差棒添加

误差棒通常是用来表示该试验曲线的误差情况，Origin 提供了 3 种在图形中添加误差棒的方法。下面仅介绍采用误差棒菜单的方法在图形中添加误差棒。

在图形窗口为当前窗口时，选择菜单命令【Graph】→【Add Error Bars...】，弹出【Error Bars】对话框菜单，如图 4-14 所示。通过选择按比例设置对数据进行计数按钮或用数据的标准误差值按钮，在图形中添加误差棒。

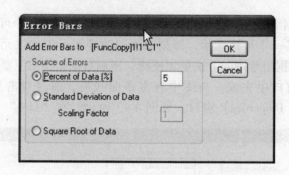

图 4-14　【Error Bars】对话框菜单

2. 时间的添加

在科技图表中，经常会用到加入当前时间和日期，以备参考。Origin 的时间添加非常方便。在图形窗口打开的情况下，单击绘图工具栏上的 ⊙ 按钮，即可将当前时间添加在图中。

4.1.5　图形窗口的快捷菜单

与工作表的快捷菜单类似，图形窗口的快捷菜单也随在图形窗口右键单击区域的对象不同而不同。当在图层标记上单击右键时，快捷菜单如图 4-15a 所示；在图形窗口中选中某图形对象时单击右键，快捷菜单如图 4-15b 所示；在图形窗口中不选中任何对象的情况下单击右键，快捷菜单如图 4-15c 所示；在图形窗口中选中坐标轴时单击右键，快捷菜单如图 4-15d 所示；如果选中整个图形窗口时单击右键，则快捷菜单如图 4-15e 所示。

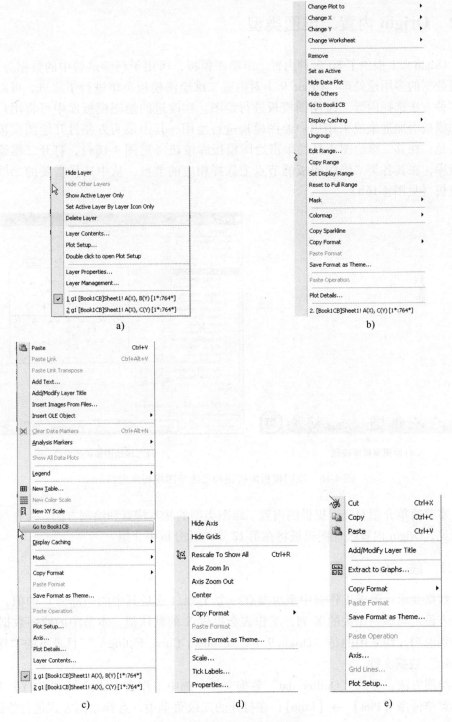

图 4-15 图形窗口的快捷菜单

4.2 Origin 内置二维图类型

Origin 9.1 提供了 80 多种内置二维绘图模板,可用于科学试验中的数据分析,实现数据的多用途处理。Origin 9.1 对内置二维绘图模板菜单进行了改进,可以采用多种方法选择内置二维绘图模板进行绘图。在改进的绘图模板库中可将用户的绘图模板增加进来或采用用户绘图模板进行绘图,其中最为方便打开绘图模板的方法是:在其二维绘图工具栏单击绘图模板库按钮(见图 4-16a),打开二维绘图模板库,在其各类二维图模板的节点上选择相应的节点,从中选择需要的二维绘图模板(见图 4-16b)。

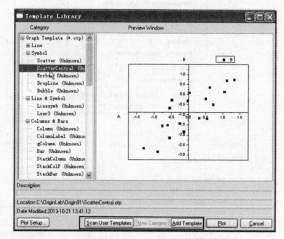

a) 绘图模板库按钮   b) 二维绘图模板库窗口

图 4-16　绘图模板库按钮和二维绘图模板库窗口

本节简单介绍 Origin 提供的内置二维图类型的基本特点和绘制方法。为介绍方便起见,Origin 内置统计图模板将在第 12 章统计分析中介绍。

4.2.1 线(Line)图

数据要求:要求工作表中至少要有一个 Y 列(或是其中的一部分)的值,如果没有设定与该列相关的 X 列,工作表会提供 X 的默认值。本节中的绘图数据若不特别说明,均采用的是"Origin 9.1 \ Samples \ Curve Fitting \ "目录下的"Outlier. dat"数据文件。

绘图方法:导入"Outlier. dat"数据文件;选中工作表中 A(X) 和 B(Y) 列,选择菜单命令【Plot】→【Line】;在打开的二级菜单中,选择绘图方式进行绘图,或单击二维绘图工具栏线图 右下角的三角形按钮,在打开的二级菜单中选择绘

图方式进行绘图。线图的二级菜单如图 4-17 所示。Origin 线
图有折线图（Line）、水平阶梯图（Horizontal Step）、垂直阶
梯图（Vertical Step）和样条曲线图（Spline Connected）4 种
绘图模板，选择绘图模板绘制的线图如图 4-18 所示。

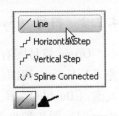

　　折线图的图形特点为每个数据点之间由直线相连（见
图 4-18a）。水平阶梯图的图形特点为每两个数据点之间由一
水平阶梯线相连，即两点间是起始为水平线的直角连接线
（见图 4-18b）。垂直阶梯图的图形特点为每个数据点之间由

图 4-17　二维绘图工具
栏线图二级菜单

一垂直阶梯线相连，即两点间是起始为垂直线的直角连接线（见图 4-18c）。样条
曲线图图形特点为每个数据点之间以样条曲线相连，数据点以符号形式显示（见
图 4-18d）。

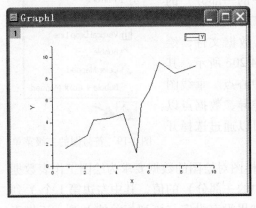

a) 线图

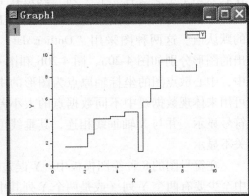

b) 水平阶梯图

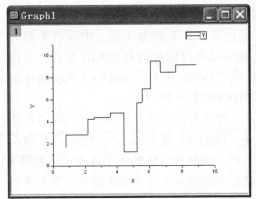

c) 垂直阶梯图

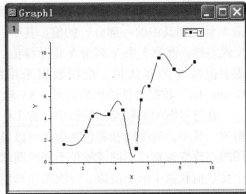

d) 样条曲线图

图 4-18　选择绘图模板绘制的线图

4. 2. 2　符号（Symbol）图

Origin 符号图有 2D 散点（Scatter）图、中心散点（Scatter Central）图、Y 误差（Y Error）棒图、XY 误差（X Y Error）棒图、垂线（Vertical Drop Line）图、气泡（Bubble）图、彩色映射（Color Map）图和彩色气泡（Bubble and Color Mapped）图 8 种绘图模板。选择菜单命令【Plot】→【Symbol】，在打开的二级菜单中选择绘图方式进行绘图；或单击二维绘图工具栏符号图中右下角的三角形按钮，在打开的二级菜单中选择绘图方式进行绘图。符号图的二级菜单如图 4-19 所示。

在符号图的 8 种绘图模板中，2D 散点图、中心散点图和垂线图对绘图的数据要求与线图一样，要求绘图工作表数据中至少要有一个 Y 列（或是其中的一部分）的值。如果没有设定与该列相关的 X 列，工作表会提供 X 的默认值。这两种图采用 "Outlier. dat" 数据文件，绘出的图形分别如图 4-20a、图 4-20b 和图 4-20c 所示。其中，中心散点图的坐标轴原点为图形的中心点。垂线图可用来体现数据线中不同数据点的大小差异，数据点以符号显示，并与 X 轴垂线相连，其垂线可以通过选择开关不显示。

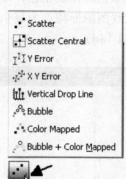

图 4-19　符号图的二级菜单

在符号图的 8 种绘图模板中，Y 误差棒图对绘图的数据要求为绘图工作表数据中至少要有两个 Y 列（或是两个 Y 列其中的一部分）的值，其中左边第 1 个 Y 列为 Y 值，而第 2 个 Y 列为 Y 误差棒值。如果没有设定与该列相关的 X 列，工作表会提供 X 的默认值。Y 列误差棒图如图 4-20d 所示。

XY 误差棒图对绘图的数据要求是：绘图工作表数据中至少要有 3 个 Y 列（或是 3 个 Y 列其中的一部分）的值。其中，左边第 1 个 Y 列为 Y 值，中间的 Y 列为 X 误差棒，而第 3 个 Y 列为 Y 误差棒值。如果没有设定与该列相关的 X 列，工作表会提供 X 的默认值。绘图数据采用的是 "Origin 9. 1 \ Samples \ Graphing \ Group. dat" 数据文件绘出的图形。XY 误差棒图如图 4-20e 所示。

在符号图的 8 种绘图模板中还有 3 种图，即气泡图、彩色映射图和气泡彩色映射图。其中，气泡图和彩色映射图可以说是三维的 XY 散点图。气泡图将 XY 散点图的点改变为直径不同或颜色不同的圆球气泡，用圆球气泡的大小或颜色代表第 3 个变量值和第 4 个变量值。气泡图和彩色映射图绘图对工作表要求是至少要有两列（或是其中的一部分）Y 值。如果没有设定相关的 X 列，工作表会提供 X 的默认值。而气泡彩色映射图则可以说是用二维的 XY 散点图表示四维数据的散点图，它要求工作表中至少要有 3 列（或是其中的一部分）Y 值，每一行的 3 个 Y 值决定数据点的状态，最左边的 Y 值提供数据点的值，第 2 列 Y 值提供数据点符号的大

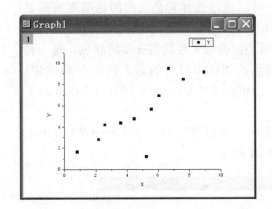

a) 散点图

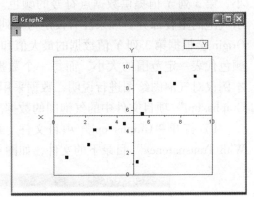

b) 中心散点图

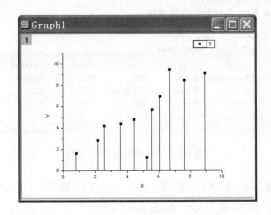

c) 垂线图

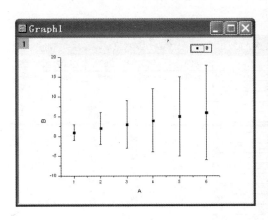

d)Y 误差棒图

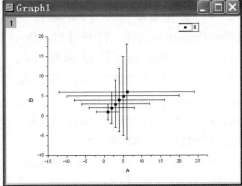

e)XY 误差棒图

图 4-20　符号图的 8 种绘图模板中前 5 种图

小，第 3 列 Y 值提供数据点符号的颜色。可以通过选择彩色气泡的透明度清晰显示气泡的重叠部分。如果没有设定与该列相关的 X 列，工作表会提供 X 的默认值。Origin 会根据第 3 列 Y 值数据的最大值和最小值提供 8 种均匀分布的颜色，每一种颜色代表一定范围的大小，而每一个数据点的颜色由对应的第 3 列的 Y 值决定。本例仅对气泡图绘图进行说明，数据采用 "Origin 9.1 \ Samples \ 2D and Contour \ Graphs. opj" 项目文件中的气泡图的数据。

1）打开 "Graphs. opj" 项目文件，用浏览器打开 "Line and Symbol \ Bubble With Transparency" 目录下的文件，如图 4-21 所示。

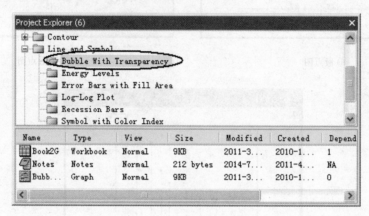

图 4-21　用浏览器打开文件

2）其中工作表共有 A(X)、B(Y) 列、C(Y) 和 D(Y) 4 列数据，分别代表物体的宽度、长度、质量和类型，如图 4-22 所示。

3）选中工作表中 A(X)、B(Y) 列和 C(Y) 数据，选择菜单命令【Plot】→【Symbol】→【Bubble】进行绘图。

4）选择菜单命令【Format】→【Plot Properties...】，打开【Plot Details - Plot Properties】对话框，在 "Symbol" 选项卡中按图 4-23 进行设置（"Scaling Factor" 为 3，"Transparency" 为 50% 等），单击 "OK" 按钮得到如图 4-24a 所示气泡图。

5）用右键单击图 4-24a 中所示的图标，在打开的【Object Properties】对话框中按图 4-25 所示进行设置，最后调整坐标轴和坐标轴标题，得到如图 4-24b 所示气泡图。

	A(X)	B(Y)	C(Y)	D(Y)
Long Name	Width	Length	Mass	Type
Units				
Comments				
1	14.5	120	40	15
2	2.8	29	20	15
3	11.8	63	44	15
4	5.7	90	23	15
5	8.2	44	23	15
6	17.3	54	28	4
7	9.4	83	28	4
8	8.7	44	49	4
9	11.1	83	22	4
10	10.5	149	31	4
11				
12				

图 4-22　气泡图绘图数据的工作表

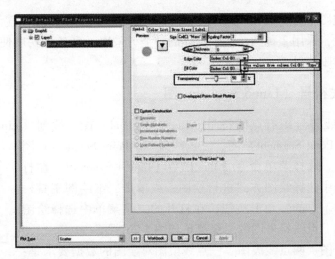

图 4-23　【Plot Details - Plot Properties】对话框中设置

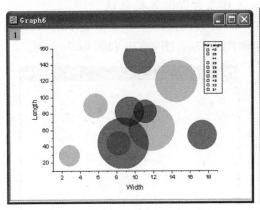

a)

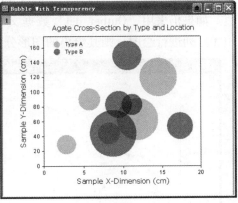

b)

图 4-24　气泡图

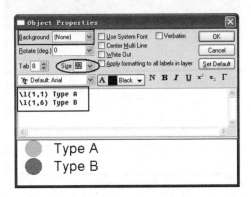

图 4-25　【Object Properties】对话框中的设置

在该气泡图中，X 轴和 Y 轴分别代表该物体的宽度和长度，气泡的大小表示该物体的质量，采用 2 种颜色代表物体的种类，采用了 50% 透明度使 A、B 两类物体重叠部分清晰可见。

4.2.3　点线符号（Line&Symbol）图

Origin 点线符号图有点线符号（Line + Symbol）图、线列（Line Series）图、两点线段（2 Point Segment）图、三点线段（3 Point Segment）图 4 种绘图模板。选择菜单命令【Plot】→【Line + Symbol】，在打开的二级菜单中选择绘图方式进行绘图；或单击二维绘图工具栏点线符号图右下方的三角形按钮，在打开的二级菜单中选择绘图方式进行绘图。点线符号图的二级菜单如图 4-26 所示。

图 4-26　点线符号
图的二级菜单

点线符号图、两点线段图、三点线段图对绘图的数据要求是：工作表数据中至少要有 1 个 Y 列（或是 1 个 Y 列其中的一部分）的值。如果没有设定与该列相关的 X 列，工作表会提供 X 的默认值。如果仍采用 "Outlier. dat" 数据文件中的数据，选择导入工作表中的 A（X）、B（Y）列进行绘图，则其绘出的图形分别如图 4-27a、图 4-27b 和图 4-27c 所示。

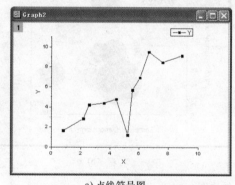

a) 点线符号图

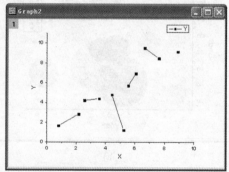

b) 两点线段图

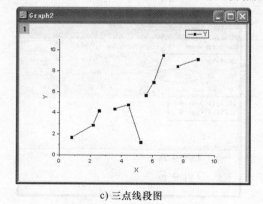

c) 三点线段图

图 4-27　3 种点线符号图

线列图对绘图的数据要求是：工作表数据中至少要有两个 Y 列（或是两个 Y 列其中的一部分）或两列以上的值。工作表将各列的"Long Name"作为 X 轴的默认值。本例选中图 4-22 中的 B(Y) 列、C(Y) 和 D(Y) 列数据（见图 4-28a）进行作图，作出的线列图如图 4-28b 所示。在该线列图中，X 轴将各线列的"Long Name"作为 X 轴，Y 轴为各线列数值的大小。

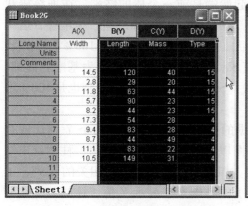

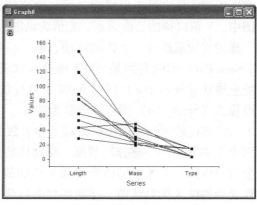

a)　　　　　　　　　　　　　　　b)

图 4-28　线列图

4.2.4　棒状/柱状/饼（Column/Bar/Pie）图

Origin 棒状/柱状/饼图有柱状（Column）图、柱状标签（Column + Label）图、归类柱状索引（Grouped Column-Indexed）图、棒状（Bar）图、堆叠柱状图（Stack Column）、堆叠棒状（Stack Bar）图、100% 堆叠柱状图（Stack Column）、100% 堆叠棒状（Stack Bar）图、浮动柱状（Floating Column）图、浮动棒状（Floating Bar）图、3D 彩色饼（3D Color Pie Chart）图和 2D 黑白饼（2D B&W Pie Chart）图 12 种绘图模板。选择菜单命令【Plot】→【Column/Bar/Pie】，在打开的二级菜单中选择绘图方式进行绘图；或单击二维绘图工具栏棒状/柱状/饼图右下角的三角形按钮，在打开的二级菜单中选择绘图方式进行绘图。棒状/柱状图的二级菜单如图 4-29 所示。

柱状图和棒状图对工作表数据的要求是：至少要有 1 个 Y 列（或是 1 个 Y 列其中的一部分）数据。如果没有设定与该列相关的 X 列，工作表会提供 X 的默认值。在柱状图中，Y 值是以柱体的长度

图 4-29　棒状/柱状图的二级菜单

来表示的，此时的纵轴为 Y；而在棒状图中，Y 值是以水平棒的长度来表示的，此时的纵轴为 X。

堆叠柱状图和堆叠棒状图对工作表数据的要求是：至少要有两个 Y 列（或是两个 Y 列其中的一部分）数据。如果没有设定与该列相关的 X 列，工作表会提供 X 的默认值。在堆叠柱状图中，对应于每一个 X 值的 Y 值以棒的高度表示，棒的宽度固定；棒之间产生堆叠，后一个棒的起始端是前一个棒的终端。在堆叠棒状图中，Y 值以棒的长度表示，X 值为纵轴，棒的宽度固定；棒之间产生堆叠，后一个棒的起始端是前一个棒的终端。堆叠柱状（Stack Column）图与 100% 堆叠棒状（Stack Bar）图的差别是 100% 堆叠棒状（Stack Bar）图以百分数为基准。同理，堆叠棒状（Stack Bar）图与 100% 堆叠柱状（Stack Column）图的差别也是 100% 堆叠棒状（Stack Bar）图以百分数为基准。

浮动柱状图和浮动棒状图对工作表数据的要求是：至少要有两个 Y 列（或是两个 Y 列其中的一部分）数据。浮动柱状图以柱的各点来显示 Y 值，柱的首末端分别对应同一个 X 值的两个相邻 Y 列的值。如果没有设定与该列相关的 X 列，工作表会提供 X 的默认值。浮动棒状图以棒上的各端点来显示 Y 值，棒的首末端分别对应同一个 X 值的两个相邻 Y 列的值。

饼图对工作表数据的要求是：一个 Y 列的数据。下面以部分棒状/柱状/饼图为例，进行绘图说明。

（1）带误差棒的柱状图和棒状图。带误差棒的柱状图和棒状图采用 "Origin 9.1 \ Samples \ 2D and Contour Graphs. opj" 项目文件中数据。其绘图步骤如下：

1）打开 "2D and Contour Graphs. opj" 项目文件，双击 "Bar Plot with Errors" 图标，打开 "Bar Plot with Errors" 图形。

2）在 Book2N 工作表中设置 C(Y) 为误差列，选中工作表中 A(X)、B(Y) 和 C(yEr-) 列，如图 4-30 所示。

3）选择菜单命令【Plot】→【Column/Bar/Pie】，作带误差棒的柱状图，如图 4-31a 所示。

4）在图形窗口为当前窗口时，选择菜单命令【Graph】→【Exchange X-Y Axes】，作带误差棒的棒状图，如图 4-31b 所示。

5）单独选中工作表中 D（Y）列数据，在图形窗口为当前窗口时，选择菜单命令【Graph】→【Add Plot to Layer】→【Scatter】，将工作表中 D（Y）列以散点图的

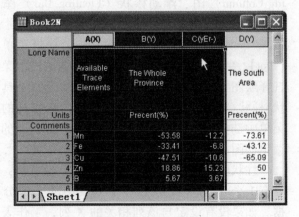

图 4-30　Book2N 工作表中设置

形式添加到图形中，如图 4-32 所示。

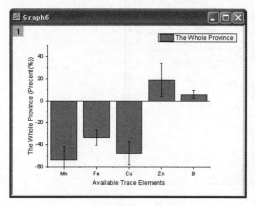

a) 带误差棒的柱状图

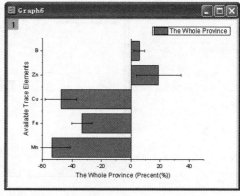

b) 带误差棒的棒状图

图 4-31 带误差棒的柱状图和带误差棒的棒状图

6）双击棒状图，打开【Plot Details - Plot Properties】对话框，在"Pattern"选项卡中按图 4-33a 所示设置；在左面板中的散点图数据选中的情况下，在"Symbol"选项卡中按图 4-33b 所示设置。

7）在图形窗口为当前窗口时，在按下"Ctrl"按钮的同时，选中棒状图中最上端第一个棒对象，并在"Pattern"选项卡中按图 4-34 所示进行设置。

8）对坐标轴、标题进行调整，得到图 4-35 所示的棒状图。

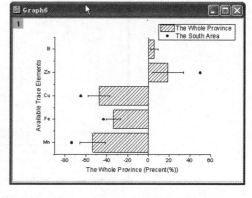

图 4-32 添加 D（Y）列散点图的图形

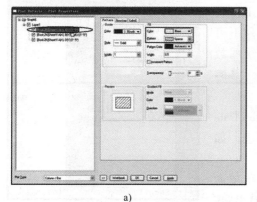

a)

b)

图 4-33 【Plot Details - Plot Properties】对话框的设置

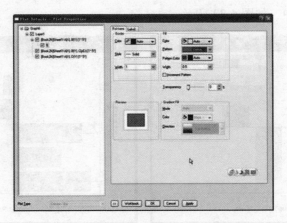

图 4-34　对棒状图中第一个棒对象设置

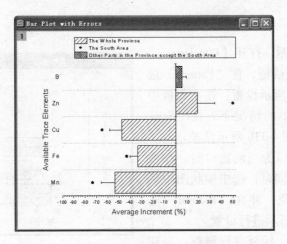

图 4-35　调整后的棒状图

（2）2D 黑白/3D 彩色饼图。饼图对工作表数据的要求是：只能选择一列 Y 值（X 列不可以选）。本例 2D 黑白饼图/3D 彩色饼图绘图数据采用 "Origin 9.1 \ Samples \ Graphing \ Customizing Graphs. opj" 项目文件。

1）用项目浏览器选择 Edit "Single Data Point" 目录下的 "SouthernCaliB" 工作表，如图 4-36 所示。

2）选中工作表中 B（Y）列，选择菜单命令【Plot】→【Column/Bar/Pie】→【2D B&W Pie Chart】作 2D 黑白饼图，如图 4-37a 所示。

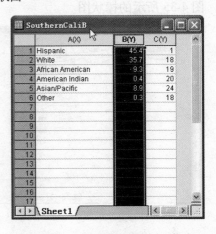

图 4-36　 "SouthernCaliB" 工作表

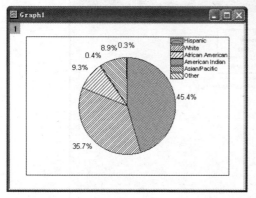
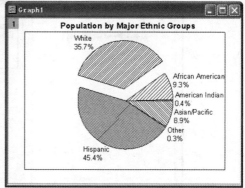

a)   b)

图 4-37 黑白饼图

3）用右键单击 2D 黑白饼图，在弹出的快捷菜单中选择 "Plot Details..."，弹出【Plot Details - Plot Properties】对话框，在该对话框中的 "Pie Geometry" 中和 "Labels" 选项卡中分别按图 4-38a 和图 4-38b 所示进行设置，然后单击 "OK" 按钮。

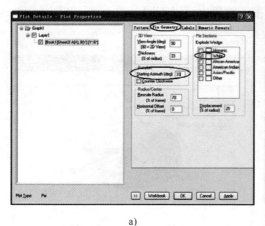
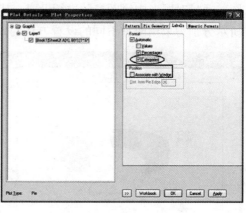

a)   b)

图 4-38 【Plot Details - Plot Properties】对话框的设置

4）调整 2D 黑白饼图中的图注和增加标题。最终图形如图 4-37b 所示。该图形的特点是：在默认状态下，数值表示出各项所占百分数，如果数据不是百分数，则 Origin 将 Y 列值求和，算出每一个值所占的百分比，再根据这些百分比绘图。

5）此外，也可选择在 2D 黑白饼图中显示工作表数据。方法为双击图 4-37b 所示图形，打开【Plot Details - Plot Properties】对话框，在该对话框中的 "Labels" 选项卡中去掉 "Percentages" 选项，选中 "Values" 选项，如图 4-39 所示。

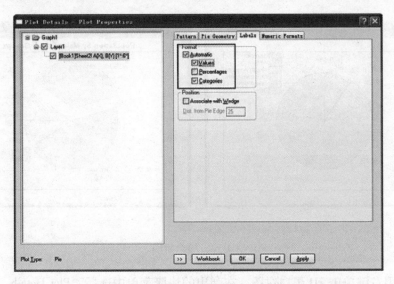

图 4-39　【Plot Details - Plot Properties】对话框重新设置

6）Origin 也可绘制 3D 彩色饼图。选中图 4-36 所示工作表中的 B（Y）列，选择菜单命令【Plot】→【Column/Bar/Pie】→【3D Color Pie Chart】作 3D 彩色饼图。通过对图形中饼图参数进行设置，其图形效果也可以不同。图 4-40a 和图 4-40b 所示分别为采用两种不同的设置方法的效果。

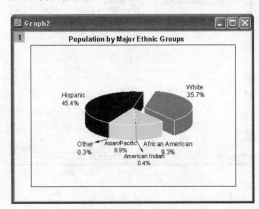

a)

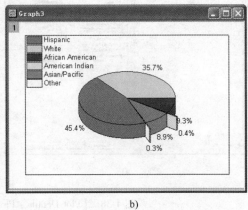

b)

图 4-40　3D 彩色饼图

4.2.5　多层曲线（Multi-Curve）图

Origin 多层曲线图有双 Y 轴（Double Y Axis）图、3Y 轴（Y-YY 和 Y-Y-Y）图、4Y 轴（Y-YYY 和 YY-YY）图、多 Y 轴（Multiple Y Axes）图、Y 轴错距叠曲线（Stack Lines by Y Offsets）图、二维瀑布（Waterfall）图、Y 轴颜色映射瀑布

（Waterfall Y：Color Map）图、Z 轴颜色映射瀑布（Waterfall Z：Color Map）图、上下对开（Vertical 2 Panel）图、左右对开（Horizontal 2 Panel）图、四屏（4 Panel）图、九屏（9 Panel）图、叠层（stack）图和多屏标签（Multiple Panels by Label）图 16 个绘图模板。为了方便起见，有关 Origin 图层的概念将在第 6 章介绍，这里仅介绍有关多层曲线绘图模板。选择菜单命令【Plot】→【Multi-Curve】，在打开的二级菜单中选择绘图方式进行绘图；或单击二维绘图工具栏多层曲线图右下方的三角形按钮，在打开的二级菜单中选择绘图方式进行绘图。多层曲线图的二级菜单如图 4-41 所示。

各种多层曲线图对数据要求虽然各不一样，但至少应有 2 个 Y 列的数据。如果工作表中有 X 轴数据，则绘图采用该 X 轴数据；如果工作表中没有 X 轴数据，则采用软件默认的 X 轴值。

1. 双 Y 轴图形模板

双 Y 轴图形模板主要适用于试验数据中自变量数据相同但有两个因变量的情况。本例中采用 "Origin 9.1 \ Samples \ Graphing \ Template. dat" 的数据。试验中，每隔一定时间间隔测量一次电压和压力数据，此时自变量时间相同，因变量数据为电压值和压力值。采用双 Y 轴图形模板，能在一张图上将它们清楚地表示出来。双 Y 轴图形模板绘图步骤如下：

1）将 "Template. dat" 数据文件导入 Origin 工作表并全部选中工作表数据，如图 4-42a 所示。

| Double-Y |
| 3Ys Y-YY |
| 3Ys Y-Y-Y |
| 4Ys Y-YYY |
| 4Ys YY-YY |
| Multiple Y Axes... |
| Stacked Lines by Y Offsets |
| Waterfall |
| Waterfall Y:Color Mapping |
| Waterfall Z:Color Mapping |
| Vertical 2 Panel |
| Horizontal 2 Panel |
| 4 Panel |
| 9 Panel |
| Stack... |
| Multiple Panels by Label... |

图 4-41　多层曲线图的
二级菜单

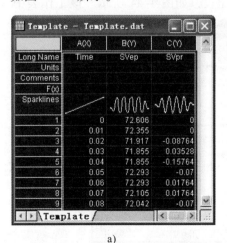

a)

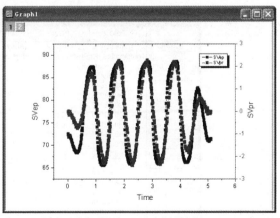

b)

图 4-42　用双 Y 轴图形模板绘出的电压值和压力与时间曲线图

2）选择菜单命令【Plot】→【Multi-Curve】→【Double Y Axis】，用双 Y 轴图形模板绘出的电压值和压力与时间的曲线图如图 4-42b 所示。

2. 3Ys 轴（Y-YY 和 Y-Y-Y）**图**

3Ys 轴图形模板主要适用于试验数据中自变量数据相同但有 3 个因变量的情况。Y-YY 模板与 Y-Y-Y 模板的区别是 Y-YY 模板的 3 个 Y 轴的位置不一样，这里仅采用 Y-YY 模板进行绘图。本例中采用 "Origin 9.1 \ Samples \ 2D and Contour Graphs. opj" 项目文件中数据。打开 "2D and Contour Graphs. opj" 项目文件，双击 3Ys Y-YY 图，如图 4-43 所示。该图的绘图步骤如下：

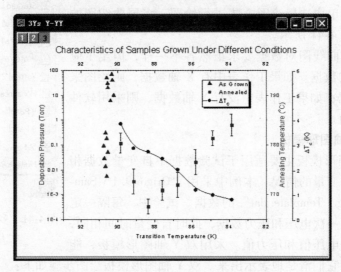

图 4-43　3Ys Y-YY 图例

（1）在该项目文件中选择 3Ys Y-YY 的工作表，如图 4-44 所示。该工作表中

	Tc(X)	P(Y)	Ta(Y)	Err(yEr-)	DTc(Y)
Long Name	Transition	Deposition	Annealing	Error	Differential
Units	Temperature (K)	Pressure (Torr)	Temperature (°C)		Temperature (K)
Comments					
1	90.66407	0.01383	--	--	--
2	90.72645	0.02863	--	--	--
3	90.53931	0.05142	--	--	--
4	90.76283	0.09162	--	--	--
5	90.60169	0.00552	--	--	--
6	90.60169	0.18093	--	--	--
7	90.66407	0.30742	--	--	--
8	89.86181	--	780.38832	2	3.89812
9	89.16699	--	772.65416	2.5	2.91689
10	88.37167	--	767.61394	1.5	2.78284
11	87.60754	--	770.90259	2	2.5
12	86.78103	--	771.97498	2.5	2.05898
13	85.82391	--	776.58624	2.5	1.23861
14	84.90448	--	781.41197	1.5	1.04021
15	83.88169	--	783.9901	2.2	0.84718

图 4-44　3Ys Y-YY 的工作表

共有一个 Tc(X) 列，P(Y)、Ta(Y) 和 DTc(Y) 三个列和一个 Err(yEr-) 误差列。数据中的 3 个 Y 值在共同的 X 取值范围内，因此可以考虑选择 3Ys Y-YY 模板进行绘图。

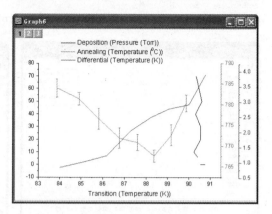

（2）全部选中该工作表，选择菜单命令【Plot】→【Multi-Curve】→【3Ys Y-YY】模板绘图，如图 4-45 所示。

图 4-45　【3Ys Y-YY】模板绘图

（3）将 X 坐标取值范围设置为 93 ~ 83。在图层 1 中将 Y 坐标取值范围设置为 1E-4 ~ 100，并将坐标轴改为 Log10 对数坐标；将数据改为散点图，并选择绿色向上三角形。

（4）采用类似方法对图层 2 和图层 3 进行调整和修改。加上图例和标题，即可得到图 4-43 所示 3Ys Y-YY 图。

3. Y 轴错距叠曲线模板

Y 轴错距叠曲线模板特别适合绘制对比曲线峰的图形，如 XRD 曲线。它将多条曲线叠在一个图层上，为了表示清楚，在 Y 轴有一个相对的错距。Y 轴错距叠曲线图对工作表数据的要求是：至少要有两个 Y 列（或是两个 Y 列其中的一部分）数据。如果没有设定与该列相关的 X 列，工作表会提供 X 的默认值。本例采用 Origin 网站（http://www.originlab.com/ftp/graph_gallery/gid159.zip）上的 Powder X-ray Diffractograms 数据。用该数据绘图是为对比不同人测得的 XRD 曲线。打开“gid159.opj”工程文件，该工程文件中的工作表如图 4-46 所示。该图的绘图步骤如下：

（1）全部选中该工作表，选择菜单命令【Plot】→【Multi-Curve】→【Stack Lines by Y Offsets】绘图，如图 4-47a 所示。

（2）将 X 坐标取值范围设置为 67 ~ 69。将 Y 坐标取值范围设置为 −500 ~ 12 000，隐藏 Y 轴的显示。

（3）双击图 4-47a 所示图形，打开【Plot Details - Plot Properties】对话框，在该对话框中的“Offset”选项卡中，根据需要重新设置 5 条曲线在图中 Y 轴的错

Book1

	A(X)	B(Y)	C(Y)	D(Y)	E(Y)	F(Y)
Long Name		MacroQ	Australia	Scotland	Germany	Mexico
1	67	58	39	56	68	56
2	67.02	41	61	60	56	50
3	67.04	36	34	47	49	55
4	67.06	34	52	71	57	69
5	67.08	30	40	62	51	52
6	67.1	47	48	55	61	68
7	67.12	50	44	61	52	68
8	67.14	32	47	59	60	70
9	67.16	36	49	57	68	68
10	67.18	46	50	77	61	66
11	67.2	44	50	60	49	69
12	67.22	47	50	71	60	82
13	67.24	43	39	70	70	71
14	67.26	37	44	72	61	99
15	67.28	39	53	67	82	93
16	67.3	40	44	79	73	97
17	67.32	37	57	69	72	88
18	67.34	42	46	72	88	97

Sheet1

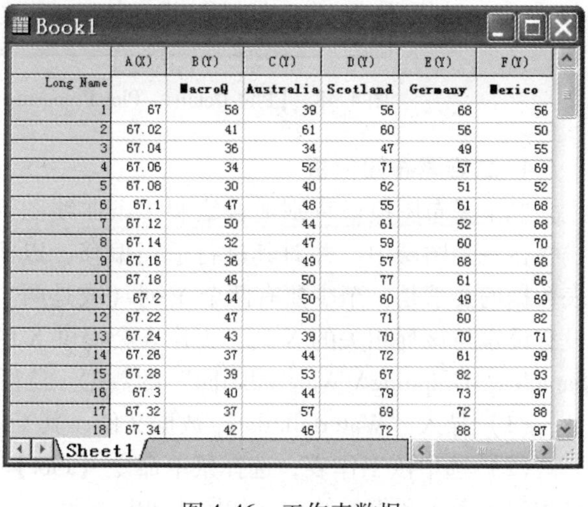

图 4-46　工作表数据

距, 如图 4-48 所示。加上图例和标题, 即可得到图 4-47b 所示调整后的图形。

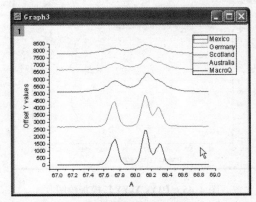 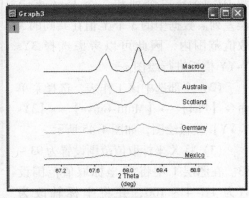

　　　a) Y 轴错距叠曲线模板绘图　　　　　　　　　　　b) 调整后的图形

图 4-47　Y 轴错距叠曲线图

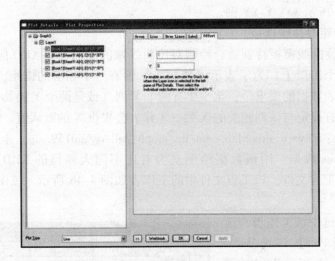

图 4-48　【Plot Details - Plot Properties】 "Offset" 标签设置

4. 二维瀑布图模板

　　二维瀑布图模板特别适合绘制多条曲线图形, 如对比大量曲线。它将多条曲线叠在一个图层中, 并对其进行适当偏移, 以便观测其趋势。二维瀑布图对工作表数据的要求是: 至少要有两个 Y 列 (或是两个 Y 列其中的一部分) 数据。如果没有设定与该列相关的 X 列, 工作表会提供 X 的默认值。本例采用 "Origin 9.1 \ Samples \ Graphing \ Waterfall. dat" 的数据。绘图步骤如下:

　　(1) 导入 "Waterfall. dat" 数据文件, 其工作表如图 4-49a 所示。

　　(2) 选中该工作表, 选择菜单命令【Plot】 → 【Multi-Curve】 → 【Waterfall】, 采用二维瀑布图模板绘图, 如图 4-49b 所示。

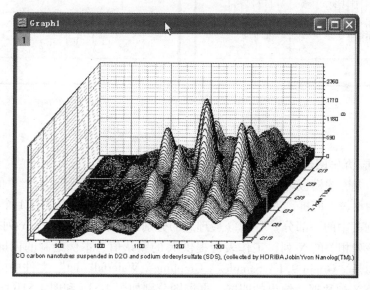

a) 工作表数据

b) 二维瀑布图

图 4-49　二维瀑布图模板绘图

对照该工作表和绘出的二维瀑布图可以发现，工作表中的 A(X) 列为图形的 X 坐标，B(Y) 列为图形的 Y 坐标，而 C1(Y)、C2(Y)、C3(Y) ... 数据为图形的 Z 坐标。瀑布图是在相似条件下，对多个数据集之间进行比较的理想工具。这种图有类似三维图的效果，能够显示 Z 向的变化，每一组数据都是在 X 和 Y 方向上作出特定的偏移后绘图，因此特别有助于数据间的对比分析。请读者采用该数据并采用 Y 轴颜色映射瀑布图模板和 Z 轴颜色映射瀑布图模板绘图进行对比。

5. 左右对开图、上下对开图模板

左右对开图模板主要适用于试验数据为两组不同自变量与因变量的数据，但又需要将它们绘在一张图中的情况。例如，在试验中，电压和压力值是在不同的

时间分别独立测量的，这时采用左右对开图形模板绘图较为理想。

上下对开图模板和左右对开图模板对试验数据的要求及图形外观都是类似的，区别仅仅在于前者的图层是左右对开排列方式，后者的图层是上下对开排列方式。如果仍采用"Origin 9.1 \ Samples \ Graphing \ Template. dat"的数据，则采用左右对开图、上下对开图模板绘出的图形分别如图 4-50a 和图 4-50b 所示。

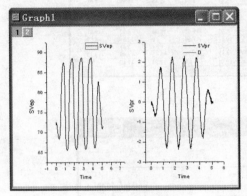
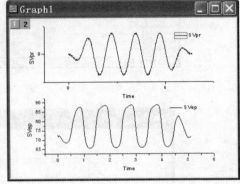

a) 左右对开图　　　　　　　　　　　　　b) 上下对开图

图 4-50　左右对开图和上下对开图

6. 四屏/九屏图形模板

四屏、九屏图模板可用于多变量的比较，它们分别最适用于 4 个 Y 值和 9 个 Y 值的数据的比较。四屏、九屏图对工作表数据的要求是：至少要有 1 个 Y 列（或是 1 个 Y 列其中的一部分）数据（最理想的分别是 4 个 Y 列和 9 个 Y 列）。如果没有设定与该列相关的 X 列，工作表会提供 X 的默认值。本例绘制的四屏、九屏图分别采用的是"Origin 9.1 \ Samples \ Graphing \ Waterfall. dat"文件中的前 4 个 Y 列和前 9 个 Y 列数据，绘出的四屏、九屏图分别如图 4-51a 和图 4-51b 所示。

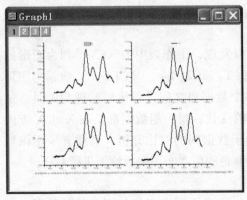
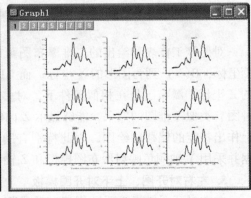

a) 四屏图　　　　　　　　　　　　　b) 九屏图

图 4-51　四屏图和九屏图

7. 叠层图形模板

叠层图形模板也可用于多变量的比较。它对工作表数据的要求是：至少要有 2 个 Y 列（或是 2 个 Y 列其中的一部分）数据。如果没有设定与该列相关的 X 列，工作表会提供 X 的默认值。本例绘制的叠层图形仍采用 "Origin 9.1 \ Samples \ Graphing \ Waterfall. dat" 文件中的前 3 个 Y 列数据。若采用默认参数，则绘出的叠层图形如图 4-52 所示。

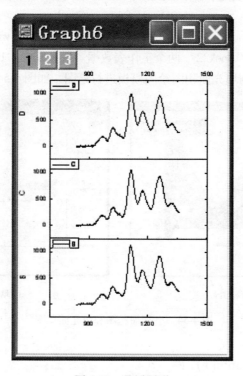

图 4-52　叠层图形

4.2.6　面积（Area）图

Origin 面积图有面积（Area）图、叠加面积（Stacked Area）图和填充面积（Fill Area）图 3 个绘图模板。选择菜单命令【Plot】→【Area】，在打开的二级菜单中选择绘图方式进行绘图；或单击二维绘图工具栏面积图中右下角的三角形按钮，在打开的二级菜单中选择绘图方式进行绘图。面积图的二级菜单如图 4-53 所示。

图 4-53　面积图的二级菜单

面积图对工作表数据的要求是：至少要有 1 个 Y 列（或是 1 个 Y 列其中的一部分）数据。如果没有设定与该列相关的 X 列，工作表会提供 X 的默认值。当仅有 1 个 Y 列数据时，Y 值构成的曲线与 X 轴之间被自动填充。叠加面积图对工作表数据的要求是：

要有两个以上 Y 列（或是两个以上 Y 列其中的一部分）数据。填充面积图对工作表数据的要求是：要有两个 Y 列（或是两个 Y 列其中的一部分）数据。如果没有设定与该列相关的 X 列，工作表会提供 X 的默认值。

　　面积图显示 Y 列数据下的面积。叠加面积图显示多个 Y 列数据依照先后顺序的堆叠填充，该图对于显示多个 Y 列数据的叠加效果十分有用。填充面积图显示两个 Y 列数据区域被填充，该图对于两 Y 列最大值与最小值数据区间十分有用。本例采用 "Origin 9.1 \ Samples \ 2D and Contour Graphs. opj" 项目文件中的数据。打开 "2D and Contour Graphs. opj" 项目文件，双击 "Fill Area with Transparency" 图，该图有 "Book21" 和 "Book22" 两个工作表数据。选择其中 "Book21" 工作表数据，采用叠加面积图模板和填充面积图绘图模板进行绘图，如图 4-54a 和图 4-54b 所示。

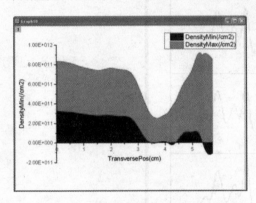

a) 叠加面积图　　　　　　　　　　　　　b) 填充面积图

图 4-54　叠加面积图和填充面积图

4.2.7　等值线（Contour）图

　　等值线图是用于连接各类等值线（如高程、温度、降雨量、污染或大气压力参数）的实验数据进行分析的一种工具。Origin 等值线图有彩色等值线（Contour-Color Fill）图、黑白等值线（Contour-B/W Lines + Labels）图、灰度等值（Gray Scale Map）图、剖面等值（Contour Profiles）图、极坐标等值[Polar Contour theta(X)r(Y)Polar 和 Contour r(X) theta(Y) 两种]图、三角形等值（Ternary Contour）图 7 个绘图模板。选择菜单命令【Plot】→【Contour】→【Color Fill】，在打开的二级菜单中选择绘图方式进行绘图；或单击二维绘图工具栏面积图中右下角的三角形按钮，在打开的二级菜单中选择绘图方式进行绘图。等值线图的二级菜单如图 4-55 所示。

图 4-55　等值线图的二级菜单

Origin 等值线图中的彩色等值线图、黑白等值线图、灰度等值图、剖面等值图、极坐标等值图对工作表数据的要求是：有 X 列、Y 列和 Z 列数据各一列（即 XYZ）。三角形等值图对工作表数据的要求是：有 X 列、Y 列数据各一列和 Z 列数据 2 列（即 XYZZ）。这里仅以彩色等值线图为例进行介绍。本例采用"Origin 9.1 \ Samples \ 2D and Contour Graphs. opj"项目文件中的数据。绘图步骤如下：

（1）打开"2D and Contour Graphs. opj"项目文件，用项目浏览器"Project Explorer"打开 Contour/XYZ Contour 目录中的"Book1B"工作表，如图 4-56 所示。"Book1B"工作表数据中的 B(X)、C(Y) 和 D(Z) 列数据分别表示经度（Longitude）坐标、纬度（Latitude）坐标和一月份（January）的平均温度，E(Y) 和 F(Y) 列数据分别表示 X 轴边界和 Y 轴边界。

（2）选中"Book1B"工作表中的 B(X)、C(Y) 和 D(Z) 列数据，如图 4-57 所示。选择菜单命令【Plot】→【Contour】→【Color Fill】绘出等值线图，如图 4-58 所示。

（3）双击图 4-58 所示图形，在弹出的【Plot Details - Plot Properties】对话框中的"Contouring Info"选项卡中按图 4-59a 所示进行设置，然后在"Color Map/Contours"选项卡中的"Level"中按图 4-59b 所示进行设置，在"Fill"标题中选择"Rainbow"调色板，在"Lines"标题中选择"Show on Major Levels"，在色彩下拉框中选择"LT Gray"颜色。单击"OK"按钮，

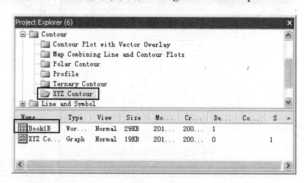

图 4-56 用"Project Explorer"打开"Book1B"工作表

图 4-57 　"Book1B"工作表

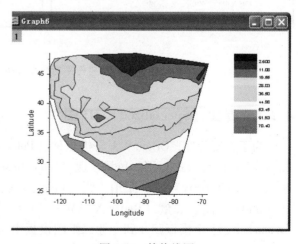

图 4-58 　等值线图

得到图 4-60a 所示等值线图。

　　（4）重新设置坐标轴、标签和标题，得到一月份平均温度分布彩色等值线图，如图 4-60b 所示。

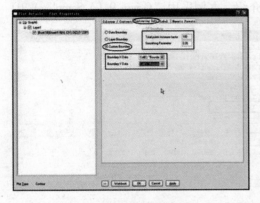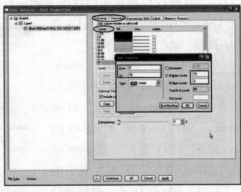

　　　a）"Contouring Info" 设置　　　　　　　　b）"Color Map/Contours" 设置

图 4-59　【Plot Details】窗口中的设置

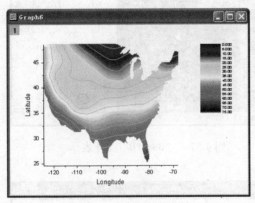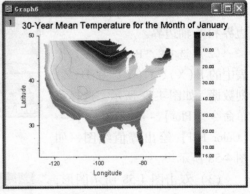

　　　　　　　a）　　　　　　　　　　　　　　　　b）

图 4-60　一月份平均温度分布彩色等值线图

4.2.8　专业（Specialized）2D 图

　　为了方便管理，Origin 9.1 将极坐标［Polar theta（X）r（Y）和 Polar r（X）theta（Y）两种形式］图、风场玫瑰（Wind Rose-Bin 和 Wind Rose-Raw 两种形式）图、三角（Ternary）图、派珀三线（Piper）图、史密斯圆图（Smith Charts）、雷达（Radar）图、矢量（Radar XYAM 和 Vector XYXY 两种形式）图和局部放大（Zoom）图 11 个模板归并到专业二维图模板中。其中，局部放大模板已在第 3 章中进行了介绍。选择菜单命令【Plot】→【Specialized】，在打开的二级菜单中选择绘图方式进行绘图；或单击二维绘图工具栏特殊二维图右下方的三角形按钮，在打开的二级菜单中选择绘图方式进行绘图。专业二维图的二级菜单如图 4-61 所示。这里仅对部分图形进行介绍。

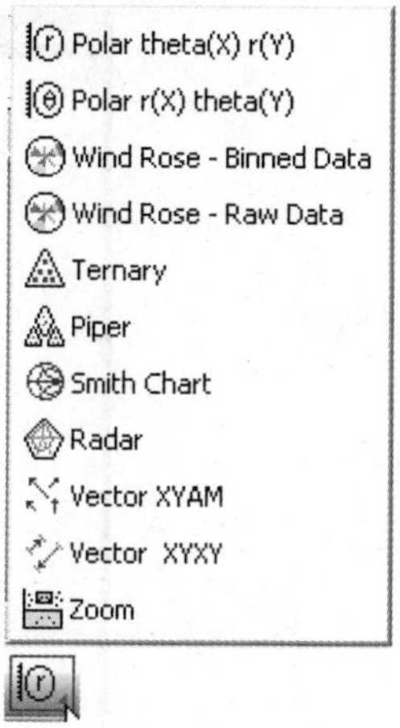

1. 极坐标图模板

Origin 9.1 极坐标图对工作表数据要求是：至少要有 1 对 XY 数据。极坐标图有两种方式绘图，其中 Polar theta (X) r (Y) 为 X 为角度［单位为 (°)］，Y 为极坐标半径位置；而 Polar r (X) theta (Y) 为 X 为极坐标半径坐标位置，Y 为角度［单位为 (°)］。本例采用 "Origin 9.1 \ Samples \ 91 Tutorial Data. opj" 项目文件中的数据进行绘图。绘图步骤如下：

（1）打开 "91 Tutorial Data. opj" 项目文件，用项目浏览器 "Project Explorer" 打开 "Custom Radial Axis" 目录中的 "Book1E" 工作表，如图 4-62 所示。

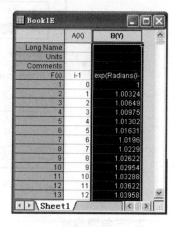

图 4-61　专业二维图的二级菜单

（2）选中 "Book1E" 工作表中的 B（Y）列数据，如图 4-63 所示。选择菜单命令【Plot】→【Specialized】→【Polar theta (X) r (Y)】，绘出的曲线图如图 4-64 所示。

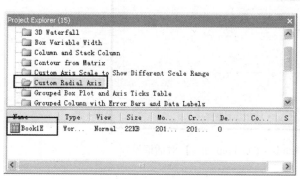

图 4-62　用 "Project Explorer" 打开 "Book1E" 工作表

图 4-63　"Book1E" 工作表

（3）双击图 4-64 中所示的曲线，在弹出的【Plot Details - Plot Properties】对话框的 "Line" 选项卡中按图 4-65 所示进行设置。

（4）双击图 4-64 中所示的坐标轴，打开【Axis Dialog】对话框，选择该对话框右边栏中不同页面，分别按图 4-66a ~ 图 4-66e 进行设置。

（5）重新设置标签和标题，完成了用极坐标图模板绘制极坐标图，如图 4-67 所示。

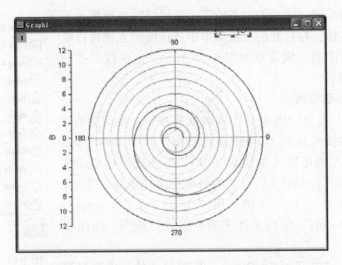

图 4-64　用【Polar theta(X)r(Y)】绘出的曲线图

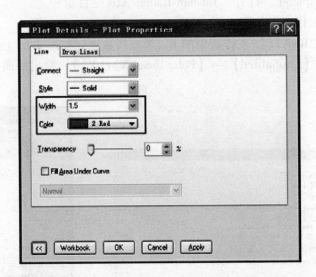

图 4-65　【Plot Details - Plot Properties】对话框设置

2. 三角图模板

　　Origin 9.1 三角图模板对工作表数据的要求是：应有一个 Y 列和一个 Z 列。如果没有与该列相关的 X 列，工作表会提供 X 的默认值。用三角图可以方便地表示 3 种组元（X、Y、Z）间的百分数比例关系，Origin 认为每行 X、Y、Z 数据具有 X + Y + Z = 1 关系。如果工作表中数据未进行归一化，在绘图时 Origin 给出进行归一化选择，并代替原来的数据，图中的尺度是按照百分比显示的。

　　本例绘图采用"Origin 9.1 \ Samples \ Graphing \ Ternary1. dat" "Ternary2. dat" "Ternary3. dat" 和 "Ternary4. dat" 数据文件。绘图方法如下：

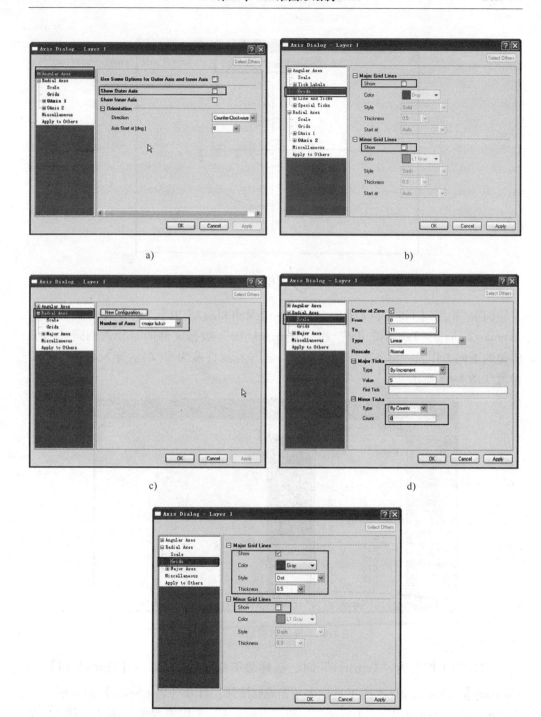

图 4-66　【Axis Dialog】对话框设置

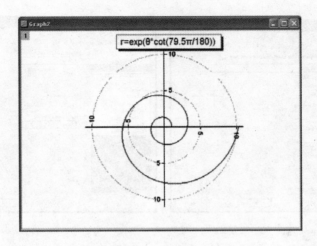

图 4-67　极坐标图模板绘制极坐标图

（1）采用【File】→【Import】→【Multiple ASCII】，将"Ternary1. dat""Ternary2. dat""Ternary3. dat"和"Ternary4. dat"数据文件同时导入到同一个工作簿的不同工作表，将各工作表中 C(Y) 的坐标属性改为 C(Z)。导入数据后的工作簿如图 4-68 所示。

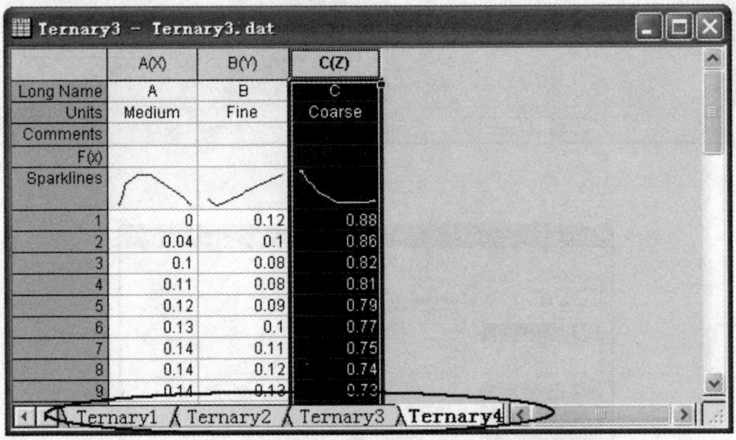

图 4-68　导入数据后的工作簿

（2）当工作表为"Ternary1"时，选择菜单命令【Plot】→【Specialized】→【Ternary】，或是在 2D 绘图工具栏中单击 ▲ 按钮。打开【Plot Setup】对话框，将"Ternary1""Ternary2""Ternary3"和"Ternary4"工作表中的数据依次按 X、Y 和 Z 轴添加到图中，如图 4-69 所示。

（3）最后在图中修改图线颜色和线形，图 4-70 所示为最终绘出的三角图。

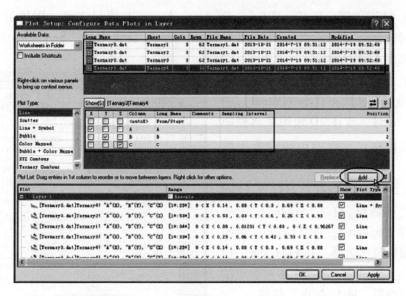

图 4-69　添加工作表中数据【Plot Setup】对话框

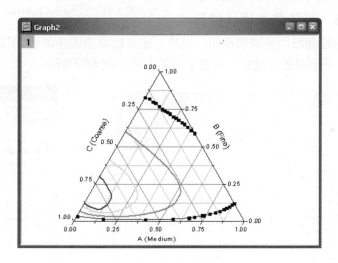

图 4-70　绘出的三角图

3. 史密斯（Smith）圆图模板

史密斯圆图由许多圆周交织而成，主要用于电工与电子工程学传输线的阻抗匹配上，是计算传输线阻抗的重要工具。Origin 9.1 中史密斯圆图对工作表数据的要求是：至少应有一个 Y 列。如果工作表有 X 列，则由该 X 列提供 X 值；如果没有与该列相关的 X 列，工作表会提供 X 的默认值。本例采用 "Origin 9.1 \ Samples \ Statistical and Specialized Graphs. opj" 项目文件中的数据进行绘图。绘图步骤如下：

（1）打开"Statistical and Specialized Graphs. opj"项目文件，用项目浏览器"Project Explorer"打开"Specialized \ Smith Chart"目录中的"SmithChartDat"工作表，如图 4-71 所示。

（2）选中工作表中所有数据，选择菜单命令【Plot】→【Specialized】→【Smith Chart】，或在 2D 绘图工具栏中单击 按钮，并将图中线图改为散点图。

（3）双击图中数据点，打开【Plot Details】对话框，在"Symbol"选项卡中选择"Sphere"；在"Group"选项卡中，编辑模式选择"Independent"模式，并在"Symbol"选项卡中对散点的颜色进行设置。单击"OK"按钮。

（4）双击图中水平轴，打开【X Axis】对话框，对轴参数进行设置。

	A (X1)	B (Y1)	C (X2)	D (Y2)
1	0.0134	−0.9942	0.0121	−0.1942
2	0.0137	−0.931	0.0123	−0.131
3	0.014	−1.0332	0.0126	−0.2332
4	0.0154	−0.8555	0.0138	−0.0555
5	0.0156	−0.9752	0.0141	−0.1752
6	0.0161	−0.9097	0.0145	−0.1097
7	0.0175	−0.7664	0.0158	0.0336
8	0.0178	−0.831	0.016	−0.031
9	0.0209	−0.6574	0.0188	0.1426
10	0.0216	−0.7367	0.0195	0.0633
11	0.0264	−0.5233	0.0237	0.2767
12	0.0267	−0.622	0.024	0.178
13	0.0356	−0.4771	0.0321	0.3229
14	0.0361	−0.3513	0.0325	0.4487
15	0.0361	−1.069	0.0325	−0.269
16	0.0412	−1.0169	0.0371	−0.2169
17	0.0481	−0.9577	0.0433	−0.1577
18	0.0499	−0.1279	0.0449	0.6721

图 4-71　"SmithChartDat"工作表

图 4-72 所示为绘制出的史密斯圆图。此外，还可以单击图中的 图标，打开史密斯圆图工具，对该图进行设置。史密斯圆图工具如图 4-73 所示。

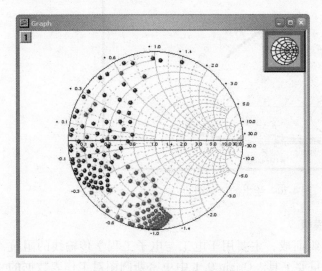

图 4-72　绘制出的史密斯圆图

图 4-73　史密斯圆图工具

4. 风场玫瑰图模板

风场玫瑰图有 Wind Rose-Bin 和 Wind Rose-Raw 两种形式，主要用于显示某一区域风速和风向随时间的变化。这里仅对"Wind Rose-Bin"风场玫瑰图进行简要介绍，有关风场玫瑰图的详细说明请参阅有关资料。

Origin 9.1 中的风场玫瑰图对工作表数据的要求是：至少应有一个 Y 列。如果工作表有 X 列，则由该 X 列提供 X 值；如果没有与该列相关的 X 列，工作表会提供 X 的默认值。本例采用 "Origin 9.1 \ Samples \ Statistical and Specialized Graphs. opj" 项目文件中的数据进行绘图。绘图步骤如下：

（1）打开 "Statistical and Specialized Graphs. opj" 项目文件，用项目浏览器 "Project Explorer" 打开 "Specialized \ Wind Rose" 目录中的 "Book6E" 工作表，如图 4-74 所示。

	A(X)	B(Y)	C(Y)	D(Y)	E(Y)	F(Y)
Long Name	Direction	0-4	4-8	8-12	12-16	16-20
Units						
Comments						
1	22.5	3.125	3.125	3.125	6.25	0
2	45	0	3.125	3.125	0	0
3	67.5	0	6.25	0	0	0
4	90	0	0	0	0	3.125
5	112.5	0	0	0	0	0
6	135	3.125	0	0	0	3.125
7	157.5	0	0	9.375	3.125	0
8	180	3.125	3.125	0	3.125	3.125
9	202.5	0	0	0	0	0
10	225	0	0	3.125	0	0
11	247.5	0	3.125	0	3.125	0
12	270	0	0	0	0	3.125
13	292.5	0	6.25	3.125	0	0
14	315	0	0	3.125	3.125	0
15	337.5	0	0	0	0	0
16	360	0	6.25	0	0	0
17	382.5	0	0	0	0	0

图 4-74　"Book6E" 工作表

（2）选中工作表中所有数据，选择菜单命令【Plot】→【Specialized】→【Wind Rose-Bin】，或在 2D 绘图工具栏中单击 按钮，绘制基本 Wind Rose-Bin 风场玫瑰图图形，如图 4-75 所示。

5. 矢量图模板

矢量图是用于气象、航空等领域中的风场、流速场或磁场研究的多维专业图形。在矢量图中能同时表示矢量的方向和大小。Origin 矢量图有 "Vector XYAM" 矢量图和 "Vector XYXY" 矢量图两种方式。"Vector XYAM" 矢量图对工作表数据要求有 3 列 Y 值（或是其中的一部分），分别表示 X、Y、角度和长

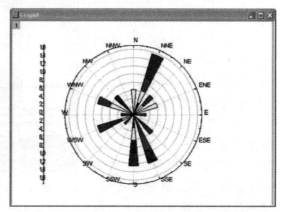

图 4-75　基本 Wind Rose-Bin 风场玫瑰图

度;"Vector XYXY"矢量图对工作表数据要求有 2 列 X 值和 2 列 Y 值(或是其中的一部分),分别表示 X 坐标和 Y 坐标的起止坐标值。这里仅对 Vector XYAM 矢量图进行简要介绍。如果没有设定与该列相关的 X 列,工作表会提供 X 的默认值。在默认状态下,工作表左边 X 列和第 1 个 Y 列确定矢量起始坐标值,第 2 个 Y 列确定矢量的角度(角度是以 X 轴为起始线逆时针旋转求得的),第 3 个 Y 列确定矢量的长度。本例采用"Origin 9.1 \ Samples \ Statistical and Specialized Graphs. opj"项目文件中的数据进行绘图。绘图步骤如下:

(1) 打开"Statistical and Specialized Graphs. opj"项目文件,用项目浏览器"Project Explorer"打开"Specialized \ 2V Vector"目录中的"Book8E"工作表,如图 4-76 所示。

(2) 在不选中工作表中数据的情况下,选择菜单命令【Plot】→【Specialized】→【Vector XYAM】,或在 2D 绘图工具栏中单击 按钮,打开【Plot Setup】对话框,按图 4-77 所示进行设置。单击"Add"按钮和"OK"按钮绘图。

Long Name	A(X) X Location	B(Y) Y Location	C(Y) Field Strength	D(Y) Direction
1	-4	-4	-0.10362	0.16154
2	-4	-3	-0.19178	0.16
3	-4	-2	-0.21718	0.16
4	-4	-1	-0.20163	0.16
5	-4	0	-0.1892	0.16
6	-4	1	-0.20163	0.16
7	-4	2	-0.21718	0.16
8	-4	3	-0.19178	0.16
9	-4	4	-0.10362	0.16154
10	-3	-4	-0.19178	0.16
11	-3	-3	-0.21017	0.16
12	-3	-2	-0.12411	-0.21361

Vector XYAM - Column order

图 4-76　矢量图"Book8E"工作表

(3) 选择菜单命令【Format】→【Plot Properties. . .】,将打开【Plot Details】对话框中的"Vector"选项卡中的"Magnitude Multiplier"设置为"75",单击"OK"按钮,得到的矢量图如图 4-78a 所示。

(4) 在图中增加 XY 对向坐标轴和修饰图标等,修饰后的矢量图如图 4-78b 所示。

6. 雷达图模板

雷达图是专门用来进行多指标体系比较分析的专业图表,一般用于成绩展示、效果对比量化、多维数据对比等。只要有前后 2 组 3 项以上的数

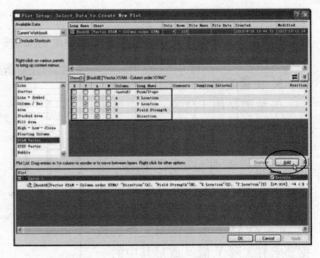

图 4-77　矢量图的【Plot Setup】对话框设置

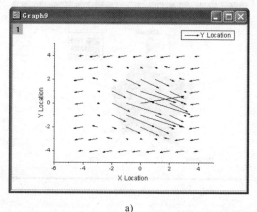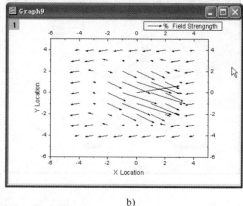

a)　　　　　　　　　　　　　　　　　b)

图 4-78　"Vector XYAM"矢量图

据，就可制作雷达图，其展示效果直观清晰。Origin 中的雷达图模板对数据的要求是：1 列以上 Y 列，而 X 列为标题列。本例采用"Origin 9.1 \ Samples \ Statistical and Specialized Graphs. opj"项目文件中的数据进行绘图。绘图步骤如下：

（1）打开"Statistical and Specialized Graphs. opj"项目文件，用项目浏览器"Project Explorer"打开"Specialized \ Radar"目录中的"Book1"工作表，如图 4-79

所示。工作表中的 X(X) 列为要对比的参数，B(Y)、C(Y) 和 D(Y) 列分别为不同年份的数据。采用雷达图可以清晰地进行分析对比。

（2）选中"Book1"工作表所有数据，选择菜单命令【Plot】→【Specialized】→【Radar】，或在 2D 绘图工具栏中单击 按钮绘图，如图 4-80a 所示。

Book1			
	A(X)	B(Y)	C(Y)	D(Y)
Long Name		0~60 mph	0~60 mph	0~60 mph
Units		kw	kw	kw
Comments		1992	1998	2004
1	Chrysler	10	13.5	17
2	Kia	14.5	15.5	15
3	Mazda	12.5	15.5	14
4	Mercedes	14	15.5	19
5	Saab	15	18	13
6				

图 4-79　"Book1"工作表

（3）选择菜单命令【Format】→【Plot Properties...】，打开【Plot Details】对话框，在"Plot Type"下拉框中选择线型为"Line"。

（4）选择菜单命令【Graph】→【Plot Setup】，打开【Plot Setup】对话框，将年份顺序设置为 1998、2004、1992，如图 4-81 所示。

（5）设置图形充填颜色，选择透明度为 50%，修饰图标等。修饰后的雷达图如图 4-80b 所示。

7. 派珀三线图模板

派珀（A. M. Piper）三线图可以简单直观地展现八大离子空间关系，是水文地

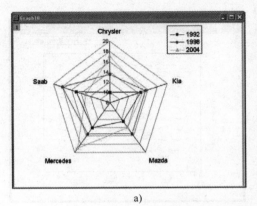
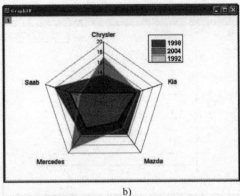

a)　　　　　　　　　　　　　　　　b)

图 4-80　　修饰前后的雷达图

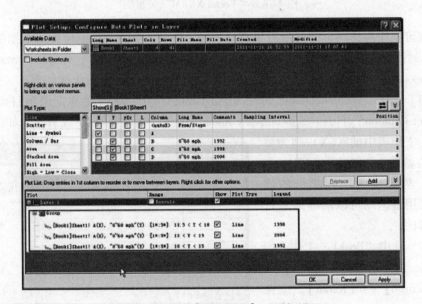

图 4-81　　雷达图【Plot Setup】对话框设置

球化学数据分析的一种专业图表。派珀三线图由两个三角形及一个菱形组成，左下角三角形的三条边分别代表水文样品中阳离子中的 Na^+、K^+、Ca^{2+} 及 Mg^{2+} 的毫克当量百分数，右下角三角形的三条边分别表示阴离子 Cl^-、$SO4^{2-}$ 及 HCO_3^- + CO_3^{2-} 的毫克当量百分数。水样中的阴阳离子的相对含量分别在两个三角形中以圆圈表示，引线在菱形中得出的交点上以圆圈综合表示此水样的阴阳离子相对含量。这里仅对 Origin 派珀三线图绘图进行简要介绍，有关派珀三线图的详细说明请参阅有关资料。

　　Origin 9.1 中的派珀三线图绘图对工作表数据的要求是：应有 XYZXYZ 列。本例采用 "Origin 9.1 \ Samples \ Graphing \ Piper. dat" 数据文件进行绘图。绘图步骤如下：

（1）导入"Piper. dat"数据文件，如图 4-82a 所示。A(X) 列为样品编号列，H(Y) 列为样品中总的固相含量，B(Y) ~ G(Y) 列为 6 个离子组的百分数（如该数据没有换算为百分数，请在绘图前将数据转换为百分数）。

（2）将 B(Y) ~ G(Y) 列设置为 B(X)、C(Y)、D(Z)、E(X)、F(Y)、G(Z)，设置后的工作表如图 4-82b 所示。

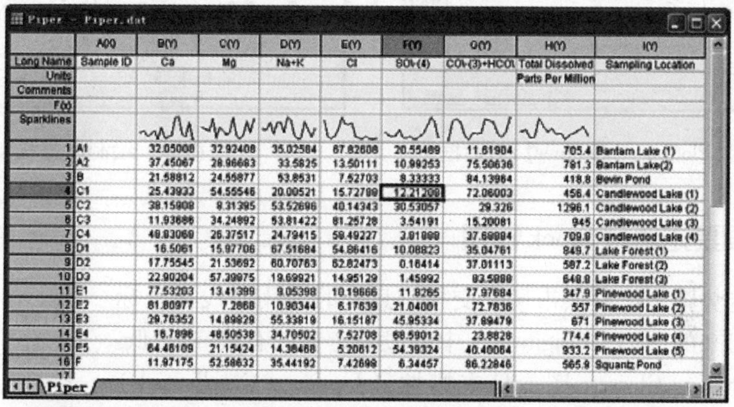

a)

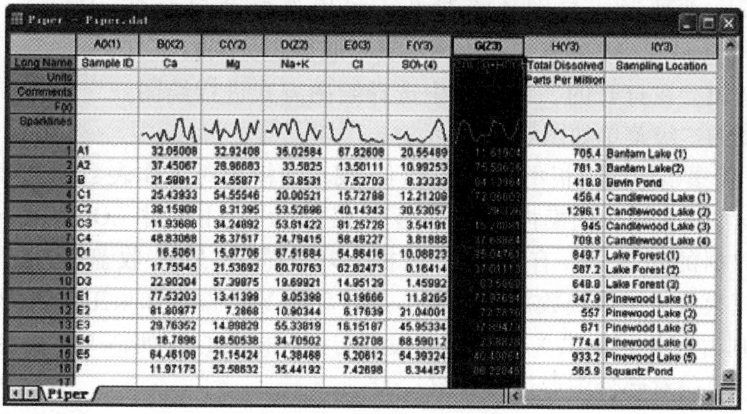

b)

图 4-82 Piper 工作表及设置

（3）选中 B(X)、C(Y)、D(Z)、E(X)、F(Y)、G(Z) 6 列数据，选择菜单命令【Plot】→【Specialized】→【Piper】，或在 2D 绘图工具栏中单击 按钮，打开【Plotting：plotpiper】对话框，在该对话框中将"Sample ID"设置为 A（X），将"Total Dissolved Solids"设置为 H(Y)，如图 4-83 所示。单击"OK"按钮，绘制出三线图，如图 4-84 所示。

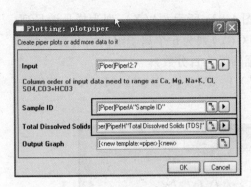

图 4-83 【Plotting：plotpiper】对话框

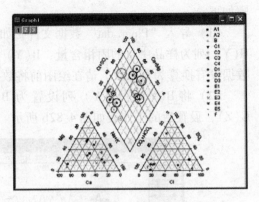

图 4-84　绘制出三线图

4.2.9　股票走势（Stock）图

股票走势图是把股票市场的交易信息实时地用曲线在坐标图上表示出来的图形。Origin 9.1 中的股票走势图有最高-最低-收盘（High-Low-Close）图、日本蜡烛（Japanese Candlestick）图（通常称 K 线图）和开盘-最高-最低-收盘（有 OHLC-Bar 和 OHLC-Volume 两种形式）图 4 个模板。可以选择菜单命令【Plot】→【Stock】，或单击二维绘图工具栏股票走势图右下方的三角形按钮，在打开的二级菜单中选择绘图方式进行绘图。股票走势图的二级菜单如图 4-85 所示。

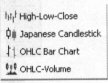

图 4-85　股票走势图的二级菜单

Origin 股票走势图模板中的最高-最低-收盘图模板对工作表数据的要求是：有 3 列 Y 数据。日本蜡烛图模板和开盘-最高-最低-收盘-柱状图（OHLC-Bar）图模板对工作表数据的要求是：有 4 列 Y 数据。开盘-最高-最低-收盘-交易量（OHLC-Volume）图模板对工作表数据的要求是：有 5 列 Y 数据。如果工作表中 Y 列左边有 X 列，则由该 X 列提供 X 值；如果没有与该列相关的 X 列，工作表会提供 X 的默认值。这里仅对部分图形进行介绍。

1. 最高-最低-收盘图模板

最高-最低-收盘图模板可用于股票分析，也可用于形象直观地表现多种形式的数据区域，如一组测定值的范围（最小值—最大值）、95% 可信区间值（低限—高限）、低值—均值—高值等。线型高低区域图要求工作表数据中有 3 个 Y 列（3 个 Y 列中的前两个 Y 列为高值和低值，第 3 个 Y 列为收盘值）。该图显示了给定 X 值情况下的高值与低值、收盘值的对比关系（高值与低值相连，收盘值用短横线表示）。本例采用 http：//www. originlab. com/ftp/graph_gallery/gid111. zip 项目文件中的数据（该例为用线形表示高低区域图），讨论 1994 年 1 月 27 日到 5 月 31 日纳斯达克（NASDAQ）100 股市情况。下载并解压 gid111. zip 文件，打开"gid111. opj"

项目文件中的工作表，如图 4-86 所示。绘图方法如下：

	Date(X)	O(Y)	H(Y)	L(Y)	C(Y)
Long	NASDAQ	100	H	L	C
Units	Date	O			
1	1-27-1994	407.19	410.11	406.59	409.93
2	1-28-1994	409.93	412.65	409.73	412.52
3	1-31-1994	412.52	415.42	412.26	413.99
4	2-1-1994	413.99	413.99	408.96	410.22
5	2-2-1994	410.22	412.44	408.68	411.78
6	2-3-1994	411.78	411.78	407.19	410.05
7	2-4-1994	410.05	410.08	397.11	397.48
8	2-7-1994	397.48	400.19	392.33	399.62
9	2-8-1994	399.62	402.24	396.91	401.46
10	2-9-1994	401.46	404.61	401.19	403.91
11	2-10-1994	403.91	405.95	400.73	401.31
12	2-11-1994	401.31	402.77	398.01	401.83
13	2-14-1994	401.83	405.56	401.83	405.11
14	2-15-1994	405.11	409.17	404.91	408.28
15	2-16-1994	408.28	411.29	407.33	408.74
16	2-17-1994	408.74	412.43	405.35	407.39
17	2-18-1994	407.39	408.23	403.03	407.94
18	2-22-1994	407.94	410.81	405.03	410.48
19	2-23-1994	410.48	412.37	408.21	408.91

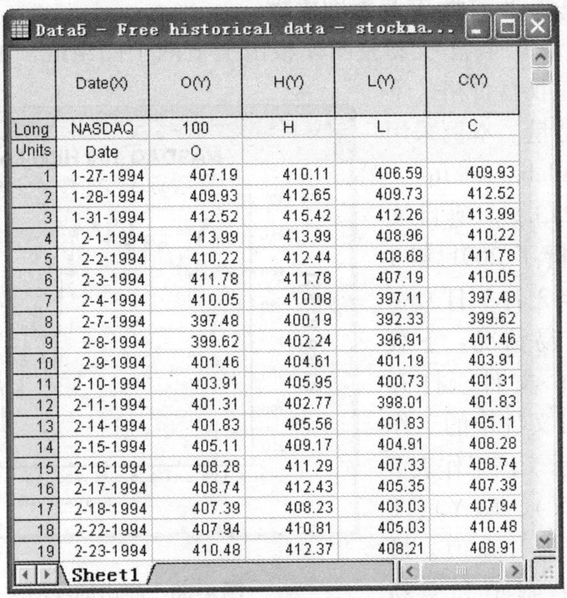

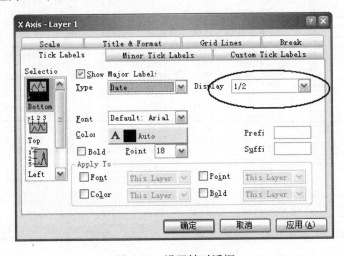

图 4-86　“gid111. opj”项目文件中的工作表

（1）选中工作表中 1 ~ 85 行的 H(Y)、L(Y) 和 C(Y) 数据，选择菜单命令【Plot】→【Stock】→【High-Low-Close】，或在 2D 绘图工具栏中单击按钮绘图。

（2）在该图中双击图轴，打开轴对话框，对图轴进行设置。横坐标日期从 1994-1-14 到 1994-6-10，增量 2 周；纵坐标从 345 到 425，增量 10。在“Tick”标签显示中设置为 1/2，如图 4-87 所示。

图 4-87　设置轴对话框

（3）对图中进行图标和其他设置后，绘出的线形高低区域图如图 4-88 所示。

2. 开盘-最高-最低-收盘-交易量图模板

该开盘-最高-最低-收盘-交易量图模板由上下两个图组成，上图显示股票的开盘、最高、最低和收盘价格，下图显示股票的交易量。本例采用 http：//www. originlab. com/ftp/graph_gallery/gid213. zip 项目文件中的数据，分析了 2001 年 1 月 25 日到 2001 年 3 月 7 日 Oracle 公司的股市交易情况。下载并解压 gid213. zip 文件，打开"gid213. opj"项目文件中的工作表，如图 4-89 所示。该工作表 B（Y）、C（Y）、D（Y）、E（Y）、F（Y）列数据分别为开盘值、最高值、最低值、收盘值和交易量。绘图方法如下：

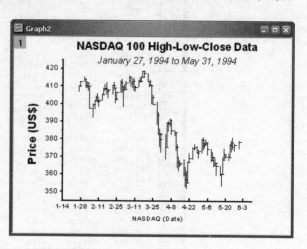

图 4-88　绘出的线型高低区域图

	A(X)	B(Y)	C(Y)	D(Y)	E(Y)	F(Y)
Long Name	Date	Open	High	Low	Close	Volume
Units						
Comments						
Sparklines						
1	03-七月-2001	19.39	20	19.13	19.77	2.15425E7
2	02-七月-2001	19.24	20.53	19.07	19.58	2.76831E7
3	29-六月-2001	19.19	20.02	16.5	19	5.51825E7
4	28-六月-2001	18.38	21.2	18.29	19.18	7.08083E7
5	27-六月-2001	18.56	18.84	17.7	17.7	5.59272E7
6	26-六月-2001	17.35	18.55	17.01	18.44	5.4859E7
7	25-六月-2001	17.65	18.06	17.51	17.77	3.01128E7
8	22-六月-2001	17.8	17.97	17.35	17.48	2.89671E7
9	21-六月-2001	17.46	18.04	17.3	17.9	3.99121E7
10	20-六月-2001	16.48	17.77	16.44	17.52	6.40206E7
11	19-六月-2001	17.05	17.08	16.44	16.76	2.1742E7
12	18-六月-2001	15.23	15.3	14.62	14.84	4.3319E7
13	15-六月-2001	14.75	15.5	14.66	15	5.70948E7
14	14-六月-2001	15.36	15.37	14.7	14.85	4.33995E7
15	13-六月-2001	16.35	16.45	15.34	15.5	3.35315E7
16	12-六月-2001	16.01	16.36	15.34	16.14	3.46814E7
17	11-六月-2001	17	17.01	16.02	16.19	2.47184E7
18	08-六月-2001	17.27	17.5	16.92	17.01	2.081E7
19	07-六月-2001	16.88	17.4	16.61	17.33	3.24498E7
20	06-六月-2001	16.94	17.24	16.8	17	4.30581E7
21	05-六月-2001	16.12	16.96	16.03	16.76	3.683E7
22	04-六月-2001	16.53	16.54	15.93	16.06	3.37253E7
23	01-六月-2001	15.5	16.4	15.26	15.86	3.79687E7
	31-五月-2001	14.65	15.90	14.64	15.3	7.62124E7

图 4-89　"gid213. opj"项目文件中的工作表

（1）双击工作表 A（X）列，在【Column Properties】窗口中设置 A（X）列为日期列，如图 4-90 所示。

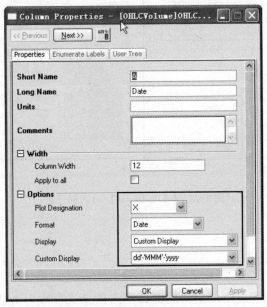

图 4-90 【Column Properties】窗口中设置

（2）选中工作表所有的列，选择菜单命令【Plot】→【Stock】→【OHLC-Volume】绘图，如图 4-91a 所示。

（3）双击图 4-91a 中所示第一层的 X 轴，打开【Axis Dialog】对话框，按图 4-92a 所示设置 X 轴；双击图 4-91a 中所示第二层的 Y 轴，打开【Axis Dialog】对话框，按图 4-92b 所示设置 Y 轴。单击"OK"按钮，完成设置。最终开盘-最高-最低-收盘-交易量图如图 4-91b 所示。

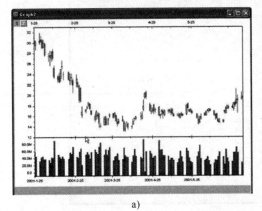
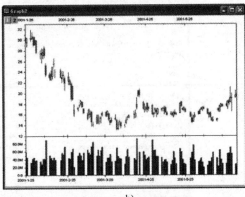

a)   b)

图 4-91 开盘-最高-最低-收盘-交易量图

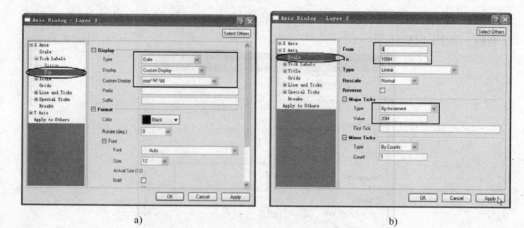

a)　　　　　　　　　　　　　　　　b)

图 4-92 　【Axis Dialog】对话框设置

4.3 绘图主题

　　Origin 将一个内置或用户定义的图形格式信息集合称为主题（Themes）。它可以将一整套预先定义的绘图格式应用于图形对象、图形线段、一个或多个图形窗口，改变原来的绘图格式。有了绘图主题功能，用户可以方便地将一个图形窗口中用 Themes 定义过的图形元素的格式部分或全部应用于其他图形窗口，这样非常便利于立即更改图形视图，保证绘制出的图形之间一致。Origin 9.1 中的主题主要有绘图主题、工作表主题、对话框主题和函数主题。通过选择菜单命令【Tool】→【Theme Organizer】，打开【Theme Organizer】工具窗口，如图 4-93 所示。以下仅对绘图主题进行简要介绍。

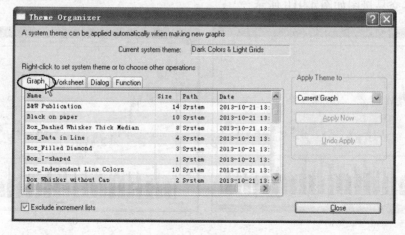

图 4-93 　"Theme Organizer" 工具窗口

　　Origin 9. 1 内置了大量的系统绘图主题格式。这些主题文件存放在"Themes"子目录下，用户可以直接使用或对现有的主题绘图格式进行修改。用户还可以根据需要重新定义一个系统主题绘图格式，系统主题绘图格式将应用于所有用户所创建的图形。

　　本例采用"Origin 9. 1 \ Samples \ Curve Fitting \ Exponential decay. dat"数据文件进行介绍。

　　（1）创建一个新的工作表，导入"Exponential decay. dat"数据文件，如图 4-94 所示。选中该工作表中 B(Y) 数据，在 2D 绘图工具栏中单击 ╱ 按钮绘图。改变图中坐标轴字号为"26"，曲线的粗细为"3"，并添加对向的 X 轴和 Y 轴。设置完成的曲线图如图 4-95 所示。

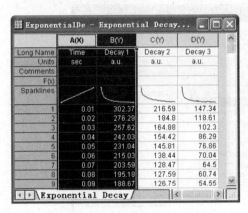

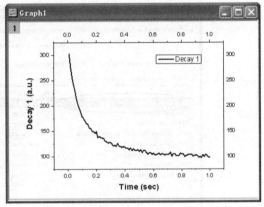

图 4-94　导入"Exponential decay. dat"　　　　　图 4-95　设置完成的曲线图
　　　　　数据文件

　　（2）选中该图并用右键单击，在弹出的快捷菜单中选择"Save Format as Theme. . ."菜单，如图 4-96 所示。在弹出的菜单中，输入"My Graph Theme1"作为该主题的名字，这时就创建了一个"My Graph Theme1"主题。

　　（3）用"My Graph Theme1"主题绘图。再次选中工作表中 B（Y）数据，在 2D 绘图工具栏中单击 ╱ 按钮绘图。选择菜单命令【Tool】→【Theme Organizer. . . 】，打开【Theme Organizer】对话框，可以发现在该对话框中已有刚建立的"My Graph Theme1"主题，如图 4-97 所示。单击"Apple Now"按钮，这时就实现了用"My Graph Theme1"主题绘图。用该主题进行绘图，其格式与图 4-95 完全一样。

　　绘图主题还可将一条张图中的一条曲线的格式复制应用于该图中的另一条曲线。以下仍然采用"Exponential decay. dat"数据文件进行介绍。

　　（1）导入 Origin 9. 1 \ Samples \ Curve Fitting 中的"Exponential decay. dat"数据文件，选中该数据表上 B（Y）、C（Y）和 D（Y）列数据，选择菜单命令【Plot】→

【Line + Symbol】进行绘图，如图 4-98 所示。

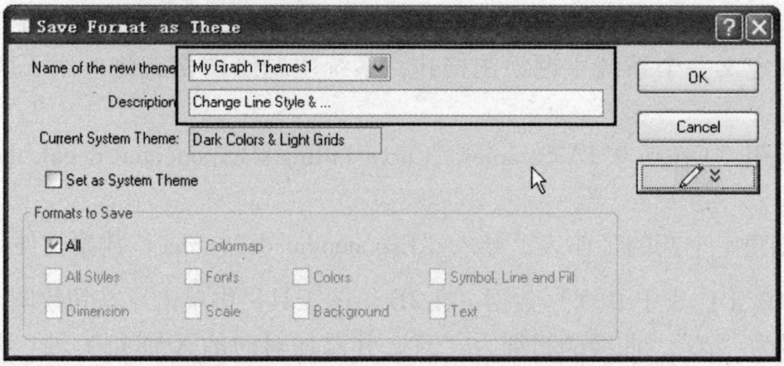

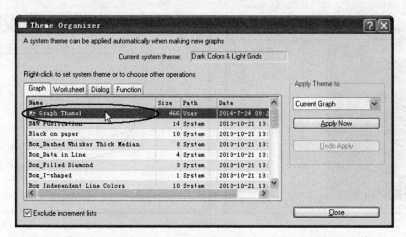

图 4-96　"Save Format as Theme..." 窗口

图 4-97　【Theme Organizer】对话框中刚建立的 "My Graph Theme1" 主题

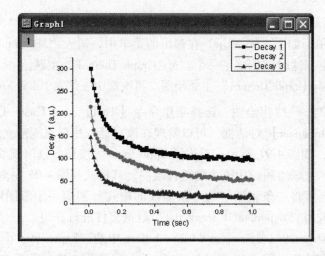

图 4-98　用 "Exponential decay. dat" 中的 B(Y)、C(Y) 和 D(Y) 列数据绘图

（2）双击该图形，打开【Plot Details】对话框，在"Group"选项卡中的"Edit Mode"中选择"Independent"；在【Plot Details】窗口的左边面板中选中第一条曲线，在"Line"选项卡中选择曲线粗细为"0.2"，在"Symbol"选项卡中选择数据点尺寸为"5"。完成了的定制一条曲线的格式如图4-99a所示。

（3）用鼠标在图中选中第一条曲线，单击右键，在弹出的快捷菜单中选择"Copy format"中的"All"（见图4-100），即完成了将第一条曲线的格式复制到剪贴板中。

（4）用鼠标在图中分别选中第二条曲线和第三条曲线，单击右键，在打开的菜单中选择"Paste Format"，即将第一条曲线的格式复制到第二条曲线和第三条曲线。完成格式复制后的曲线如图4-99b所示。

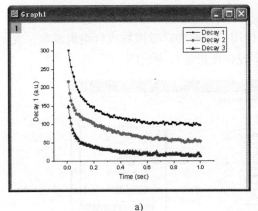 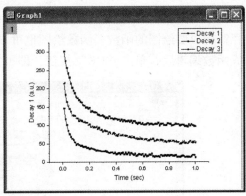

a)   b)

图4-99　完成格式复制前后的曲线

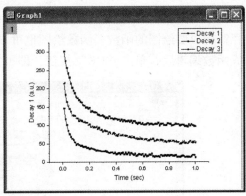

图4-100　将第一条曲线的格式复制到剪贴板

4.4　二维函数和二维参数方程绘图

4.4.1　函数绘图

Origin 提供了函数绘图功能（函数可以是 Origin 内置函数，也可以是用 Origin C 编程的用户函数）。通过函数绘图，可以将函数的图形方便地显示在图形窗口中。

1. 在图形窗口中绘图

Origin 函数绘图方法如下：打开一个图形窗口，选择菜单命令【Graph】→【Add Function Graph...】，在弹出的【Plot Details - Plot Properties】对话框中的 "Function" 选项卡中定义要绘图的函数，如图 4-101 所示。一般普通函数和统计分布函数可单击 ＞ 按钮，在函数下拉列表框中选择，通过选择的函数和采用算术运算符构成要绘图的函数。函数绘图也可以使用 Origin 的自带函数或自编辑函数。完成函数编辑后，单击 "OK" 按钮，即可实现在图形窗口中绘图。

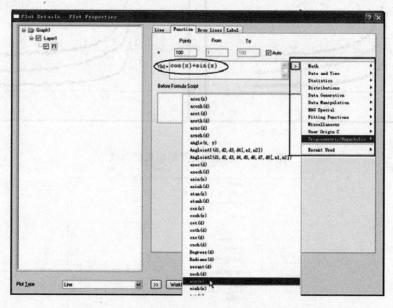

图 4-101　【Plot Details - Plot Properties】窗口

2. 在函数窗口中绘图

单击标准工具栏 "New 2D Plot" 按钮，同时打开一个【Create 2D Function Plot】，如图 4-102 所示。在该对话框中单击 ▶ 按钮，采用同上的方法在【Create 2D Function Plot】对话框中定义函数。例如，在【Create 2D Function Plot】对话框定义了一个 "cos(x) + sin(x)" 函数后，单击 "OK" 按钮。在图形窗口中绘出的 "cos(x) + sin(x)" 函数图形如图 4-103 所示。

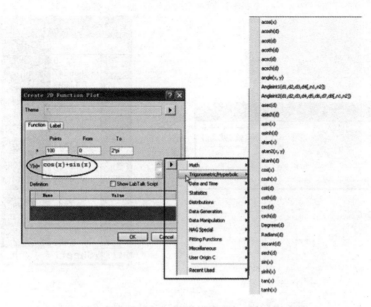

图 4-102 【Create 2D Function Plot】对话框

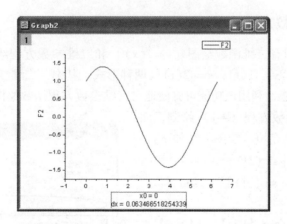

图 4-103 绘出的 "$\cos(x) + \sin(x)$" 函数图形

3. 从函数图形创建函数数据工作表

在图 4-103 所示函数窗口中的函数曲线上用右键单击，打开一个快捷菜单，选择 "Make dataset copy of F1" 命令。在弹出的窗口（见图 4-104a）中输入数组名，单击 "OK" 按钮，出现一个 "FuncCopy" 图形窗口，该图形窗口与图 4-103 相同。在该窗口中再单击右键，并在弹出的快捷菜单中选择 "Create Worksheet F1_C1"，Origin 会创建一个带 Y 数组的工作表。选中 Y 数组的工作表，用右键单击打开快捷菜单，选择菜单【Show X Column】，则完成了函数数据工作表的创建。图 4-104b 所示为创建的函数数据工作表。

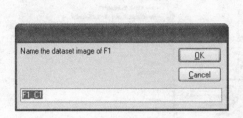

a)

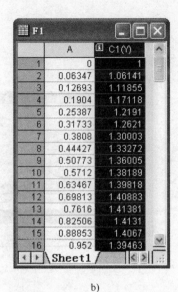

b)

图 4-104　由函数窗口创建的函数数据工作表

4.4.2　二维参数方程绘图

二维函数绘图有二维函数绘图〔y = f(x)〕和二维参数方程绘图（2D Parametric Function Plot）〔x = f1(t)，y = f2(t)〕两种形式。其中，二维参数方程绘图是 Origin 9.1 的新增功能，利用该功能可方便地对二维参数方程函数绘图。本例先采用二维参数方程实现参数方程（4-1）绘制，而后对图形进行颜色充填。绘图方法如下：

$$x = \sin t\{e^{\sin t} - 3[\sin(3t)]^2 - (\sin t)^2\}$$
$$y = \cos t\{e^{\sin t} - 3[\sin(3t)]^2 - (\sin t)^2\}$$
$$(4-1)$$

（1）选择菜单命令【File】 → 【New】 → 【Function Plot】 → 【2D Parametric Function Plot...】，打开【Create 2D Parametric Function Plot】对话框，输入和设置参数方程。设置好的【Create 2D Parametric Function Plot】对话框如图 4-105 所示。单击"OK"按钮，得到图 4-106a 所示的图形。

（2）调整坐标轴，设置线型和颜色，添加网格和曲线充填，得到图 4-106b 所示的图形。

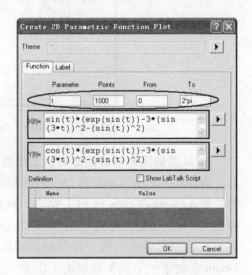

图 4-105　设置好的【Create 2D Parametric Function Plot】对话框

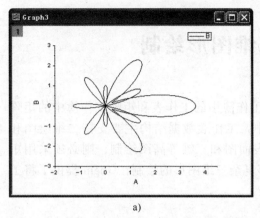

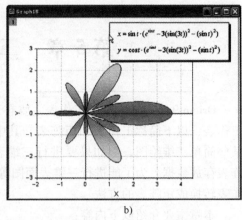

a)　　　　　　　　　　　　　　　　　b)

图 4-106　绘制完成前后二维参数方程曲线

第 5 章 三维图形绘制

Origin 9.1 存放数据的工作表主要有工作簿中的工作表和矩阵工作簿中的矩阵工作表，以下简称工作表和矩阵表。其中，工作表数据结构主要支持二维绘图和某些简单三维绘图，但如果要进行三维表面图和三维等高图绘制，则必须采用矩阵表存放数据。为了能进行三维表面图等复杂三维图形的绘制，Origin 提供了将工作表转换成矩阵表的方法。

本章主要介绍以下内容：
- 将 XYZ 数据的工作表转换为矩阵表
- 绘制三维表面图和等高线图
- 内置的三维图形模板及对数据的要求
- 三维图形模板绘图和三维函数绘图

5.1 Origin 矩阵及数据导入

5.1.1 矩阵数据设置

在第 3 章中已初步介绍了将工作表转换为矩阵表的方法，这里主要结合具体例子，进一步说明矩阵中的数据设置和将工作表转换为矩阵表的方法。

1. 矩阵行、列的设置

在标准工具栏单击新建矩阵表按钮，新建一个空矩阵表。选择菜单【Matrix】→【Set Dimensions/Lables...】。在【Data Manipulation and Lables】对话框的 "Matrix Dimensions" 组中，将矩阵的行数和列数均设为 32，在 "xy Mapping" 组中，将 X 和 Y 的起始和终了坐标分别设置为 −10 和 10，如图 5-1 所示。这时矩阵的 X 和 Y 值设置完成，可以用【View】→【Show X/Y】观察和确认矩阵的设置，如图 5-2 所示。

图 5-1 【Data Manipulation】对话框

Book1 :1/1

	-10	-9.3548387	-8.7096774	-8.0645161	-7.4193548	-6.7741935	-6.1290
-10	--	--	--	--	--	--	--
-9.3548	--	--	--	--	--	--	--
-8.7096	--	--	--	--	--	--	--
-8.0645	--	--	--	--	--	--	--
-7.4193	--	--	--	--	--	--	--
-6.7741	--	--	--	--	--	--	--
-6.1290	--	--	--	--	--	--	--
-5.4838	--	--	--	--	--	--	--
-4.8387	--	--	--	--	--	--	--
-4.1935	--	--	--	--	--	--	--
-3.5483	--	--	--	--	--	--	--
-2.9032	--	--	--	--	--	--	--
-2.2580	--	--	--	--	--	--	--
-1.6129	--	--	--	--	--	--	--
-0.9677	--	--	--	--	--	--	--
-0.3225	--	--	--	--	--	--	--
0.32258	--	--	--	--	--	--	--
0.96774	--	--	--	--	--	--	--
1.61290	--	--	--	--	--	--	--
2.25806	--	--	--	--	--	--	--

Sheet1

图 5-2　观察和确认矩阵设置

2. 矩阵表数据输入

选择菜单【Matrix】→【Set Values...】，在【Set Values】对话框的 "Cell (i, j) =" 文本框中，用 F(X) 下拉菜单输入各种函数。本例输入了 "cos(x) + sin(y)"，设置该矩阵的 Z 值，如图 5-3 所示。这样矩阵的每个单元格的数据就完成了输入。数据输入完成的矩阵如图 5-4 所示。

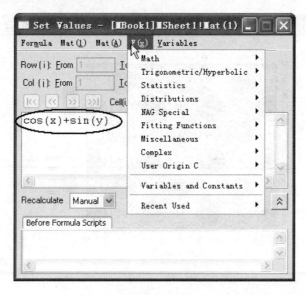

图 5-3　【Set Values】对话框

	-10	-9.3548387	**-8.7096774**	-8.0645161	-7.4193548	-6.7741935	-6.1290:
-10	-0.29505	-0.45353	-0.21101	0.33504	0.96509	1.42588	1.532
-9.3548	-0.90895	-1.06744	-0.82491	-0.27886	0.35119	0.81198	0.918
-8.7096	-1.49476	-1.65325	-1.41072	-0.86468	-0.23462	0.22616	0.332
-8.0645	-1.81699	-1.97547	-1.73295	-1.1869	-0.55685	-0.09606	0.010
-7.4193	-1.7461	-1.90458	-1.66205	-1.11601	-0.48596	-0.02517	0.081
-6.7741	-1.31059	-1.46907	-1.22654	-0.6805	-0.05044	0.41034	0.516
-6.1290	-0.68553	-0.84401	-0.60148	-0.05544	0.57462	1.0354	1.141
-5.4838	-0.12219	-0.28068	-0.03815	0.5079	1.13795	1.59874	1.705
-4.8387	0.15296	-0.00552	0.237	0.78305	1.4131	1.87389	1.980
-4.1935	0.02932	-0.12916	0.11337	0.65941	1.28947	1.75025	1.856
-3.5483	-0.4434	-0.60189	-0.35936	0.18668	0.81674	1.27753	1.383
-2.9032	-1.07519	-1.23367	-0.99114	-0.4451	0.18496	0.64574	0.752
-2.2580	-1.61205	-1.77054	-1.52801	-0.98196	-0.35191	0.10888	0.215
-1.6129	-1.83819	-1.99667	-1.75414	-1.2081	-0.57804	-0.11726	-0.010
-0.9677	-1.66268	-1.82116	-1.57863	-1.03259	-0.40254	0.05825	0.164
-0.3225	-1.15609	-1.31457	-1.07204	-0.526	0.10406	0.56484	0.671
0.32258	-0.52206	-0.68054	-0.43801	0.10803	0.73809	1.19887	1.305
0.96774	-0.01546	-0.17395	0.06858	0.61462	1.24468	1.70547	1.811
1.61290	0.16004	0.00156	0.24409	0.79013	1.42019	1.88097	1.987
2.25806	-0.06609	-0.22457	0.01795	0.564	1.19405	1.65484	1.761

图 5-4　数据输入完成的矩阵

3. 等高线图绘图

用设置好的数据作等高线图。选择菜单【Plot】→【Contour】→【Color Fill】,绘制如图 5-5 所示的等高线图。在图中,X 和 Y 的坐标均是从 −10 到 10,图中用不同颜色的深浅代表 Z 轴的数据。

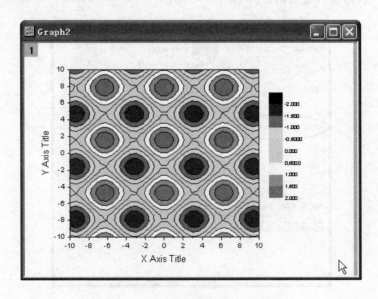

图 5-5　用设置的数据绘制等高线图

5.1.2 工作表转换为矩阵表

1. 导入数据

下面通过例子来介绍将工作表转换为矩阵表。例子的数据来自"Origin 9.1 \ Samples \ Matrix Conversion and Gridding \ XYZ Random Gaussian. dat"数据文件。

在默认状态下,从 ASCII 文件导入的数据在工作表中的格式为 XYY。若要转换为矩阵格式,必须把导入工作表的数列格式变换为 XYZ。具体方法为:双击 C (Y) 列的标题栏,在弹出的【Column Properties】对话框的选项栏中将 C(Y) 改变为 C(Z),如图 5-6 所示。数列格式变换为 XYZ 后的工作表如图 5-7 所示。

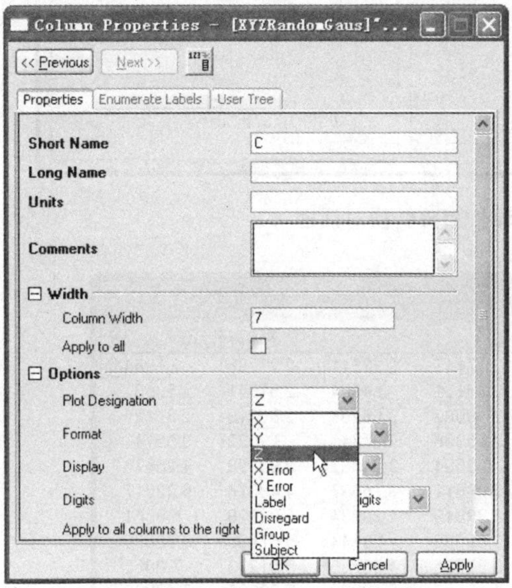

图 5-6 【Column Properties】对话框 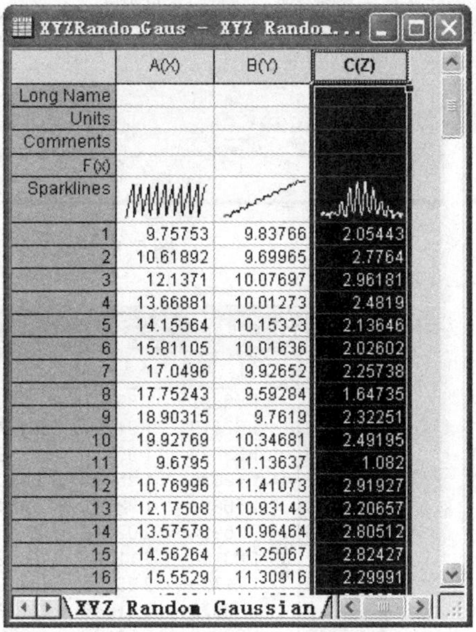   图 5-7 数列格式变换为 XYZ 后的工作表

2. 转换类型选择

Origin 提供了"Direct""Expand Columns""XYZ Gridding"和"XYZ Log Gridding"4 种将工作表转换为矩阵表的方法,在实际应用时选择哪一种转换方法,完全取决于工作表中数据的情况。常用的转换方法有"Regular"和"Random",可以通过"XYZ Gridding"预览散点图,初步判断采用哪一种转换方法更好。

选中工作表 A(X)、B(Y) 和 C(Z),选择菜单命令【Worksheet】 → 【Convert to Matrix】 → 【XYZ Gridding. . .】,打开【XYZ Gridding】矩阵转换对话框,如图 5-8 所示。从该对话框预览散点图中可以看到该 XY 数据间距无一定规则,所以可以选择"Random"转换方法进行转换。具体转换方法在该对话框左边"Gridding Method and Parameters"下拉列表框中进行选择。按图 5-8 所示对话框图选择转换参数和转换方法，得到转换后的矩阵表如图 5-9 所示。

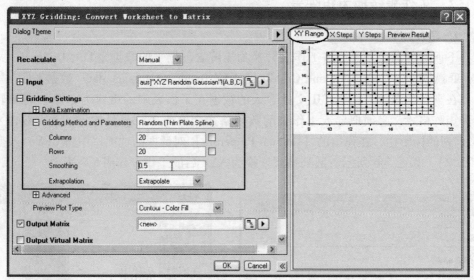

图 5-8 【XYZ Gridding】矩阵转换对话框

	1	2	3	4	5	6	7
1	1.65891	1.89367	2.06983	2.17147	2.22641	2.23296	2.1964
2	1.67119	1.94291	2.16775	2.33121	2.4504	2.51841	2.53502
3	1.63629	1.95031	2.23898	2.48082	2.68204	2.85219	2.97125
4	1.59835	1.95934	2.32062	2.65398	2.97845	3.2922	3.55143
5	1.58868	1.98341	2.40439	2.8534	3.34337	3.83493	4.26676
6	1.5954	2.02643	2.51592	3.08811	3.75697	4.43016	5.03517
7	1.63169	2.11293	2.69294	3.38843	4.20234	5.03318	5.8061
8	1.71733	2.25258	2.90936	3.69582	4.6144	5.57696	6.50635
9	1.8373	2.41658	3.12358	3.97555	4.95755	6.01223	7.0656
10	1.93898	2.54193	3.27971	4.16507	5.18228	6.29337	7.42926
11	2.01177	2.61328	3.3589	4.24218	5.25534	6.38078	7.5433
12	2.07068	2.65663	3.3643	4.20389	5.1794	6.26409	7.38052
13	2.10479	2.66026	3.29172	4.05391	4.95696	5.9482	6.95773
14	2.08352	2.60064	3.16462	3.83324	4.61322	5.46039	6.31516
15	1.99603	2.46741	2.9852	3.55846	4.18859	4.86666	5.54146
16	1.86833	2.28644	2.74683	3.22901	3.72311	4.24236	4.74695
17	1.72039	2.07305	2.45241	2.85749	3.26222	3.65277	4.00712

Book6 :1/1　　　Sheet1

图 5-9 转换后的矩阵表

5.2 三维表面图和等高线图

根据转换后的矩阵数据，在矩阵表窗口激活的情况下，选择 "Plot" 下拉三维绘图菜单，可以方便地创建各种三维表面图和等高线图。图 5-10 所示为 "Plot" 下拉三维绘图菜单中的"3D Surface"子菜单。Origin 提供的大量三维绘图模板，在打开的【Plot】下拉菜单中分别选择菜单命令，即可绘制出各种三维图。

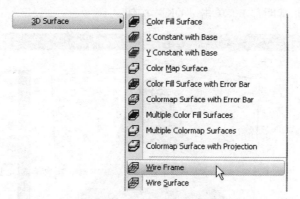

图 5-10　【Plot】下拉三维绘图菜单

5.2.1　三维表面图

三维表面图有 10 种绘图模板，这里仅介绍三维框线图和三维彩色映射表面图。由于其他三维表面图绘制操作方法基本相同，因此留给读者自己练习。

（1）三维框线图。在 5.1.2 节中转换的矩阵窗口为当前窗口时，选择菜单命令【Plot】→【3D Surface】→【Wire Frame】绘图。绘制的三维框线图如图 5-11 所示。

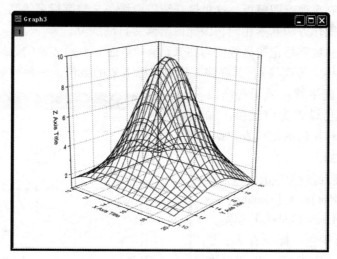

图 5-11　三维框线图

（2）三维彩色映射表面图。在矩阵为当前窗口时，选择菜单命令【Plot】→【3D Surface】→【3D Color Map Surface】，绘制出三维彩色映射表面图，如图 5-12

所示。图中用不同颜色填充三维表面，代表不同 Z 值取值范围（有时会出现"Speed Mode"绘图的提示信息窗口。"Speed Mode"对小矩阵绘图不是十分明显，但对大矩阵绘图非常明显）。单击"OK"按钮。

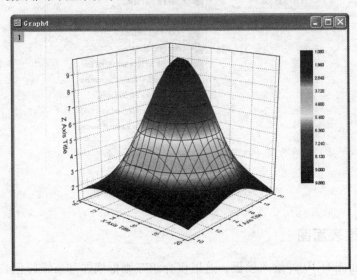

图 5-12　　三维彩色映射表面图

5.2.2　等高线图

等高线图有 5 种绘图模板，这里仅介绍黑白线条 + 数字标记等高线图。由于其他等高线绘图操作方法基本相同，因此留给读者自己练习。

黑白线条 + 数字标记等高线图为在 XY 坐标平面上不同 Z 值的数据点连成的一条封闭曲线（称为等高线），其在线上用数字标出 Z 的数值。一系列等高线及其数字标记组成的栅格就形成了等高线图。默认的颜色设置为白底黑。本例仍采用上面转换后的矩阵表数据。具体绘图步骤如下：

（1）使矩阵窗口为当前窗口，选择菜单命令【Plot】→【Contour】→【Contour-B/W Lines + Labels】绘图。

（2）图形颜色、标记有无、数字格式和数字分级等，都可以在【Plot Details】对话框内设置。黑白线条 + 数字标记的等高线图如图5-13所示。

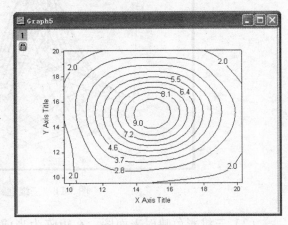

图 5-13　　黑白线条 + 数字标记的等高线图

5.3　Origin 9.1 内置三维图类型

　　Origin 9.1 的三维绘图采用了新型 OpenGL 技术,大大提升了其三维绘图质量。在 Origin 9.1 中,内置三维图绘图模板增加至 20 多个,它们分别在 3D XYY、3D Surface 和 3D Symbol/Bar/Vector 三个组里。有些三维图由 XYY 工作表或 XYZ 工作表创建,有些三维图由工作表中的虚拟矩阵或矩阵工作表创建。这些三维图可用于不同的数据分析,实现数据的三维显示。表 5-1 简单介绍了 Origin 9.1 提供的内置三维图绘图模板类型、对数据格式的要求等基本特点。

表 5-1　Origin 提供的内置三维图模板及对数据(工作表或矩阵)格式的要求

数据格式要求	绘 图 类 型	
	【Plot】→【3D Surface】	【Plot】→【3D Symbol/Bar/Vector】
工作表 XYZ 列	Color Fill Surface 三维充填表面图	3D Bars 三维条形图
	Color Map Surface 三维彩色映射表面图	3D Scatter 三维散点图
	Color Map Surface with Projection 有投影的三维彩色映射表面图	3D Trajectory 三维投影图
	Wire Frame 三维网格线连接图	3D Scatter + Error Bars 带误差棒的三维散点图
	Wire Surface 三维网格线表面图	3D Vector XYZ XYZ 三维矢量图(XYZ XYZ)
	3D Ternary Color Map Surface 三维三重彩色映射表面图	3D Vector XYZ dXdYdZ 三维矢量图(XYZ dXdYdZ)
工作表或虚拟矩阵	Color Fill Surface 三维充填表面图	3D Scatter 三维散点图
	Color Map Surface 三维彩色映射表面图	
	Colormap Surface Projection 有投影的三维彩色映射表面图	
	Wire Frame 三维网格线连接图	3D Bars 三维条形图
	Wire Surface 三维网格线表面图	
	X Constant with Base X 恒定有基底表面图	
	Y Constant with Base Y 恒定有基底表面图	
矩阵	Color Fill Surface 三维充填表面图	3D Scatter 三维散点图
	Color Map Surface 三维彩色映射表面图	
	Colormap Surface with Projection 有投影的三维彩色映射表面图	
	Wire Frame 三维网格线连接图	3D Bars 三维条形图
	Wire Surface 三维网格线表面图	
	X Constant with Base X 恒定有基底表面图	
	Y Constant with Base Y 恒定有基底表面图	

（续）

数据格式要求	绘 图 类 型	
	【Plot】 → 【3D Surface】	【Plot】 → 【3D Symbol/Bar/Vector】
矩阵	Color Fill Surface with Error Bar 带误差棒的三维彩色充填表面图	3D Scatter + Error Bars 带误差棒的三维散点图
	Color Map Surface with Error Bar 带误差棒的三维彩色映射表面图	
	Multiple Color Fill Surfaces 多重彩色充填表面图	
	Multiple Color Map Surfaces 多重彩色映射表面图	

注：虚拟矩阵（virtual matrix）为一组工作表单元格中排列有序的数据。

5.4 三维模板绘图及三维函数绘图

下面仅通过一个带误差棒的三维条形图模板绘图的简单例子来介绍三维模板绘图。例子来自 "Origin 9.1 \ Samples \ 3D OpenGL Graphs. opj" 工程文件。具体绘图步骤如下：

（1）打开 "3D OpenGL Graphs. opj" 工程文件，单击项目管理器，选择 "3D Bar with Error" 目录中的 "Book1E" 工作簿，如图 5-14 所示。

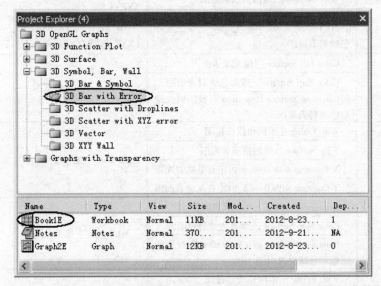

图 5-14　项目管理器 "3D Bar with Error" 目录中的 "Book1E" 工作簿

（2）在选中该工作簿中 C(Z) 列数据后（见图 5-15），选择菜单命令【Plot】 → 【3D Symbol/Bar/Vector】 → 【3D Bars】，绘制出三维条形图，如图 5-16a 所示。

（3）双击绘制出的三维条形图（图 5-16a），打开【Plot Details】对话框，在
"Error bar" 选项卡中选择 "Enable"，并选择 D（Z）列为误差棒，对图形进行适当
修饰，得到带误差棒的三维条形图，如图 5-16b 所示。

Long Name	Time Period	Season	Mean Temp	Standard Deviation
Units			degC	
Comments				Z error
1	1987~1996	Winter	5	2.37493
2	1987~1996	Spring	15.22407	4.42636
3	1987~1996	Summer	25.88148	1.46615
4	1987~1996	Autum	10.06111	5.21335
5	1937~1946	Winter	4.82778	2.70236
6	1937~1946	Spring	15.44815	4.48019
7	1937~1946	Summer	25.88519	1.21646
8	1937~1946	Autum	10.38148	5.57978
9	1887~1896	Winter	5.20926	3.04908
10	1887~1896	Spring	14.83704	4.73398
11	1887~1896	Summer	25.18333	1.20672
12	1887~1896	Autum	10.05926	5.3572
13				
14				

图 5-15　"Book1E" 工作簿

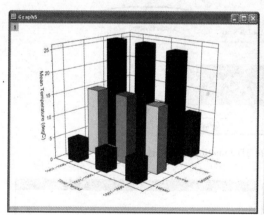

a）修饰前

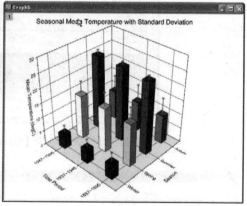

a）修饰后

图 5-16　带误差棒的三维条形图

三维函数绘图有三维函数绘图 [z = f（x，y）] 和三维
参数绘图 [x = f1（u，v），y = f2（u，v），z = f3（u，v）]
两种形式。选择菜单命令【File】→【New】→【Function
Plot】，或单击标准工具栏中函数绘图按钮，即可打开三维
函数绘图菜单。标准工具栏中函数绘图菜单如图 5-17
所示。

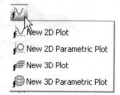

图 5-17　标准工具栏中
函数绘图菜单

下面通过 Origin 9.1 自带的"Mexican Hats"三维函数例子来介绍三维函数绘图。具体绘图步骤如下：

（1）选择菜单命令【File】→【New】→【Function Plot】→【New 3D Plot】，打开【Create 3D Function Plot】对话框，单击该对话框"Theme"右边的三角形，选择"Mexican Hats（System）"主题，设置 X 轴和 Y 轴的参数范围均为"−4 ∗ pi"到"4 ∗ pi"。设置好的【Create 3D Function Plot】对话框如图 5-18 所示。单击"OK"按钮，得到创建的"Mexican Hats"三维函数图形，如图 5-19a 所示。

（2）双击创建的"Mexican Hats"三维函数图形（图 5-19a），打开【Plot Details】对话框，对图形进行修饰和适当设置，得到修饰后的"Mexican Hats"三维函数图形，如图 5-19b 所示。

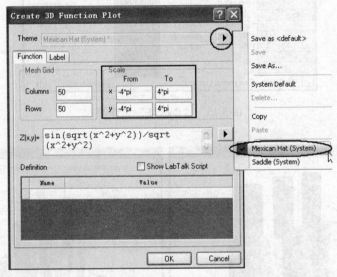

图 5-18　设置好的【Create 3D Function Plot】对话框

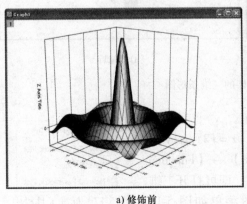

a）修饰前　　　　　　　　　　　　　　　　b）修饰后

图 5-19　"Mexican Hats"三维函数图形

Origin 9.1 三维绘图也可将多个函数绘制到同一个图层。下面通过将 Origin 9.1 系统自带的"Partial Torus（System）"三维参数函数和另一个三维函数"Z=0"绘制在同一个图层上来进行说明。具体绘图步骤如下：

（1）选择菜单命令【File】→【New】→【Function Plot】→【3D Parametric Function Plot...】，打开【Create 3D Parametric Function Plot】对话框，单击该对话框"Theme"右边的三角形，选择"Partial Torus（System）"主题。设置好的【Create 3D Parametric Function Plot】对话框如图 5-20 所示。单击"OK"按钮，得到创建的三维参数函数图形，如图 5-21a 所示。

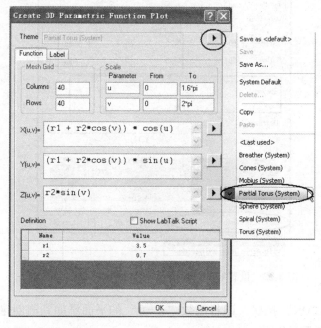

图 5-20　设置好的【Create 3D Parametric Function Plot】对话框

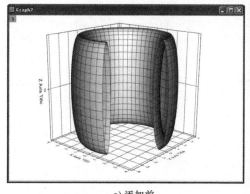
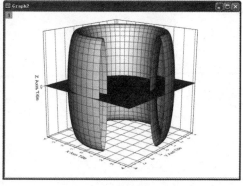

a）添加前　　　　　　　　　　　　b）添加后

图 5-21　添加"Z=0"平面前后的三维参数函数图形

（2）保持刚创建的三维参数函数图形为当前对话框，选择菜单命令【File】→
【New】→【Function Plot】→【3D Function Plot...】，打开【Create 3D Function
Plot】对话框，设置 X 轴和 Y 轴的参数范围均为"－5"到"5"、Z 轴为"0"，设
置该图形的绘图方式为"Add to Active Graph"。设置好的【Create 3D Function
Plot】对话框如图 5-22 所示。

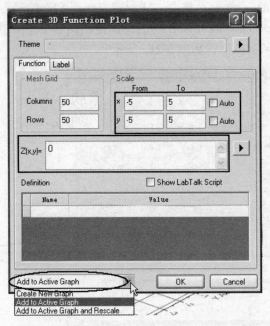

图 5-22　设置好的【Create 3D Function Plot】对话框

（3）单击"OK"按钮，即将函数"Z＝0"的平面添加到刚创建的三维参数函
数图形中，如图 5-21b 所示。

第6章 多图层图形绘制

Origin 支持多图层图形的绘制。图层是 Origin 的一个重要概念和绘图的基本要素，一个绘图窗口中可以有多个图层，每个图层中的图轴确定了该图层中数据的显示。多图层可以实现在一个图形窗口中用不同的坐标轴刻度进行绘图。根据绘图需要，Origin 图层之间即可相互独立，也可相互连接，从而使 Origin 绘图功能强大；还可以在一个绘图窗口中高效地创建和管理多个曲线或图形对象，做出满足各种需要的复杂科技图形。

本章主要介绍以下内容：
- Origin 图层和多图层图形模板
- 多图层图形的创建与定制
- 将创建的多图层图形保存为模板
- Origin 灵活、多样、强大的坐标轴编辑功能

6.1 Origin 图层和多图层模板

6.1.1 图层的概念

图层是 Origin 的图形窗口中基本要素之一，它是由一组坐标轴组成的一个 Origin 对象。一个图形窗口至少有一个图层，而 Origin 9.1 的一个图形窗口的图层数可多达 255 个。图层的标记在图形窗口的左上角用数字显示，图层标记显示为压下时为当前图层。通过鼠标单击图层标记，可以选择当前图层，并可以通过选择菜单命令【View】→【Show】→【Layer Icons】，显示或隐藏图层标记。在图形窗口中，对数据和对象的操作只能在当前图层中进行。

根据绘图要求可在图形窗口中添加新图层。在以下绘图要求下需要加入新图层：

（1）用不同的单位显示同一组数据，如摄氏温标（℃）和华氏温标（℉）。

（2）在同一图形窗口中创建多个图，或在一个图中插入另一个图。

通过选择菜单命令【Format】→【Layer Properties...】，打开图形窗口的【Plot Details-Layer Properties】对话框（见图 6-1），可以清楚地了解、设置和修改图形的各图层参数，如图层的底色和边框、图层的尺寸和大小，以及图层中坐标轴的显示等。【Plot Details-Layer Properties】对话框右边栏为该图形窗口中的图层结构，类似 Windows 目录的图层结构便于用户了解各图层中的数据。通过单击图层号，选中该图层。对话框左边由【Background】、【Size/Speed】、【Display】、

【Link Axes Scales】和【Stack】5 个选项卡栏组成。选取其中相应的选项卡，可对当前选中的图层中参数进行设置和修改。

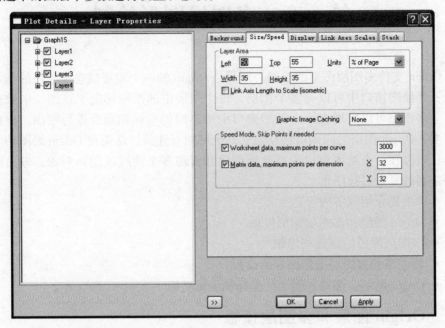

图 6-1　图形窗口的【Plot Details-Layer Properties】对话框

6.1.2　多图层图形模板

　　Origin 提供的常用多图层图形模板包括双 Y 轴（Double Y Axis）图形模板、左右对开（Horizontal 2 Panel）图形模板、上下对开（Vertical 2 Panel）图形模板、四屏（4 Panel）图形模板、九屏（9 Panel）图形模板和叠层（stack）图形模板等。在了解了图层概念和对 Origin 提供的常用多图层图形模板熟悉后，就可以发现用模板进行绘图是多么的方便和轻松！这些模板使用户在选择数据以后，只需单击"2D Graphs Extended"工具栏上相应的命令按钮，就可以在一个绘图窗口中把数据绘制为所要求的多图层图形。多图层图图形模板中的双 Y 轴图形模板、左右对开图形模板、上下对开图形模板、四屏图形模板等已在第 4 章进行了介绍，这里仅介绍用绘图调整对话框结合多图层图形模板创建多图层图形。

6.1.3　绘图调整（Plot Setup）对话框

　　在 Origin 9.1 中，绘图调整对话框进一步得到了完善和提高。它使绘图工作更加便捷和直观，可以极为灵活地从图形窗口中添加、删除数据。用户可以在工程文件的图形中添加、删除数据，而不改变图形的格式（如 X、Y 轴，误差棒等）。此外，用户可以方便地控制向图形窗口添加相关绘图数据和指定绘图数据范围。

本节主要介绍绘图调整对话框的使用。通常可用以下两种方法打开【Plot Setup】
对话框。

（1）在层标记上用右键单击，在快捷菜单中选择"Plot Setup..."。

（2）选择绘图窗口为当前窗口，选择菜单命令【Graph】→【Plot Setup...】。

1. 结合绘图模板创建图形

下面采用"Origin 9.1 \ Samples \ Graphing \ Linked Layers 1. dat"数据文件中
的数据来介绍用绘图调整对话框结合绘图模板创建图形。

（1）导入"Linked Layers 1. dat"数据文件，其工作表如图 6-2 所示。该数据
X 轴为年代，Y 轴为各类物质的含量，其中"Lead""Arsenic""Cadmium"和
"Mercury"数值较小，而"DDT"和"PCBs"数值较大，因此较适合用双 Y 轴图
形模板。选择菜单命令【Plot】→【Template Library...】，打开"Template Library"
窗口，如图 6-3 所示。在"Category"列表栏中，选择"Multi-Curve"模板类型。
在其中选择"DoubleY"模板，即采用双 Y 轴方式。

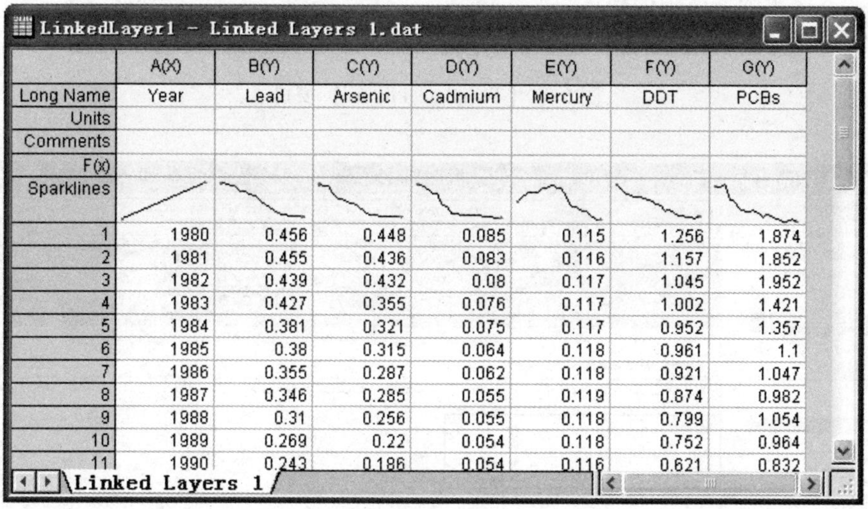

	A(X)	B(Y)	C(Y)	D(Y)	E(Y)	F(Y)	G(Y)
Long Name	Year	Lead	Arsenic	Cadmium	Mercury	DDT	PCBs
Units							
Comments							
F(x)							
Sparklines							
1	1980	0.456	0.448	0.085	0.115	1.256	1.874
2	1981	0.455	0.436	0.083	0.116	1.157	1.852
3	1982	0.439	0.432	0.08	0.117	1.045	1.952
4	1983	0.427	0.355	0.076	0.117	1.002	1.421
5	1984	0.381	0.321	0.075	0.117	0.952	1.357
6	1985	0.38	0.315	0.064	0.118	0.961	1.1
7	1986	0.355	0.287	0.062	0.118	0.921	1.047
8	1987	0.346	0.285	0.055	0.119	0.874	0.982
9	1988	0.31	0.256	0.055	0.118	0.799	1.054
10	1989	0.269	0.22	0.054	0.118	0.752	0.964
11	1990	0.243	0.186	0.054	0.116	0.621	0.832

图 6-2　"Linked Layers 1. dat"数据

（2）单击"Plot"按钮，打开【Plot Setup】对话框，如图 6-4 所示。该对话框
由上、中、下三个面板组成，通过窗口右边的 ⌃ 和 ⌄ 按钮，可打开或关闭显示
的面板。

（3）上面板为绘图数据选择面板。在上面板中，选中"Linked Layers 1. dat"
工作表。下面板为绘图图层列表面板。中面板为绘图类型面板。在中面板中，将
"Year"列选择为 X，将"Lead""Arsenic""Cadmium"选择为 Y。单击"Add"
按钮，将数据加入至"Layer1"，如图 6-5a 所示。

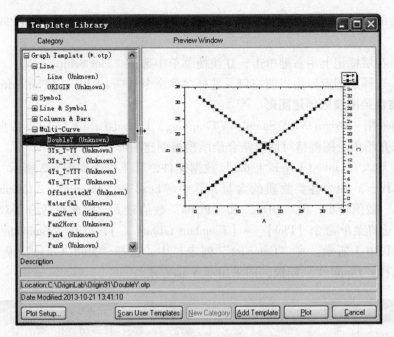

图 6-3　【Template Library】窗口

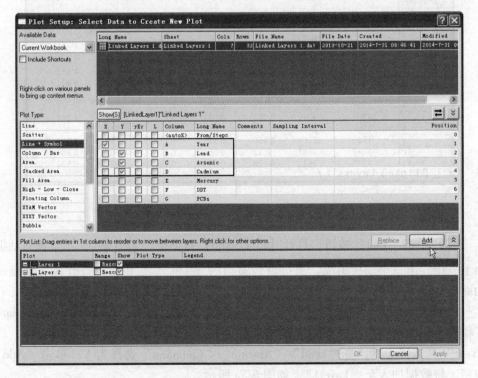

图 6-4　【Plot Setup】对话框

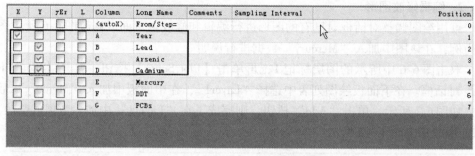

a)

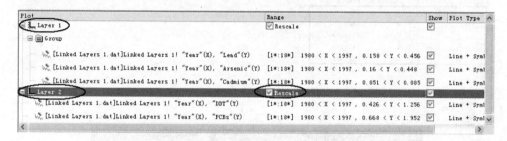

b)

图 6-5　中面板和下面两个面板中的选项

（4）同理，在"Layer2"中将"DDT"和"PCBs"选择为 Y。在下面板中，选中"Rescale"按钮，如图 6-5b 所示。单击"OK"按钮，完成绘图。用【Plot Setup】对话框和模板创建的图形如图 6-6 所示。

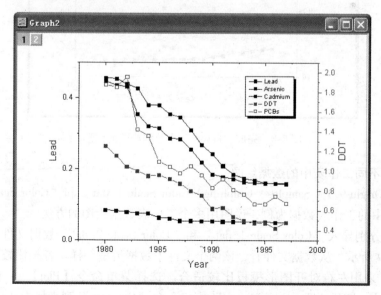

图 6-6　用【Plot Setup】对话框和模板创建的图形

2. 编辑修改图形

可用绘图调整对话框对已有的图形进行编辑和修改。下面以修改图 6-6 所示图形为例，在该图中加入"Mercury"数据进行说明。

双击图 6-6 中所示的图层标记 1，再单击【Plot Setup】按钮，打开【Plot Setup】对话框。在下面板绘图列表中选择"Layer1"，在中面板中加入"Mercury"数据，如图 6-7 所示。单击"Add"按钮，则完成了在"Layer1"中加入数据的修改。修改后的图形如图 6-8 所示。

X	Y	yEr	L	Column	Long Name	Comments	Sampling Interval	Position
				\<autoX\>	From/Step=			0
☑				A	Year			1
				B	Lead			2
				C	Arsenic			3
				D	Cadmium			4
	☑			E	Mercury			5
				F	DDT			6

图 6-7　在中间面板加入"Mercury"数据

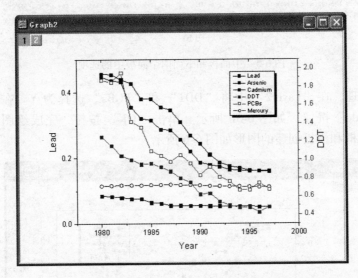

图 6-8　完成"Layer1"中数据修改的图形

3. 用不同工作表中的数据绘图

以"Origin 9.1 \ Samples \ Graphing \ Color Scale 1. dat"和"Color Scale 2. dat"数据文件中的工作表数据为例，说明用多个工作表数据绘图的方法。

（1）分别导入"Color Scale 1. dat"和"Color Scale 2. dat"数据文件，其工作表如图 6-9 所示。从数据文件看，该两个文件中数据类型一样。若想比较两个文件中"Zi"，采用左右对开图形模板比较适合。选择菜单命令【Plot】→【Template Library...】，打开"Template Library"窗口。在"Category"列表栏中选择"Multi-

Curve"模板类型,在其中选择"Pan2Horz"模板,即采用左右对开图形方式绘图,如图 6-10 所示。

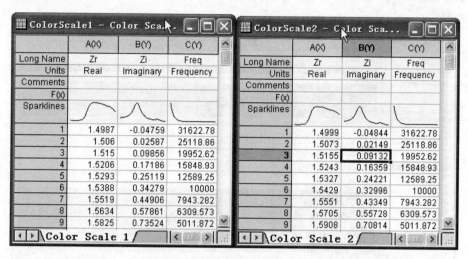

图 6-9 "Color Scale 1. dat"和"Color Scale 2. dat"工作表

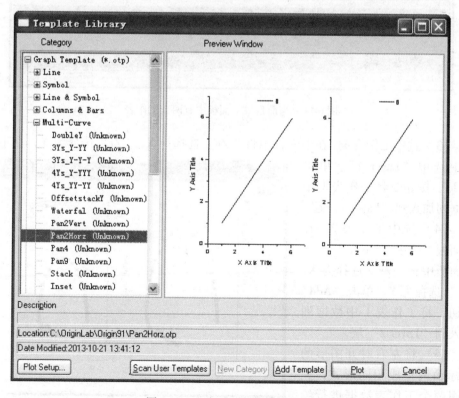

图 6-10 左右对开图形方式绘图

　　（2）打开【Plot Setup】窗口，在当前目录的上面板中有两个工作表，如图 6-11 所示。在中面板中显示工作表中所共有的列（该项目文件的 3 个工作表都具有相同的列）。

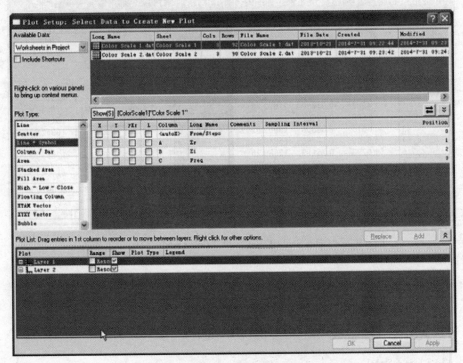

图 6-11　当前目录上面板中有两个工作表

　　（3）选中工作表 1。在中面板中将 "Zr" 选择为 X，"Zi" 选择为 Y；在下面板中选中 "Layer 1"。单击 "Add" 按钮，将工作表 1 中数据列加入到 "Layer 1" 层。

　　（4）选中工作表 2。在下面板中选中 "Layer 2"；在中面板中将 "Zr" 选择为 X，"Zi" 选择为 Y。单击 "Add" 按钮，将工作表 1 中数据列加入到 "Layer 2" 层。

　　（5）将左右对开图形的坐标轴调整成相同形式，完成用两个工作表数据进行绘图对比，如图 6-12 所示。

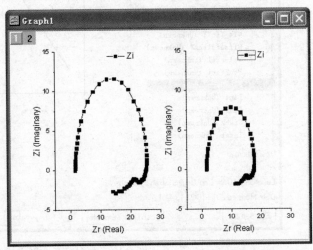

图 6-12　用两个工作表数据进行绘图对比

6.2　自定义多图层图形模板

虽然 Origin 自带丰富的多图层图形模板，但它仍允许用户自己定制图形模板，以满足不同图形的需要。如果已经创建了一个绘图窗口并将它存为模板，以后就可以直接基于此模板绘图，而不必每次都重新创建并定制同样的绘图窗口。

6.2.1　创建双图层图形

最简单的多图层图形是双图层图形，如果掌握了双图层图形的创建方法，其他多图层图形的绘制方法可以依此类推。这里采用 http：//www.originlab.com/ftp/graph_gallery/pid934.zip 项目文件提供的数据。该数据显示的是在 1965～1994 年期间，美国成年人吸烟习惯的变化。下载 pid934.zip，并解压成"pid934.opj"项目文件。打开"pid934.opj"项目文件的工作表，如图 6-13 所示。具体创建该双图层图形的步骤如下：

Data1	Year(X)	AllPersons(Y)	AllMales(Y)	AllFemales(Y)	BlackMales(Y)	WhiteMales(Y)	BlackFemales(	WhiteFemales(Y)
Long Name					18andOver			
1	1965	42.3	51.6	34	59.2	50.8	32.1	34.3
2	1974	37.2	42.9	32.5	54	41.7	35.9	32.3
3	1979	33.5	37.2	30.3	44.1	36.5	30.8	30.6
4	1983	32.2	34.7	29.9	41.3	34.1	31.8	30.1
5	1985	30	32.1	28.2	39.9	31.3	30.7	28.3
6	1987	28.7	31	26.7	39	30.4	27.2	27.2
7	1990	25.4	28	23.1	32.2	27.6	20.4	23.9
8	1991	25.4	27.5	23.6	34.7	27	23.1	24.2
9	1992	26.4	28.2	24.8	32	28	23.9	25.7
10	1993	25	27.5	22.7	33.2	27	19.8	23.7
11	1994	25.5	27.8	23.3	33.5	27.5	21.1	24.3

Sheet1

图 6-13　　"pid934.opj"项目文件工作簿

（1）选中"pid934.opj"项目文件的工作表中最后 4 列，即"BlackMales""WhiteMales""BlackFemales"和"WhiteFemales"列。单击"2DGraphs"工具栏上的 命令按钮。这时创建了以"Year"数列为自变量 X，"BlackMales""White-Males""BlackFemales"和"WhiteFemales"数列为因变量 Y 的曲线图。选中图标，用右键单击，在"Lengends/Titles"中选择"Short Name"为图例。

（2）选中"pid934.opj"项目文件的工作表中前 3 列，即"AllPersons""All-Males"和"AllFemales"列。单击"2DGraphs"工具栏上的 命令按钮。这样就创建了以"Year"数列为自变量 X，"AllPersons""AllMales"和"AllFemales"数列为因变量 Y 的曲线图。

（3）将图形最小化。选择菜单命令【Graph】→【Merge Graph Windows】，打开【Graph Manipulation：merge_Graph】窗口，如图 6-14 所示。

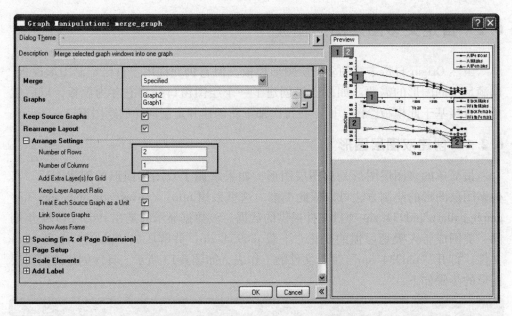

图 6-14　【Graph Manipulation：merge_Graph】窗口

（4）选择合并图形方式进行绘图，并选择菜单命令【Tool】→【Theme Organizer...】，打开【Theme Organizer】对话框，选择"Physical Review Letters"主题对图形进行修改绘图。

（5）双击图层 2，打开【Layer Contents】窗口，单击【Layer Properties...】按钮，打开【Plot Details-Layer Properties】，选择"Link Axes Scales"选项卡，选择将图层 1 与图层 2 关联，修改坐标轴。修改完成后的图形如图 6-15 所示。

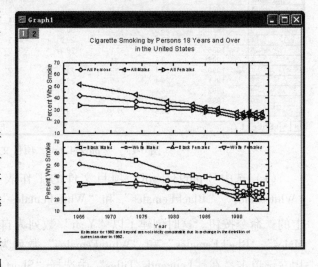

图 6-15　修改完成后的图形

6.2.2　图层管理

Origin 9.1 在图层排列、新图层中的坐标轴添加与关联等方面都作了很大的改进。选择菜单命令【Graph】→【Layer Management...】，则可以打开【Layer Management】窗口，如图 6-16 所示。在【Layer Management】窗口中有"Add"选项卡、"Arrange"选项卡、"Size/Position"选项卡、"Link"选项卡、"Axes"选项卡和"Display"选项卡，通过它们可实现对图层的管理。

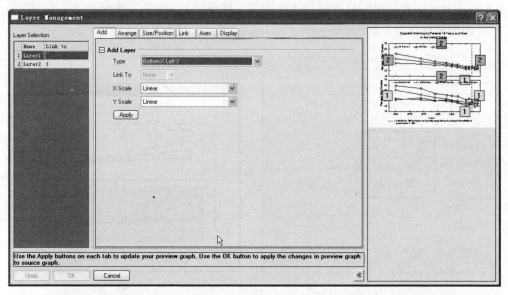

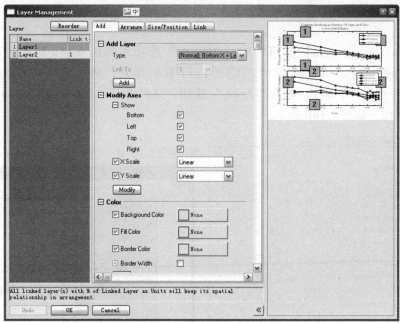

图 6-16 【Layer Management】窗口

在"Add"选项卡中，可以实现增加新图层。在"Axes"选项卡中，可以对图层中的 X 轴、Y 轴进行修改。在"Display"选项卡中，可以对图形的颜色进行设置。例如，在"Display"选项卡中将图层1背底色和框色进行了修改，如图6-17a所示。单击"Apply"按钮，这时可以看到原图6-15所示的图形发生了变化，如图6-17b所示。注意，此时修改的是当前图层，即图层1，如果需要修改图层2，则应该将图层2设置为当前图层。

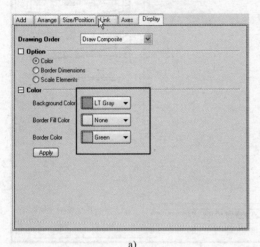
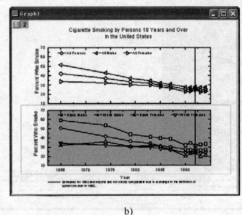

a)　　　　　　　　　　　　　　　　　b)

图6-17　　"Display"选项卡及修改后的图形

【Layer Management】窗口中的"Arrange"选项卡如图6-18a所示。在"Arrange"选项卡中，可以对绘出的图形进行重新排列，例如，将"Column"和"Row"分别改成2和1。单击"Apply"按钮，这时可以看到原图6-15所示的图形发生了变化，如图6-18b所示。

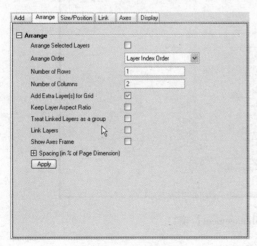
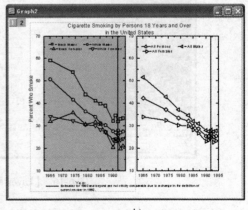

a)　　　　　　　　　　　　　　　　　b)

图6-18　　"Arrange"选项卡及修改后的图形

【Layer Management】窗口中的"Size/Position"选项卡如图 6-19a 所示，"Link"选项卡如图 6-19b 所示。在"Size/Position"选项卡中，可以实现对图形大小、比例进行设置，在"Link"选项卡中可以实现图层中轴的关联。

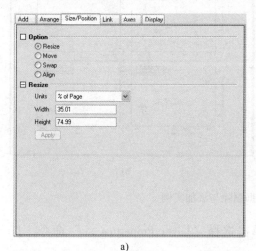

图 6-19　　"Size/Position"选项卡和"Link"选项卡

6.2.3 图层中数据删除与添加

为了对比方便，可以将图 6-15 所示图形改为 4 个图层，分别绘制"AllPersons"数据、"AllMales"和"AllFemales"数据、"BlackMales"和"WhiteMales"数据，以及"BlackFemales"和"WhiteFemales"数据。这里可以通过在【Layer Management】窗口图层中完成数据添加与删除。

（1）在"Arrange"选项卡中，将"Column"和"Row"均设置成 2。单击"Apply"按钮，添加两个新图层。此时图形如图 6-20a 所示。

（2）将"AllMales"和"AllFemales"数据、"BlackFemales"和"WhiteFemales"数据分别在图层 1 和图层 2 中删除。

（3）将"AllMales"和"AllFemales"数据、"BlackFemales"和"WhiteFemales"数据分别在图层 3 和图层 4 中添加，通过关联图层并对图层进行适当的调整，得到图 6-20b 所示的图形。

6.2.4 关联坐标轴

Origin 能在图形窗口中建立各图层间的坐标轴关联，这样方便了图形的设置。当建立了各图层间的坐标轴关联后，改变某一图层的坐标轴标度，其他图层的坐标轴也将根据改变自动更新。例如，可将图 6-20 中所示的"Layer3"的 X 轴与"Layer1"的 X 轴关联。具体的方法如下：

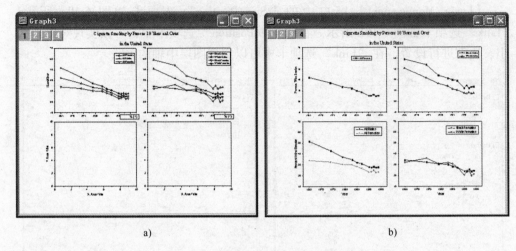

a)　　　　　　　　　　　　　　　b)

图 6-20　图层中数据删除与添加实例

（1）在"Layer3"的图标上用右键单击选择"Layer Properties..."命令，打开【Plot Details-Layer Properties】对话框。

（2）选择"Link Axes Scale"选项卡，在"Link"下拉列表框内选择"Layer1"。在"X axes Link"组内选择"Straight（1 to 1）"单选命令按钮，在"Y axes Link"组内选择"Straight（1 to 1）"单选命令按钮，如图 6-21 所示。单击"OK"按钮。

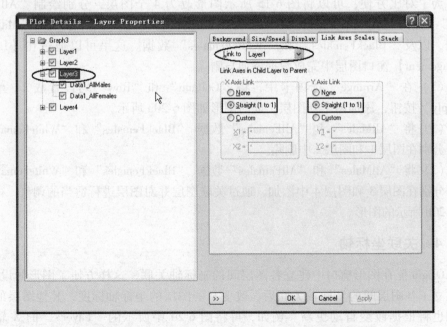

图 6-21　"Layer3"的 X 轴与"Layer1"的 X 轴关联设置

　　这样，Layer3 的 X 轴和 Layer1 的 X 轴就建立起 1∶1 的关联。也就是说，两层的 X 轴和 Y 轴均相同。同理，可以设置"Layer2""Layer4"与"Layer1"关联。关联后，"Layer1"的坐标发生改变，其余图层的坐标也发生改变。例如，将"Layer1"中的 X 轴坐标设置为 1960~2000 年，这时其余图层上的坐标均发生变化。关联后的绘图窗口如图 6-22 所示。

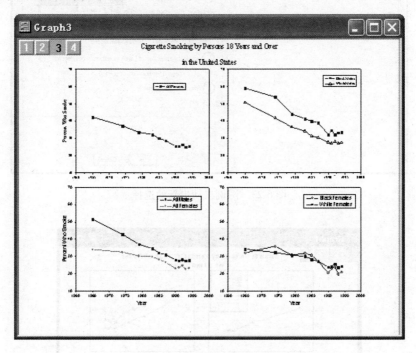

图 6-22　关联后的绘图窗口

6.2.5　定制图例

　　图例（Legend）是对图形中曲线进行说明的部分。在默认状态下，Origin 在每个图层中都创建一个图例。当向图层中添加数据时，在【Plot Details-Page Properties】窗口的"Legend/Titles"选项卡中，图例自动更新的选择如图 6-23 所示。按图 6-23 所示进行设置，即可以把所有图层的情况在一个图例中反映出来。再经过调整图例大小和位置，删除其他图例，便可得到图 6-24 所示的定制图例后的绘图窗口。

6.2.6　自定义图形模板

　　如果需要大量绘制相同格式的图形，Origin 又没有提供该类图形模板，则可以将自己的图形以模板的形式保存，以减少绘图时间和工序。保存的图形模板文件只存储绘图的信息和设置，并不存储数据和曲线。当下次需要创建类似的绘图窗

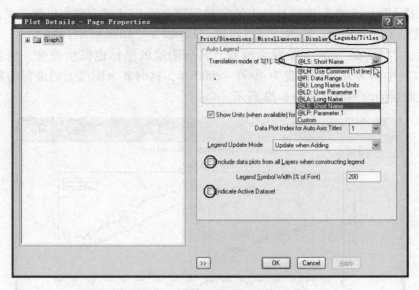

图 6-23　图例自动更新的选择

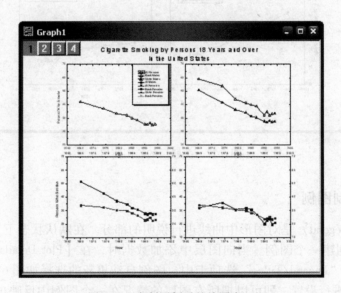

图 6-24　定制图例后的绘图窗口

口时，就只需选择工作表数列，再选择保存的图形模板即可。保存自定义图形模板的方法为：在自定义绘图模板窗口为当前窗口时，选择菜单命令【File】→【Save Template As...】命令，给模板取名保存（模板文件的扩展名为 ∗.otp）。把绘图窗口保存为图形模板的步骤如下：

（1）用右键单击绘图窗口的标题栏，从弹出的快捷菜单中选择 "Save Template As..."，如图 6-25 所示。

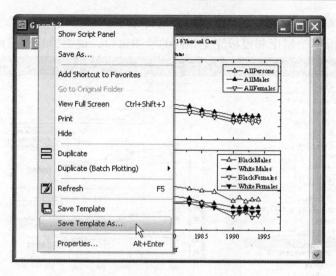

图 6-25 绘图窗口保存为图形模板

（2）在弹出的【Utilities \ File：template_saveas】窗口中 "UserDefined" 目录下的 "文件名" 文本框内，输入模板文件名 "我的模板 1"，单击 "OK" 按钮，即可把当前激活的绘图窗口保存为自定义绘图模板。【Utilities \ File：template_ saveas】窗口如图 6-26 所示。

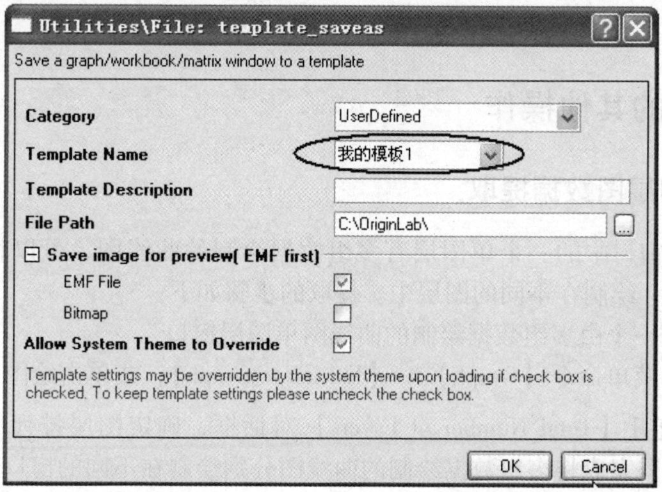

图 6-26 【Utilities \ File：template_saveas】窗口

为测试一下刚才保存的绘图模板，可再次打开 "pid934. opj" 项目文件的工作簿，将工作表激活，选中表中全部列，选择【Plot】→【Template Library...】命令，在打开的【Template Library】对话框中的 "Category" 里选择 "UserDefined" 目录，这时可以看见有 "我的模板 1" 模板及模板图形，在【Template Library】对话框中还可以看到该模板文件存放在用户的目录下，如图 6-27 所示。单击"Plot"按钮，这时 Origin 绘制出和模板完全相同的绘图窗口，说明模板创建成功。

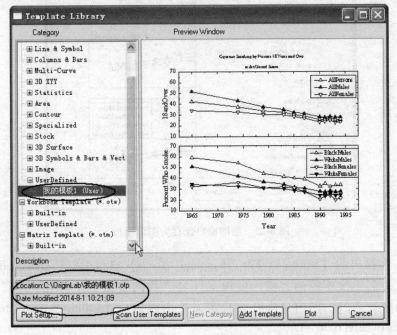

图 6-27　【Template Library】对话框

6.3　图层的其他操作

6.3.1　单图层图数据提取

如果图形窗口中的一个单图层有多组数据绘制的曲线图，可以将该图层中的数据提取出来，绘制在不同的图层中。提取的步骤如下：

（1）打开一个由多组数据绘制的曲线图单图层窗口。

（2）选择菜单命令【Graph】→【Extract to Graph】，或单击绘图工具栏中的提取按钮，打开【Total Number of Layers】对话框，确定图层排列和间隔，单击"OK"按钮，即完成将多组数据绘制的曲线图分别绘制在不同的窗口中。

6.3.2　图层复制、删除与隐藏

将图层中所有对象从一个图形窗口复制到另一个图形窗口，可按以下步骤进行：

（1）通过单击图层中的坐标轴，使图层边框高亮度显示，选中要复制的图层。

（2）选择菜单命令【Edit】→【Copy】，或在编辑工具栏上单击复制按钮。

（3）在目标图形窗口单击，选择菜单命令【Edit】→【Paste】或在编辑工具

栏上单击粘贴按钮🗒，即完成将图层复制到另一图形窗口中。

　　将图形窗口中的一个图层删除，可选中要删除图层标记，用右键单击，打开快捷菜单，选择"Delete Layer"命令。

　　有时需要某图层不显示，这时可将该图层隐藏。隐藏图层的方法为：用右键单击要隐藏图层的图标，在弹出的快捷菜单中选择"Hide Layer"，便可将该图层隐藏。如果仅需显示激活的图层，将其他的所有图层隐藏，可用右键单击不需隐藏图层的图标，在弹出的快捷菜单中选择"Hide Other Layers"将其他图层隐藏。再次选择，则可实现恢复显示。

6.3.3　图层排列和图形页面设置

　　采用手工移动图层的方法为：单击图层中坐标轴，使图层边框高亮度显示，选中要移动的图层，将图层拖曳到图形窗口其他位置。为了便于手工图层排列，Origin 提供了轴栅格。通过选择菜单命令【View】→【Show】→【Object Grid】或【Layer Grid】，显示对象栅格和图层栅格；再选择菜单命令【Format】→【Snap Object to Grid】或【Snap Layer Grid】，以确保对象和图层能与栅格线重合，并可通过【Tools】→【Options】，打开【Options】对话框，在"Page"选项卡中选择对象和图层栅格间距。

6.4　图轴的绘制

6.4.1　图轴类型

　　Origin 中的 2D 图层具有一个 XY 坐标轴系，在默认情况下仅显示底部 X 轴和左边 Y 轴，但通过设置可使 4 边的轴完全显示。Origin 中的 3D 图层具有一个 XYZ 坐标轴系，其与 2D 图层坐标轴系相同，在默认情况下不全显示，但通过设置可使 6 边的轴完全显示。

　　Origin 中的坐标轴系可在【Axis Dialog】对话框中进行设置。最简单打开【Axis Dialog】对话框的方法是双击坐标轴。图 6-28 所示为【Axis Dialog】对话框。当【Axis Dialog】对话框打开时，当前被选择的轴在【Axis Dialog】对话框的标题栏上显示（Axis Dialog-Layer1），表示此时为第一层；拖动该对话框左边栏可方便移至其他层；通过在左边显示栏进行选择，可以方便对轴的参数进行设置。

　　【Axis Dialog】对话框中的左边显示栏提供了强大的坐标轴编辑和设置功能，几乎能满足所有科技绘图的需要。下面仅就其中"Scale"进行简要介绍。

　　在"Scale"栏中，提供了对轴刻度和类型设置等设置选择。在"From"和"To"文本框中输入起止坐标，在"Type"下拉列表框中选择坐标轴的类型。坐标轴类型见图 6-28 中所示的"Type"下拉列表框，具体说明见表 6-1。

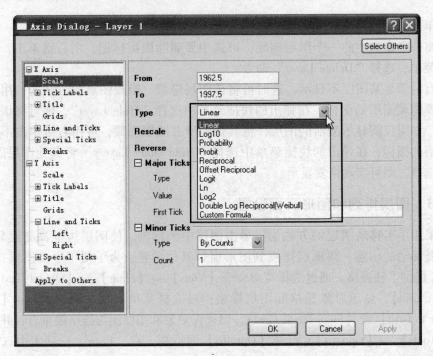

图 6-28 【Axis Dialog】对话框

表 6-1　Origin 的坐标轴类型说明

坐标轴类型	说　　明
Linear	线性坐标轴
Log10	以 10 为底的对数轴，$X' = \log (X)$
Probability	累积 Gaussian 概率分布轴，概率以百分数表示，取值范围为 0.0001 ~ 99.999
Probit	单位概率轴，刻度为线性，刻度增量为标准差
Reciprocal	倒数轴，$X' = 1/X$
Offset Reciprocal	偏移量倒数轴，$X' = 1/(X + \text{offset})$，其中 offset 为偏移量
Logit	分对数轴，$\text{logit} = \ln[Y/(100 - Y)]$
ln	以 e 为底的对数轴
log2	以 2 为底的对数轴
Double Log Reciprocal	双对数倒数轴
Custom Formula	按公式定制轴

6.4.2　图轴设置举例

1. 双温度坐标图轴设置

在科技绘图中，有时需要将数据用不同坐标在同一图形上表示。例如，图形窗口温度坐标系需要 X 轴用摄氏温标和热力学温标表示温度范围 0 ~ 100℃，可通过 Origin 图轴设置实现这一要求。具体步骤如下：

（1）通过双击图形窗口中 X 坐标轴打开【Axis Dialog】对话框，在左面板中选择 "Scale" 栏进行设置。

（2）在 "From" 和 "To" 文本框中分别输入 0 和 100。在 "Type" 下拉列表框中选择 "Offset Reciprocal" 坐标轴，并在 "Increment" 文本框中输入 10。单击 "OK" 按钮，关闭【Axis Dialog】对话框。

（3）选择菜单命令【Graph】→【New Layer（Axis）】→【Top-X Right-Y（Linked Dimension）】，添加一个新图层。

（4）打开 "Layer2" 的【Plot details-Layer Properties】对话框中的 "Link Axes Scales" 选项卡。在 "Link to" 组中选择 "Layer1"，在 "X Axis Link" 组中选择 "Custom" 定制单选命令按钮，并在 "X1" 文本框输入 "1/（X1 + 273.14）"，在 "X2" 文本框输入 "1/（X2 + 273.14）"。设置好的【Plot details-Layer Properties】对话框如图 6-29 所示。单击 "OK" 按钮，关闭【Plot details-Layer Properties】对话框。完成设置双温度坐标图轴的窗口如图 6-30 所示。

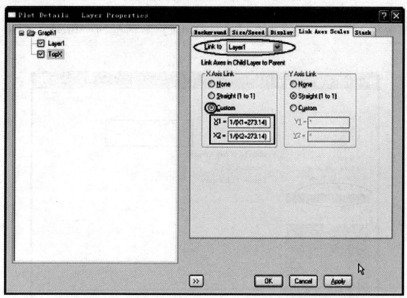

图 6-29　设置好的【Plot details-Layer Properties】对话框

2. 在 2D 图形坐标轴上插入断点

如果要重点显示 2D 图形中的部分重要区间，而将不重要的区间不显示，可在图形坐标轴上插入断点。在坐标轴上插入断点的步骤如下：

（1）通过双击图形窗口中需要设置断点的坐标轴（以底部 X 轴为例），打开【Axis Dialog】对话框，在左面板 "X Axis" 中选择 "Break" 栏设置断点数量和起

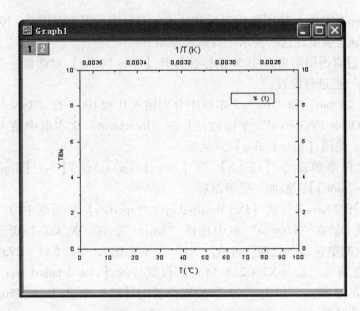

图 6-30　设置双温度坐标图轴的窗口

止位置等参数。图 6-31 所示为在【Axis Dialog】对话框的 "Break" 栏中设置断点图。

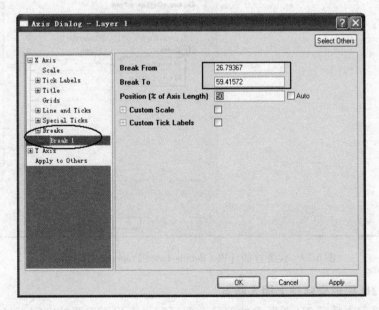

图 6-31　在【Axis Dialog】对话框的 "Break" 栏中设置断点

（2）单击 "OK" 按钮，关闭【Axis Dialog】对话框。图 6-32 所示为设置断点后的对数坐标轴。

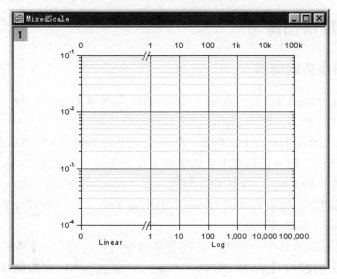

图 6-32　设置断点后的对数坐标轴

3. 调整坐标轴位置

在通常默认的情况下，坐标轴的位置是固定的，但有时根据图形特点，需要改变坐标轴的位置。Origin 9. 1 改变坐标轴位置的方法变得极为简单。其步骤如下：

（1）用鼠标拖动在图形窗口中需要改变位置的坐标轴（以底部 X 轴为例），将其放置到需要的地方即可。

（2）同理，用鼠标拖动 Y 轴，对 Y 轴作类似调整。调整后的坐标轴如图 6-33 所示。

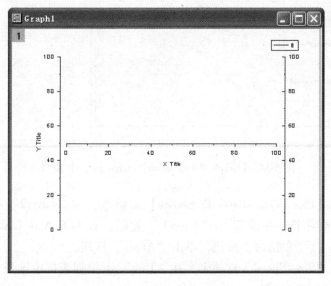

图 6-33　调整后的坐标轴

6.5　多图层绘图练习

6.5.1　多图层关联图形

以下采用"Origin 9.1 \ Samples \ Graphing \ Linked Layers 1. dat"数据文件的 Linked Layers 1 工作表，来介绍多图层关联图形的绘制。

（1）导入 Linked Layers 1 工作表，将工作表中的 Year（X）的数据类型改设为日期型。用"Ctrl"键 + 鼠标单击，选中该工作表 Year（X）到"Lead""Arsenic""Cadmium"和"Mercury"（Y）列，创建一张"Line + Symbol"图。

（2）用同样方法选中 Linked Layers 1 工作表 Year（X）、DDT（Y）、PCB（Y）列，创建"Line + Symbol"图。

（3）用鼠标激活其中一张图，选择菜单命令【Graph】→【Merge Graph Windows】，在弹出的窗口【Graph Manipulation：merge_graph】中按默认方式进行选择，如图 6-34 所示。

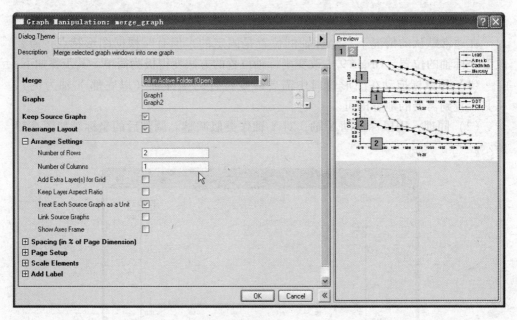

图 6-34　【Graph Manipulation：merge_graph】窗口

（4）打开【Plot Details-Layer Properties】对话框，在"Layer2"中选择"Link Axes Scales"选项卡，并设置与"Layer1"关联，在"X Axis Link"组里选中"Straight（1 to 1）"单选命令按钮，单击"Apply"按钮。

（5）选择"Size/Speed"选项卡，在"Unit"下拉列表框中选择"% of Linked Layer"，单击"OK"按钮。

（6）双击"Layer1"的 X 坐标轴，打开【Axis Dialog】对话框，在【Axis Dialog】对话框左面板 X 轴的"Tick Labels"栏"Display"中选择日期显示类型"Data"；在"Scale"栏中，用日期设置专用按钮，将起止时间设置为"1979-1-1"和"1999-1-1"；在"Value"文本框中输入"2year"，在"First Ticks"文本框中将起始显示时间设置为"1980-1-1"；在"Line and Ticks"栏中，将"Major"和"Minor"刻度方向选择为"In"；单击"OK"按钮确定。设置好的【Axis Dialog】对话框如图 6-35 所示。

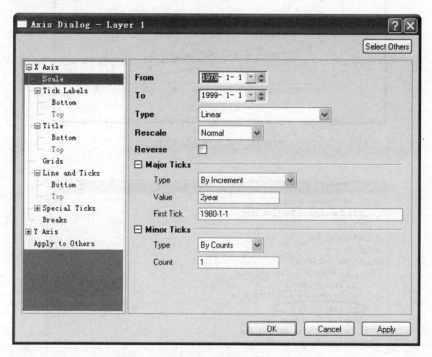

图 6-35 设置好的【Axis Dialog】对话框

（7）同理，设置"Layer2"的 X 坐标轴。

（8）重新设置 XY 轴标题，设置完成后的多图层关联图形如图 6-36 所示（该图形中"Layer2"与"Layer1"关联）若改变"Layer1"，则"Layer2"也自动改变，但改变"Layer2"时"Layer1"不发生改变。

6.5.2 对数坐标轴图形

下面介绍采用"Origin 9.1 \ Samples \ Graphing \ 2D and Contour Graphs. opj"项目文件中数据绘制对数坐标轴图形。打开"2D and Contour Graphs. opj"项目文件，用项目浏览器选择"Log-Log Plot"目录，如图 6-37 所示。该目录下有"Wagner"工作表、"Data1997"工作表和"NISTData"工作表，分别存放两种测量压力

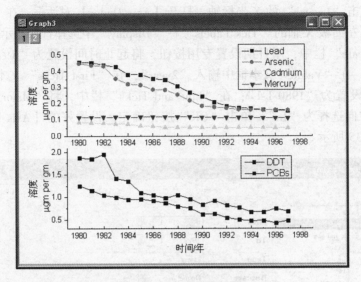

图 6-36　多图层关联图形

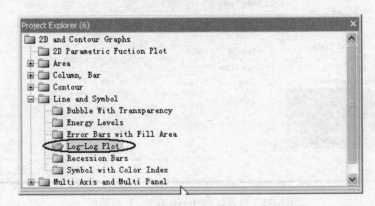

图 6-37　用项目浏览器选择"Log-Log Plot"目录

数据和一种模型预测数据，试用对数坐标轴进行绘图并进行比较。对数坐标轴图形绘制步骤如下：

（1）选中"Wagner"工作表中 P（Y）列，选择菜单命令【Plot】→【Line】；选中"Data1997"工作表中 P.1997（Y）列，选择菜单命令【Graph】→【Add Plot to Layer】→【Scatter】，将"Data1997"工作表中 P.1997（Y）列以散点图的形式添加到刚创建的图形中；再选中"NISTData"工作表中 P.NIST（Y）列，选择菜单命令【Graph】→【Add Plot to Layer】→【Line】，将"NISTData"工作表中 P.1997（Y）列以线图的形式添加到刚创建的图形中。三种数据添加后的图形如图 6-38所示。

（2）双击 Y 轴，打开【Axis Dialog】对话框，在【Axis Dialog】对话框左面板

Y 轴的"Scale"栏"Type"中选择"Log10"（以 10 为底的对数）为坐标轴体系，如图 6-39 所示。设置起止坐标为"1E-6"和"1"。在【Axis Dialog】对话框左面板 X 轴的"Scale"栏"Type"中选择"Reciprocal"为坐标轴体系。设置起止坐标为"85"和"140"。调整和修饰图形，修改图注和坐标轴后得到图 6-40 所示的对数坐标轴图形。

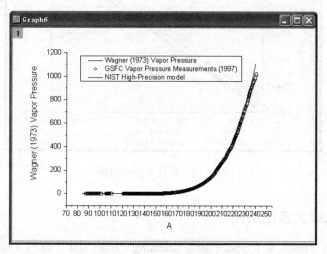

图 6-38　三种数据添加后的图形

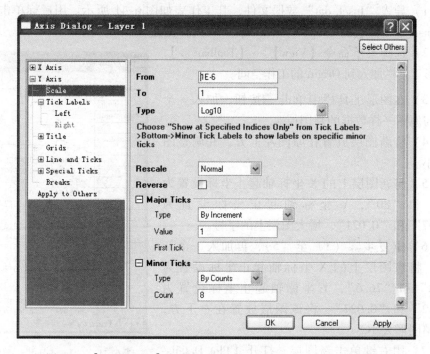

图 6-39　【Axis Dialog】对话框中左面板 Y 轴的"Scale"栏中设置

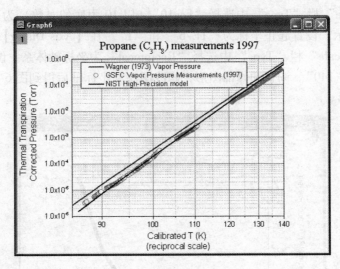

图 6-40　对数坐标轴图形

6.5.3　插入放大多图层图形

以下采用"Origin 9.1 \ Samples \ Graphing \ Inset. dat"数据文件来介绍插入放大多图层图形的绘制。

（1）导入"Inset. dat"数据文件，其工作表如图 6-41 所示。用鼠标单击，选中"Inset"工作表的 temp（X）和 dCp（Y）列，创建"Line"图。

（2）选择菜单命令【View】→【Toolbar...】，将图形工具栏加入到 Origin 的工作空间。

（3）在图形工具栏中单击 ![]按钮，加入一个具有与原图一样数据的新图层。

（4）将新图层放置在原图左上方，并调整图形大小。

（5）将新图层上的 X 坐标轴起止坐标设置为"70"和"80"，Y 坐标轴起止坐标设置为"0.007"和"0.021"，增大图层上的字号。

（6）重复步骤（3）至（5），再加一个新图层。将该图层上的 X 坐标轴起止坐标设置为"75.3"和"76.6"，Y 坐标轴起止坐标设置为"0.012"和"0.027"。将该图层放置在右下方，并调整图形大小。

（7）用右键单击新图层，打开【Plot Details-

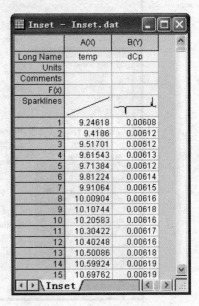

图 6-41　"Inset. dat"工作表

Layer Properties】对话框。单击 "Layer2"，并选择 "Background" 选项卡中的边界为 "Shadow"；同理，在 "Layer3" 中将边界设为 "Black Line"。

（8）加入 "Layer2" 和 "Layer3" 的解释框，并加入指示箭头。插入放大多图层图形如图 6-42 所示。

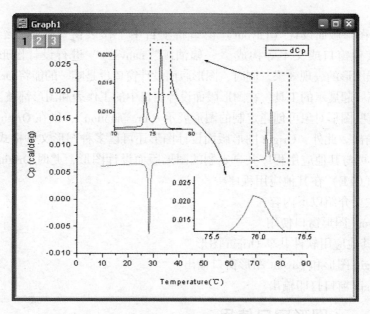

图 6-42　插入放大多图层图形

第 7 章　图形版面设计及图形输出

Origin 图形版面设计（Layout）窗口将项目中工作表窗口数据、绘图窗口图
形，以及其他窗口或文本等构成"一幅油画（canvas）"进行设计图形排列和展
示，以加强图形的表现效果。同时，图形版面设计窗口也是唯一的能将 Origin 图形与
工作表数据一起展示的工具。在图形版面设计窗口中的工作表和图形都被当作绘图对
象。排列这些图形对象可创建定制的图形展示（Presentation），供在 Origin 中打印或
向剪贴板输出。此外，Origin 图形版面设计图形还可以多种图形文件格式保存。

Origin 可与其他应用程序共享定制的图形版面设计图形，此时 Origin 的对象链
接和嵌入（OLE）在其他应用程序中。

本章主要介绍以下内容：

- Layout 图形窗口使用
- 与其他应用软件共享 Origin 图形
- Origin 图形和 Layout 图形窗口输出
- Origin 窗口打印输出

7.1　Layout 图形窗口使用

7.1.1　向 Layout 图形窗口添加图形、工作表等

通过单击"Layout"工具栏上的图标或选择菜单中的相应命令，可向 Layout 图
形窗口添加图形、工作表。通过文本工具，或者直接从剪贴板粘贴，可以将文本加
入到 Layout 图形窗口。用"Tools"工具栏中的绘图工具可以加入实体、线条和箭头。
本例数据来源是"Origin 9.1 \ Samples \ Graphing \ Layout. dat"数据文件。导入
"Layout. dat"数据文件，选中 B（Y）列绘制散点图，选择菜单命令【Analysis】→
【Fitting】→【Fit Linear】作线性回归。这样就创建了一个数据窗口和一个图形窗
口。下面结合创建的窗口来介绍创建 Layout 图形窗口版面页的过程。

1. 新建 Layout 图形窗口

新建 Layout 图形窗口的步骤如下：

（1）单击"Standard"工具栏上的"New Layout"命令按钮 ，则 Origin 打开
一个空白的 Layout 图形窗口。

（2）默认时 Layout 图形窗口为横向，通过右键在 Layout 图形窗口灰白区域单
击，在弹出的快捷菜单中选择"Rotate Page"，则 Layout 图形窗口将旋转为纵向。
Layout 图形窗口以 Layout1、Layout2 命名。新建 Layout 图形窗口如图 7-1 所示。

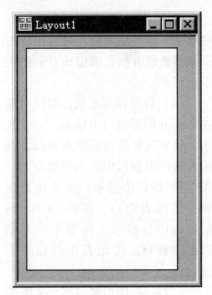

a) 横向　　　　　　　　　　　　　　　　　　　b) 纵向

图 7-1　新建 Layout 图形窗口

2. 向 Layout 图形窗口加入图形或工作表对象

在创建的数据窗口和图形窗口完成后，向 Layout 图形窗口加入图形或工作表对象的方法如下：

（1）在纵 Layout 图形窗口打开的情况下，选择菜单命令【Layout】→【Add Graph...】或【Layout】→【Add Worksheet...】。

（2）在打开的"Graph Browser"或"Select Worksheet Object"对话框中，选择想要加入的图形或工作表（图 7-2 所示为"Graph Browser"对话框）。当选定后，单击"OK"按钮，确定加入 Layout 图形。

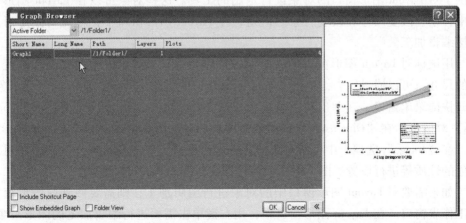

图 7-2　【Graph Browser】对话框

（3）在 Layout 图形窗口用右键单击，加入该对象。通过鼠标拖动该对象的方框，确定该对象的大小和尺寸。

（4）释放鼠标按钮，则该对象在 Layout 图形窗口中显示。

如果该对象原是图形窗口，则所有该图形窗口中的内容将在 Layout 图形窗口中显示；如果该对象原是工作表窗口，则在 Layout 图形窗口中仅显示工作表中单元格数据和栅格，工作表中的标签不显示。

向 Layout 图形窗口加入文本的方法与向其他图形窗口加入文本的情况相同，这里不再重复。图 7-3 所示为在 Layout 图形窗口加入了"Layout"工作表，并用该工作表创建的"Graph1"图形和线性回归结果表的情况。

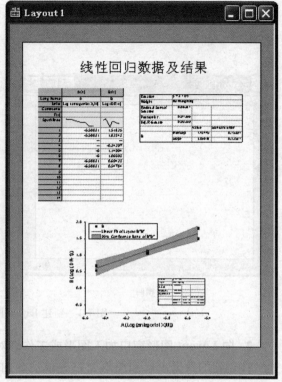

图 7-3　加入对象后的 Layout 图形窗口

7.1.2　Layout 图形窗口对象的编辑

在 Layout 图形窗口中，绘图窗口和工作表窗口是作为图形对象加入的。Origin 提供了对 Layout 图形窗口的对象进行定制的工具。这些对象可以在 Layout 图形窗口中移动、改变尺寸和改变背景。但是，在 Layout 图形窗口中，不能对图形对象直接编辑加工。

用鼠标对 Layout 图形窗口中的对象方框进行拖动，可以方便地移动和改变对象的尺寸。可以通过用右键单击 Layout 图形窗口中需要进行编辑加工的图形对象，打开快捷菜单窗口，在弹出快捷菜单中选择"Properties..."打开【Object Properties】对话框。在"Dimension"选项卡中可对 Layout 图形窗口中的对象尺寸进行设置，在"Image"选项卡中可对对象的背景进行设置，在"Control"选项卡中可对对象的性质等进行设置。图 7-4 所示为【Object Properties】对话框。

如果需要对 Layout 图形窗口中的对象进行编辑加工，则需要回到原图形窗口或工作表窗口。在 Layout 图形窗口中，用右键单击需要进行编辑加工的图形对象，打开快捷窗口，选择"Go to Window"，则回到原图形窗口或工作表窗口，或通过双击该对象直接回到原图形窗口或工作表窗口。在原图形窗口或工作表窗口中进行修改后，再回到 Layout 图形窗口，选择菜单命令【Windows】 → 【Refresh】，或单击 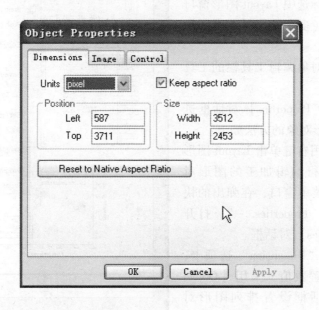 按钮，使 Layout 图形窗口刷新显示，完成修改。

图 7-4　【Object Properties】对话框

7.1.3　排列 Layout 图形窗口中的对象

Origin 提供了三种方法对 Layout 图形窗口的图形对象进行排列。

（1）在 Layout 图形窗口上显示栅格，利用栅格线辅助排列图形对象。

（2）用对象编辑（Object Edit）工具栏里的工具排列图形对象。

（3）对【Object Properties】对话框进行设置排列图形对象。

利用栅格排列图标的步骤如下：

（1）在 Layout 图形窗口为当前窗口时，选择菜单命令【View】 → 【Show Grid】，则 Layout 图形窗口出现栅格。

（2）用右键单击图形对象，打开快捷菜单，选择"Keep Aspect Ratio"。这将使 Layout 图形窗口中的图形对象和它的源绘图窗口保持对应的比例。图 7-5 所示为设置 Layout 图形窗口出现栅格和打开快捷菜单的情况。

（3）用右侧的水平调整句柄调整图形对象的大小。

（4）用同样的方法调整其他图形对象。

（5）借助栅格，调整文本的位置，使其在 Layout 图形窗口的水平正中位置。

用对象编辑（Object Edit）工具栏的工具排列图形对象的方法如下：

（1）用【View】→【Toolbars】打开对象编辑工具栏。图 7-6 所示为对象编辑（Object Edit）工具栏。

（2）用鼠标选中 Layout 图形窗口中的图形对象（多个图形对象用 Shift+鼠标单击）。

（3）选择对象编辑工具栏的工具排列图形对象。

用【Object Properties】对话框进行设置排列图形对象的方法如下：

（1）通过用右键单击 Layout 图形窗口中需要进行编辑加工的图形对象，打开快捷菜单窗口，在弹出的快捷菜单中选择"Properties…"，打开【Object Properties】对话框。

（2）选择"Dimension"选项卡，输入尺寸和位置数值。采用【Object Properties】对话框设置排列图形对象，对多个图形对象进行设置可以实现精确定位。

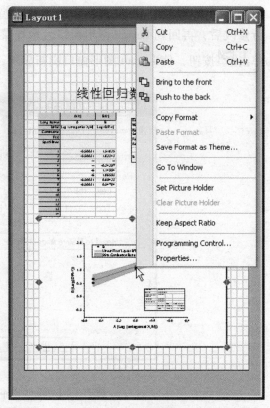

图 7-5 Layout 图形窗口出现栅格和打开快捷菜单

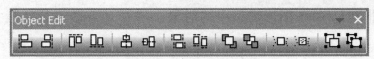

图 7-6 对象编辑（Object Edit）工具栏

7.2 与其他应用软件共享 Origin 图形

在其他应用软件中，使用 Origin 图形有输入和共享两种方式。采用输入方式输入的 Origin 图形仅能显示，不能用 Origin 工具进行编辑。如果采用共享方式共享 Origin 图形，不仅能显示 Origin 图形，还能用 Origin 工具进行编辑。当 Origin 中的原文件改变时，在其他应用软件中也发生相应的更新。

在其他（Object Linking and Embedding）OLE 兼容应用软件中，使用 Origin 图形有嵌入和链接两种共享方式。它们的主要差别是数据存储在哪里。采用嵌入共享方式，数据存储在应用软件程序文件中；采用链接共享方式，数据存储在 Origin 程序文件中。该应用程序的文件仅保存对 Origin 图形的链接，并显示该 Origin 图的外观。选择采用嵌入或链接共享方式的主要依据为：

（1）如果要减小目的文件的大小，可采用创建链接的办法。

（2）如果要在不止一个目的文件中显示 Origin 图形，应采用创建链接的办法。

（3）如果仅有一个目的文件包含 Origin 图，可采用嵌入图形的办法。

7.2.1　在其他应用软件嵌入 Origin 图形

Origin 提供了三种将 Origin 图形嵌入在其他应用软件文件中的方式。

1. 通过剪贴板嵌入 Origin 图形

通过剪贴板嵌入 Origin 图形的方法如下：

（1）在 Origin 中激活需要嵌入的图形。

（2）选择菜单命令【Edit】→【Copy Page】，将该图像输入到剪贴板。

（3）在其他应用程序（以 Word 2003 为例）中，选择菜单命令【编辑】→【粘贴】，这样 Origin 的图形就被嵌入到应用程序文件中，成为其中的一个对象。

2. 插入 Origin 图形窗口文件

当 Origin 图形已保存为绘图窗口文件（＊.ogg），需在其他应用程序文件中作为对象插入时，可采取步骤如下：

（1）在目的应用程序（以 Word 2003 为例）中，选择【插入】→【对象...】，打开【对象】对话框。

（2）选择"由文件创建"选项卡，如图 7-7 所示。

（3）单击"浏览…"命令按钮，打开对话框，选择所要插入的 ＊.ogg 文件，单击"插入"命令按钮。

（4）在【对象】对话框中，确认"链接到文件"复选框没有被选中。单击"确定"命令按钮。这样，Origin 图形就被嵌入到 Word 应用程序的文件中了。

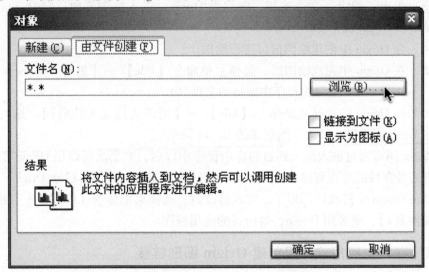

图 7-7　Word 2003【对象】对话框

3. 创建并插入新的 Origin 图形

在应用程序（以 Word 2003 为例）的文件中新建一个 Origin 绘图窗口，并将 Origin 图形对象插入进来，步骤如下：

（1）在 Word 2003 应用程序中，选择【插入】→【对象...】，打开【对象】对话框。

（2）选择"新建"选项卡。在对象类型列表框内选择"Origin Graph"，如图 7-8 所示。

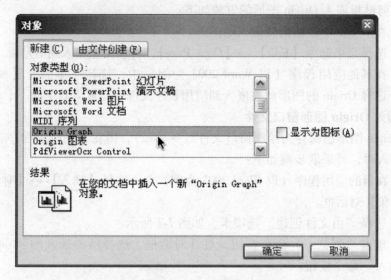

图 7-8　在对象类型列表框内选择"Origin Graph"

（3）单击"确定"命令按钮，则启动 Origin，进入绘图界面；同时，应用程序中显示该 Origin 图形。

（4）在 Origin 中创建绘图窗口进行绘图。

（5）在 Origin 中完成绘图后，选择菜单命令【File】→【更新 Document. doc】（其中 Document. doc 是应用程序中编辑的文件名）。

（6）在 Origin 中选择菜单命令【File】→【更新文档（文件名）】，这时可以看到在 Word 文档里已插入了刚创建的 Origin 图形。

Origin 图形通过嵌入插入到目的应用程序中以后，它仍然可以用 Origin 工具编辑，方法是在目的应用程序（如 Word 2003）中双击 Origin 图形启动 Origin，这样就可以在 Origin 中修改该图形了。完成修改后，选择菜单命令【File】→【更新文档（文件名）】，则关闭 Origin，返回目的应用程序。

7.2.2　在其他应用软件里创建 Origin 图形链接

Origin 提供了两种在其他应用程序中创建 Origin 图形链接的方法。

1. 要创建链接的 Origin 图形在项目文件（∗.opj）中

要在其他应用程序中创建 Origin 项目文件（∗.opj）中的图形链接，步骤如下：

（1）启动 Origin，打开该项目文件，使要创建链接的 Origin 图形窗口为当前窗口。

（2）选择菜单命令【Edit】→【Copy Page】，将该图像输入到剪贴板。

（3）在其他应用程序（如 Word2003）中，选择菜单命令【编辑】→【选择性粘贴...】，即打开【选择性粘贴】对话框，如图 7-9 所示。

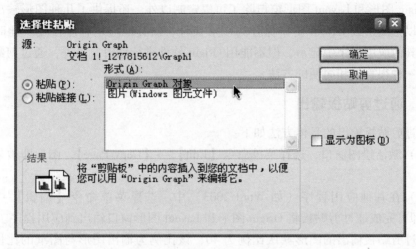

图 7-9　【选择性粘贴】对话框

（4）在"形式"列表框中选择"Origin Graph 对象"，选择"粘贴链接"单选命令按钮，单击"确定"命令按钮。这样，Origin 的图形就被链接到了应用程序文件中。

2. 创建存为绘图窗口文件（∗.ogg）的链接

要在其他应用程序（如 Word 2003）中创建现存绘图窗口文件（∗.ogg）的链接，步骤如下：

（1）在目的应用程序中，选择【插入】→【对象...】，打开【对象】对话框。

（2）选择"由文件创建"选项卡，如图 7-7 所示。

（3）单击"浏览..."命令按钮打开对话框，选择所要插入的 ∗.ogg 文件，单击"插入"命令按钮。

（4）在【对象】对话框中，确认"链接到文件"复选框选中，单击"确定"按钮。这样，Origin 图形就链接到 Word 应用程序的文件中了。

在目的应用程序中建立对 Origin 图形的链接以后，该图形就可以用 Origin 软件进行编辑了。步骤如下：

（1）启动 Origin，打开包含链接原图形的项目文件或绘图窗口文件。

（2）在 Origin 中修改图形完成后，选择菜单命令【Edit】→【Update Client】，则目的应用程序中所链接的图形就更新了。

或者直接在目的应用程序中采用如下步骤：

（1）双击链接的图形，启动 Origin，在绘图窗口中显示该图。

（2）在 Origin 中修改图形完成后，选择菜单命令【Edit】→【Update Client】，则目的应用程序中所链接的图形就更新了。

7.3　Origin 图形和 Layout 图形窗口输出

Origin 图形和 Layout 图形窗口除了可以定制以外，还提供了几种图形输出过滤器，可以把图形或 Layout 窗口保存为图形文件，供其他应用程序使用。此时该图形可在其他应用程序中显示，但不能用 Origin 软件进行编辑。另外，通过剪贴板输出也是一种很直接和简便的方法。

7.3.1　通过剪贴板输出

通过剪贴板输出的具体方法如下：

（1）激活绘图窗口，选择菜单命令【Edit】→【Copy Page】，图形即被复制进剪贴板。

（2）在其他应用程序（如 Word 2003）中，选择菜单命令【编辑】→【粘贴】，即可完成通过剪贴板将 Origin 图形和 Layout 图形窗口输出到应用程序。

通过剪贴板输出的图形默认比例为 40，该比例为输出图形与图纸的比例。通过 Origin 中的【Tools】→【Options】菜单命令，打开【Options】对话框中的"Page"选项卡，在"Copy Page Setting"组中的"Ratio"下拉列表框中对输出比例进行设置。在该选项卡中，还可以对输出图形的分辨率进行设置，默认时为 300dpi。图 7-10 所示为【Options】对话框中的"Page"选项卡。

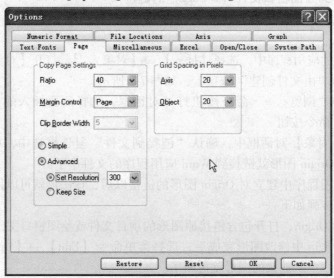

图 7-10　【Options】对话框中的"Page"选项卡

7.3.2　输出为图形文件

把绘图窗口或 Layout 图形窗口的 Origin 图输出为图形文件的步骤如下：

（1）选择菜单命令【File】→【Export Graphs...】或【File】→【Export Page...】，打开【Import and Export：expGraph】对话框，如图 7-11 所示。选中"Auto Preview"复选框，可以看到输出的图形。

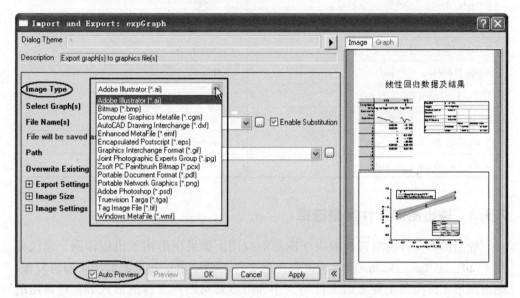

图 7-11　【Import and Export：expGraph】对话框

（2）在对话框的"File Name"文本框内输入文件名，从"保存类型"下拉列表框内选择图形文件的类型。

（3）在确认了保存路径、图片大小、图片分辨率等参数后单击"OK"按钮。

这样，窗口图像就被保存为图形文件，可以插入到任何可识别这种文件格式的应用程序（如 Word）中了。Origin 支持的图形格式见表 7-1。

表 7-1　Origin 支持的图形格式

文件类型及扩展名	格　式
Adobe Illustrator（∗.ai）	vector
Bitmap（∗.bmp）	raster
Computer Graphics Metafile（∗.cgm）	vector
AutoCAD Drawing Interchange（∗.dxf）	vector
Encapsulated PostScript（∗.eps）	vector
Enhanced Metafile（∗.emf）	vector

（续）

文件类型及扩展名	格　式
Graphics Image Format （＊.gif)	raster （Origin Add-on)
JPEG，Joint Photographic Experts Group （＊.jpg)	raster
Zsoft PC Paintbrush Bitmap （＊.pcx)	raster
Portable Network Graphics （＊.png)	raster
Truevision Targa （＊.tga)	raster
Portable Document Format （＊.pdf)	vector
Adobe PhotoShop （＊.psd)	raster
TIFF，Tag Image File （＊.tif)	raster
Windows Metafile （＊.wmf)	vector
X-Windows Pix Map （＊.xpm)	raster
X-Windows Dump （＊.xwd)	raster

7.3.3　输出图形文件类型选择

输出图形文件类型选择取决于图形的应用。如果图形用于出版印刷，建议使用＊.tif、＊.tga、＊.eps 和＊.pdf 等图形文件类型输出；如果图形用于网络发布，输出图形文件类型主要考虑文件的大小和浏览器对图形支持的格式等。最常用的格式有 jpg、gif 和 png 格式。

如果图形用于其他应用软件，可选择该应用软件自身的图形类型或支持的图形类型。Origin 能直接输出为其他应用软件自身的图形类型见表 7-2。

表 7-2　Origin 能直接输出为其他应用软件自身的图形类型

图形类型	应用软件
Adobe Illustrator （＊.ai)	Abobe Illustrator
Bitmap （＊.bmp)	Windows Paint
Computer Graphics Metafile （＊.cgm)	Wordperfect
AutoCAD Drawing Interchange （＊.dxf)	AutoCAD
Enhanced Metafile （＊.emf)	MS Office
Zsoft PC Paintbrush Bitmap （＊.pcx)	PC Paintbrush
Portable Document Format （＊.pdf)	Adobe Acrobat
Adobe Photoshop （＊.psd)	Adobe Photoshop
Windows Metafile （＊.wmf)	MS Office

7.4　Origin 窗口打印输出

Origin 提供了菜单命令来控制绘图窗口中元素的显示，其命令为【View】→【Show】。在打开的下拉菜单中选中想要显示在打印图形中的元素"Element"，也就是说，在绘图窗口中显示的元素都可以打印输出。相反，如果元素没有显示在绘图窗口中，那么就不能打印出来。因此，在打印以前，要对其显示元素选项进行选择。

7.4.1　元素显示控制

选择菜单命令【View】→【Show】，即打开元素显示控制下拉菜单，如图 7-12 所示。在图 7-12 中，选项前面的钩号表示该项已经被选中，即可以显示和打印。元素显示控制下拉菜单中各项意义见表 7-3。

表 7-3　元素显示控制下拉菜单中各项意义

元 素 名 称	下拉菜单各项意义
Layer Icons	显示/隐藏图层的图标
Active Layer Indicator	显示/隐藏激活图层的图标
Object Grid	显示/隐藏对象栅格
Axis Grid	显示/隐藏坐标轴栅格
Frame	显示/隐藏激活层的图形边框
Labels	显示/隐藏图例
Data	显示/隐藏数据曲线
All Layers	显示/隐藏非激活的图层

图 7-12　元素显示控制下拉菜单

7.4.2　打印页面设置和预览

打印页面设置的步骤如下：

（1）选择菜单命令【File】→【Page Setup...】，打开页面设置对话框。

（2）在页面设置对话框中选择纸张的大小和方向，单击"打印机..."命令按钮，可以在打开的对话框内选择输出的打印机。

（3）单击"确定"按钮，完成页面设置。

与很多软件一样，Origin 在打印一个图形文件前，也提供了打印预览功能。可以通过打印预览，查看绘图页上的图形是否处于合适的位置，是否符合打印纸的要求等。选择菜单命令【File】→【Print Preview】，打开打印预览窗口。

7.4.3 打印对话框设置

1. 打印图形窗口

Origin 的打印对话框与打印的窗口有关。当 Origin 当前窗口为图形窗口、函数窗口或 Layout 图形窗口时，【Print】对话框如图 7-13 所示。

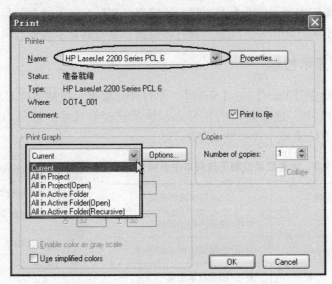

图 7-13 图形窗口的【Print】对话框

在图 7-13 中所示的 "Name" 下拉列表框中选择打印机。如果没有要选择的打印机，可在 Windows 的控制面板中添加。选择 "Print to File" 复选框，可以把所选的窗口打印到文件，创建 PostScript 文件。

图 7-13 中所示的 "Print Graph" 下拉列表框给出了多个选项，分别表示打印项目中当前的、当前项目文件中的、项目文件中打开的、当前打开文件夹中的等图形、函数图或 Layout 图形窗口。

"Worksheet data，ship points" 和 "Matrix data，maximum points" 复选框用来控制打印图形上曲线的点数，以提高打印速度。选择该复选框以后，系统就会打开文本框，要求输入每条曲线最大的数据点数。当数列的长度超过规定的点数时，Origin 就会排除超过的点数，在数列内均匀取值。

"Enable color as gray scale" 复选框：当使用黑白打印机时，Origin 默认把所有的非白颜色都视为黑色。如果选择这个选项，Origin 将用灰度模式打印彩色图形。

2. 打印工作表窗口或矩阵窗口

当激活窗口为工作表窗口或矩阵窗口时，【Print】对话框如图 7-14 所示。选择 "Selection" 复选框，则可以规定打印行和列的起始、结束序号，从而打印某个范围的数据。

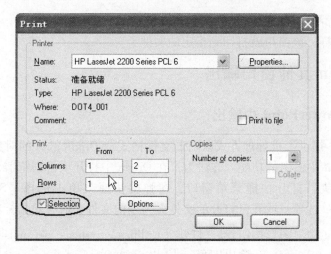

图 7-14　工作表窗口或矩阵窗口的【Print】对话框

当激活窗口为记事本（Notes）窗口或 Excel 工作簿时，【Print】对话框的设置与其他软件（如 Word 2003）的打印窗口的设置类似，这里不再赘述。

3. 打印到文件

打印到 PostScript 文件的步骤如下：

（1）激活要打印的窗口，选择菜单命令【File】→【Print】。

（2）在"Name"下拉列表框内选择一台 PostScript 打印机。

（3）在【Print】对话框内选中"Print to File"复选框。

（4）单击"OK"按钮，打开打印到文件【Print to File】对话框，如图 7-15 所示。

图 7-15　【Print to File】对话框

（5）在对话框中，选择一个保存文件的位置，并键入文件名，单击"保存"命令按钮。这样，该窗口就打印到指定的文件了。

7.5　Origin 其他窗口输出

7.5.1　向 PowerPoint 中输出

Origin 9.1 提供了批处理方式以图形文件格式或 Origin 嵌入的对象格式两种格式向 PowerPoint 中输出的功能。方法为：在 Origin 中打开项目浏览器，用右键单击需输出的文件夹，打开快捷菜单窗口，在弹出快捷菜单中选择"Send Graphs to PowerPoint…"选项，或在已打开的文件夹为当前文件夹时，单击标准工具栏中选择向 PowerPoint 输出图形按钮，打开【Utilities \ System：pef_pptslide】对话框，选择输出格式向 PowerPoint 输出图形。【Utilities \ System：pef_pptslide】对话框如图 7-16 所示。

图 7-16　【Utilities \ System：pef_pptslide】对话框

单击"OK"按钮，打开 Microsoft PowerPoint 软件，将当前文件夹中的所有图形全部发送输出到 Microsoft PowerPoint 中。

7.5.2　在 Origin 中快速浏览图形

Origin 9.1 还提供了在 Origin 中快速浏览图片的功能。方法为：在 Origin 中打开项目浏览器，用右键单击需输出的文件夹，打开快捷菜单窗口，在弹出快捷菜单中选择"Slide Show of Graphs…"选项，或在已打开的文件夹为当前文件夹时，单击标准工具栏中选择快速浏览图片按钮，打开【Utilities \ System：pef_slide-show】对话框，对当前文件夹中的所有 Origin 图片实现快速浏览。【Utilities \ System：pef_slideshow】对话框如图 7-17 所示。

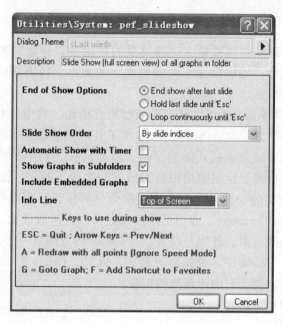

图 7-17　【Utilities \ System：pef_slideshow】对话框

7.5.3　Origin 视频输出

Origin 9.1 还提供了在 Origin 中视频输出的功能（方法为单击标准工具栏中选择视频输出按钮），该功能能抓取一系列图形窗口或不同阶段的同一图形窗口，以视频输出文件格式（∗.avi）输出。与其有关的详细内容这里不作介绍，若要了解，请参阅有关资料。

第 8 章　函 数 拟 合

在试验数据处理和对科技论文试验结果的讨论中，经常需要对试验数据进行线性回归和曲线拟合，用以描述不同变量之间的关系，找出相应函数的系数，建立经验公式或数学模型。

Origin 9.1 提供了强大的线性回归和函数拟合功能，其中最有代表性的是线性回归和非线性最小平方拟合。Origin 9.1 继承了其以前版本提供的 200 多个内置数学函数表达式，这些函数表达式能满足绝大多数科技工程中的曲线拟合要求。它还在拟合过程中根据需要定制输出拟合参数方面进行了改进，提供了具有与 SSPS 或 SAS 等软件相媲美的、具有专业水准的拟合分析报告。它提供的拟合函数管理器（Fitting Function Organizer）改进了用户自定义拟合函数设置，可以方便用户实现自己定义拟合函数编辑、管理与设置。与 Origin 内置函数一样，自定义拟合函数在定义后可存放在 Origin 中，供拟合时调用。此外，Origin 9.1 还新增加了 3D 曲面函数的拟合工具，用于对曲面函数的拟合。

本章主要介绍以下内容：

- 菜单工具拟合
- 非线性曲线和曲面拟合
- 拟合函数管理器
- 使用自定义函数拟合
- 拟合函数创建向导和拟合综合举例
- 快速拟合工具

8.1　菜单工具拟合

8.1.1　拟合菜单

在【Analysis】→【Fitting】二级菜单下，Origin 直接使用菜单回归的菜单命令有线性回归、多项式拟合、非线性拟合和非线性表面拟合等。其中，非线性拟合和非线性表面拟合需要分别打开非线性拟合对话框和非线性表面拟合对话框。【Analysis】→【Fitting】二级菜单下的拟合菜单命令如图 8-1 所示。采用菜单拟合时，必须激活要拟合的数据或曲线，而后在【Fitting】菜单下选择相应的拟合类型进行拟合。

大多数用菜单命令拟合不需要输入参数，拟合将自动完成。有些拟合可能要求输入参数，但是也能根据拟合数据给出默认值进行拟合。因此，这些拟合方法比较适用于初学者。拟合完成后，拟合曲线存放在图形窗口里，Origin 会自动创建一个工作表，用于存放输出回归参数的结果。

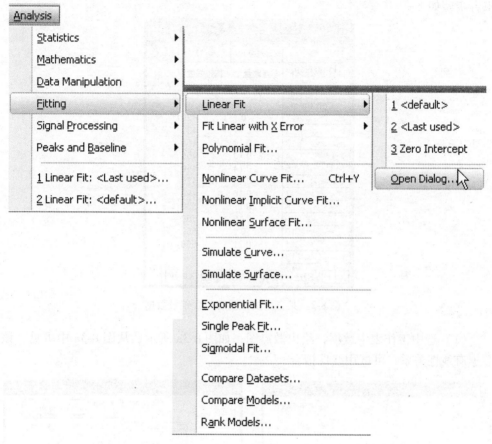

图 8-1　【Analysis】→【Fitting】二级菜单下的拟合菜单命令

8.1.2　线性拟合

当图形窗口为当前窗口时，可以采用从菜单进行拟合，其拟合的函数为

$$Y_i = A + BX_i \tag{8-1}$$

采用最小二乘法估计方程参数，则有

$$A = \overline{Y} - B\overline{X} \tag{8-2}$$

$$B = \frac{\sum\limits_{i}^{N} (X_i - \overline{X})(Y_i - \overline{Y})}{\sum\limits_{i}^{N} (X_i - \overline{X})^2} \tag{8-3}$$

通过选择菜单命令【Analysis】→【Fitting】→【Fit Linear】，打开【Linear Fit】拟合对话框，在该对话框中进行设置，即可完成用菜单拟合。例如，某合金

的抗拉强度 Y 与含碳量（%）的数据如图 8-2 所示，用拟合分析它们之间的关系。
拟合步骤如下：

Long Name	A(X) 含碳量	B(Y) 抗拉强度
Units	%	MPa
Comments		
1	0.1	420
2	0.11	435
3	0.12	450
4	0.13	455
5	0.14	450
6	0.15	475
7	0.16	490
8	0.17	530
9	0.18	500
10	0.2	550
11	0.21	550
12	0.23	600

图 8-2　某合金抗拉强度与含碳量数据

（1）选中工作表中数据，绘出散点图，如图 8-3a 所示。从图 8-3a 中可见，该
数据有线性关系，可试用线性拟合。

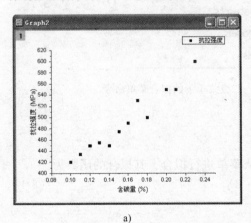
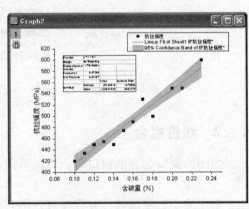

a)　　　　　　　　　　　　　　　　　　b)

图 8-3　菜单线性拟合结果

（2）选择菜单命令【Analysis】→【Fitting】→【Linear Fit】进行拟合，打开
【Linear Fit】拟合对话框，如图 8-4a 所示。

（3）在图 8-4a 中，可以对拟合输出的参数进行选择和设置（图中对拟合范围、
输出拟合参数报告及置信区间等进行了设置）。例如，在【Linear Fit】拟合对话框

中，单击 "Fitted Curves Plot"，打开后设置在图形上输出置信区间，如图 8-4b 所示。

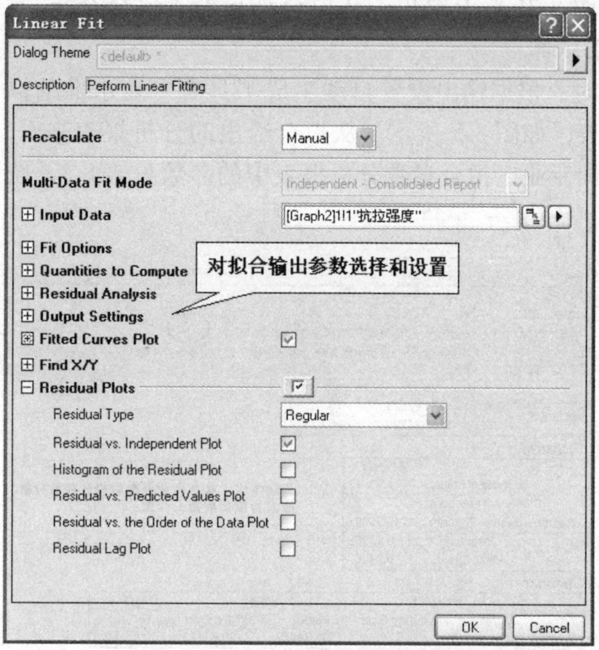

a)

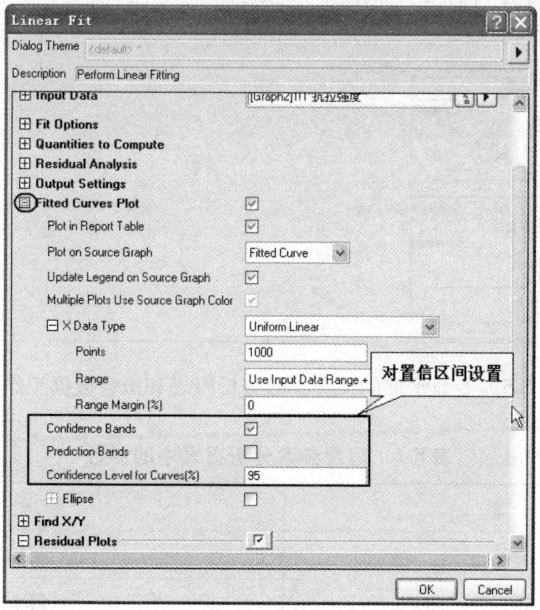

b)

图 8-4 【Linear Fit】拟合对话框

（4）设置好后，单击"OK"按钮，即完成了线性拟合。对其拟合直线和主要结果在散点图（图 8-3b）上给出。从拟合结果看，该合金抗拉强度 Y 与含碳量（%）的线性关系显著。

（5）与此同时，根据输出设置自动生成了具有专业水准的拟合参数分析报表和拟合数据工作表，如图 8-5 所示。从拟合给出的分析报表来看，Origin 9.1 较其以前版本显得更加专业。拟合参数分析报表中的参数见表 8-1。统计量的含义见附录 A。

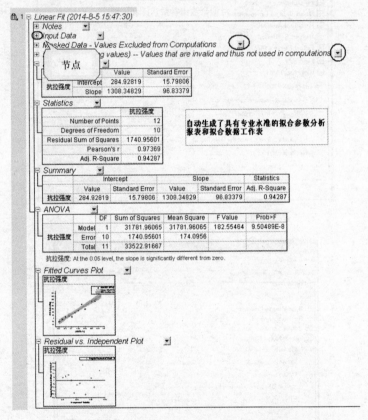

图 8-5　专业水准的拟合参数分析报表和拟合数据工作表

表 8-1　拟合参数分析报表中的参数

参　　数	含　　义
Intercept	截距
B	斜率
R	相关系数
N	数据点数

8.1.3　多项式回归

多项式回归（Polynomial Regression）方程见式（8-4），其中 X 为自变量，Y 为因变量，多项式的级数为 1 ~ 9。

$$Y = A + B_1X + B_2X^2 + \cdots + B_kX^k \tag{8-4}$$

现以"Origin 9.1 \ Samples \ Curve Fitting \ Polynomial Fit. dat"数据文件为例，说明多项式回归。

（1）导入"Origin 9.1 \ Samples \ Curve Fitting \ Polynomial Fit. dat"数据文件，选中 Polynomial Fit 工作表中的 A(X) 和 C(Y) 列数据，进行绘制散点图，如图 8-6a 所示。

（2）选择菜单命令【Analysis】→【Fitting】→【Polynomial Fit...】进行回归。在弹出的【Polynomial Fit】对话框中设置回归区间和采用试验法，得出多项式合适的级数（本例多项式的级数为 3），如图 8-7 所示。其回归曲线和拟合结果在散点图上给出，如图 8-6b 所示。

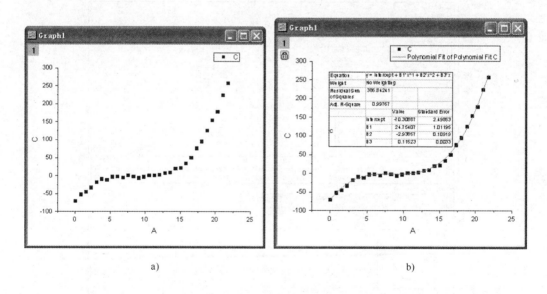

a)　　　　　　　　　　　　　　　b)

图 8-6　散点图及多项式回归曲线

（3）与此同时，根据输出设置自动生成了具有专业水准的拟合参数分析报表和拟合数据工作表，如图 8-8 所示。拟合参数分析报表中的各参数含义见表 8-2。统计量的含义见附录 A。

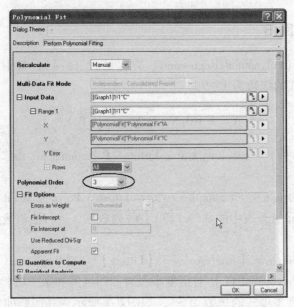

图 8-7　在对话框中设置回归区间和合适级数

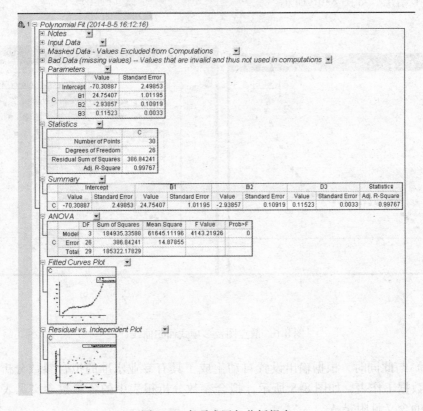

图 8-8　多项式回归分析报表

表 8-2　拟合参数分析报表中的各参数

参　　数	含　　义
Intercept，B_1，B_2...	回归方程系数
R-square	＝（SYY-RSS）/SYY
P	R-square 为 0 的概率
N	数据点数
SD	回归标准差

注：R-square 决定系数，详见附录 A

若想获得更多的多项式回归信息，可以通过在【Polynomial Fit】对话框中设置完成。

8.1.4　多元线性回归

多元线性回归用于分析多个自变量与一个因变量之间的线性关系。式（8-5）为一般多元线性方程。Origin 在进行多元线性回归时，需将工作表中一列设置为因变量（Y），将其他的设置为自变量（X_1，X_2，…，X_k）。

$$Y = A + B_1X_1 + B_2X_2 + \cdots + B_kX_k \tag{8-5}$$

具体回归步骤用下面的例子说明：

某湖八年来湖水中 COD 浓度实测值（Y）与影响因素湖区工业产值（X1）、总人口数（X2）、捕鱼量（X3）、降水量（X4）资料见表 8-3，据此建立 COD 浓度实测值（Y）的水质分析模型。

表 8-3　八年来湖水中 COD 浓度实测值与影响因素统计表

测量次数	1	2	3	4	5	6	7	8
X1	1.376	1.375	1.387	1.401	1.412	1.428	1.445	1.477
X2	0.450	0.475	0.485	0.500	0.535	0.545	0.550	0.575
X3	2.170	2.554	2.676	2.713	2.823	3.088	3.122	3.262
X4	0.8922	1.1610	0.5346	0.9589	1.0239	1.0499	1.1065	1.1387
Y	5.19	5.30	5.60	5.82	6.00	6.06	6.45	6.95

（1）输入数据，将 COD 浓度实测值设置为 Y，其余设置为 X，如图 8-9 所示。

（2）选择菜单命令【Analysis】 → 【Fitting】 → 【Multiple linear regression】，进行多元线性回归，系统会弹出【Multiple Regression】窗口，如图 8-10a 所示。在【Multiple Regression】窗口中，设置因变量（Y）和自变量（X1，X2，X3，...），如图 8-10b 所示。单击"OK"按钮确定。

（3）根据输出设置自动生成了具有专业水准的多元线性回归分析报表，如图 8-11所示。多元线性回归分析报表中的各参数含义见表 8-4。统计量的含义见附录 A。

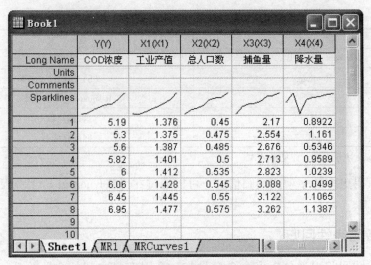

图 8-9　多元线性回归工作表

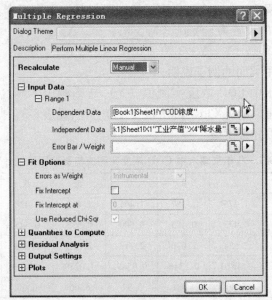

a)

b)

图 8-10　在【Multiple Regression】窗口设置因变量（Y）和自变量

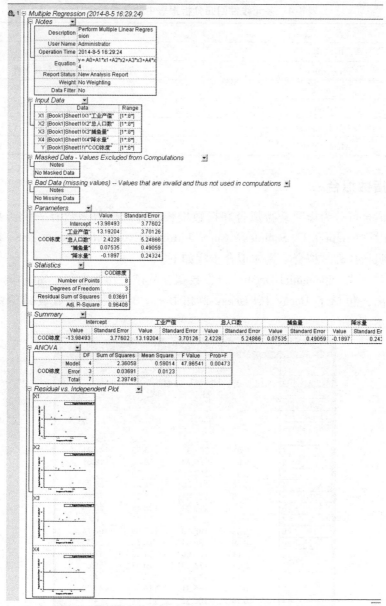

图 8-11　多元线性回归分析报表

即得到多元线性回归式：

$$Y = -13.98 + 13.192\,X1 + 2.422\,8\,X2 + 0.075\,4\,X3 - 0.189\,7\,X4 \qquad (8\text{-}6)$$

$$R - square = 0.964\,08$$

$$F = 47.965\,41$$

$$P = 0.004\,73$$

回归结果窗口中的统计量意义见表 8-4。具体计算公式见附录 A。

表 8-4　多元线性回归分析报表中的各参数含义

参　数	含　义
A, B_1, B_2, …	回归方程系数
t - Value	结合 Prob 判断该系数显著性
R-square	= (SYY-RSS) /SYY
Prob	对应概率
Adj. R-square	1 - [(1 - R - square)(N - k - 1)]
Root - MSE	估计标准差

8.1.5　指数拟合

指数拟合可分为指数衰减拟合和指数增长拟合。指数函数有一阶函数和高阶函数。现以“Origin 9.1 \ Samples \ Curve Fitting \ Exponential Decay. dat”数据文件为例，说明指数衰减拟合。具体拟合步骤如下：

（1）导入“Exponential Decay. dat”数据，从该工作表窗口“Sparklines”图形中可以看出，包括了 Decay 1，Decay 2 和 Decay 3 三列呈指数衰减的数据，如图 8-12所示。

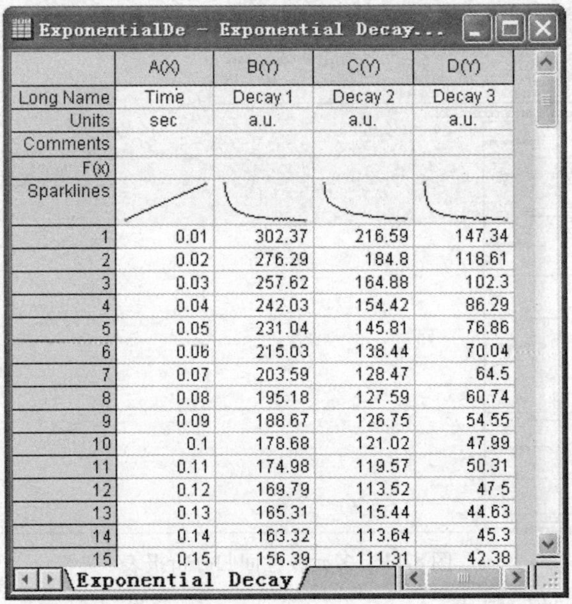

	A(X)	B(Y)	C(Y)	D(Y)
Long Name	Time	Decay 1	Decay 2	Decay 3
Units	sec	a.u.	a.u.	a.u.
Comments				
F(x)				
Sparklines				
1	0.01	302.37	216.59	147.34
2	0.02	276.29	184.8	118.61
3	0.03	257.62	164.88	102.3
4	0.04	242.03	154.42	86.29
5	0.05	231.04	145.81	76.86
6	0.06	215.03	138.44	70.04
7	0.07	203.59	128.47	64.5
8	0.08	195.18	127.59	60.74
9	0.09	188.67	126.75	54.55
10	0.1	178.68	121.02	47.99
11	0.11	174.98	119.57	50.31
12	0.12	169.79	113.52	47.5
13	0.13	165.31	115.44	44.63
14	0.14	163.32	113.64	45.3
15	0.15	156.39	111.31	42.38

图 8-12　“Exponential Decay. dat”工作表窗口

（2）选中数据中 B（Y）列绘图（Graph1），选择菜单命令【Analysis】→【Fitting】→【Nonlinear Curve Fit...】，打开【NLFit】对话框（该对话框由上、下两个面板组成）。此时，在“Function”下拉列表框中选择用一阶指数衰减函数的拟合，在对话框下面板选择“Fit Curve”选项卡，可以了解数据与拟合效果（见

图 8-13）。如果拟合效果不理想，可以在"Function"下拉列表框中通过更改指数衰减函数的阶数重新选择。

　　（3）单击【NLFit】对话框中上面板的"Parameter"标签，选择对参数性质的设置。将 y_0 和 A_1 设置为常数。单击【NLFit】对话框中下面板的"Formula"标签，可以了解该衰减函数的具体形式（见图 8-14）。此外，还可以通过选择【NLFit】对话框中上、下两面板中的其他标签来了解拟合效果。

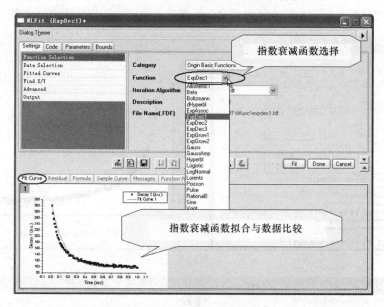

图 8-13　【NLFit】对话框

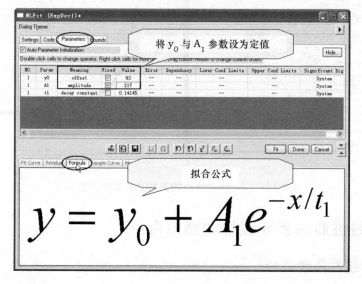

图 8-14　【NLFit】对话框下半部分

（4）为了使公式简单，在软件给定的初始值的基础上，将 y_0 和 A 固定在 93 和 217。单击"Fit"按钮，完成对数据用一阶指数衰减函数的拟合，如图 8-15a 中拟合曲线所示。此外，在该图中还给出了拟合参数。如果对拟合结果不满意，还可以对 y_0 和 A 重新设置。如果对 y_0 和 A 不固定，单击"Fit"按钮，其拟合结果如图 8-15b 所示。对比图 8-15a 和图 8-15b，可以看出图 8-15b 所示的拟合效果较图 8-15a 好，但拟合函数中的系数较为复杂。

（5）完成拟合后会生成非线性拟合分析报告，在该分析报告中有详细的分析结果。

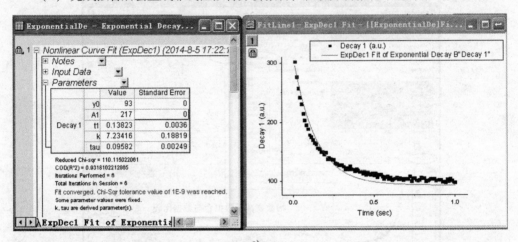

a)

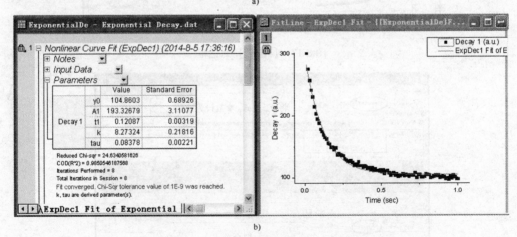

b)

图 8-15　用一阶衰减指数函数对数据拟合图形

8.2　非线性曲线和非线性曲面拟合

8.2.1　非线性曲线拟合

Origin 9.1 提供了多达 200 多个内置数学表达式，用于非线性曲线拟合（Nonlinear Curve Fit，NLFit)，这些数学表达式选自不同学科领域的数学模型，能满足绝大多数科技工程中的曲线拟合需求。Origin 的非线性曲线拟合是通过【NLFit】对话框实现的。Origin 9.1 的【NLFit】对话框较其以前版本的【NLSF】对话框有了较大的改进，操作更加便捷，使用非常灵活，能使用户随心所欲地完全控制整个拟合过程。

下面通过对"Origin 9.1 \ Samples \ Curve Fitting \ Intro_to_Nonlinear Curve Fit Tool. opj"项目文件，简要说明采用内置非线性数学函数拟合的过程。

（1）用项目浏览器选择"Built-In Function"目录，如图 8-16 所示。当绘图窗口（Graph1）为当前窗口时，选择菜单命令【Analysis】→【Fitting】→【Nonlinear Curve Fit】，打开【NLFit】对话框。在"Function"下拉列表框中，选择"Gauss"。此时，在【NLFit】对话框下面板"Sample Curve"选项卡中显示该拟合的 Gauss 函数的图形及各参数的意义，如图 8-17a 所示。

（2）由于 Gauss 函数是 Origin 内置函数，故此时各参数已自动赋予了初值。单击【NLFit】对话框中上面板的"Parameter"标签，可以查看各参数赋予的初值。单击【NLFit】对话框中下部分的"Residual"标签，可以查看当前残差，通过残差了解拟合效果，如图 8-17b 所示。

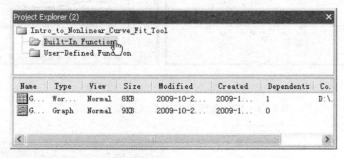

图 8-16　项目浏览器中的 Built-In Function 目录

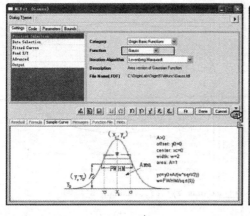
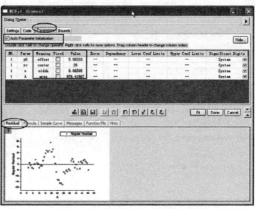

a)　　　　　　　　　　　　　　　　　　b)

图 8-17　【NLFit】对话框

（3）单击"Fit"按钮，得到拟合曲线和生成非线性拟合分析报告，分别如图8-18a和图8-18b所示。通过单击绘图窗口（Graph1）左上角的绿色锁标记，在弹出的窗口中选择"Change Parameters"，再次打开【NLFit】对话框，根据需要对参数重新设置。例如，设置"Parameter"选项卡中的"Xc"为25和选中"Fixed"复选框，单击"Fit"按钮，得到新的拟合结果。此时"Xc"为定值25，参数重新设置和新的拟合结果分别如图8-19a和图8-19b所示。

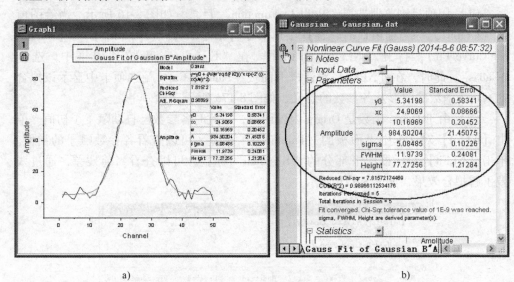

a)   b)

图 8-18　拟合曲线和生成非线性拟合分析报告

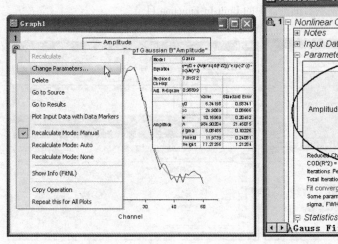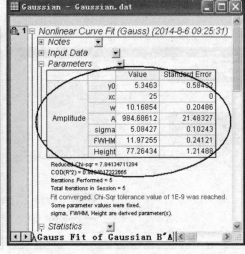

a)   b)

图 8-19　参数重新设置和新的拟合结果

上面简要介绍了非线性曲线拟合通过【NLFit】对话框实现的情况。【NLFit】对话框还有很多标签、下拉列表框等控件，用于完成各种复杂的非线性曲线拟合。下面就【NLFit】对话框的这些控件进行简要说明。【NLFit】对话框由上面板和下面板组成。上面板主要用于拟合函数的设置，下面板主要用于监视拟合进程，上面板和下面板之间用于定义/编辑新函数。上面板和下面板可以通过上面板和下面板打开开关进行切换。非线性曲线拟合理论这里不作介绍，请读者参阅有关书籍。

8.2.2　非线性曲面拟合

Origin 9.1（仅 OriginPro 有此功能）提供了数个内置的非线性表面拟合函数用于拟合三维数据，其内置的非线性表面拟合函数与非线性函数拟合操作方法基本相同。如果拟合数据是工作表数据，需要工作表有 XYZ 列数据，选中工作表中 XYZ 列数据，选择菜单命令【Analysis】→【Fitting】→【Nonlinear Surface Fit...】，即可完成非线性曲面拟合；如果拟合数据是矩阵工作表数据，选中矩阵工作表中数据，选择菜单命令【Analysis】→【Nonlinear Matrix Fit...】，即可完成非线性曲面拟合。

下面通过对 "Origin 9.1 \ Samples \ Analysis.opj" 项目文件，简要说明采用内置非线性曲面拟合的过程。

（1）打开 "Analysis.opj" 项目文件，用项目浏览器选择 "Analysis Pro Only \ Surface Fitting" 目录，并以矩阵窗口为当前窗口，如图 8-20 所示。

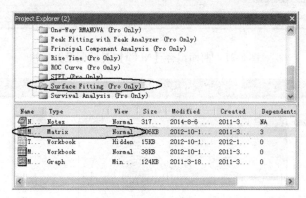

图 8-20　用项目浏览器选择 Analysis Pro Only \ Surface Fitting 目录

（2）选择菜单命令【Analysis】→【Nonlinear Matrix Fit...】，打开【NLFit】对话框。在 "Settings" 选项卡中的函数选择栏的 "Function" 下拉列表框中选择 "Gauss2D"，如图 8-21a 所示。在 "Advanced" 选项卡中的 "Replicas" 下拉列表框中设置 "Number of Replicas" 为 "3"，同时设置 "Peak Direction" 为 "Positive"，如图 8-21b 所示。

（3）单击 "Fit" 按钮，完成多峰拟合和生成拟合分析报告。图 8-22 所示为多峰拟合曲面图。在生成的拟合分析报告中有各峰的具体拟合参数结果。通过单击多峰拟合曲面图左上角的绿色锁标记，在弹出的窗口中选择"Change Parameters"，再次打开【NLFit】对话框，可根据需要对参数重新设置。

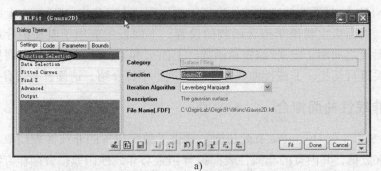

a)

b)

图 8-21　曲面拟合【NLFit】对话框设置

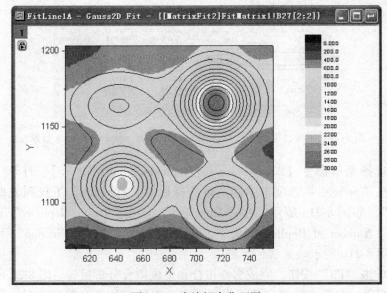

图 8-22　多峰拟合曲面图

8.3 拟合函数管理器和自定义拟合函数

拟合函数管理器（Fitting Function Organizer，FFO）是 Origin 9.1 的又一亮点。所有内置拟合函数和自定义拟合函数都由拟合函数管理器进行管理。每一个拟合函数都以扩展名为 fdf 的文件的形式存放。内置拟合函数存放在 Origin 9.1 \ FitFunc 子目录下，用户自定义拟合函数存放在 Origin 9.1 用户子目录中的 \ FitFunc 子目录下。

8.3.1 拟合函数管理器

选择菜单命令【Tools】→【Fitting Function Organizer】，或采用 F9 快捷键打开拟合函数管理器，如图 8-23 所示。拟合函数管理器也分为上、下面板。其中，上面板左边为内置拟合函数（按类别存放在不同的子目录中），可以用鼠标选择拟合函数，如图 8-23 中选择了"Logarithm"子目录中的"Logarithm"拟合函数；中间为对选中函数的说明，如该拟合函数的文件名、参数名等；右边为新建函数编辑的按钮。下面板用于选中的函数公式、图形等的显示。

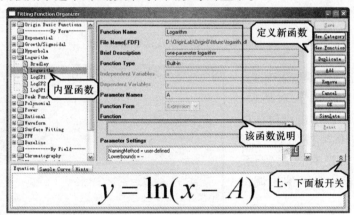

图 8-23　拟合函数管理器

8.3.2 定义拟合函数

虽然 Origin 内置了大量的拟合函数，但在有些情况下还是满足不了科研中建立数学模型的需要，此时就需要用户自己定义拟合函数。Origin 提供了自定义拟合函数的工具，能完全在不用编程的情况下自定义拟合函数。此外，Origin 9.1 还提供了用 Origin C 定义拟合函数。下面通过一个具体的实例来介绍在拟合函数管理器中自定义拟合函数。

（1）选择菜单命令【Tools】→【Fitting Function Organizer】，或采用 F9 快捷键打开拟合函数管理器，单击"New Category"，新建用户拟合函数目录。

（2）在打开新建自定义函数对话框中输入自定义函数 $y = y_0 + a * \exp\ (-b * x)$，如图 8-24 所示。

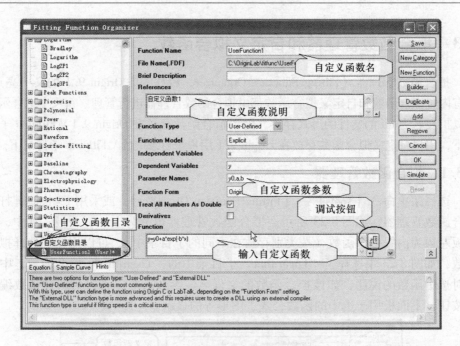

图 8-24　新建自定义函数对话框

　　（3）单击编辑调试按钮 ![icon]，打开【Code Builder】对话框，如图 8-25 所示。单击该对话框中的"Compile"按钮进行调试。如果编辑没有语法错误，则在该对话框中显示编辑调试通过。

　　（4）单击"Return to Dialogy"按钮，返回到自定义函数对话框。单击"Save"按钮，保存该自定义拟合函数。自此完成了自定义拟合函数的编辑和保存。

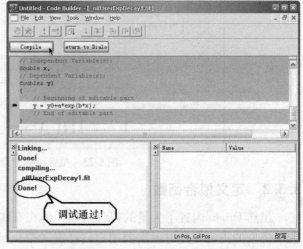

图 8-25　【Code Builder】对话框

8.3.3　用自定义拟合函数拟合

　　下面以"Origin 9.1 \ Samples \ Curve Fitting \ Exponential Decay. dat"数据文件为例，用自定义拟合函数进行拟合说明。具体拟合步骤如下：

　　（1）导入"Exponential Decay. dat"数据，如图 8-12 所示。选中数据中 B（Y）

列绘图（Graph1）。

（2）选择菜单命令【Analysis】→【Fitting】→【Nonlinear Curve Fit】，打开【NLFit】对话框。在"Category"下拉列表框中选择"自定义函数目录"；在"Function"下拉列表框中选择"UserFunction1（User）"自定义拟合函数，如图 8-26a 所示。

（3）打开"Parameter"选项卡，在"Value"处输入初值，y0 = 80，a = 100，b = 5，如图 8-26b 所示。注意，Origin 对其内置函数会赋予初值，但对于自定义函数必须在使用前赋予初值。

（4）单击 按钮进行拟合，此时初始值改变，如图 8-26c 所示。若达到拟合要求，单击"Done"按钮完成拟合。用自定义拟合函数拟合的结果如图 8-27 所示。将拟合结果存放到报告中，以作为后面比较拟合效果用。

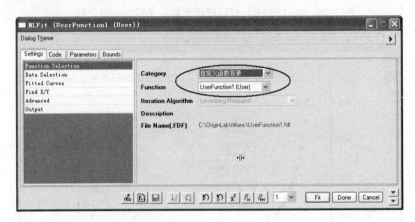

a)

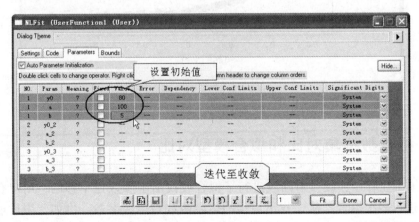

b)

图 8-26　在【NLFit】对话框设置自定义拟合函数

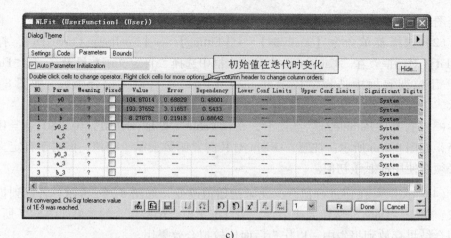

c)

图 8-26　在【NLFit】对话框设置自定义拟合函数（续）

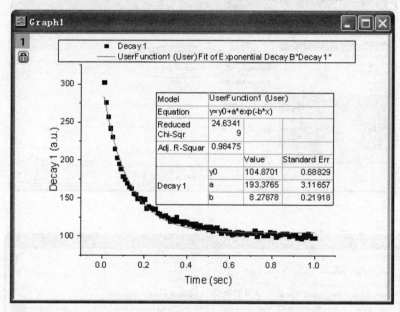

图 8-27　用自定义拟合函数拟合的结果

8.4　拟合数据集对比和拟合模型对比

在实际工作中，仅仅对曲线进行了拟合或找出了参数是不够的，用户有时可能需要进行多次拟合，从中找出最佳的拟合函数与拟合参数。例如，用户可能需要比较两组数据集，确定两组数据的样本是否属于同一总体空间，或者想知道某数据集是用 Gaussian 模型还是用 Lorentz 模型拟合更佳。Origin 9.1 提供了数据集对比和拟合模型对比工具，用于比较不同数据集之间是否有差别和对同一数据集采用哪一种拟合模型更好。Origin 9.1 拟合对比是在拟合报表（Fit Report worksheets）中进行的，所以必须先采用不同的拟合方式进行拟合，得到包括残差平方和（RSS）、自由度（df）和样本值（N）的拟合报表，再进行拟合对比。

8.4.1　拟合数据集对比

下面以“Origin 9.1 \ Samples \ Curve Fitting \ Lorentzian. dat”数据文件为例，分析该数据工作表中 B（Y）数据集与 C（Y）数据集是否有明显差异。具体拟合数据集对比步骤如下：

（1）导入需要拟合对比数据。通过单击 ASCII 输入按钮，打开“Origin 9.1 \ Samples \ Curve Fitting \ Lorentzian. dat”数据文件，其工作表如图 8-28 所示。

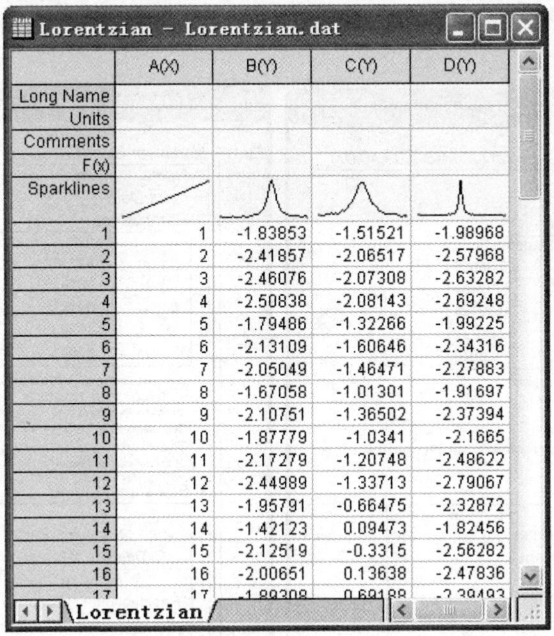

	A(X)	B(Y)	C(Y)	D(Y)
Long Name				
Units				
Comments				
F(x)				
Sparklines				
1	1	-1.83853	-1.51521	-1.98968
2	2	-2.41857	-2.06517	-2.57968
3	3	-2.46076	-2.07308	-2.63282
4	4	-2.50838	-2.08143	-2.69248
5	5	-1.79486	-1.32266	-1.99225
6	6	-2.13109	-1.60646	-2.34316
7	7	-2.05049	-1.46471	-2.27883
8	8	-1.67058	-1.01301	-1.91697
9	9	-2.10751	-1.36502	-2.37394
10	10	-1.87779	-1.0341	-2.1665
11	11	-2.17279	-1.20748	-2.48622
12	12	-2.44989	-1.33713	-2.79067
13	13	-1.95791	-0.66475	-2.32872
14	14	-1.42123	0.09473	-1.82456
15	15	-2.12519	-0.3315	-2.56282
16	16	-2.00651	0.13638	-2.47836
17	17	-1.88308	0.69188	-2.39493

图 8-28　“Lorentzian. dat”工作表

（2）选中 B（Y）数据集，选择菜单命令【Analysis】→【Fitting】→【Nonlinear Curve Fit】，进行拟合。

（3）拟合时采用“Lorentz”模型（原因是该数据工作表中“Sparklines”显示为单峰），如图 8-29所示，并将拟合结果输出到拟合报表。

（4）在【NLFit】对话框中单击按钮，完成拟合，单击“OK”按钮，完成拟合。其拟合报表如图 8-30a 所示。

（5）同理，选中 C（Y）数据集，完成步骤（2）~（4）的操作，得到的拟合报表如图 8-30b 所示。

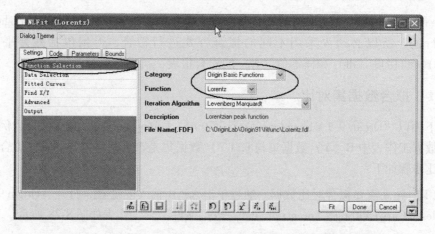

图 8-29　在【NLFit】对话框中拟合函数及拟合报表输出设置

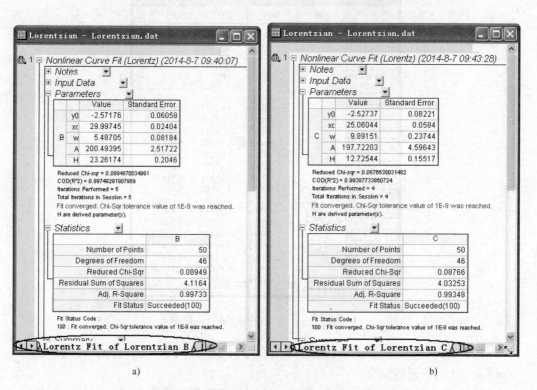

图 8-30　B（Y）、C（Y）数据集的拟合报表

在完成两个拟合报表后，选择菜单命令【Analysis】→【Fitting】→【Compare Datasets...】，打开【Fitting：fitcmpdata】对话框。分别单击"Fit Result1"和"Fit Result2"栏的，并采用选择输入拟合报表名称，如图 8-31 所示。单击"OK"按钮，完成整个拟合数据集对比过程，最终得到数据比较报表，如图 8-32 所示。

从图 8-32 中可以看出，由于两数据组差别较大，数据比较报表给出的拟合对比信息为：在置信度水平为 0.95 的条件下，两数据组差异显著。通过拟合对比，证明这两数据组不可能属于同一总体空间。

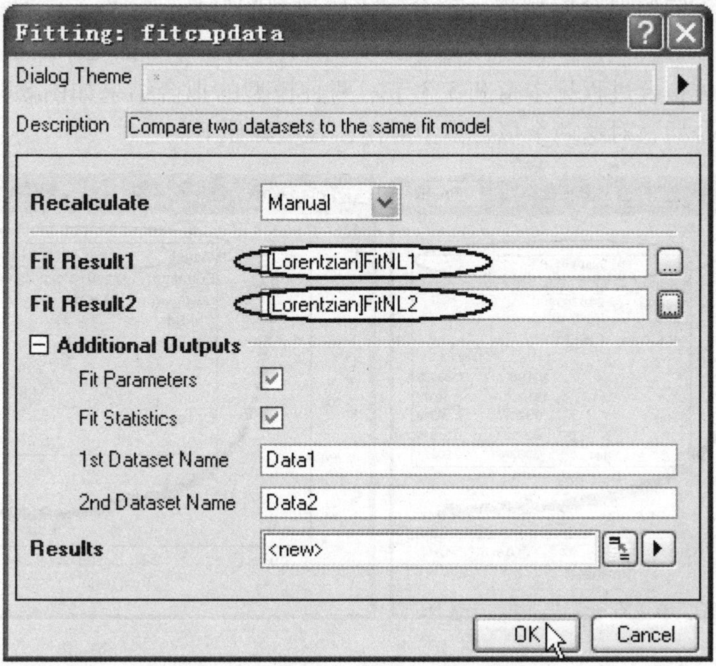

图 8-31　【Fitting：fitcmpdata】对话框

图 8-32　数据比较报表

8.4.2　拟合模型对比

　　下面以"Origin 9.1 \ Samples \ Curve Fitting \ Exponential Decay. dat"数据文件为例，采用不同的拟合模型进行拟合，比较模型的好坏。一种方法是采用一阶指数衰减模型拟合，具体拟合过程见本章 8.1.5 节；另一个方法是采用自定义拟合模型拟合，具体拟合过程见本章 8.3.3 节。两种模型的拟合结果如图 8-33 所示。在完成上面拟合后，对这两个拟合模型对比，其步骤如下：

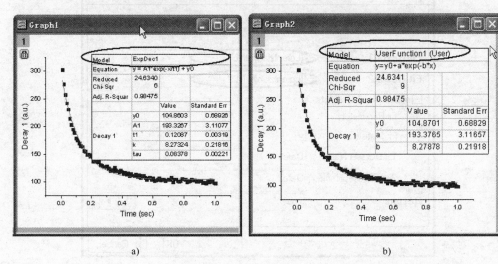

图 8-33　两种模型的拟合结果

　　（1）选择菜单命令【Analysis】→【Fitting】→【Compare Model...】，打开【Fitting：fitcmpmodel】对话框。

　　（2）分别单击"Fit Result1"和"Fit Result2"栏的 [...]，并采用选择输入拟合报表名称，如图 8-34 所示。

　　（3）单击"OK"按钮，完成整个拟合模型对比过程，最终得到拟合模型对比报表，如图 8-35 所示。从图 8-34 中可以看出，采用指数衰减模型拟合效果比自定义拟合模型拟合效果好。

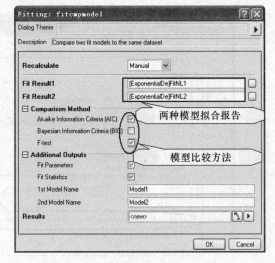

图 8-34　【Fitting：fitcmpmodel】对话框

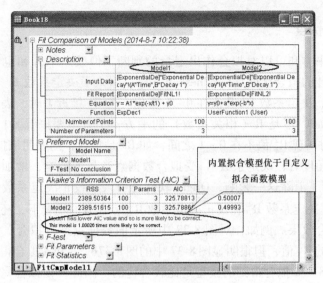

图 8-35 拟合模型对比报表

8.5 拟合结果分析

在实际拟合工作中，对曲线进行了拟合或找出了参数仅是完成后的一部分工作，用户还必须根据拟合结果，如拟合报表（Fit Report worksheets）、结合专业知识，对拟合作出正确的解释，而这部分工作可以说是相当艰难的。这里不对各个数据统计量的定义进行介绍（请参阅有关数理统计书籍和 Origin 9.1 的帮助文件），仅结合 Origin 9.1 拟合给出的一些参数进行简要说明。

不论拟合是线性拟合还是非线性拟合，对其拟合结果的解释基本相同。通常情况下，用户是根据拟合的决定系数（R-square）、加权卡方检验系数（Reduced Chi-square）及对拟合结果的残差分析而得出拟合结果的优劣的。

8.5.1 最小二乘法

最小二乘法（Least-Squares Method）是用于检验参数的最常用方法。根据最小二乘法理论，残差平方和（Residual Sum of Squares，RSS）越小，拟合效果越好。图 8-36 所示为用残差示意表示出实际数据与最佳的拟合值间的关系，用参差（$y_i - \hat{y}_i$）表示。在实际拟合中，拟合的好坏可以从拟合曲线与实际数据是否接近加以判断，但这都不是定量的判断，而残差平方和或加权卡方检验系数可以用作定量判断。

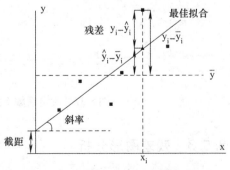

图 8-36 用残差示意表示出实际数据与最佳的拟合值间的关系

8.5.2　拟合优度

虽然残差平方和可以对拟合作出定量的判断，但残差平方和也有一定的局限性。为获得最佳的拟合优度（Goodness of Fit），引入了决定系数 R^2（Coefficient of Determination），决定系数 R^2 其值在 0~1 变化。若 R^2 接近 1 时，表明拟合效果好［注意决定系数 R^2 不是 R（相关系数）的平方，千万不要搞混了!］此外，如果 Origin 在计算时出现 R^2 值不在 0~1 之间，如 R^2 是负数，则表明该拟合效果很差。

从数学的角度看，决定系数 R^2 受拟合数据点数量的影响，增加样本数量可以提高 R^2 值。为了消除这一影响，Origin 软件还引入了校正决定系数 R^2_{adj}（adjusted R^2）。尽管有了决定系数 R^2 和校正决定系数 R^2_{adj}，在有的场合下，还是不能够完全正确地判断拟合效果。例如，对图 8-37 中所示的数据点进行拟合，四个数据集都可以得到理想的 R^2 值，但很明显图 8-37 中的图 8-37b、c 和 d 拟合得到的模型是错误的，仅有图 8-37a 拟合得到的模型是比较合适的。因此，在拟合完成时，要认真分析拟合图形，在必要时还必须对拟合模型进行残差分析，只有在此基础上，才可以得到最佳的拟合优度。

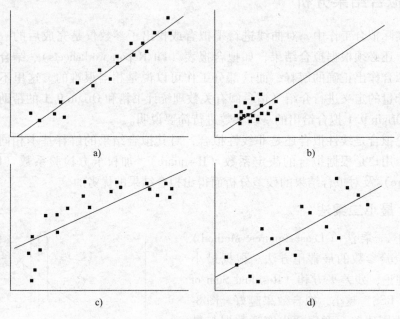

图 8-37　决定系数不能完全判断拟合效果的示意图

8.5.3　残差图形分析

Origin 9.1 在拟合报表中提供了多种拟合残差分析图形，其中包括残差-自变量图形（Residual vs. Independent）、残差-数据顺序图形（Residual vs. Order of the Da-

ta) 和残差-估计值图形（Residual vs. Predicted Value）等。用户可以根据需要，在
【NLFit】对话框的"Fitted Curves"标签中"Residual Plots"栏中进行设置残差分
析图输出，如图 8-38 所示。不同的残差分析图形可以给用户提供模型假设是否
正确、提供如何改善模型等有用信息。例如，如果残差散点图显示无序，则表明
拟合优度好。用户可以根据需要选择相关的残差分析图形，对拟合模型进行
分析。

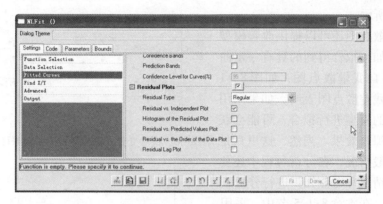

图 8-38　设置残差分析图输出

残差散点图可以提供很多有用的信息。例如，残差散点图显示残差值随自变
量变化具有增大或减小的趋势，则表明随自变量变化拟合模型的误差增大或减小，
如图 8-39a、b 所示；误差增大或减小都表明该模型不稳定，可以还有其他的因素
影响模型。图 8-39c 所示情况为残差值不随自变量变化，这表明模型是稳定的。

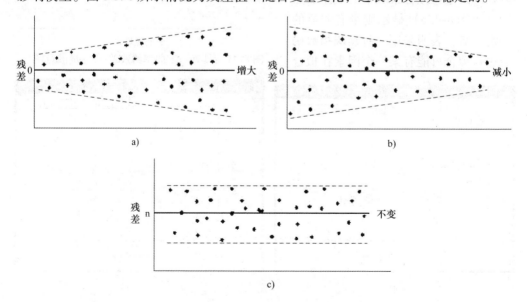

图 8-39　残差散点图残差值随自变量变化趋势

残差-数据时序图形可以用于检验与时间有关的变量在试验过程中是否漂移。当残差在 0 周围随机分布时，则表明该变量在试验过程中没有漂移，如图 8-40a 所示；反之，则表明该变量在试验过程中有漂移，如图 8-40b 所示。

残差散点图还可以提供改善模型信息。例如，拟合得到的具有一定曲率的残差-自变量散点图，如图 8-41 所示。该残差散点图表明，如果采用更高次数的模型进行拟合，可能会获得更好的拟合效果。当然，这里只是说明了一般情况，在分析过程中还要根据具体情况和专业知识进行分析。

例如，在本章 8.1.5 节中，采用一阶衰减指数拟合函数对 "Exponential Decay. dat" 数据文件中 B（Y）进行了拟合，拟合曲线如图 8-15 所示。从图 8-15 看，拟合效果还是比较好的，但在拟合报表中的残差散点图（见图 8-42a）显示则带有明显的一定趋势，表明采用一阶衰减指数函数进行拟合可能有某一个因素在拟合

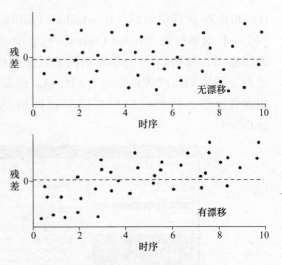

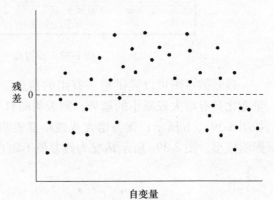

图 8-40　检验变量在试验过程中是否漂移残差散点图

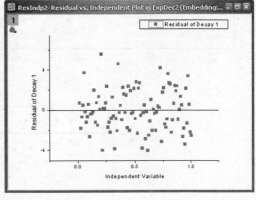

图 8-41　具有一定曲率的残差-自变量散点图

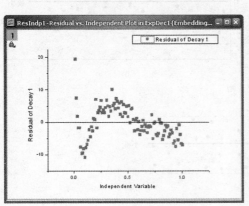

a)　　　　　　　　　　　　　　b)

图 8-42　一阶、二阶衰减指数函数拟合残差散点图对比

的过程中没有加以考虑。为了说明这一问题，采用了二阶衰减指数对其再进行拟合，其残差散点图如图 8-42b 所示。从图 8-42b 可以看出，二阶衰减指数拟合的残差散点图显示无序，这表明二阶衰减指数拟合较一阶衰减指数函数拟合的拟合优度好。

8.5.4 置信带与预测带

置信带也称为置信区间，是指拟合模型用于计算在给定了置信水平（Origin 默认为 95%）的情况下，拟合模型计算值与真值差别落在置信带之内。预测带与置信带类似，但其表达式不相同，预测带一般较置信带宽。拟合模型的置信带与预测带如图 8-43 所示。

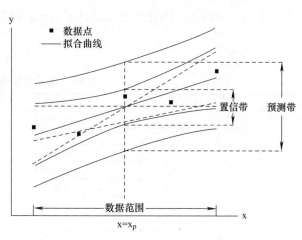

图 8-43 拟合模型的置信带与预测带

8.5.5 其他拟合后分析

有时会需要从拟合曲线上求取数据，可以打开【NLFit】对话框，通过对"Advanced"标签中的"Find Specific X/Y"栏进行设置来完成。例如，在本章 8.2.1 节中对"Intro_to_Nonlinear Curve Fit Tool. opj"进行了非线性曲线拟合，想在拟合函数中读取数据，可以在【NLFit】对话框的在"Find X/Y"标签中进行设置，如图 8-44 所示。

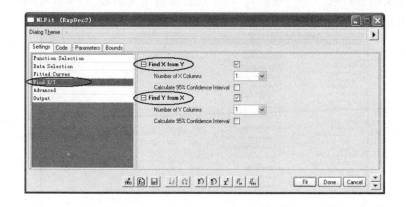

图 8-44 对"Find Specific X/Y"栏进行设置

8.6　曲线拟合综合举例

8.6.1　自定义函数拟合

某试验结果列于表8-5，要求根据式（8-7）进行分析。从 Origin 内置拟合函数中没有找到该函数，因此考虑采用自定义拟合函数。

$$y = A * \exp\left(-\frac{x^{P_1}}{P_2}\right) \tag{8-7}$$

表 8-5　某试验结果

实 验 编 号	X	Y
1	0.07813	9.92267
2	0.27114	9.83343
3	0.48713	9.44081
4	0.68474	8.7091
5	0.96507	7.54313
6	1.30515	6.74004
7	1.30974	5.71684
8	1.89338	3.8251
9	2.45864	2.07615
10	3.30423	0.73171
11	4.99081	0.11303
12	7.01746	-0.07139
13	8.19853	0.11303
14	9.15901	0

1. 自定义函数设置

选择菜单命令【Tools】→【Fitting Function Organizer】，打开拟合函数管理器。在"自定义函数目录"下，根据式（8-7）新建自定义函数"y = A * exp（-x^P1/P2）"，并以"UserFunction2"命名，如图8-45所示。调试通过后保存。

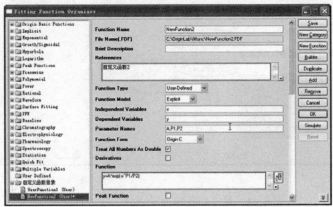

图 8-45　【Fitting Function Organizer】定义函数

2. 通过模拟初步确定参数

（1）输入表 8-5 数据，绘制散点图。

（2）选择菜单命令【Analysis】→【Fitting】→【Nonlinear Curve Fit】，打开【NLFit】对话框。在 "Settings" 选项卡中，选择刚定义的函数，如图 8-46a 所示；在 "Parameters" 选项卡中，将 A，P1，P2 都设置为 5，并选中 "Fixed"，单击 "Fit" 按钮将其进行拟合，如图 8-46b 所示。

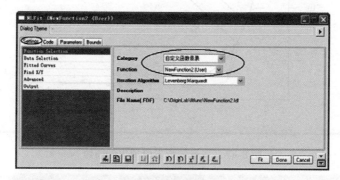

a)

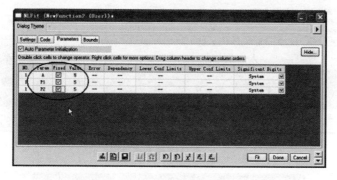

b)

图 8-46 【NLFit】对话框设置拟合参数

（3）重复步骤（2），模拟出 A = 10、P1 = 5、P2 = 5 的曲线和 A = 10、P1 = 1、P2 = 1 的曲线。三组参数下模拟出的曲线如图 8-47 所示。

3. 模型拟合

三组参数下模拟出的曲线越来越接近实际的数据分布。因此，将第三组数据（即 A = 10、P1 = 1、P2 = 1）定为最后 Origin 进行非线性曲线拟合的参数，其中 A = 10 设置为常数，如图 8-48 所示。单击 按钮进行拟合，得到拟合的结果，如图 8-49 所示。该拟合效果很好。完成拟合，得到拟合图形和拟合报告，如图 8-50 所示。

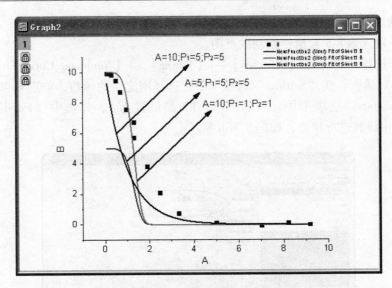

图 8-47　　三组参数下模拟出的曲线

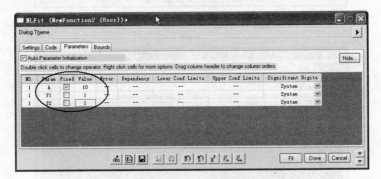

图 8-48　　拟合参数设置

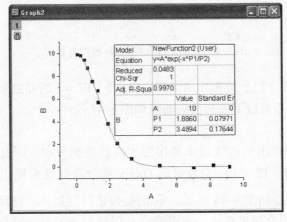

图 8-49　　拟合结果

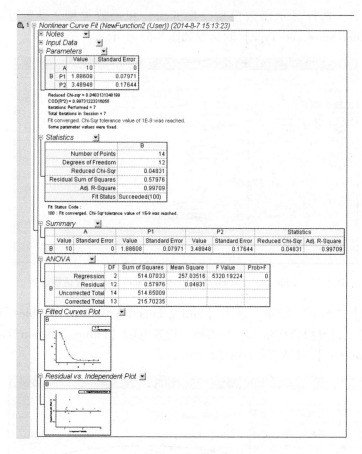

图 8-50 拟合报告

8.6.2 拟合函数创建向导

拟合函数创建向导是 Origin 9.1 的一个新增功能，它能方便地采用多种方法建立自定义拟合函数及用工作表数据对该函数进行检测和函数参数初始化。下面采用该拟合函数创建向导，建立一个自定义函数和对函数中参数初始化并进行拟合。自定义拟合函数采用式（8-8），拟合数据取自 "Origin 9.1 \ Samples \ Curve Fitting \ ConcentrationCurve. dat" 文件。

$$y = A\exp(2.303kx - k_m)\sqrt{2.303 + \frac{C}{x - C_0}} \qquad (8-8)$$

其中 A，k_m，k，C，C_0 为拟合参数。

1. 用拟合函数向导创建拟合函数

（1）选择菜单命令【Tools】→【Fitting Function Builder】，打开【Fitting Function Builder】对话框。选择 "Create a New Function" 选项，单击 "Next" 按钮，打开【Fitting Function Builder-Name and Type】对话框。选择自定义拟合函数的目录

和设置函数名，选择显示函数模型（Explicit）和函数类型，设置好的【Fitting Function Builder-Name and Type】对话框如图 8-51 所示。

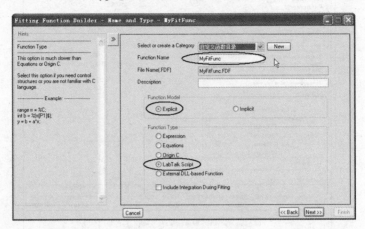

图 8-51　【Fitting Function Builder-Name and Type】对话框设置

（2）单击"Next"按钮，进入【Fitting Function Builder-Variables and Parameters】对话框。设置拟合变量和拟合参数。设置好的【Fitting Function Builder-Variables and Parameters】对话框如图 8-52 所示。

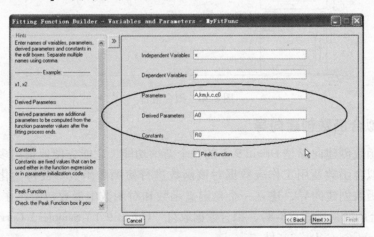

图 8-52　【Fitting Function Builder-Variables and Parameters】对话框设置

（3）单击"Next"按钮，进入【Fitting Function Builder-LabTalk Script Function】对话框。输入拟合方程，在"Constant"选项卡中根据式（8-8）设置 R0 为 2.303，在"Parameters"选项卡中设置参数的初始值。设置好的【Fitting Function Builder-LabTalk Script Function】对话框如图 8-53 所示。

（4）单击评估按钮 ，对设置好的拟合函数进行评估，检测该函数方程是否正确有效（如果函数方程正确有效，则会给出评估的 y 值），如图 8-53 所示。

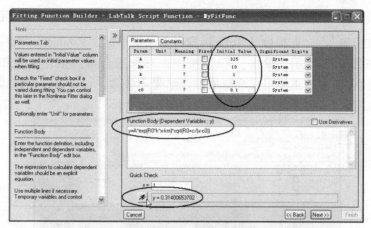

图 8-53　【Fitting Function Builder-LabTalk Script Function】对话框设置

（5）连续三次单击"Next"按钮，进入【Fitting Function Builder-Derived Parameters】对话框。设置导出参数 $A0 = -A * \exp（km）*1E-4$。设置好的【Fitting Function Builder-Derived Parameters】对话框如图 8-54 所示。单击"Finish"按钮，完成拟合函数创建。

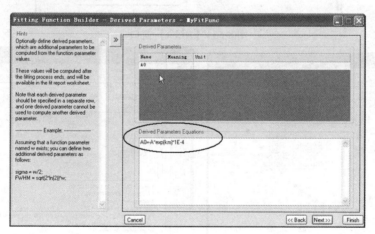

图 8-54　【Fitting Function Builder-Derived Parameters】对话框设置

2. 用自定义拟合函数拟合

（1）导入"Origin 9. 1 \ Samples \ Curve Fitting \ ConcentrationCurve. dat"数据文件到工作表，选中工作表 B（Y）列，绘制散点图。

（2）在绘制散点图为当前窗口时，选择菜单命令【Analysis】→【Fitting】→【Nonlinear Curve Fit】，打开【NLFit】窗口，选择"自定义拟合函数目录"下的"MyFitFunc"自定义拟合函数。单击迭代按钮，对数据进行拟合。此时在拟合【NLFit】窗口下面板中的"Message"栏出现拟合未收敛出错信息，如图 8-55 所示。

（3）分析原因是由于导出参数 A 与 k_m 有函数关系，造成参数重复定义。单击初始化参数按钮 ，在拟合【NLFit】窗口上面板中的"Parameters"栏将 A 设置为定值，如图 8-55 所示。单击"Fit"按钮，再次拟合得到拟合曲线和分析报告（注意：该例说明参数重复定义会造成拟合结果不收敛，可以通过重新设置参数为定值解决该问题）。拟合曲线和分析报告如图 8-56 所示。

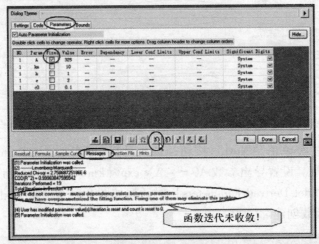

图 8-55　【NLFit】窗口

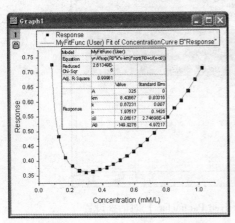

a)

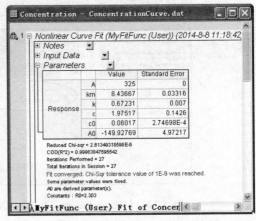

b)

图 8-56　拟合曲线和分析报告

8.6.3　快速拟合工具

Origin 9.1 提供了快速拟合工具（Quick Fit gadget），可对图形中一条曲线或多条曲线感兴趣区间（Region Of Interest，ROI）进行快速拟合处理。下面结合实例进行介绍。

（1）单击数据向导 按钮，用数据向导导入"Origin 9.1 \ Samples \ Curve

Fitting \ Step01. dat" 数据文件到工作表。选中工作表中 A（X）～ F（Y）列，绘制散点图（在默认情况下，系统选择的滤波文件为 step）。散点图如图 8-57a 所示。

（2）在绘制散点图为当前窗口时，选择菜单命令【Gadgets】→【Quick Fit】→【Linear（System）】。在散点图中添加了一个曲线拟合范围矩形（ROI），如图 8-57b 所示。单击矩形右上角的三角形，在弹出的菜单中选择菜单命令"Expand to Full Plot（s）Range"，将拟合范围扩大至整个图形，如图 8-57c 所示。

（3）单击图 8-57c 中矩形右上角的三角形，在弹出的菜单中选择菜单命令"Preferences..."，打开【Quick Fit Preferences】窗口，如图 8-58a 所示。在该窗口的"Label Box"选项卡中，选择"Equation with Values for the Equation"下拉列表框。在该窗口的"Report"选项卡中，选择"Worksheet for the Output To"下拉列表框，如图 8-58b 所示。单击"OK"按钮，关闭【Quick Fit Preferences】窗口。

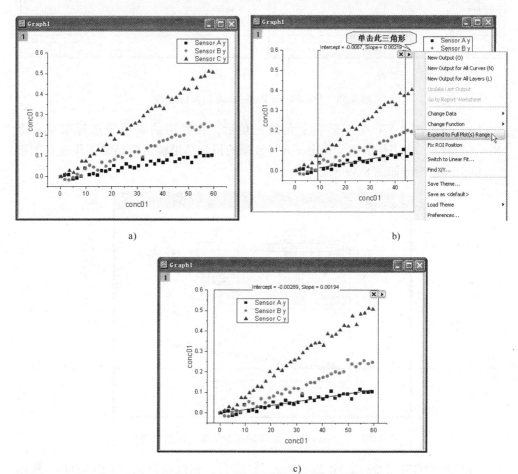

图 8-57　绘制散点图和添加的曲线拟合范围矩形（ROI）

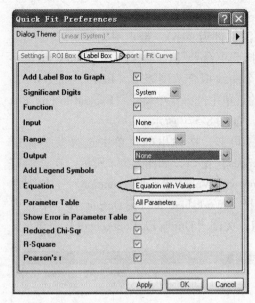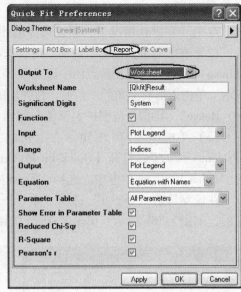

a)   b)

图 8-58 【Quick Fit Preferences】窗口设置

(4) 单击图 8-57c 中矩形右上角的三角形，在弹出的菜单中选择菜单命令 "New Output"，将工作表中 "Sensor A" 数据的拟合结果输出到结果工作表和图形上。输出后的图形如图 8-59 所示。

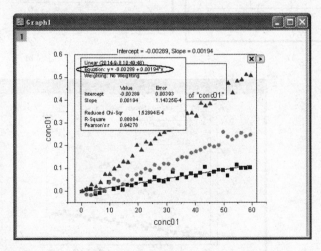

图 8-59   "Sensor A" 数据的拟合结果输出后的图形

(5) 再次打开【Quick Fit Preferences】窗口。在该窗口的 "Label Box" 选项卡中，去掉 "Add Label Box to Graph" 选项钩，单击 "OK" 按钮，关闭【Quick Fit Preferences】窗口。

（6）单击图 8-57c 中矩形右上角的三角形，在弹出的菜单中选择菜单命令"Change Data：Plot（2）Sensor B"，对 Sensor B 数据进行拟合；再次单击图中矩形右上角的三角形，在弹出的菜单中选择菜单命令"New Output"，将对 Sensor B 数据拟合的结果也输出到工作表。

（7）同理，重复步骤（6）对 Sensor C 数据进行拟合并将对 Sensor C 数据拟合的结果输出到工作表。

（8）单击图 8-57c 中矩形右上角的三角形，在弹出的菜单中选择菜单命令"Go to Report Worksheet"，得到对 3 条曲线的拟合结果工作表，如图 8-60 所示。

	B	C	D	E	F	G(Y)	H(yEr?)	I(Y)	J(yEr?)	Rec
Long Name	Input	Range	Output	Equation	Weightin	Intercept	Intercept-Erro	Slope	Slope-Error	
Units										
Comments										
F(x)										
1	Sensor A y	[1*:38*]	Linear Polynomial Fit of "conc01"	y = Intercept + Slope*x	No Weightin g	-0.00289	0.00393	0.00194	1.14325E-4	
2	Sensor B y	[1*:38*]	Linear Polynomial Fit of "conc02"	y = Intercept + Slope*x	No Weightin g	-0.02068	0.00442	0.00478	1.27723E-4	
3	Sensor C y	[1*:38*]	Linear Polynomial Fit of "conc03"	y = Intercept + Slope*x	No Weightin g	-0.00389	0.00451	0.00882	1.29786E-4	

图 8-60　3 条曲线拟合结果工作表

8.6.4　Sigmoidal 函数快速拟合工具

Sigmoidal 函数也称 S 型函数，广泛使用在各学科领域的科研中。Sigmoidal 函数快速拟合工具（Quick Sigmoidal Fit Gadget）是 Origin 9.1 新增的一个拟合工具，它可对图形中各种 S 型曲线感兴趣区间（ROI）采用 Origin 内置 S 型函数或自定义 S 函数进行快速拟合处理。下面结合实例进行介绍。

（1）打开"Origin 9.1 \ Samples \ Samples \ Analysis. opj"项目文件，并用项目浏览器打开"Analysis \ Quick Sigmoidal Fit Gadget"目录。该目录下有"DoseResponseN"工作表，如图 8-61 所示。

（2）选中工作表中 A（X）~ D（Y）列，绘制散点图，如图 8-62 所示。

（3）双击散点图中 X 坐标轴，打开【Axis Dialog】窗口。在"Scale"页面中设置轴类型为"Log10"，如图 8-63 所示。单击"OK"按钮，关闭【Axis Dialog】窗口。

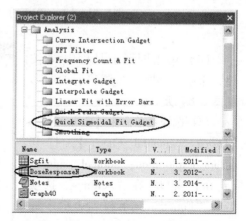

图 8-61　"Analysis \ Quick Sigmoidal Fit Gadget"目录下"DoseResponseN"工作表

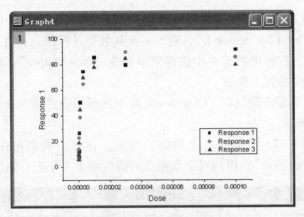

图 8-62　绘制散点图

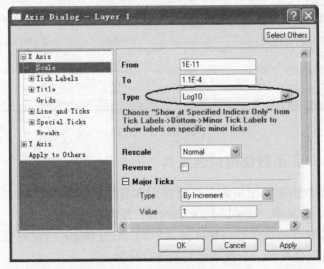

图 8-63　【Axis Dialog】窗口设置轴类型为 "Log10"

（4）单击图形工具栏中 按钮，重新调整图形。调整后的图形如图 8-64 所示。

（5）选择菜单命令【Gadgets】→【Quick Sigmoidal Fit...】，打开【Data Exploration：addtool _ sigmoidal_fit】窗口。在 "Settings" 选项卡的 "Function" 下拉列表框中选择 S 型函数为 "Logistic5" 函数，如图 8-65a 所示。在 "ROI Box"

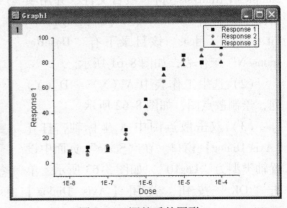

图 8-64　调整后的图形

选项卡的"Parameter List"中去掉选择 x0、h 和 s 选项钩，如图 8-65b 所示。在"Fit Curve"选项卡的"Plot Type"下拉列表框中选择"Mean，SD"，在"Output Fit Curve To"下拉列表框中选择"Source Book，New Sheet"，如图 8-65c 所示。单击"OK"按钮，完成设置。

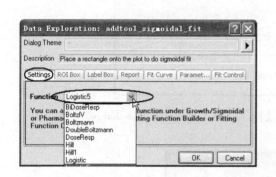

a)

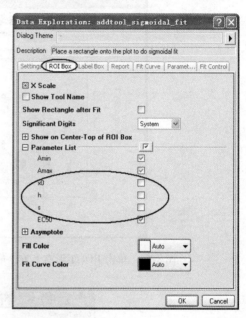

b)

c)

图 8-65 【Data Exploration：addtool_sigmoidal_fit】窗口设置

（6）单击图中 ROI 矩形右上方三角形，在菜单中选择"Expand to the Full Plots Range"（见图 8-66），将 ROI 矩形扩大到图形的整个区间。

（7）单击图中 ROI 矩形右上方三角形，在菜单中选择"Preferences..."，打开

【Sigmodial Fit Preferences】窗口，在"Report"选项卡的"Output To"列表框中选择"None"，如图 8-67 所示。单击"OK"按钮，关闭【Sigmodial Fit Preferences】窗口。此时曲线按"Logistic5"函数进行拟合，并在图形窗口中输出。

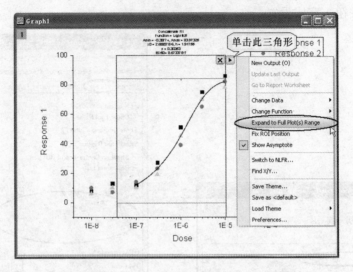

图 8-66　单击 ROI 矩形右上方三角形选择"Expand to the Full Plots Range"

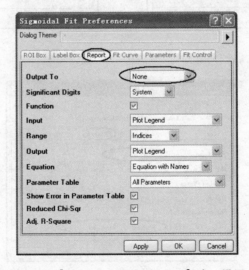

图 8-67　【Sigmodial Fit Preferences】窗口设置

（8）如果拟合未到达理想效果，可再次单击图中 ROI 矩形右上方三角形，在菜单中选择"Change Function"，重新选择拟合函数。例如，选择"Logistic"函数，此时曲线将按"Logistic"函数重新拟合，在图形窗口和工作表中按新的拟合结果输出，如图 8-68 所示。

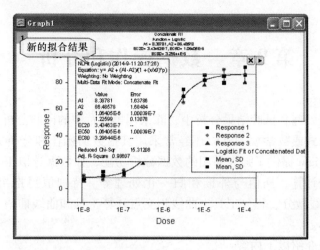

a)

b)

图 8-68　图形窗口和工作表中拟合结果输出

第 9 章 数据操作和分析

在试验数据处理和试验结果分析中，除采用第 8 章中的回归分析和曲线拟合方法，建立经验公式或数学模型外，还经常采用其他数据操作和分析方法对试验数据进行处理。Origin 提供了强大易用的数据分析功能，如数据选取工具、简单数学运算、微分积分计算、插值与外推和归一化处理等。特别值得指出的是，Origin 9.1 还提供了曲线微分、积分工具、曲线相交点计算工具和曲线插值工具等快速曲线数值分析工具。

本章将主要介绍以下内容：

- 数据选取工具
- 数据运算（Simple Math）及其工具
- 数据排序及归一化
- 各种快速曲线数值分析工具

9.1 数据选取工具

9.1.1 数据显示工具

Origin 9.1 的数据显示工具模拟数显板能够动态显示选取数据点和显示屏上坐标。当工具（Tools）工具栏上的读屏"Screen Reader"按钮、数据点读取"Data Reader"按钮、数据选择"Data Selector"按钮或数据绘图"Draw Data"按钮被选中时，数据显示工具即被自动打开，被读取数据在数据显示工具上显示。例如，用选择数据点读取"Data Reader"按钮，在图中曲线上的点单击，则出现该点坐标和工作表中的数据，如图 9-1 所示。

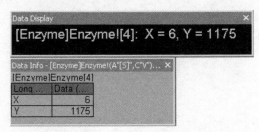

图 9-1 用数据点读取"Data Reader"按钮单击数据显示

通过定制数据显示工具，可对数据显示工具中的字体、字体颜色及背景色进行设置，方法为用右键单击数据显示工具，在弹出的快捷菜单中选择"Properties"

命令，在弹出的【Data Display Format】对话框中进行设置，如图 9-2 所示。

图 9-2 【Data Display Format】对话框

9.1.2 数据范围选取工具

选择工具（Tools）工具栏上的数据选择"Data Selector"按钮，可选取一段数据进行分析。用鼠标单击 按钮，在图形数据上标记选取数据段，用"→"键或"←"键将数据选取标记移动到下一个数据点。当选取数据段完成后，按 Esc 键或单击 按钮退出数据选取。例如，导入"Origin 9.1 \ Samples \ Spectroscopy \ Sample Pulses. dat"数据文件，并用 A(X) 和 B(Y) 列数据绘图。用鼠标单击 按钮，则在图中曲线两端出现选取标记，用空格键"Spacebar"可以改变标记大小，如图 9-3a 所示；用"→"键和"←"键将数据选取标记移动到需要分析数据段，如图 9-3b 所示。如果想隐藏选取数据段外的数据，在当箭头移动到范围时，按回车键，此时箭头改变形状，如图 9-3c 所示；选择菜单命令【Data】→【Set Display Range】，则隐藏选取数据段外的数据，如图 9-3d 所示。如果想取消对数据段的选取，可选择菜单命令【Data】→【Reset to Full Range】。

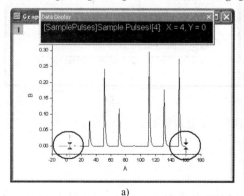
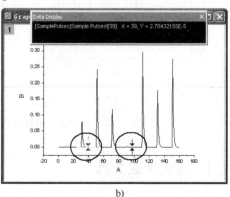

a)   b)

图 9-3 用"Data Selector"按钮选取一段数据

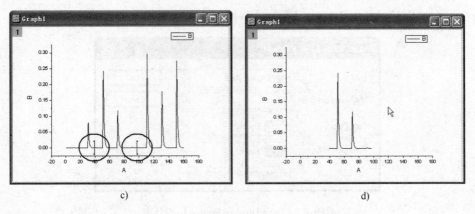

图 9-3　用 "Data Selector" 按钮选取一段数据（续）

9.1.3　数据读取工具

Origin 9.1 的数据读取工具包括曲线数据点读取工具⊞ 和屏幕坐标点读取工具
✛。它们的主要差别是前者用于读取曲线的数值，后者读取的是屏幕坐标值。在
用数据点读取工具读取数据后，在数据显示工具中显示数据，如图 9-4a 所示。通
过按住空格键，可不断增强其十字交叉线的尺寸，使其与坐标相交，以便数据的
读取，如图 9-4b 所示。屏幕坐标点读取工具的使用方法与曲线数据点读取工具的
使用方法一样。

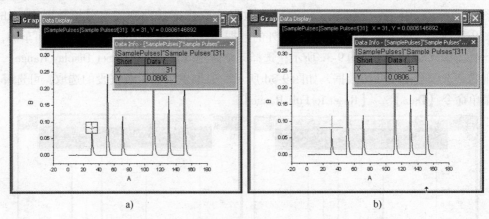

图 9-4　用数据点读取工具读取数据

9.1.4　放大读取工具

Origin 9.1 的放大读取工具与其他软件的放大读取工具的使用方法相同。选择
放大读取工具，在图形需放大的区间用鼠标拉出一个矩形，则该矩形区间被放

大，坐标轴也随之变化。单击恢复按钮🔍，则图形恢复到原始状况。

在按下"Ctrl"键的同时，用放大读取工具🔍在图形需放大的区间用鼠标拉出一个矩形，则 Origin 在原始图形窗口中绘出该矩形（见图 9-5a），并创建一个放大后图形的新窗口，如图 9-5b 所示。通过改变矩形的大小和位置，可调整放大后的新窗口显示区间。

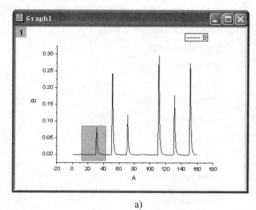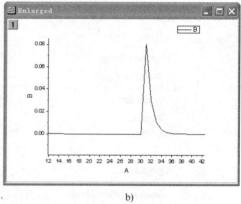

a)　　　　　　　　　　　　　　　　　　　b)

图 9-5　用放大读取工具创建放大图形

9.1.5　屏蔽工具

在分析数据时，有时不希望对某部分数据进行分析，就要用到屏蔽（Mask）工具。屏蔽工具可对工作表数据和图形窗口数据进行屏蔽。

当工作表为当前窗口时，在工作表中选取要屏蔽的数据单元格，然后单击屏蔽工具栏上的"Mask range"按钮👹，则工作表选中的单元格改变成红色，这些数据被屏蔽，不再参与回归和数据分析。此时，通过单击"Unmask range"按钮👹，可使屏蔽功能有效或无效。

屏蔽图形窗口数据段的方法为：用鼠标单击"Mask range"按钮👹，在图形数据的两端自动显示数据选取标记，用"Ctrl + →"键和"Ctrl + ←"键将数据选取标记移动到需要屏蔽的数据段，再按回车键，此时该数据段被屏蔽并变为红色。解除数据段屏蔽的方法为：单击"Unmask Range"按钮👹。"Swap mask"👹按钮的功能是，解除被屏蔽数据段的屏蔽，并屏蔽未被屏蔽的数据段。"Hide/Show mask point"按钮👹的功能是，使已屏蔽数据点重新显示。

9.2　数据的运算

Origin 9.1 具有强大的数据分析功能，能进行简单数学运算、微分积分计算、插值与外推和归一化处理等。选择菜单命令【Analysis】→【Mathematics】，打开数学运算二级菜单。当前窗口为图形窗口时，数学运算二级菜单如图 9-6a 所示；当前窗口为数据窗口时，数学运算二级菜单如图 9-6b 所示。

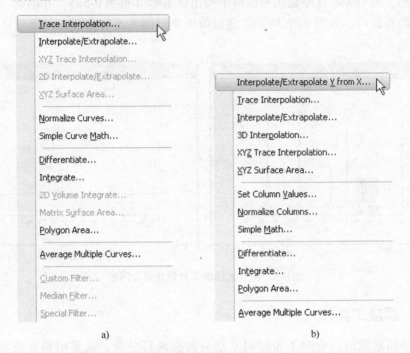

图 9-6　数学运算二级菜单

9.2.1　插值和外推

插值是指在当前数据曲线的数据点之间利用某种算法估算出新的数据点，而外推是指在当前数据曲线的数据点外利用某种算法估算出新的数据点。

Origin 9.1 中可以实现一维、二维和三维的插值。一维插值指的是给出（x，y）数据，插 y 值；二维插值需要给出（x，y，z）数据，插 z 值；三维则是给出（x，y，z，f）数据，插 f 值。

1. 一维插值

一维插值用于 XY 曲线或基于 XY 数据点的插值。在图形窗口或工作簿为当前窗口时，选择菜单命令【Analysis】→【Mathematics】→【Interpolate/Extrapolate】，弹出【Mathematics：interp1xy】插值选项对话框，如图 9-7 所示。

其中，"X Minimum" 文本框中的数值指插值运算最小的 X 值，"X Maximum" 文本框中的数值指插值运算最大的 X 值。默认值时，分别为当前曲线的最小和最大 X 值。去掉 "Auto" 复选框，则用户可以自己选择。默认总共的插值点数为 100，用户也可根据需要自己选择。Origin 有 3 种插值方法，即 "Linear"　"Cubic

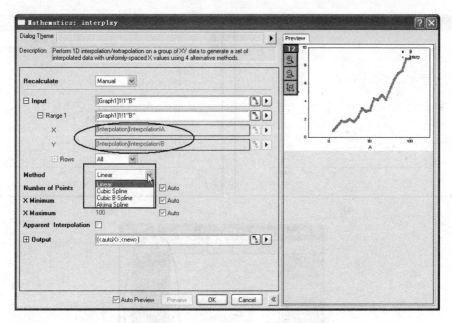

图 9-7　【Mathematics：interp1xy】插值选项对话框

Spline" 和 "Cubic B-Spline"，用户可在 "Methods" 下拉列表框中进行选择。

下一个从 X 到 Y 的一维插值与前一个一维插值基本相同，主要差别是从离散数据进行估计和建造新的数据点。

插值运算结束后，插值计算结果存入工作表窗口。下面结合实例具体介绍。

(1) 导入 "Origin 9.1\Samples\Mathematics\Interpolation.dat" 数据文件，用工作簿中的 A(X) 和 B(Y) 绘制散点图，如图 9-8a 所示。

(2) 在图形窗口或工作簿窗口为当前窗口时（此处为图形窗口），选择菜单命令【Analysis】→【Mathematics】→【Interpolate/Extrapolate】，弹出【Mathematics：interp1xy】插值选项对话框，按图 9-7 所示进行选择后，单击 "OK" 按钮，进行插值计算。插值数据存放在工作簿中，插值曲线绘制在图形窗口中。图 9-8b 所示为图形窗口中的插值曲线，图 9-8c 所示 D(Y#) 为保存在工作表中的插值数据。

若用户不想插某个特定点的值，只是想通过插值增加或减少一些数据点，则可以通过在【Mathematics：interp1xy】对话框中指定被插曲线和要插出的数据点个数，然后 Origin 会生成均匀间隔的插值曲线。

2. 三维插值

三维插值是指 (x, y, z, f) 数据插第四维 f 值，因此可以通过不同颜色、大小的 3D 散点图来看到效果。

导入 "Origin 9.1\Samples\Mathematics\3D Interpolation.dat" 数据文件，选择菜单命令【Analysis】→【Mathematics】→【3D Interpolation】，打开【Mathematics：in-

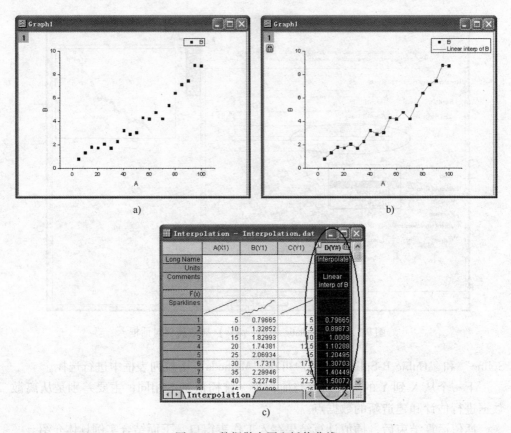

图 9-8　数据散点图和插值曲线

terp3】对话框，分别把 A(X)、B(Y)、C(Z)、D(F)赋给 Input 的 X、Y、Z、F，再指定每一维的插值有多少个点，单击 "OK" 按钮，完成插值，如图 9-9a 所示。例如，在 "Number of Points in Each Dimension" 输入 "10"，则会插值出 $10 \times 10 \times 10$ 个点。这些插值点会自动保存在新建的工作表中，如图 9-9b 所示。

3. 轨迹插值

前面介绍的插值都是按照 X 值从小到大来插值的，对于圆形曲线或周期性曲线，Origin 9.1 还提供了轨迹插值（Trace Interpolation）工具。它是根据 X 的 "Index" 进行插值的。轨迹插值也有 "Linear" "Cubic Spline" 和 "Cubic B-Spline" 3 种插值方法。

导入 "Origin 9.1\Samples\Mathematics\Circle. dat" 数据文件，选择菜单命令【Analysis】→【Mathematics】→【Trace Interpolate】，打开【Mathematics：interp1trace】对话框，将该工作表数据输入，如图 9-10 所示。指定插值点为 300 点，单击 "OK" 按钮，完成插值。插值结果保存在工作表中，如图 9-11a 所示。用插值数据绘制散点图，如图 9-11b 所示。

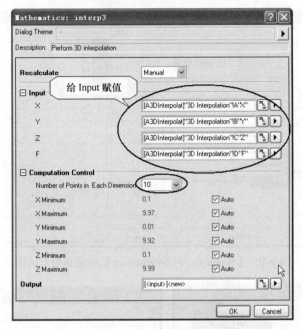

a)

b)

图 9-9　三维插值的设置及输出工作表

4. 数据外推

前面介绍的都是数据插值，而数据外推指的是在已经存在的最大或最小 X、Y 数据点的前后加入数据。下面用实例进行介绍。

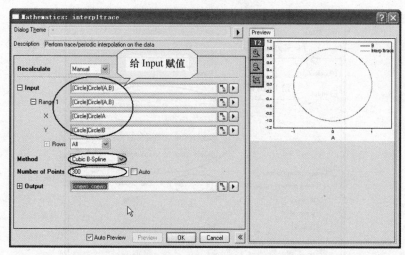

图 9-10　【Mathematics：interp1trace】插值选项对话框

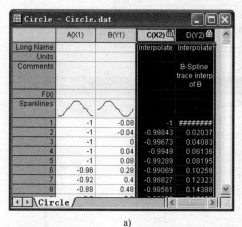

a)

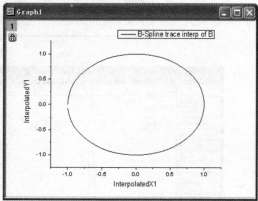

b)

图 9-11　用原始数据和插值数据绘制散点图

　　有一组输入工作表的数据，如图 9-12 所示。从该组数据可以看出，X 的最小值和最大值分别为 1 和 9，要求外推计算 X 为 0.5 和 9.5 时的 Y 值。

　　（1）用工作表数据绘制散点图。当图形窗口为当前窗口时，选择菜单命令【Analysis】→【Mathematics】→【Interpolate/Extrapolate】，弹出【Mathematics：interp1xy】插值选项对话框，如图 9-13 所示。

　　（2）在弹出的【Mathematics：interp1xy】对话框中，将"X Minimum"文本框和"X Maximum"文本框后的"Auto"复选框去掉，并分别输入 0.5 和 9.5。

图 9-12　一组输入工作表的数据

　　（3）单击"OK"按钮，在图中绘出插值曲线，在工作表中自动产生插值数据。插值后外推数据工作表和外推数据图形显示分别如图 9-14a 和图 9-14b 所示。从工作表可以看到，部分数值已超过了原始数据，这些数据即为外推数据。

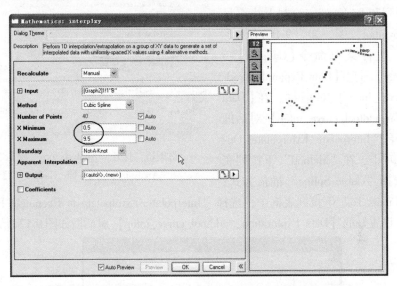

图 9-13　【Mathematics：interp1xy】对话框数据外推设置

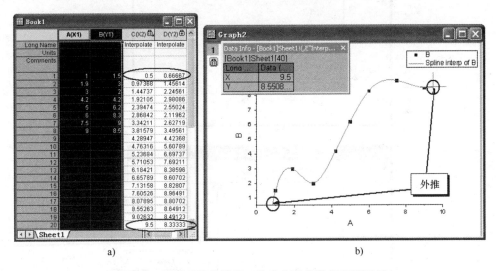

图 9-14　插值后外推数据工作表和外推数据图形显示

9.2.2　曲线插值工具

　　Origin 9.1 提供了插值工具（Interpolate Gadget），可对图形中感兴趣区间（ROI）曲线进行快速插值处理。下面用实例进行介绍。

　　（1）打开"Origin 9.1\Samples\Analysis. opj"项目文件，并用项目浏览器打开
"Analysis \ Interpolate Gadget"目录，
如图 9-15 所示。选中工作表 Book1R
中 A(X)列和 B(Y)列，绘制点线符号
（Line + Symbol）图，如图 9-16a 所示。

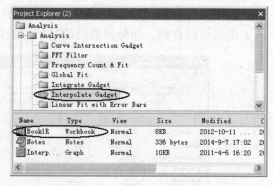

　　（2）选择菜单命令【Gadgets】→
【Interpolate】，打开【Data Exploration：ad-
dtool_curve_intep】对话框。在【Data
Exploration：addtool_curve_intep】对话框
中，选择"Interpolate/Exterpolate Op-
tions"选项卡，在"Method"下拉列表
框中，选择"Cubic Spline"插值方式；

图 9-15　打开"Analysis. opj"项目文件
"Analysis \ Interpolate Gadget"目录

在"Fit Limits To"下拉列表框中，选择"Interpolate/Extrapolate to Rectangle Edge"插
值范围。设置好的【Data Exploration：addtool_curve_intep】对话框如图 9-17 所示。

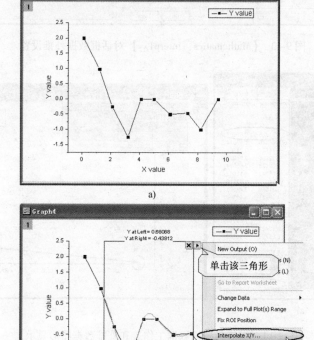

a)

b)

图 9-16　插值曲线图及插值范围

（3）单击"OK"按钮，在图 9-16a 所示图形中加入了一个曲线插值范围矩形，如图 9-16b 所示。通过鼠标移动该矩形，可以调整插值范围。单击矩形右上角的三角形，在弹出的菜单中选择菜单命令"Expand to Full Plot(s)Range"，可将插值范围扩大至整条曲线。

（4）单击图 9-16b 所示图形中矩形右上角的三角形，在弹出的菜单中选择菜单命令"Interpolate X/Y"，打开【Interpolate Y from X】窗口。输入曲线上 X 数值，即可插值得到对应的曲线 Y 值，如图 9-18 所示。

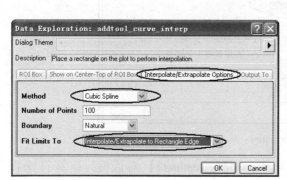

图 9-17 设置好的【Data Exploration：addtool_curve_intep】对话框

图 9-18 【Interpolate Y from X】窗口

9.2.3 简单运算符操作

当对图形窗口进行数学运算时，需先对 X 列的数据进行排序，而后进行数学运算。当对工作簿窗口进行数学运算时，可以直接用数学工具进行运算。在工作簿窗口为当前窗口时，选择菜单命令【Analysis】→【Mathematics】→【Simple Curve Math...】，打开【Mathematics：mathtool】对话框，如图 9-19 所示。通过该对话框可实现两组数据间、数据与常数间的数学运算，此时的运算会改变工作表中的数据。进行数学运算的方法如下：

（1）在【Mathematics：mathtool】对话框的"Input1"列表框中选择数据，数据为工作簿中数据。

（2）在"Operator"下拉列表框中输入运算符（Add、Subtract、Divide、Multiply、Power）。

（3）在"Operand"下拉列表框中输入运算对象属性。如果是常数，选择"Const"；如果是其他工作表数据，选择"Reference Data"。

（4）在"Reference Data"中输入运算对象，即可进行计算。

例如，导入"Origin 9.1\Samples\Mathematics\Interpolation.dat"数据，并以 A

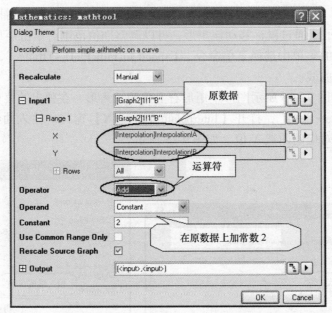

图 9-19 【Mathematics：mathtool】对话框

(X)列和 B(Y)数据绘图。打开【Mathematics：mathtool】对话框，运算符选择
"Add"，"Operand" 选择 "Const" 并输入 "2"，并将计算结果输出到该工作簿新
建的 D(Y)列中，进行运算。通过在该图中添加数据的办法，将 D(Y)列加入到图
中，则整条曲线上移 2，实现了 Y = Y1 + 2 的运算。图 9-20a 和图 9-20b 所示分别是
在原数据的基础上加上 2 的工作表和曲线。

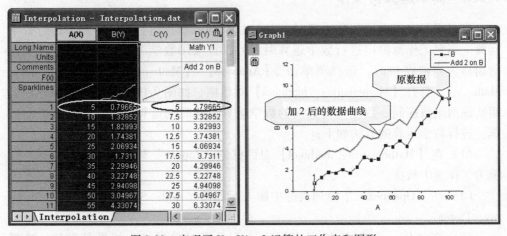

图 9-20　实现了 Y = Y1 + 2 运算的工作表和图形

9.2.4　减去参考数列

减去参考数列的功能是实现 Y = Y1 − Y2 的运算。其中，Y 和 Y1 是一个数列，

Y2 是另一个数列。运算结束后，Origin 将更新工作表窗口的 Y1 数列和绘图窗口中的显示。以图 9-20 中数据为例，减去参考数列的步骤如下：

（1）选择菜单命令【Analysis】→【Mathematics】→【Simple Math...】，打开【Mathematics：mathtool】对话框，在"Input1"列表框中选择"D(Y)"。

（2）在"Operator"下拉列表框中输入运算符"Subtract"。

（3）在"Operand"下拉列表框中输入运算对象属性"Reference Data"，选择工作表数据 B(Y)。

（4）单击"OK"按钮，就实现了 D(Y) – B(Y) 的操作，其结果是 E(Y) 列数据全部为"2"。

9.2.5　减去参考直线

减去参考直线是把一条数据曲线的值减去与一条自定义直线相应点的数值，其作用是调整数据的坐标。运算结束后，Origin 更新工作表中该数列的值和绘图窗口中的显示。仍以图 9-20 中数据为例，减去参考直线的步骤如下：

（1）选择菜单命令【Analysis】→【Data Manipulation】→【Subtract Straight Line...】，Origin 将自动启动"Screen Reader"和"Data Display"两个工具。

（2）用鼠标双击绘图窗口内的任意两点，由这两点确定一条参考直线。

此时，工作表内数列的值不变，但绘图窗口中的曲线相应地发生变化。

9.2.6　垂直和水平移动

垂直移动指选定的数据曲线沿 Y 轴垂直移动。以图 9-3a 中的数据为例，上下移动的步骤如下：

（1）选择菜单命令【Analysis】→【Data Manipulation】→【Vertical Translate】，这时 Origin 将在图形上添加一条水平红线，如图 9-21a 所示。

（2）选中红线并将它变为绿线，而后上下移动到需要的地方，如图 9-21b 所示。

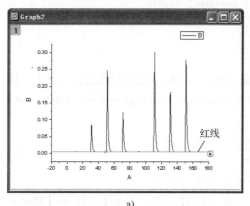
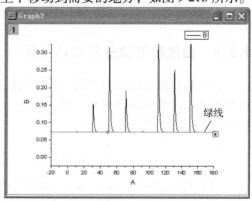

a)　　　　　　　　　　　　　　b)

图 9-21　上下移动图形

左右移动的功能和方法与垂直移动几乎完全相同，区别仅在于选择菜单命令，即【Analysis】→【Data Manipulation】→【Horizontal Translate】，由计算纵坐标差值改为计算横坐标差值，该曲线的 X 值即可发生变化。

9.2.7　多条曲线求平均

多条曲线求平均是指计算当前激活的图层内所有数据曲线 Y 值的平均值。Origin 提供了"Average"和"Concatenate"两种方法对多条曲线求平均。选择菜单命令【Analysis】→【Mathematics】→【Average Multiple Curves】，打开【Mathematics：avecurves】对话框，如图 9-22 所示。选择数据范围和求均值方法，单击"OK"按钮，则计算出当前激活图层内所有数据曲线 Y 值的平均值，计算结果被存为一个新的工作表窗口。

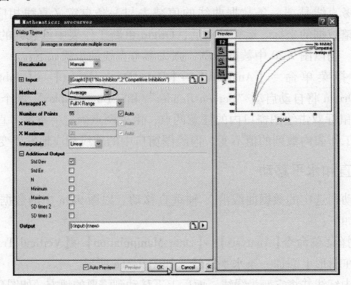

图 9-22　【Mathematics：avecurves】对话框

9.2.8　曲线数值微分及微分工具

曲线数值微分就是对当前激活的数据曲线进行求导。微分值通过式（9-1）计算相近两点的平均斜率得到。以"Origin 9.1\Samples\Mathematics\Sine Curve. dat"数据为例进行介绍。

$$y' = \frac{1}{2}\left(\frac{y_{i+1} - y_i}{x_{i+1} - x_i} + \frac{y_i - y_{i-1}}{x_i - x_{i-1}}\right) \tag{9-1}$$

（1）导入"Sine Curve. dat"数据绘图，如图 9-23a 所示。

（2）选择菜单命令【Analysis】→【Mathematics】→【Differentiate】，打开【Mathematics：differentiate】对话框，如图 9-24 所示。

（3）在该对话框中，选择数据、微分级数（Derivative Order），选中绘制微分曲线复选框。

（4）单击"OK"按钮，自动生成微分曲线图，如图 9-23b 所示。

有时仅想对曲线的感兴趣区间（ROI）进行微分，如仅想对图 9-23a 中所示的 2 ~ 4 区间进行微分，此时 Origin 9.1 提供的一个有用的微分工具（Differentiate Gadgets）可方便实现该功能。具体方法如下：

（1）在图 9-23a 所示图形为当前窗口时，选择菜单命令【Gadgets】→【Differentiate】，打开【Data Exporation：addtool_curve...】窗口，在该窗口中选择和设置微分区间和微分级数等。设置好的【Data Exporation：addtool_curve...】窗口如图 9-25 所示。

（2）单击"OK"按钮，在图 9-23a 所示图形中标识出微分区间和给出微分曲线，分别如图 9-26a、b 所示。

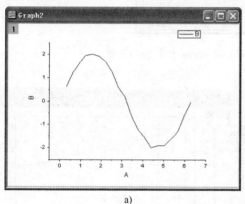 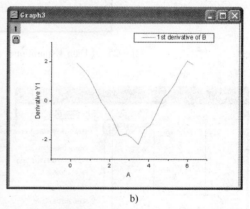

a)　　　　　　　　　　　　　　　b)

图 9-23　原数据图和微分曲线图

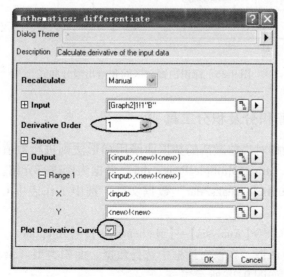

图 9-24　【Mathematics：differentiate】对话框

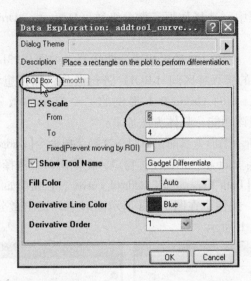

图 9-25　【Data Exporation：addtool_curve...】窗口设置

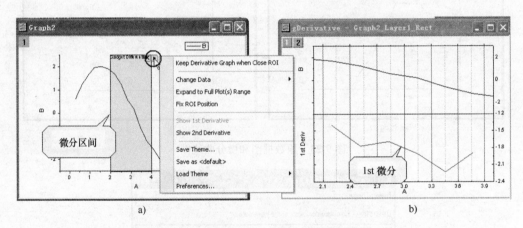

图 9-26　标识出微分区间和给出微分曲线

9.2.9　曲线数值积分及积分工具

曲线数值积分指对当前激活的数据曲线用梯形法则进行数值积分。以"Origin 9. 1\Samples\Curve fitting\Multiple Peaks. dat"数据为例进行介绍。

（1）导入"Multiple Peaks. dat"数据文件，选中工作表中 C（Y）列进行绘图，如图 9-27 所示。

（2）选择菜单命令【Analysis】→【Mathematics】→【Integrate...】，打开【Mathematics：integ1】对话框，在该对话框中选择数据、面积类型（Area Type），选择绘制积分曲线方式，如图 9-28 所示。

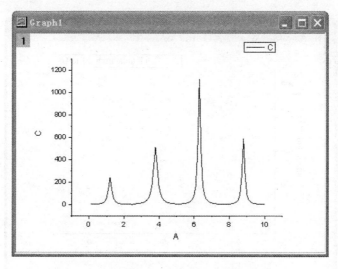

图 9-27 "Multiple Peaks. dat" 数据文件绘图

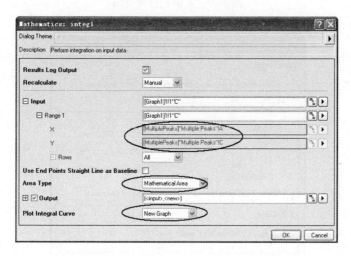

图 9-28 【Mathematics：integ1】对话框设置

（3）单击"OK"按钮，自动生成数值积分曲线图，如图9-29所示。数值积分结果也同时在结果框中输出。

有时仅想对曲线中的感兴趣区间（ROI）进行积分，此时 Origin 9.1 提供的一个有用的积分工具（Integrate Gadgets）可方便地实现该功能。以"Origin 9.1\Samples\Curve fitting\Multiple Peaks. dat"数据为例进行介绍。具体方法如下：

（1）在图9-27所示图形为当前窗口时，选择菜单命令【Gadgets】→【Integrate】，打开【Data Exporation：addtool_curve_integ】窗口，在该窗口中选择和设置积分区间等参数。设置好的【Data Exporation：addtool_curve_integ】窗口如图9-30所示。

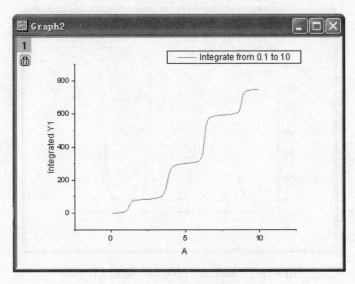

图 9-29　数值积分曲线图

图 9-30　【Data Exporation：addtool_curve_integ】窗口

（2）单击"OK"按钮，在图 9-27 所示图形中标识出积分区间和给出积分数值，如图 9-31 所示。单击图 9-31 所示图形中积分区间右上角的三角形还可以选择其他积分输出方式。

9.2.10　曲线相交点计算工具

Origin 9.1 提供了曲线相交点计算工具（Curve Intersection Gadget），可对图形中感兴趣区间（ROI）中的曲线的相交点进行快速计算。下面用实例进行介绍。

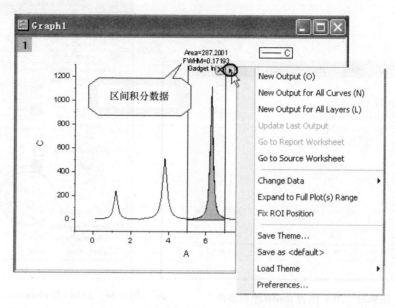

图 9-31　标识出积分区间和给出积分数值

（1）打开 "Origin 9.1\Samples\Analysis.opj" 项目文件，并用项目浏览器打开 "Analysis \ Curve Intersection Gadget" 目录，如图 9-32 所示。选中工作表 Book6 中 A(X)列～D(Y)列，绘制线图，如图 9-33 所示。

（2）选择菜单命令【Gadg-ets】→【Intersect...】，打开【Data Exploration：addtool _ curve _ inter-sect】对话框。在 "Options" 选项卡中按图 9-34 所示对相交点计算标注等进行设置。

（3）单击 "OK" 按钮，在图 9-33 中所示图形加入了一个带有相交点计算数值的矩形（ROI），如图 9-35a 所示。通过鼠标移动该矩形，可以调整矩形的大小和范

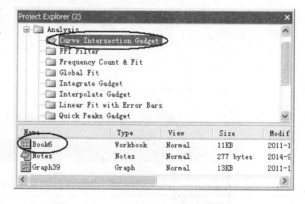

图 9-32　Curve Intersection Gadget 目录

围。单击矩形右上角的三角形，在弹出的菜单中选择菜单命令 "Expand to Full Plot (s)Range"，可将相交点计算范围扩大至全部曲线的区间，如图 9-35b 所示。

（4）单击图 9-35b 所示图形中矩形右上角的三角形，在弹出的菜单中选择菜单命令 "Go To Report Worksheet"，将图形上所有曲线的相交点数据输出到结果工作表中，如图 9-36 所示。

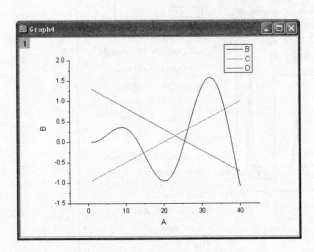

图 9-33　用工作表 Book6 绘制线图

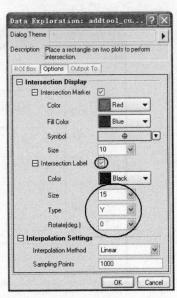

图 9-34　【Data Exploration：addtool_
curve_intersect】对话框设置

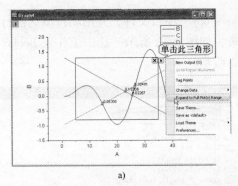

a)

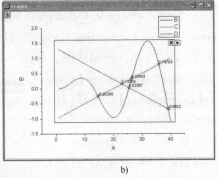

b)

图 9-35　带有相交点计算数值矩形（ROI）的图形

	A(X)	B(Y)	C	D
Long Name	Intersection X	Intersection Y	Curves	Intersection Method
Units				
Comments				
F(x)				
1	14.73898	-0.26305	Book6_B vs. Book6_C	Linear
2	26.4802	0.32401		
3	35.95356	0.79768		
4	25.56476	0.02267	Book6_B vs. Book6_D	
5	39.1559	-0.6852		
6	23.06123	0.15306	Book6_C vs. Book6_D	
7				

图 9-36　相交点数据输出结果工作表

9.3　数据排序及归一化

9.3.1　工作表数据排序

工作表数据排序类似数据库系统中的记录排序，是指根据某列或某些列数据的升降顺序进行排序。Origin 可以进行单列、多列，甚至整个工作表数据的排序（Sorting Data）。单列、多列和工作表排序的方法类似。Origin 9.1 提供了单列排序、多列排序、部分工作表排序和整个工作表排序。此外，Origin 9.1 还提供了简单排序和嵌套排序（Nested Sorting）。

1. 简单排序

单列数据简单排序步骤如下：

（1）打开工作表，选择一列数据。

（2）选择菜单命令【Worksheet】→【Sort Columns】，然后选择相应的排序方法，如"Ascending""Descending"或"Custom"。

如果选择工作表中多列或部分工作表数据，则排序仅在该范围进行。其他数据排序的菜单命令也在【Worksheet】下拉菜单中，如图 9-37 所示。

2. 嵌套排序

对工作表部分数据进行嵌套排序时，应先打开工作表，选择该部分数据，再选择菜单命令【Worksheet】→【Sort Columns】→【Custom...】，进行排序。

如果对整个工作表进行嵌套排序，则可用菜单命令【Worksheet】→【Sort worksheet】→【Custom...】，打开【Nested Sort】对话框，如图 9-38 所示。通过选择"Ascending"或"Descending"进行排序。

图 9-37　数据排序的菜单命令

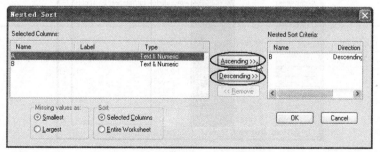

图 9-38　【Nested Sort】对话框

9.3.2　数据归一化

　　Origin 中的数据归一化（Normalizing Data）是将工作表中选中的列进行归一处理。为满足不同的需要，Origin 提供了 10 余种数据归一化的方法。数据归一化的步骤如下：

　　（1）导入需要归一化的数据。

　　（2）选择菜单命令【Analysis】→【Mathematics】→【Normalize Columns】，打开【Mathematics：normalize】对话框，如图 9-39 所示。

　　（3）选择输入数据，确定数据归一化的方法。

　　（4）单击"OK"按钮，Origin 将进行归一处理。在默认条件下，归一化数据存放在该工作表新的一列中。图 9-40 中所示工作表 D(Y)列数据为 B(Y)列数据在 0 ~ 1 之间归一化的结果。

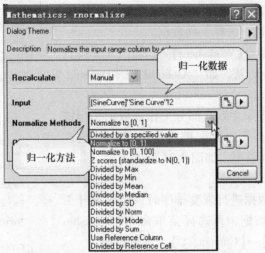

图 9-39　【Mathematics：normalize】对话框

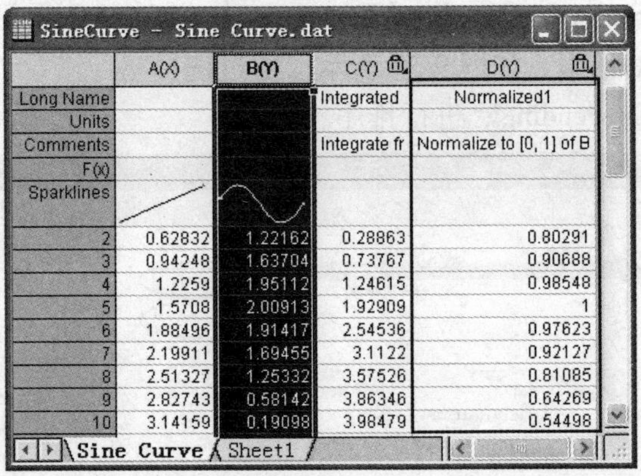

图 9-40　D(Y)列数据为 B(Y)列数据在 0 ~ 1 之间归一化结果

第10章　数字信号处理

数字信号处理（Digital Signal Processing）就是用数值计算方法对数字序列进行各种处理，把信号变换成符合需要的某种形式，达到提取有用信息便于应用的目的。信号有模拟信号和数字信号之分。数字信号处理具有精度高和灵活性强等特点，能够定量检测电动势、压力、温度和浓度等参数，因此广泛应用于科研中。Origin 9.1 中的信号处理主要指数字信号处理。

数字信号处理对测量的数据采用了各种处理或转换方法，如用傅里叶变换（Fourier Transforms）分析某信号的频谱、用平滑（Smoothing）或其他方法对信号去除噪声。Origin 9.1 提供了大量的数字信号处理工具用于数据信号处理，如各种数据平滑工具、FFT 滤波、傅里叶变换（Fourier Transforms）和小波变换（Wavelet Transform）。

本章主要介绍 Origin 9.1 的以下内容：
- 数据平滑和滤波（Data Smoothing and Filtering）
- 快速傅里叶变换（Fast Fourier Transform，FFT）
- 快速傅里叶变换处理小工具（Gadget）

10.1　数据平滑和滤波

Origin 提供了下面几种数据曲线平滑和滤波的方法：
（1）用 Savitzky-Golay 滤波器平滑。
（2）用相邻平均法平滑。
（3）用 FFT 滤波器平滑。
（4）数字滤波器，如低通（Low Pass）、高通（High Pass）、带通（Band Pass）、带阻（Band Block）和门限（Threshold）滤波器。

10.1.1　数据平滑

对平滑曲线进行平滑处理时，需先激活该绘图窗口。选择菜单命令【Analysis】→【Signal Processing】→【Smoothing...】，打开【Signal Processing：smooth】对话框，可实现用 4 种方式对曲线进行平滑处理。【Signal Processing：smooth】对话框如图 10-1 所示。该对话框由左右两部分组成。右边为拟处理信号曲线和采用平滑处理的效果预览面板，选中 "Auto Preview" 复选框时，在该面板处显示预览效果；左边为平滑处理控制选项面板。

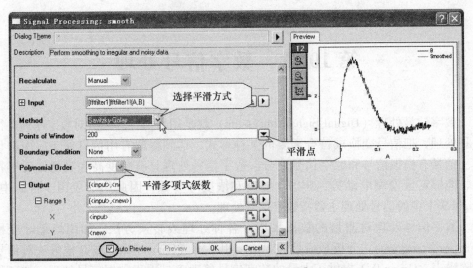

图 10-1 【Signal Processing：smooth】对话框

　　左边平滑处理控制选项面板的选项有很多。在"Input"下拉列表框中，选择拟打算平滑处理的数据；在"Method"下拉列表框中选择平滑处理方法。可选择的方法有"Savitzky-Golay""Adjacent Averaging""Percentile Filter"和"FFT Filter"4 种方法以及用于小波分析的"Lowess"和"Loess"2 种方法；"Points of Window"是选择窗口中平滑的数据点数量的选项。"Boundary Condition"是边界条件的选项，可根据信号的情况进行选择。"Polynomial Order"选项是当采用"Savitzky-Golay"方法平滑处理时多项式级数（1～5 级）选项，级数越高则精度越高。当选择"Percentile Filter"平滑方法时，则出现"Percentile"选项，该选项默认值为 50%，表示取信号数据中的中值。当选择"FFT Filter"平滑方法时，则出现"Cut off Frequency"选项，该选项表示低通滤波（low-pass filter）的截止频率。"Output"为确定输出的地方。当选中"Auto Preview"自动预览复选框（Auto Preview）选项时，在【Signal Processing：smooth】对话框的右边出现平滑处理的效果图。

　　对含噪声的数据曲线进行平滑处理，并通过绘制四层图对其效果进行比较的步骤如下：

　　（1）导入"Origin 9.1\Samples\Signal Processing\Fftfilter1.dat"数据文件。

　　（2）选择菜单命令【Analysis】→【Signal Processing】→【Smoothing...】，打开【Signal Processing：smooth】对话框。

　　（3）分别依次采用"Savitzky-Golay""Adjacent Averaging"和"FFT Filter"平滑命令，对数据进行平滑处理（参数取默认值），该平滑数据自动存放在原数据和平滑数据工作表内，如图 10-2 所示。

　　（4）选中该 4 组数据工作表，选择菜单命令【Plot】→【Template Library...】，选择其中的四屏图形面板绘图，得到图 10-3 所示图形。可以看出，如果采用默认参数，"Savitzky-Golay"方法的平滑效果最好。

	A(X1)	B(Y1)	D(X2)	E(Y2)	C(X3)	F(Y3)	G(X4)	H(Y4)
Long Name			Smoothed	Smoothed	Smoothed	Smoothed	Smoothed	Smoothed
Units								
Comments				200 pts SG smooth of B		5 pts AAv smooth of B		5 pts FFT smooth of B
F(x)								
Sparklines								
1	1E-3	0.34391	1E-3	0.35983	1E-3	0.34391	1E-3	1.08857
2	0.002	0.55521	0.002	0.62558	0.002	0.65181	0.002	1.08724
3	0.003	1.0563	0.003	0.87902	0.003	0.86388	0.003	1.12745
4	0.004	0.97923	0.004	1.12046	0.004	1.09965	0.004	1.21238
5	0.005	1.38473	0.005	1.35021	0.005	1.34069	0.005	1.34022
6	0.006	1.52278	0.006	1.56858	0.006	1.52274	0.006	1.50456
7	0.007	1.76042	0.007	1.77588	0.007	1.75182	0.007	1.69547
8	0.008	1.96653	0.008	1.9724	0.008	1.98721	0.008	1.90126
9	0.009	2.12463	0.009	2.15843	0.009	2.14693	0.009	2.11023
10	0.01	2.56168	0.01	2.33428	0.01	2.29068	0.01	2.31241
11	0.011	2.32137	0.011	2.50022	0.011	2.50251	0.011	2.50066
12	0.012	2.47921	0.012	2.65653	0.012	2.65908	0.012	2.67116
13	0.013	3.02567	0.013	2.80349	0.013	2.77415	0.013	2.82327
14	0.014	2.90745	0.014	2.94136	0.014	2.99909	0.014	2.9587
15	0.015	3.13703	0.015	3.07043	0.015	3.14708	0.015	3.08056
16	0.016	3.4461	0.016	3.19094	0.016	3.22527	0.016	3.19219
17	0.017	3.21917	0.017	3.30315	0.017	3.33593	0.017	3.29632
18	0.018	3.41658	0.018	3.40732	0.018	3.4375	0.018	3.39456
19	0.019	3.46079	0.019	3.50369	0.019	3.44656	0.019	3.48735

图 10-2   原数据和平滑数据工作表

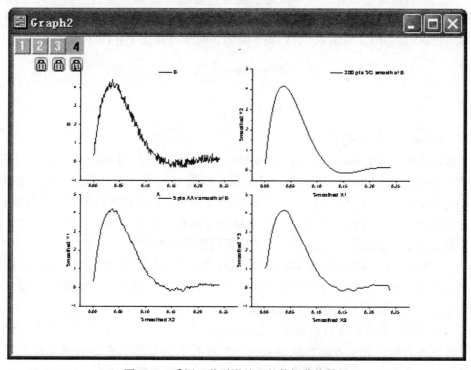

图 10-3   采用三种平滑处理的数据曲线结果

10.1.2 FFT 数字滤波

滤波是从总信号中选取部分频率的信号，也可以说是一种能使有用频率信号通过而同时抑制或衰减无用频率信号的滤波。Origin 采用傅里叶变换的 FFT 数字滤波器进行数据滤波分析。该 FFT 数字滤波器具有低通（LowPass）（包括理想低通、周期低通）、高通（HighPass）、带通（BandPass）、带阻（BandBlock）和门限（Threshold）滤波器。

低通和高通滤波器分别用来消除高频噪声或低频噪声频率成分，带通滤波器用来消除特定频带以外的噪声频率成分，带阻滤波器用以消除特定频带以内的噪声频率成分，门限滤波器用来消除特定门槛值以下的噪声频率成分。

1. 低通和高通滤波器

要消除高频或低频噪声的频率成分，就要用低通和高通滤波器。Origin 用式（10-1）计算其默认的截止频率。

$$F_C = 10 \times \frac{1}{Period} \tag{10-1}$$

式中   Period——X 列的长度。

2. 带通和带阻滤波器

要消除特定频带以外的频率成分，就要用带通滤波器；要消除特定频带以内的频率成分，就要用带阻滤波器。Origin 用式（10-2）计算它们的默认值下限截止频率（Low Cut off Frequency，Fl）和上限截止频率（High Cut off Frequency，Fh）。

$$Fl = 10 \times \frac{1}{Period}$$

$$Fh = 20 \times \frac{1}{Period} \tag{10-2}$$

式中   Period——X 列的长度。

选择菜单命令【Analysis】→【Signal Processing】→【FFT Filters...】，打开【Signal Processing：fft_filters】对话框，可实现 6 种傅里叶方式对曲线进行数字滤波。【Signal Processing：fft_filters】对话框如图 10-4 所示。该对话框由左右两部分组成，右边为拟处理信号曲线和数字滤波的效果预览面板，选中"Auto"复选框时，在该面板处显示预览效果；左边为数字滤波控制选项面板。

在【Signal Processing：fft_filters】对话框中，左边的数字滤波控制选项面板有很多的选项。在"Input"下拉列表框中，可选择拟打算数字滤波处理的数据。在"Filter Type"下拉列表框中，可选择数字滤波器种类，图 10-4 中选择的是"Low Pass"滤波器。右边的预览面板由 3 部分组成，左上角为信号的全图，在全图中有一个蓝色的方框，表示方框内区域放大，并在右上角显示。在右边预览面板下半部分出现一条垂直红线（频率与振幅），X 坐标为当前截止频率（Cutoff Frequen-

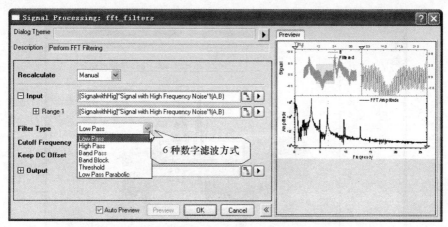

图 10-4　【Signal Processing：fft_filters】对话框

cy)，可以用鼠标左右移动该垂直红线，调整截止频率。

当选择了"Low Pass"滤波器，右边预览面板显示预览。

下面对含高频噪声的数据曲线进行滤波处理，并绘图对其效果进行比较，步骤如下：

（1）导入"Origin 9. 1 \ Samples \ Signal Processing \ Signal with High Frequency Noise. dat"数据文件。

（2）选择菜单命令【Analysis】→【Signal Processing】→【FFT Filters...】，打开【Signal Processing：fft_filters】对话框。

（3）选择"Band Pass"带通滤波器，调整下截止频率为 2，上截止频率为 25，如图 10-5 所示。

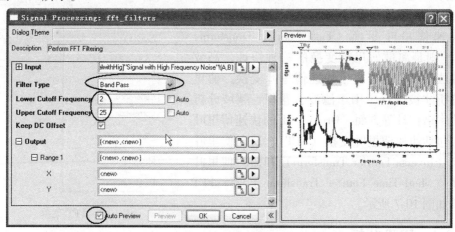

图 10-5　调整"Band Pass"带通滤波器的上、下截止频率

（4）单击"OK"按钮，通过带通滤波器的数据就存放在工作表的新建列中了。进行带通滤波前后的图形如图 10-6 所示。

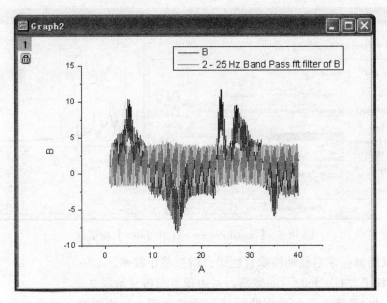

图 10-6　　进行带通滤波前后的图形

10.2　快速傅里叶变换

傅里叶分析是将信号分解成不同频率的正弦函数进行叠加，是信号处理中最重要、最基本的方法之一。对于离散信号一般采用离散傅里叶变换（Discrete Fourier Transform，DFT），而快速傅里叶变换（Fast Fourier Transform，FFT）则是离散傅里叶变换的一种快速、高效的算法。正是由于有了快速傅里叶变换，傅里叶分析才被广泛应用于滤波、卷积、频域分析和功率谱估计等方面。Origin 9.1 的快速傅里叶变换包括快速傅里叶变换（FFT）、反向傅里叶变换（Inverse Fourier Transform）和短时傅里叶变换（Short-Time Fourier Transform）等。FFT菜单如图 10-7 所示。

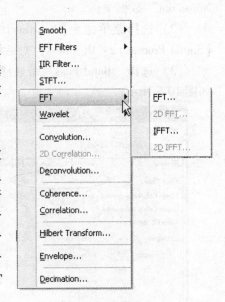

图 10-7　FFT 菜单

10.2.1　FFT 分析

进行 FFT 计算时，首先在工作表窗口中选择数列，或在绘图窗口中选择数据曲线，然后选择菜单命令【Analysis】→【Signal Processing】→【FFT】，打开【Signal

Processing/FFT：fft1】对话框窗口，如图 10-8 所示。该对话框由左右两部分组成，右边为拟处理信号曲线的 FFT 计算效果预览面板，其上方为相位谱，下方为幅度谱，当选中"Auto Preview"复选框时，在该面板处显示预览效果；左边为 FFT 计算控制选项面板。

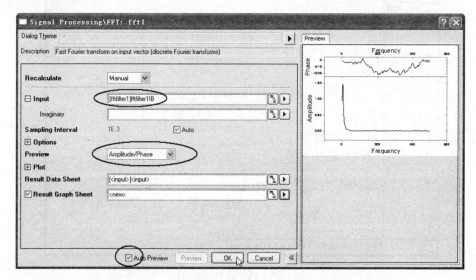

图 10-8　【Signal Processing/FFT：fft1】对话框窗口

在【Signal Processing/FFT：fft1】对话框中进行数据选择和设置，其中包括选择计算用的采样时间量（Sample Interval）和数据的实分量（Real Component）、虚分量（1maginary）。Origin 的 FFT 运算假设数列中的自变量（Independent Variable）是时间量，即 X 数列；而因变量（Dependent Variable）是某种幅度值，即 Y 数列。FFT 运算结束后，计算数据结果写入新建的工作表窗口和 FFT 计算结果图表。与其以前版本比较，可以发现 Origin 9.1 的 FFT 计算结果显得更为专业。

下面结合实例介绍 FFT 的运算步骤。

（1）导入"Origin 9.1\Samples\Signal Processing\Fftfilter1.dat"数据文件。

（2）选择菜单命令【Analysis】→【Signal Processing】→【FFT】，打开【Signal Processing/FFT：fft1】对话框窗口。

（3）在"Input"中选择工作表 Col（B），该列为由仪器的等时间间隔采样得到的数据，其余选择默认值。单击"OK"按钮，进行傅里叶变换，绘出 FFT 计算结果图，如图 10-9 所示。

FFT 计算结果图共有 9 张图，其中最重要的是第 1 张上方为相位谱，下方为幅度谱。第 2 张为实分量（Real）和虚分量（1mag）图，其余为幅值（r）、相位（Ph）和功率（Power）图。在计算结果数据工作表中给出了实际进行 FFT 计算的数据，如图 10-10 所示。

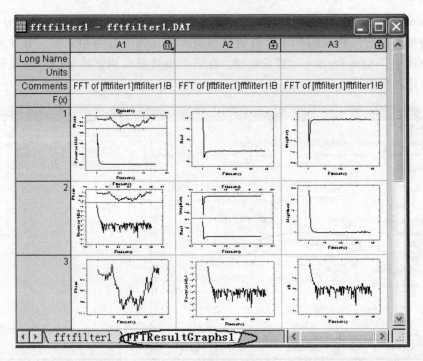

图 10-9　　FFT 计算结果图

	A(X1)	B(Y1)	Freq(X...	FFT(Y2)	Real(Y2)	Imag(Y2)	Mag(Y2)	Amp(Y2)	Phase(Y2)	Power(Y2)	dB(Y2)
Long Name			Frequenc	Complex	Real	Imaginary	Magnitude	Power as M	Phase	Power as MS	dB
Units											
Comments			FFT of [ffti	FFT of [fftfilter1]fftfilter1!B	FFT of [fftfilt	FFT of [fftfilter	FFT of [fftfilt	FFT of [ffti	FFT of [fftfilter	FFT of [fftfilter	FFT of [fftfilt
F(x)											
Sparklines											
1	1E-3	0.34391	0	297.41665	297.41665	0	297.41665	1.23924	0	1.53571	1.86308
2	0.002	0.55521	4.16667	84.87693 - 214.16325i	84.87693	-214.16325	230.36925	1.91974	-68.38064	1.84271	5.66487
3	0.003	1.0563	8.33333	-57.55549 - 78.55276i	-57.55549	-78.55276	97.38157	0.81151	-126.23018	0.32928	-1.81409
4	0.004	0.97923	12.5	-37.29397 - 25.97067i	-37.29397	-25.97067	45.44575	0.37871	-145.14753	0.07171	-8.43376
5	0.005	1.38473	16.66667	-22.91941 - 14.01969i	-22.91941	-14.01969	26.86729	0.22389	-148.54609	0.02506	-12.99915
6	0.006	1.52278	20.83333	-15.73269 - 6.30406i	-15.73269	-6.30406	16.94871	0.14124	-158.16413	0.00997	-17.00089
7	0.007	1.76042	25	-7.88563 - 5.13563i	-7.88563	-5.13563	9.41052	0.07842	-146.92523	0.00307	-22.11135
8	0.008	1.96653	29.16667	-7.96952 - 5.22588i	-7.96952	-5.22588	9.53011	0.07942	-146.74583	0.00315	-22.00166
9	0.009	2.12463	33.33333	-7.09666 - 3.42409i	-7.09666	-3.42409	7.87952	0.06566	-154.24301	0.00216	-23.65362
10	0.01	2.56168	37.5	-4.34792 + 0.17929i	-4.34792	0.17929	4.35161	0.03626	-182.36135	6.57518E-4	-28.81062
11	0.011	2.32137	41.66667	-5.83125 + 0.44617i	-5.83125	0.44617	5.8483	0.04874	-184.37541	0.00119	-26.24304
12	0.012	2.47921	45.83333	-2.80981 - 3.03803i	-2.80981	-3.03803	4.13819	0.03448	-132.7651	5.94605E-4	-29.24741
13	0.013	3.02567	50	-0.6812 - 0.60277i	-0.6812	-0.60277	0.90959	0.00758	-138.49564	2.87278E-5	-42.40667
14	0.014	2.90745	54.16667	-3.04181 - 1.54932i	-3.04181	-1.54932	3.41365	0.02845	-153.0084	4.04619E-4	-30.91924
15	0.015	3.13703	58.33333	-2.95093 + 0.22608i	-2.95093	0.22608	2.95958	0.02466	-184.38108	3.04135E-4	-32.15904
16	0.016	3.4461	62.5	0.18846 + 0.20102i	0.18846	0.20102	0.27555	0.0023	-313.15245	2.63639E-6	-52.77961
17	0.017	3.21917	66.66667	-1.2407 - 0.24094i	-1.2407	-0.24094	1.26388	0.01053	-169.00997	5.54647E-5	-39.54954
18	0.018	3.41658	70.83333	-1.48809 - 1.03205i	-1.48809	-1.03205	1.81095	0.01509	-145.25723	1.13872E-4	-42.40667
19	0.019	3.46079	75	-1.62488 - 1.91139i	-1.62488	-1.91139	2.50871	0.02091	-130.36805	2.10529E-4	-33.5946
20	0.02	3.64485	79.16667	0.20043 + 0.69004i	0.20043	0.69004	0.71856	0.00599	-286.19679	1.79279E-5	-44.45441
21	0.021	3.49143	83.33333	-0.58658 + 0.13414i	-0.58658	0.13414	0.60173	0.00501	-192.88068	1.2572E-5	-45.99565

图 10-10　　计算结果数据工作表

10. 2. 2　卷积和去卷积运算

卷积（Convolution）运算是指将一个信号与另一个信号混合（后一个信号通常

是响应信号）。对两个数列进行卷积运算是数据平滑、信号处理和边沿检测的常用过程。卷积运算是基于 FFT 的，因此 Origin 将此计算也放在 FFT 的菜单中。进行卷积计算时，首先将工作表窗口或图形窗口设为当前窗口，然后选择菜单命令【Analysis】→【Signal Processing】→【Convolution】，打开【Signal Processing：conv】对话框窗口。卷积计算具体步骤如下：

（1）导入 "Origin 9.1\Samples\Signal Processing\Convolution.dat" 数据文件，其工作表如图 10-11 所示。

	A(X1)	B(Y1)	C(Y1)	D(X2)	E(Y2)
Long Name	Channel	Signal	Response	Conv X1	Conv Y1
Units					
Comments					convolution of "Signal", "Response"
F(x)					
Sparklines					
1	1	0.3439	7E-4	0	8.08639E-5
2	2	0.5552	0.0015	1	3.03828E-4
3	3	1.0563	0.0031	2	8.86235E-4
4	4	0.9792	0.006	3	0.00203
5	5	1.3847	0.0111	4	0.00432
6	6	1.5228	0.0198	5	0.00856
7	7	1.7604	0.0341	6	0.01617
8	8	1.9665	0.0561	7	0.02924
9	9	2.1246	0.0889	8	0.0509
10	10	2.5617	0.1353	9	0.08549
11	11	2.3214	0.1979	10	0.13866
12	12	2.4792	0.278	11	0.21755

（增加的工作表列）

图 10-11　"Convolution.dat" 工作表

（2）选择菜单命令【Analysis】→【Signal Processing】→【Convolution】，打开【Signal Processing：conv】对话框窗口。

（3）在该对话框窗口的 "Signal" 列表框中选择工作表 Signal 列，在 "Response" 列表框中选择工作表 Response 列（该数列为输入信号和系统的响应）。设置完成后的【Signal Processing：conv】对话框窗口如图 10-12 所示。

（4）单击 "OK" 按钮，完成计算。完成卷积运算后在原工作表中增加两列，第 1 列是数据点序号（ConvX1），第 2 列是卷积值（ConvY1），增加的工作表列如图 10-11 所示。

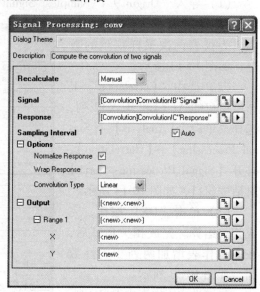

图 10-12　设置完成后的【Signal Processing：conv】对话框窗口

去卷积（Deconvolution）是卷积计算的逆过程，它是根据输出信号和系统响应来确定输入信号的。在工作表窗口中选中两个数列，然后选择菜单命令【Analysis】→【Deconvolute】，即实现去卷积计算。去卷积运算的结果是在原工作表末尾增加两列，第 1 列是数据点序号（Deconv X1），第 2 列是去卷积值（Deconv Y1）。去卷积的物理意义和计算方法和卷积都是相对应的。读者可以参考"Origin 9.1\Samples\Signal Processing\Deconvolution. dat"数据文件进行练习，此处不再赘述。

10.2.3　相关性和一致性分析

相关性（Correlation）运算通常用于计算分析两个信号的相似性和延时特性，两个信号相同时，则计算自相关性。相关性运算有线性相关运算和循环相关运算两种。当输入信号包含有脉冲时，通常采用线性相关运算；当输入信号包含周期时，通常采用循环相关运算。相关系数用于评估两个信号的相似程度。如果两个信号相似程度高，则计算出的相关系数值就大；如果两个信号无线性相关，则相关系数值就小。

一致性（Coherence）运算通常用于分析两个信号的同频率分量线性相关程度。如果测试的两个信号在给定频率有非常明确的关系，则一致性大小为 1；如果完全没有明确的关系，则一致性大小为 0。

下面通过计算工作表中两列数据的相关性实例，来介绍两个信号的相似性分析。具体步骤如下：

（1）导入"Origin 9.1\Samples\Signal Processing\Correlation. dat"数据文件，将 A(X)列设置为 A(Y)列，这两列为仪器两次采样得到的数据，如图 10-13 所示。

（2）选中"Correlation"工作表窗口的 A(Y)和 B(Y)2 列，选择菜单命令【Analysis】→【Signal Processing】→【Correlation】，打开【Signal Processing：corr1】对话框窗口，如图 10-14 所示。

（3）单击"OK"按钮，完成相关运算。完成相关运算后，在原工作表增加两列相关性数据，如图 10-13 所示。

（4）选中工作表中 D(Y)列，选择菜单命令【Plot】→【Line】绘

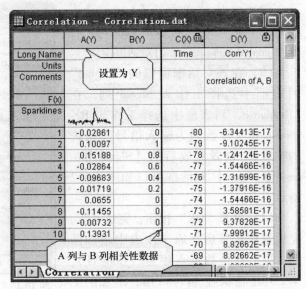

图 10-13　"Correlation. dat"数据文件

图。用数据读取工具 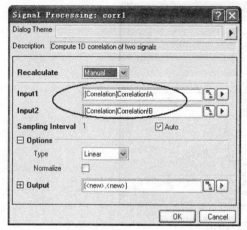 读取图中最高峰的时间位置为 49（表明要比较两次采样得到的数据相关性，第二组数据需要平移 49 个单位），如图 10-15 所示。

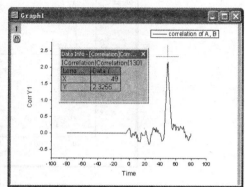

图 10-14　【Signal Processing：corr1】对话框　　图 10-15　用数据读取工具确定第二组数据平移距离

（5）选中 "Correlation" 工作表窗口的 A（Y）和 B（Y）两列，选择菜单命令【Plot】→【Multi-Curve】→【Vertical 2 Panel】绘图，如图 10-16 所示。打开【Plot Details】对话框，按图 10-17 中所示进行设置，关联两个图层中的坐标轴。关联后的图形如图 10-18 所示。

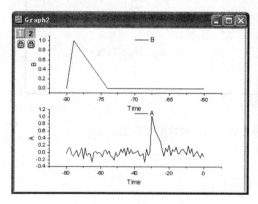

图 10-16　"Correlation" 工作表
A（Y）和 B（Y）两列绘图

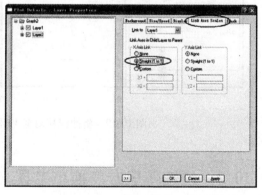

图 10-17　【Plot Details】对话框
关联两个图层坐标轴

（6）为使图中数据可以移动，删除图中绿色锁。在图中第 1 层为当前层时，选择菜单命令【Analysis】→【Data Manipulation】→【Horizontal Translate】，在图中添加一条垂直线和一个三角形。单击该三角形绘图，在弹出的菜单中去掉 "Keep Tool after Translation" 选项，选择 "Shift Curve" 命令，在打开的【Shift Curve】对话框中 "Value" 栏中输入 49，如图 10-19a 所示。

（7）单击"OK"按钮，将图层 1 中的曲线移动至 49，如图 10-19b 所示。此时可以看出两组信号数据具有高相似性。

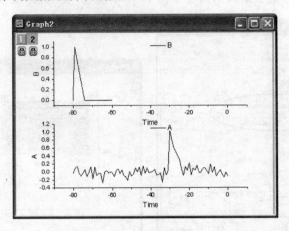

图 10-18　关联后的图形

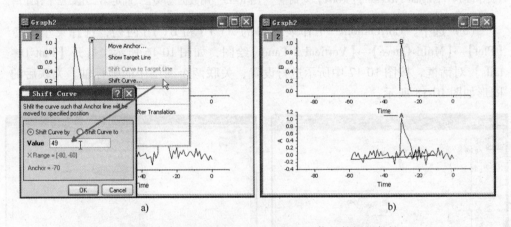

图 10-19　将曲线移动至 49 和比较两组信号数据相似性

10.3　快速傅里叶变换小工具（Gadget）

快速傅里叶变换小工具（Gadget）是 Origin 的新增功能，可实现对某一区间的数据进行快速傅里叶变换分析。下面结合实例介绍应用 FFT 变换小工具对某一区间数据进行快速分析和用快速傅里叶变换降低非周期性频谱的信号泄露问题。

1. 快速傅里叶变换小工具

（1）导入"Origin 9.1\Samples\Signal Processing\Chirp Signal. dat"数据文件到工作表，选择工作表 B(Y)数据进行绘图，如图 10-20 所示。

（2）选择绘图窗口为当前窗口，选择菜单命令【Gadgets】→【FFT...】，打开快速傅里叶变换小工具对话框窗口【Data Exploration：addtool_curve_fft】，采用默认设置，如图 10-21 所示。单击"OK"按钮，在绘图窗口中添加一个感兴趣区间（ROI），如图 10-22a 所示。

（3）此时会同时创建一个显示感兴趣区间数据的 FFT 结果图【FTPRE-VIEW】，如图 10-22b 所示。通过移动或改变感兴趣区间位置，可了解不同区间的数据情况。

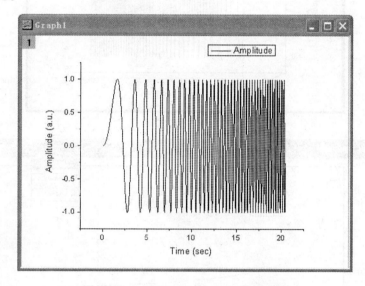

图 10-20　"Chirp Signal. dat"数据绘图

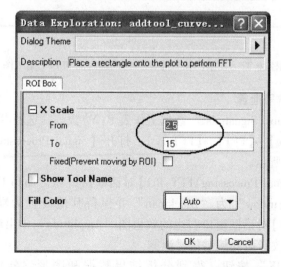

图 10-21　【Data Exploration：addtool_curve_fft】窗口

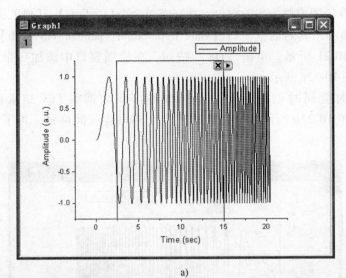

a)

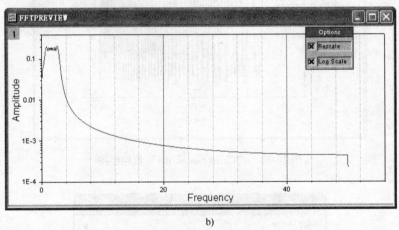

b)

图 10-22　在绘图窗口中添加感兴趣区间和 FFT 结果图

2. 降低频谱信号泄露

（1）选中 "Chirp Signal. dat" 数据工作表 B（Y）数列，选择菜单命令【Analysis】
→【Signal Processing】→【FFT】→【FFT...】，打开【Signal Processing \ FFT：fft1】对
话框，如图 10-23 所示。

（2）选中【Signal Processing \ FFT：fft1】对话框窗口的 "Auto Preview" 自动预览
复选框，设置 "Window" 为 "Blackman" 并保持其他设置为默认值，在【Signal
Processing \ FFT：fft1】对话框窗口右边的效果图 "Amplitude" 中出现一个窄峰，表明
"Blackman" 能有效降该低频谱信号泄露。

（3）单击 "OK" 按钮，得到分析结果数据和图形，分别如图 10-24a、b
所示。

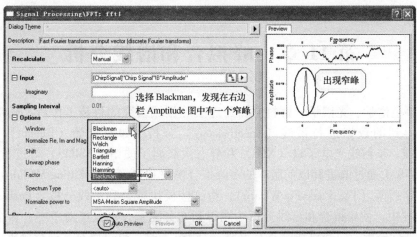

图 10-23　【Signal Processing\FFT:fft1】对话框设置

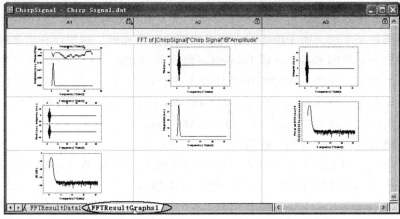

a)

图 10-24　分析结果数据和图形

b)

第 11 章　峰拟合和谱线分析

从事色谱学、光谱学、材料学和药理学等领域研究的科技工作者，经常需要对检测得到的数据进行谱线（Spectroscopy）分析，如对拉曼（Raman）光谱、XRD 谱线、X 射线光电子谱（XPS）和静态次级离子质谱（SSIMS）等进行分析。OriginPro 9.1 通过改进其以前版本的多峰拟合模块 PFM（Peak Fitting Module）和峰拟合向导 PFW（The Peak Fit Wizard），将这些模块整合到谱线分析（Peak Analyzer）向导中，使峰拟合和谱线分析功能得到充分完善，不仅能对单峰、多个不重叠的峰进行分析，而当谱线峰具有重叠、"噪声"时，也可以对其进行分析；在对隐峰进行分峰及图谱解析时也能应用自如，达到良好效果。本章以 OriginPro 9.1 为基础进行介绍，主要介绍以下内容：

- 单峰及多峰拟合
- 谱线分析（Peak Analyzer）向导对话框
- 谱线分析向导基线分析
- 谱线分析向导多峰分析
- 谱线分析向导多峰拟合
- 谱线分析向导主题
- 谱线快速分析工具

11.1　单峰及多峰拟合

单峰拟合是多峰拟合的特例，为简化拟合工具，Origin 9.1 将单峰拟合整合到多峰拟合中。单峰拟合即可通过多峰拟合工具完成，也可采用非线性拟合工具中的峰拟合函数来实现。由于单峰拟合与多峰拟合基本相同，这里仅介绍多峰拟合。

多峰拟合是采用 Guassian 或 Lorentzian 峰函数对数据进行拟合。用户在对话框中确定峰的数量，在图形中峰的中心处双击进行峰的拟合，完成拟合后会自动生成拟合数据报告。该多峰拟合只能采用 Guassian 或 Lorentzian 两种峰函数，若需完成更复杂的拟合，请参考谱线分析（Peak Analyzer）向导。

下面结合实例具体介绍多峰拟合。

（1）导入"Origin 9.1\Samples\Curve Fitting\Multiple Peaks.dat"数据文件，用工作表中 A(X) 和 B(Y) 绘制线图，如图 11-1 所示。

（2）选择菜单命令【Analysis】→【Peaks and Baseline】→【Multiple Peaks Fit】，打开【Spectroscopy: nlfitpeaks】对话框，通过峰函数下拉列表框（Peaks Function）中选择多峰拟合函数，如图 11-2 所示。

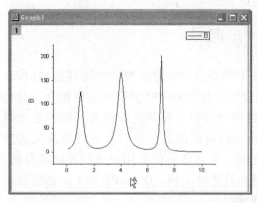
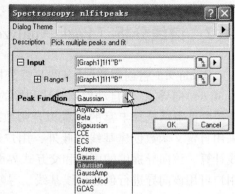

图 11-1　"Multiple Peaks. dat"数据绘制的线图　图 11-2　【Spectroscopy：nlfitpeaks】对话框设置

（3）在图 11-1 中所示 3 个峰处用鼠标双击，在 3 个峰处出现红色垂直线，如图 11-3a 所示。在弹出的【Get Points】窗口中单击"Fit"按钮，进行确认完成拟合曲线，如图 11-3b 所示。完成拟合后，自动生成拟合数据报告（见图 11-4）。

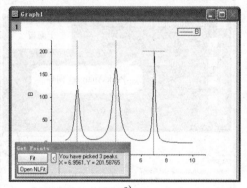
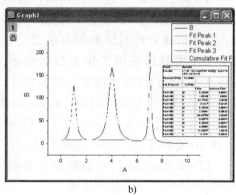

a)　　　　　　　　　　　　　　　　　　　b)

图 11-3　拟合曲线

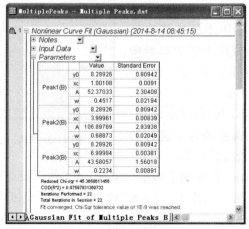

图 11-4　拟合数据报告

11.2 谱线分析（Peak Analyzer）向导

Origin 9.1 将创建基线［基线与峰分析和峰拟合向导整合集成为谱线分析（Peak Analyzer）向导］，能自动检测基线和峰的位置，并能对 100 多个峰进行拟合，对每个单峰能灵活选择丰富的内置拟合函数或用户自定义函数进行拟合。用户也可以采用自定义函数创建基线。此外，用户还可以对峰的面积进行积分计算或减去基线计算。该向导提供的可视和交互式界面能一步一步地引导用户进行高级峰分析。用户可用该向导进行创建谱线基线、寻峰和计算峰面积。OriginPro 9.1 的谱线分析向导除上述功能外，还能对谱线进行非线性拟合。

谱线分析向导所能进行的分析项目包括：创建基线、多峰积分、寻峰、多峰拟合（OriginPro 9.1）。

上述分析项目是在谱线分析向导的目标（Goal）页面中进行选择的，通过选择目标选项，会在向导中出现向导进程。打开谱线分析对话框的方法是：在选中工作表数据或用工作表数据绘图，并将该图形窗口作为当前窗口的条件下，选择菜单命令【Analysis】→【Peaks and Baseline】→【Peak Analyzer】，打开【Peak Analyzer】对话框，如图 11-5 所示。【Peak Analyzer】对话框由上面板、下面板和中间部分三部分组成。

上面板（Upper panel）主要包括主题（Theme）控制和峰分析向导图（Wizard Map），前者用于主题选择或将当前的设置保存为峰分析主题为以后所用；后者用于该向导不同页面的导航，单击向导图中不同页面标记进入该页面。向导图中页面标记用不同颜色显示区别，绿色的为当前页面，黄色的为未进行的页面，红色的为已进行过的页面。

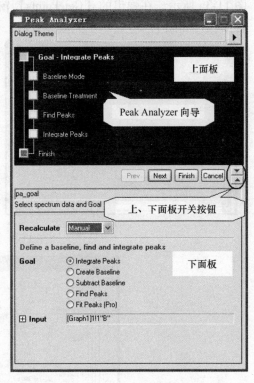

图 11-5 【Peak Analyzer】对话框

下面板（Lower panel）是用于调整（tweaking）每一页面中分析的选项，通过不同 X 函数完成基线创建和校正、寻峰、峰拟合等综合分析。用户可以通过下面板的控制进行计算选择。

位于上面板和下面板之间的中间部分由多个按钮组成。其中，"Prev" 按钮和

"Next"按钮用于向导中不同页面的切换;"Finish"按钮用于跳过后面的页面,根据当前的主题一步完成分析;"Cancel"按钮用于取消分析,关闭对话框;"▼"和"▲"用于隐藏或显示上面板和下面板。根据进行分析的项目不同,峰拟合向导流程控制页面内容和数量也不完全相同。

11.3　基线分析

11.3.1　数据预处理

为获得最佳结果,在对数据进行分析之前最好对数据进行预处理。预处理的目的是去除谱线的"噪声"数据。常用的数据预处理方法有去噪声处理、平滑处理和基线校正处理。有关去噪声处理和平滑处理请参阅第 10 章中的有关章节。通过对基线校正,能更好地对峰进行检测。

11.3.2　用谱线分析向导创建基线

在【Peak Analyzer】对话框开始页面(Start)的下面板中,分析项目(Goal)选择创建基线(Create Baseline)选项,单击"Next"按钮,向导图进入基线模式(Baseline Mode)页面。此时,基线模式项目的面板如图 11-6 所示。向导图会进入基线模式和创建基线页面。在该基线模式下,用户仅可以采用自定义基线。用户也可以在该页面中定义基线定位点,而后在创建基线(Create Baseline)页面连接这些定位点,构成用户自定义基线。

基线模式(Baseline Mode)页面的下面板如图 11-7a 所示。在该下面板中,用户可以对图中创建的基线模式进行选择和对锚点方式进行确定。单击"Next"按钮,向导图进入创建基线(Create Baseline)页面。此时,创建基线页面的下面板如图 11-7b 所示。在该下面板中,用户可以对图中创建的基线进行调整和修改。若用户满意创建的基线,可单击"Finish"按钮,完成基线创建。

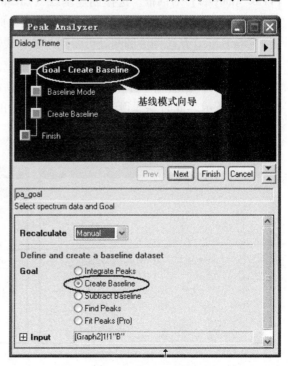

图 11-6　基线模式项目的面板

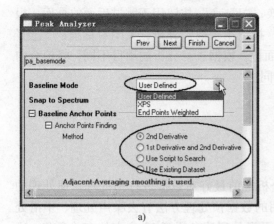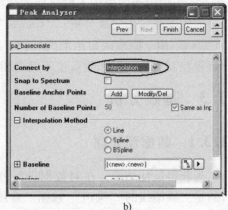

| a) | b) |

图 11-7   基线模式项目的下面板

下面结合实例具体介绍创建基线。

（1）导入"Origin 9.1\Samples\Spectroscopy\Peaks with Base.dat"数据文件，用工作表中 A(X) 和 B(Y) 绘制线图。

（2）选择菜单命令【Analysis】→【Peaks and Baseline】→【Peak Analyzer】，打开【Peak Analyzer】对话框。选择创建基线（Create Baseline）选项，单击两次"Next"按钮，进入创建基线（Create Baseline）页面，此时在图中出现一条红色的基线，如图 11-8a 所示。从该图中圆圈处可看到，该基线部分地方还不理想，需要修改。

（3）在创建基线页面的下面板的基线定位点（Baseline Anchor Points）栏单击"Add"按钮，在线图中添加一个定位点，而后在弹出的窗口中单击"Done"，如图 11-8b 所示。此时基线得到了修改，修改后的图形如图 11-8c 所示。

（4）若满意创建的基线，可单击"Finish"按钮，则完成基线创建。该基线的数据保存在工作表中，如图 11-8d 所示。

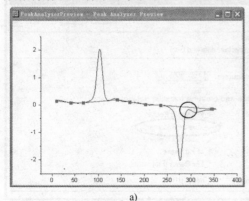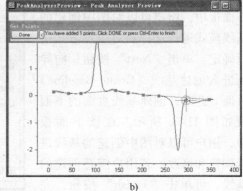

| a) | b) |

图 11-8   创建基线

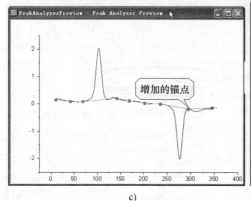

c)　　　　　　　　　　　　d)

图 11-8　创建基线（续）

11.4　用谱线分析向导多峰全面分析

在【Peak Analyzer】对话框开始页面（Start）的下面板中，分析项目（Goal）选择多峰全面分析（Integrate Peaks）选项，此时多峰分析项目的上面板如图 11-9 所示。向导图会进入基线模式、基线处理、寻峰和多峰分析页面。用户可以通过谱线分析向导创建基线、从输入数据中减去基线、寻峰和计算峰面积。

多峰分析项目的基线模式与前面提到的创建基线不完全相同。在多峰全面分析项目中，用户可以通过选择基线模式和创建基线，而后还可以在除去基线（Subtract Baseline）页面中减去基线。此外，多峰全面分析项目中有用于检测峰的寻峰（Find

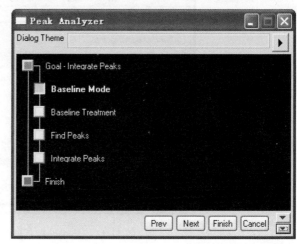

图 11-9　多峰分析项目的上面板

Peaks）页面和用于定制分析报告的多峰全面分析（Integrate Peaks）页面。

11.4.1　多峰分析项目基线分析

在多峰分析项目中，单击"Next"按钮，向导图也进入基线模式（Baseline Mode）页面。此时，在该页面的基线模式（Baseline Mode）下拉列表框中，有"Constant""User Defined""Use Existing Dataset"和"None"四种选项（如果在开始页面选择创建基线选项，则仅有"User Defined"一种选项），分别表示基线为常数、用户自定义、用已有数据组和不创建基线等选项。多峰分析项目中的基线模式页面下面板如图 11-10 所示。

再单击"Next"按钮，向导图也进入基线处理（Baseline Treatment）页面。在该页面中，用户可以进行减去基线操作。如果在开始页面中选择了峰拟合项目，则用户在基线处理页面还可以考虑是否对基线进行拟合处理。基线处理页面的下面板如图 11-11 所示。

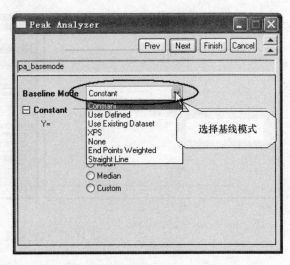

图 11-10　多峰分析项目中的基线模式页面下面板

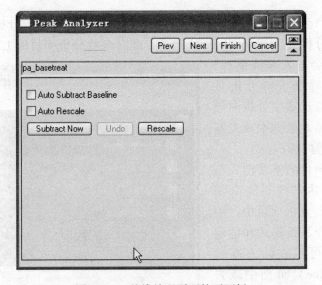

图 11-11　基线处理页面的下面板

11.4.2　多峰分析项目寻峰和多峰分析

在多峰分析项目中，单击"Next"按钮，向导图也进入寻峰（Find Peaks）页面。寻峰页面的下页面如图 11-12 所示。在该页面中，用户可以选择自动寻峰和通过手工方式进行寻峰。用户还可以在寻峰的方式设置（Find Peaks Settings）下拉列表框中，选择"Local Maximum""Window Search""1st Derivative"和"2nd Derivative（Search Hidden Peaks）"等方式。其中，二次微分"2nd Derivative（Search

Hidden Peaks）"和一次微分 + 残差"Residual after 1st Derivative（Search Hidden Peaks）"寻峰方式对寻隐峰非常有效。

图 11-12　寻峰页面的下页面

再单击"Next"按钮，向导图也进入多峰分析（Integrate Peaks）页面。多峰分析的下页面如图 11-13 所示。在该页面中，可以对输出的内容（如峰面积、峰位置、峰高、峰中心和峰半高宽等）输出的地方进行设置。设置完成后单击"Finish"按钮，则将峰分析的结果保存在新建的工作表中。

图 11-13　多峰分析的下页面

11.4.3　多峰分析项目举例

下面结合实例具体介绍谱线分析（Peak Analyzer）向导中多峰分析项目的使用。该例要求完成创建基线、减去基线、寻峰和多峰分析报告等内容。

（1）导入"Origin 9.1\Samples\Spectroscopy\Peaks on Exponential Baseline.dat"数据文件，用工作表中 A(X) 和 B(Y) 绘制线图，如图 11-14 所示。

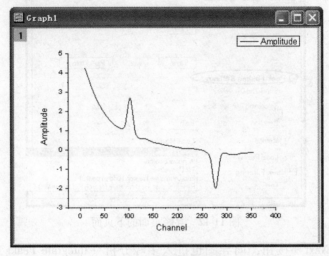

图 11-14　绘制的线图

（2）选择菜单命令【Analysis】→【Peaks and Baseline】→【Peak Analyzer】，打开【Peak Analyzer】对话框，选择多峰分析（Integrate Peaks）项目，单击"Next"按钮，进入基线模式页面。该页面的下面板如图 11-15 所示。

（3）选择"Enable Auto Find"复选框，单击"Find"按钮，其线图中出现基线定位点，如图 11-16 所示。单击"Next"按钮，进入创建基线页面。该页面的下面板如图 11-17所示。选择创建基线的选项，此时线图中基线定位点连接成红色基线，如图 11-18所示。

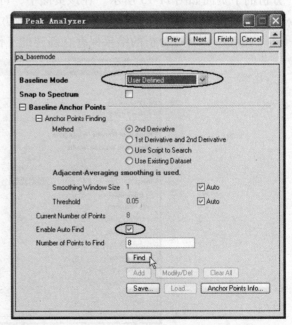

图 11-15　多峰分析项目基线模式页面的下面板

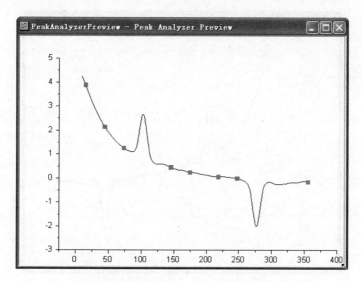

图 11-16　自动选基线后出现基线定位点线图

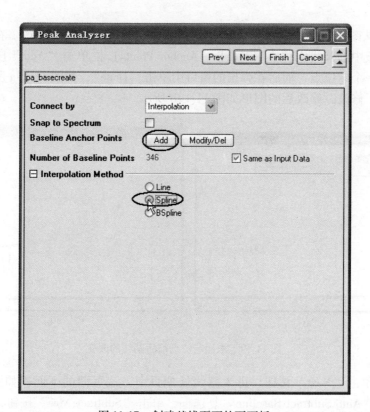

图 11-17　创建基线页面的下面板

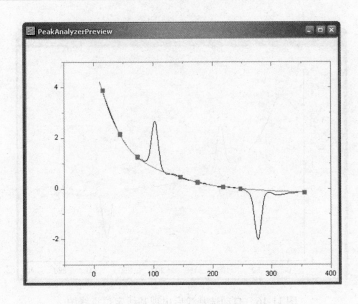

图 11-18　线图中基线定位点连接成红色基线

（4）从图 11-18 可以看到，该基线局部地方还不理想，需要修改。在创建基线页面下面板中的基线定位点（Baseline Anchor Points）栏单击"Add"按钮，在线图中添加一个定位点，而后在弹出的窗口中单击"Done"，如图 11-19a 所示。此时基线得到了修改，修改后的图形如图 11-19b 所示。

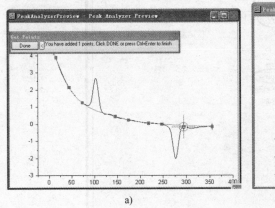

a)

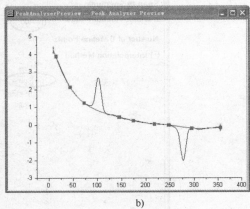

b)

图 11-19　添加定位点前后基线的改变

（5）单击"Next"按钮，进入基线处理页面，该页面的下面板如图 11-20 所示。选择"Auto Subtract Baseline"复选框，单击"Subtract Now"按钮，此时减去基线的线图如图 11-21 所示。

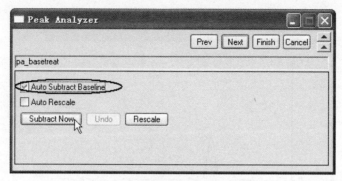

图 11-20　基线处理页面的下面板

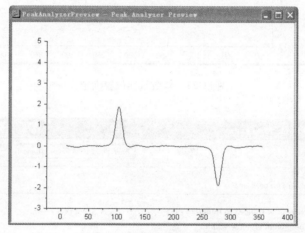

图 11-21　减去基线的线图

（6）单击"Next"按钮，进入寻峰页面，该页面的下面板如图 11-22 所示。选择"Auto Find"复选框，其余选择默认选项，此时，在图 11-21 的基础上添加上了数字标号，表示峰的数量和位置，如图 11-23 所示。

（7）单击"Next"按钮，进入多峰分析计算页面。多峰分析计算页面如图 11-24 所示。选择默认输出选项和内容，单击"Finish"按钮，完成多峰分析。其最后分析的峰曲线图如图 11-25 所示，多峰分析数据如图 11-26所示。

图 11-22　寻峰页面的下面板

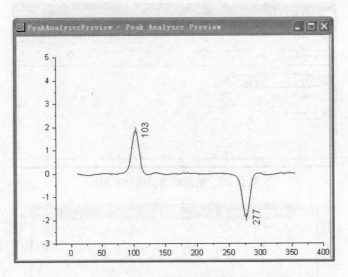

图 11-23   峰数量和位置确定

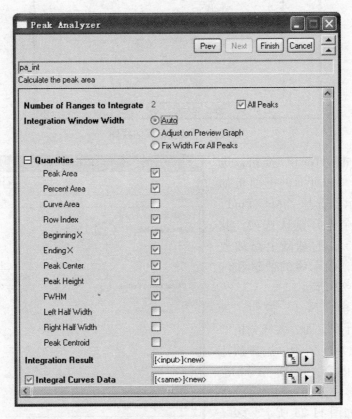

图 11-24   多峰分析计算页面

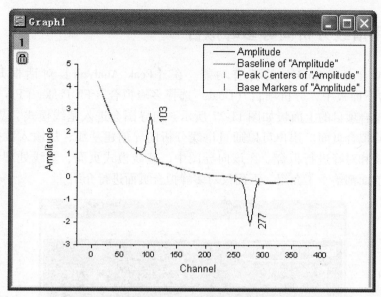

图 11-25 最后分析的峰曲线图

PeaksonExpone – Peaks on Exponential Baseline.dat a)

	Index(X)	P0(Y)	P1(Y)	P2(Y)	P3(Y)	P4(Y)	P5(Y)	P6(Y)	P7(Y)
Long Name	Index	Area	AreaIntgP(	Row Index	Beginning X	Ending X	FWHM	Center	Height
Units									
Comments	Integral Result of "Amplitude"	Integral Result of "Amplitude"	Integral Result of "Amplitude"	Integral Result of "Amplitude"	Integral Result of "Amplitude"	Integral Result of "Amplitude"	Integral Result of "Amplitude"	Integral Result of "Amplitude"	Integral Result of "Amplitude"
F(x)									
1	1	26.10578	45.44579	93	79	118	13.13649	103	1.86549
2	2	-26.91492	-46.85435	267	251	292	13.18557	277	-1.89029
3									

Integration_Result1 Integrated_Curve_Data1 Plot_Data1

a)

PeaksonExpone – Peaks on Exponential Baseline.dat

	X(X1)	Y(Y1)	X1(X2)	Y1(Y2)
Long Name	X	Y	X	Y
Units				
Comments	Peak1 of "Amplitude"	Peak1 of "Amplitude"	Peak2 of "Amplitude"	Peak2 of "Amplitude"
F(x)				
1	79	0	251	0
2	80	0.01913	252	-0.01968
3	81	0.04594	253	-0.04571
4	82	0.08005	254	-0.07802
5	83	0.11612	255	-0.11653
6	84	0.15379	256	-0.16618
7	85	0.20272	257	-0.22691
8	86	0.26757	258	-0.29866
9	87	0.348	259	-0.38138
10	88		260	-0.47502

Integration_Result1 Integrated_Curve_Data1 Plot_Data

b)

图 11-26 多峰分析数据

11.5　用谱线分析向导多峰拟合

多峰拟合是 OriginPro 的特有功能。在【Peak Analyzer】对话框开始页面（Start）的下面板中，分析项目（Goal）选择多峰拟合（Fit Peaks［Pro］）选项，此时多峰拟合项目的上面板如图 11-27 所示。向导图会进入基线模式、基线处理、寻峰和多峰拟合页面。用户可以通过谱线分析向导创建基线、从输入数据中减去基线、寻峰和对峰进行拟合。在该向导图中，基线模式页面、基线处理页面、寻峰页面在前面都给予了介绍，下面仅对多峰拟合页面进行介绍。

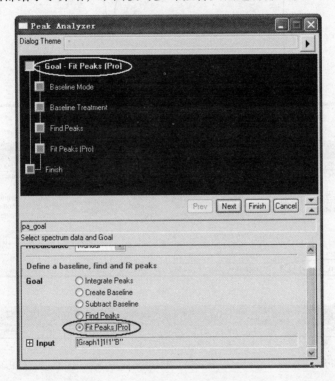

图 11-27　多峰拟合项目的上面板

11.5.1　多峰拟合页面

用户可以通过多峰拟合（Fit Peaks）页面，采用 Levenberg-Marquardt 算法，完成对多峰的非线性拟合基线的非线性拟合和定制拟合分析报告。多峰拟合页面的下面板如图 11-28 所示。单击"Fit Control"按钮，可以打开峰拟合参数（Peak Fit Parameters）对话框。拟合参数对话框由上面板和下面板组成，在其中部还有一些控制按钮。

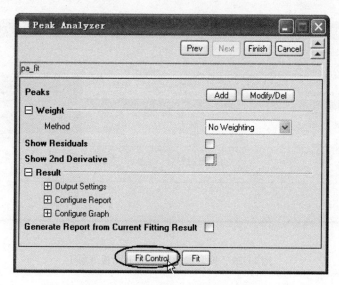

图 11-28　多峰拟合页面的下面板

拟合参数对话框上面板由参数（Parameters）选项卡、界限（Bounds）选项卡和选择拟合控制（Fit Control）选项卡组成。参数选项卡如图 11-29a 所示。参数选项卡中列出了所有函数的所有参数，可以通过选择确定该参数在拟合过程中是常数或变数，可以定制该参数在拟合过程中是否为共享，通过该上面板可以很好地监控拟合效果。界限选项卡如图 11-29b 所示。界限选项卡用于设置函数参数的上下界限。拟合参数对话框中部控制按钮含义如图 11-29a 所示，可通过单击进行设置，如单击 按钮，会在该按钮上出现一个锁的图标，表示基线参数固定；再次单击该按钮，则锁的图标消失，表示基线参数不固定。拟合参数对话框下面板用于监视拟合效果，用户可以通过该下面板了解拟合是否收敛等信息。

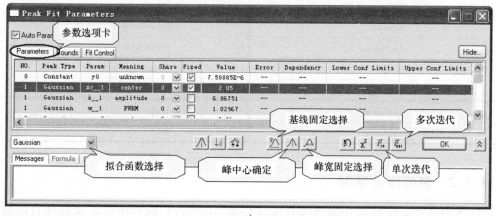

a)

图 11-29　拟合参数对话框上面板

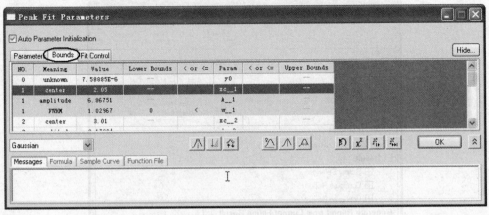

b)

图 11-29   拟合参数对话框上面板（续）

在拟合参数对话框中部有一个拟合函数选择下拉框，通过该下拉框，可以对不同的峰选择不同的函数。Origin 9.1 能采用内置函数或用户自定义函数进行多峰拟合，其内置的函数名列入表 11-1，具体函数见该软件的帮助文件。

表 11-1   Origin 9.1 多峰拟合内置的函数名

Gaussian	Asym2Sig
GassAmp	Weibull3
Bigaussian	InvsPoly
GaussMod	Sine
GCAS	SineSqr
ESC	SineDamp
CCE	Pulse
Lorentz	FrqserSuzuki
LogNormal	DoniachSunjic
Voigt	Gaussian_LorenCross
PsdVoigt1	ConsGaussian
PsdVoigt2	HVL
PearsonVII	BWF

11.5.2   多峰拟合举例

下面结合实例具体介绍谱线分析（Peak Analyzer）向导中多峰拟合项目的使用。该例要求完成创建基线、减去基线、寻峰和多峰拟合报告等内容。

（1）导入"Origin 9. 1\Samples\Spectroscopy\HiddenPeaks. dat"数据文件，用工作表中 A(X)和 B(Y)绘制线图，如图 11-30 所示。

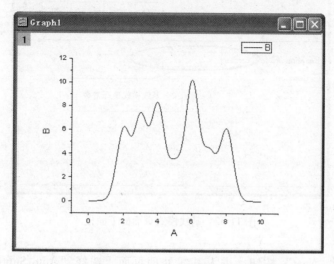

图 11-30 "HiddenPeaks. dat"数据文件绘制的线图

（2）选择菜单命令【Analysis】 → 【Peaks and Baseline】 → 【Peak Analyzer】，打开【Peak Analyzer】对话框。选择多峰拟合（Fit Peaks）项目，单击"Next"按钮，进入基线模式页面。此时，在线图下出现一条红色的基线，如图 11-31 所示。根据图形可以考虑基线模式选择常数。基线模式页面的下面板如图 11-32 所示。

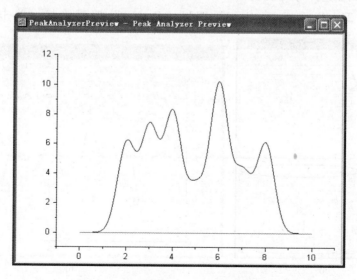

图 11-31 在线图下出现一条红色基线

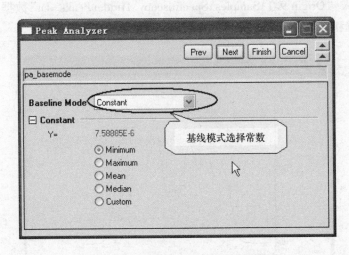

图 11-32　基线模式页面的下面板

（3）单击"Next"按钮，进入基线处理页面。选择"Auto Subtract Baseline"复选框，单击"Subtract Now"按钮，可得到减去基线的线图。

（4）单击"Next"按钮，进入寻峰页面，如在选择寻峰设置（Find Peaks Settings）的方式（Method）下拉列表框中选择"Local Maximum"方式寻峰，单击"Find"按钮，该页面的下面板中"Current Number of Peaks"峰的个数为"5"，如图 11-33a 所示；此时在线图窗口中出现 5 个峰，如图 11-33b 所示。由于线图可能会有隐峰，如在选择寻峰设置（Find Peaks Settings）的方式（Method）下拉列表框中选择"2nd Derivative（Search Hidden Peaks）"搜寻隐峰。单击该页面中

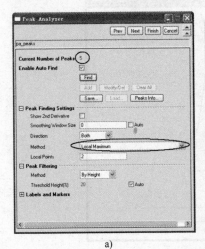

a)

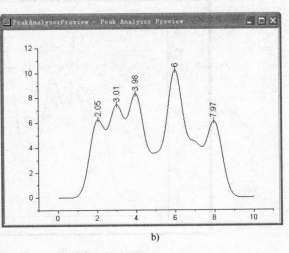

b)

图 11-33　选择"Local Maximum"方式寻峰

"Find"按钮，此时在线图中显示有 7 个峰，如图 11-34a 所示；此时在在线图窗口中出现 7 个峰，如图 11-34b 所示。

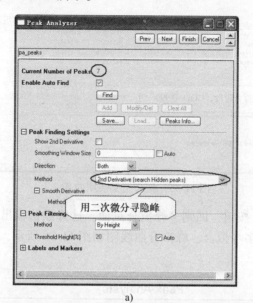

a)

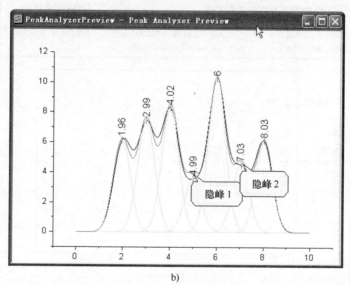

b)

图 11-34　选择"2nd Derivative（Search Hidden Peaks）"搜寻隐峰

　　（5）单击"Next"按钮，进入多峰拟合页面。单击"Fit Control"按钮，打开峰拟合参数（Peak Fit Parameters）对话框。在峰拟合参数对话框中，选择"Gaussian"拟合函数进行设置。单击迭代按钮或拟合按钮进行拟合，拟合结果表明收敛，如图 11-35 所示。

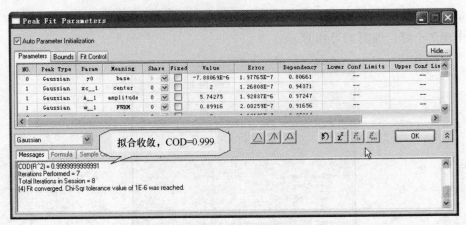

图 11-35　拟合结果表明收敛

（6）单击"OK"按钮，回到多峰拟合页面。选择默认输出选项和内容，单击"Finish"按钮，完成多峰拟合。峰拟合曲线图如图 11-36 所示，分析拟合数据报告如图 11-37 所示。

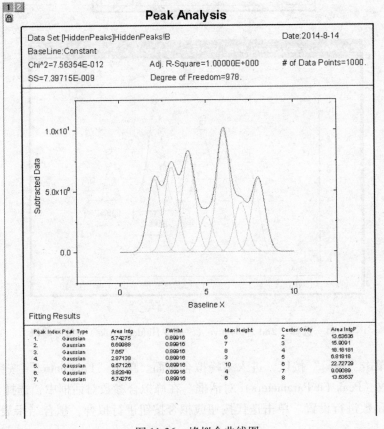

图 11-36　峰拟合曲线图

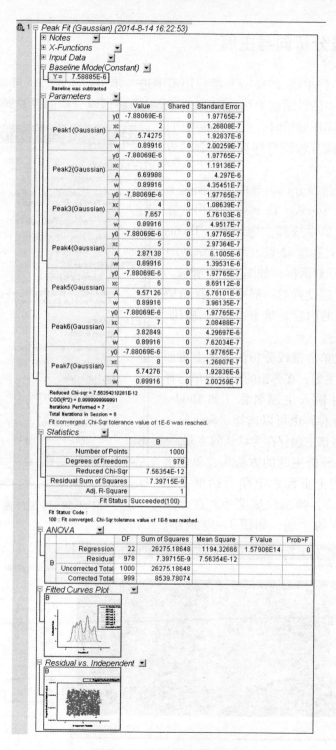

图 11-37　分析拟合数据报告

11.6　谱线分析向导主题

Origin 9.1 将主题（Theme）的应用范围进一步进行了扩展。可以通过谱线分析向导上面板中的对话框主题（Dialog Theme），将谱线分析的设置保存为一主题，在下一次进行同样分析时，可以自如调用。

将刚才谱线分析设置保存为主题的方法如下：

（1）单击谱线分析向导的上页面右上角对话框主题（Dialog Theme），弹出快捷菜单。在该菜单中选择主题设置（Theme Setting），打开主题设置（Peak Analyzer Theme Setting）对话框，如图 11-38 所示。

（2）在主题设置对话框中，选择希望保存在主题中的内容。单击"OK"按钮，关闭该对话框。

（3）再次单击谱线分析向导的上页面右上角对话框主题，在弹出的快捷菜单选择"Save As"，并输入主题名称（如 Hidden Peak），进行保存；也可以选择"Save as < Default >"，将该主题保存为默认的主题。

调用谱线分析主题的方法为：单击谱线分析向导的上页面右上角对话框主题（Dialog Theme），弹出快捷菜单。在该菜单中选择已有的主题，如图 11-39 所示。

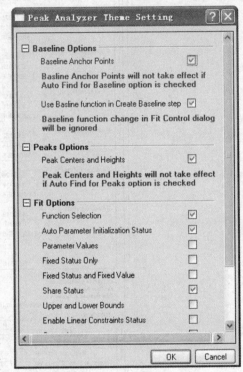

图 11-38　主题设置对话框

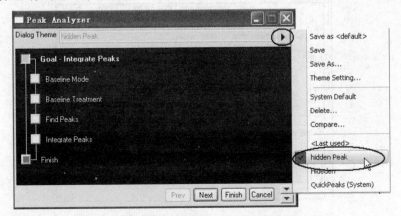

图 11-39　在弹出的快捷菜单中选择已有的主题

如果要对大量谱线进行同样分析，可选择菜单命令【Analysis】→【Peaks and Baseline】→【Batch Peak Analysis Using Theme...】，对数据进行批处理分析。

11.7　谱线快速分析工具

谱线快速分析工具（Quick Peaks gadget）是 Origin 9.1 的新功能，能有效快速对谱线快速进行预分析，为谱线全面分析向导分析时提供参考选择。下面结合实例具体介绍谱线快速分析工具的使用。

（1）打开"Origin 9.1\Samples\Analysis.opj"项目文件，用项目浏览器打开"Quick Peaks Gadget"目录下的"Nitrite"工作表，如图 11-40 所示。

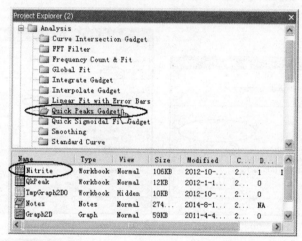

图 11-40　项目浏览器"Quick Peaks Gadget"目录下的"Nitrite"工作表

（2）选中"Nitrite"工作表中 A(X) 和 B(Y) 绘制线图，如图 11-41 所示。

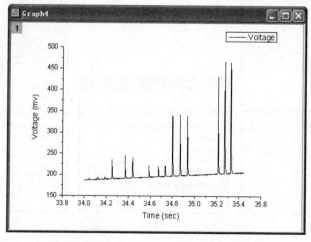

图 11-41　选中"Nitrite"工作表绘制线图

（3）选择菜单命令【Gadgets】→【Quick Peaks】，打开【Data Exploration：addtool_quickpeaks】对话框。在该对话框中的"ROI Box"选项卡中，选择分析区间和固定分析区间，设置好的对话框如图11-42a所示；在"Baseline"选项卡中，选中"Full Plot Range"复选框，设置好的对话框如图11-42b所示；在"Find Peak"选项卡中的"Peak Filtering"下拉列表框中选择"By Number"，设置"Number of Peaks"为3，设置好的对话框如图11-42c所示；在"Output to"选项卡中设置结果输出的工作表名称，设置好的对话框如图11-42d所示；在"Quantities"选项卡中设置参数种类，设置好的对话框如图11-42e所示。单击"OK"按钮，按设置要求将分析的感兴趣区间（ROI）添加至图11-11中，如图11-43所示。

（4）单击感兴趣区间右上角的三角形 ▶，在弹出的窗口中选择"New Output"，将分析结果输出到工作表，如图11-44所示。

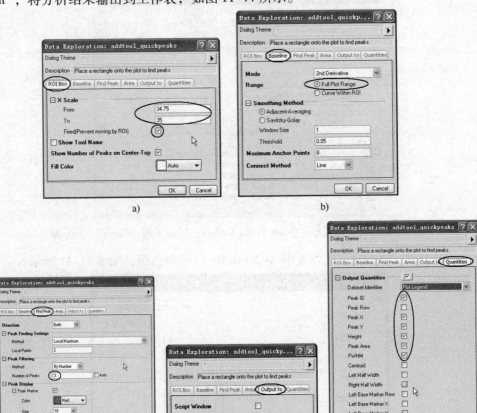

图11-42　【Data Exploration：addtool_quickpeaks】对话框设置

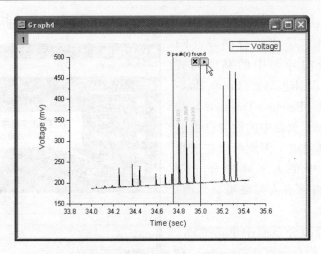

图 11-43 将分析的感兴趣区间（ROI）添加至图中

Long Name	A	B	C(X)	D(Y)	E(Y)	F(Y)	G(Y)
	Dataset Iden	Peak ID	Peak X	Peak Y	Height	Peak Area	FWHM
F(x)							
Comments					Peak Height from Baseline		
1	Voltage	Peak 1	34.801	339.64548	142.39745	0.59145	0.00321
2	Voltage	Peak 2	34.8695	341.8306	143.77188	0.63798	0.0036
3	Voltage	Peak 3	34.9358	338.89009	139.8831	0.61917	0.00371
4							
5							
6							

图 11-44 将分析结果输出到工作表

（5）再次单击图 11-43 中所示的感兴趣区间右上角的三角形 ▶，在弹出的窗口中选择 "Switch to Peak Analyzer"，完成谱线快速分析，如图 11-45 所示。

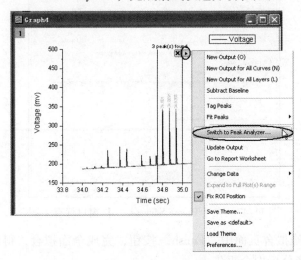

图 11-45 选择 "Switch to Peak Analyzer"

（6）进入谱线分析向导（Peak Analyzer）窗口。此时，谱线分析向导窗口的目标（Goal）已选定了峰拟合向导（Fit Peaks），峰拟合向导图中的基线模式（Baseline Mode）、创建基线（Create Baseline）、基线处理（Baseline Treatment）和寻峰（Find Peaks）页面中的设置已由谱线快速分析工具完成，因此可以在谱线分析向导窗口中单击多峰拟合（Fit Peaks）页面，直接进入多峰拟合页面，如图 11-46 所示。

（7）在多峰拟合页面中单击"Fit"按钮，采用默认拟合函数（Gaussian）对感兴趣区间（ROI）中的 3 个峰进行拟合。

（8）单击谱线分析向导的上页面对话框主题（Dialog Theme）的右上角三角形 ▶，在弹出的快捷菜单中选择"Save As..."命令，在弹出的主题保存窗口【Theme Save as...】中将主题

图 11-46　谱线分析向导（Peak Analyzer）窗口

名称保存为"MyQuickPeak"，如图 11-47 所示。该"MyQuickPeak"拟合主题可对批量谱线进行同样分析使用。

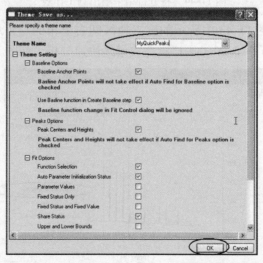

图 11-47　在【Theme Save as...】窗口保存主题

（9）单击多峰拟合页面中"Finish"按钮，完成全面拟合，得到与图 11-36 和图 11-37 类似的峰分析拟合报告。

第 12 章 统 计 分 析

Origin 9.1 提供了许多统计方法，以满足通常的统计分析，其中包括描述统计（Descriptive Statistics）、单样本假设检验和双样本假设检验（One-sample and two-sample hypothesis tests）、单因素方差分析和双因素方差分析 ［One-way and two-way analysis of variance（ANOVA）］、直方图（Histograms charts）和方框统计图（Box charts）多种统计图表。除上述功能外，OriginPro 9.1 还提供了高级统计分析工具，包括重测方差分析（Repeated measures ANOVA）、存活率分析（Survival Analysis）、多变量分析（Multivariate Analysis）、非参数检验（Nonparametric Tests）和功效以及样本大小（Power and Sample Size，PSS）计算等。本章主要介绍了 Origin 9.1 统计图绘制和统计分析功能，对 OriginPro 9.1 提供的高级统计分析工具也进行了全面介绍。

本章主要介绍以下内容：

- 统计图
- 描述统计
- 单样本假设检验和双样本假设检验
- 方差分析（ANOVA）
- 存活率分析（Survival Analysis）
- 存活率分析
- 多变量分析
- 非参数检验
- 功效和样本大小计算

12.1 统计图

Origin 9.1 统计图包括有直方统计图（Histogram Chart）、方框统计图（Box Chart）、质量控制（QC）图和散点矩阵统计图（Scatter Matrices）等 14 种。选择菜单命令【Plot】→【Statistical】，打开 2D 统计图菜单，如图 12-1 所示。

12.1.1 直方统计图

直方统计图（Histogram Chart）用于对选定数列统计各区间段里数据的个数，它显示出变量数据组的频率分布。通过直方统计图可以方便地得到数据组中心、范围、偏度及数据存在的轮廓和数据的多重形式。

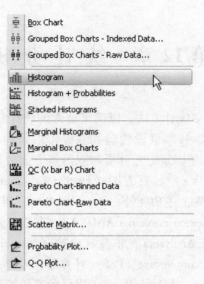

图 12-1　2D 统计图菜单

创建直方统计图的方法为：在工作表窗口中选择一个或多个 Y 列（或者其中的一段），然后选择菜单命令【Plot】→【Statistics】→【Histogram】。下面结合实例介绍直方统计图的绘制和定制。

（1）导入"Origin 9.1\Samples\Graphing\Histogram. dat"数据文件，其工作表如图 12-2a 所示。

（2）选中工作表的 B 列，选择菜单命令【Plot】→【Statistics】→【Histogram】，软件自动计算区间段大小，生成直方统计图，如图 12-2b 所示。

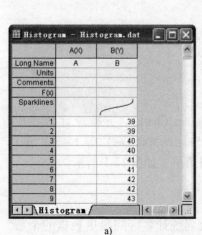

a)

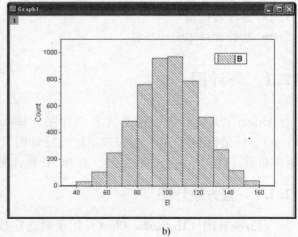

b)

图 12-2　"Histogram. dat"工作表和直方统计图

　　该直方统计图保存统计数据的工作表中包括区间段中心值（Bin Centers）、计数（Counts）、计数累积和（Cumulative Sum）、累积概率（Cumulative Probability）等内容。用右键单击直方统计图，在快捷菜单中选择"Go to Bin Worksheet"，则创建一个"Histogram_B Bins"工作表存放上述数据，如图 12-3 所示。

	BinCent	Counts	Cumulati	CumulativePr
Long Name	Bin Center	Counts	Cumulative	Cumulative Prob
Units				
Comments	Bins	Bins	Bins	Bins
F(x)				
1	35	2	2	0.03775
2	45	34	36	0.6795
3	55	105	141	2.66138
4	65	251	392	7.39902
5	75	487	879	16.59117
6	85	762	1641	30.97395
7	95	958	2599	49.05625
8	105	969	3568	67.34617
9	115	787	4355	82.20083
10	125	514	4869	91.9026

Histogram｜Histogram_B Bins

图 12-3　直方统计图数据工作表

　　用右键单击直方统计图，在快捷菜单中选择"Plot Details..."，则打开【Plot Details】对话框。在"Data"选项卡内，把"Curve：Type"由"None"改为"Normal"，单击"OK"按钮。这时，直方图中将增加一条曲线，该曲线是利用原始数据的平均值和标准差生成的正态分布曲线，如图 12-4 所示。在【Plot Details】对话框中，还可以对该直方图进行其他修改。

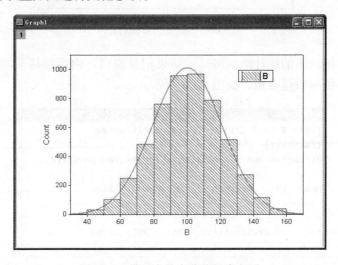

图 12-4　带正态分布曲线的直方图

12.1.2　概率直方统计图

概率直方统计图（Histogram with Probabilities）与普通直方图的差别是：图中有两个图层，一层就是普通的直方图，另一层是累积和的数据曲线。要创建概率直方统计图，在工作表窗口内选择一个或多个 Y 列（或者其中的一段），然后选择菜单命令【Plot】→【Statistics】→【Histogram + Probabilities】。如果还选择"Histogram. dat"数据文件，则其概率直方统计图如图 12-5 所示。

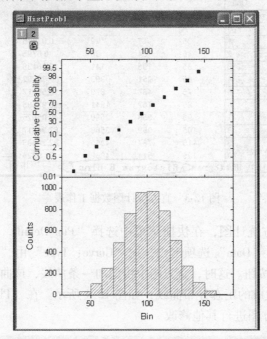

图 12-5　概率直方统计图

概率直方统计图的统计结果将写入结果记录窗口，内容包括平均值、标准差、最大值、最小值和数据点数，如图 12-6 所示。

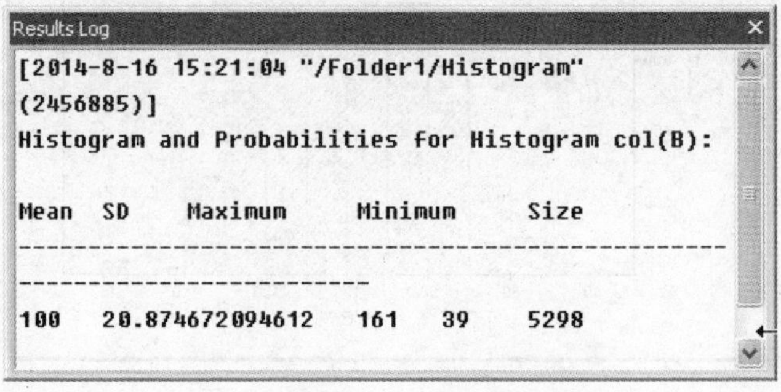

图 12-6　概率直方统计图的统计结果

12.1.3 堆叠直方图

堆叠直方图（Stacked Histograms）将多个直方图堆叠起来，以方便进行比较。Origin 中的堆叠直方图模板可根据工作表中的数据自动生成堆叠直方图。创建堆叠直方图的方法是：在工作表窗口内选择一个或多个 Y 列（或者其中的一段），然后选择菜单命令【Plot】→【Statistics】→【Stacked Histogram】。如果还选择"Histogram.dat"数据文件，则在导入"Histogram.dat"数据文件后，创建 C(Y)列和 D(Y)列，分别为 C(Y) = B(Y) + 5 和 D(Y) = B(Y) + 10。完成创建 C(Y)列和 D(Y)列后的工作表如图 12-7a 所示。选中工作表的 B 列、C(Y)列和 D(Y)列，选择菜单命令【Plot】→【Statistics】→【Stacked Histogram】，软件自动建立 3 个图层，生成堆叠直方图，如图 12-7b 所示。

a)

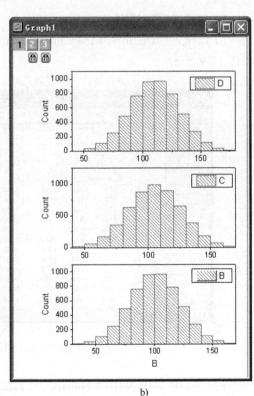

b)

图 12-7 堆叠直方图工作表和图形

12.1.4 方框统计图

方框统计图（Box Chart）是一种重要的统计图。创建方框统计图，首先应在工作表窗口内选择一个或多个 Y 列（或者其中的一段）。工作表中的每个 Y 列用一个方框表示，列名称在 X 轴上用标签表示。在默认状态下，图中方框由数列的第 25 和 75 百分位数（即上四分位数和下四分位数）确定，须状线“Whiskers”由数列的第 5 和 95 百分位数确定。方框统计图中方框的含义如图 12-8 所示。

图 12-8　方框统计图中方框的含义

方框统计图中的每一个方框代表工作表中的一个 Y 列，而图中 X 轴的标号为工作表中相应数列的标题。下面结合实例介绍方框统计图的创建和定制方法，并创建数据区间工作表保存数据。

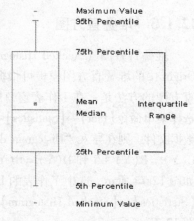

1. 创建方框统计图

（1）导入“Origin 9.1\Samples\Graphing\Box Chart.dat”数据文件，其工作表如图 12-9 所示。

BoxChart - Box Chart.dat

	A(X)	B(Y)	C(Y)	D(Y)	E(Y)	F(Y)	G(Y)	H(Y)	I(Y)	J(Y)
Long Name	DAY	OCT	NOV	DEC	JANUARY	FEBRUARY	MARCH	APR	MAY	JUN
Units										
Comments										
F(x)										
Sparklines										
1	1	576	1220	1160	1440	1320	799	1990	1190	487
2	2	482	1170	1560	1380	1250	811	2110	1320	479
3	3	471	1080	--	1340	1170	821	2220	1260	459
4	4	443	920	--	1380	1130	779	2560	1370	437
5	5	387	870	--	1330	1700	791	3110	1210	376
6	6	376	818	1880	1300	2310	966	3090	1110	357
7	7	369	826	1940	1230	1820	1050	2900	1080	375
8	8	481	743	2400	1100	1530	946	2600	964	356
9	9	1340	932	2270	999	1330	873	2230	909	310
10	10	1500	1100	1920	1030	1180	905	1930	904	329
11	11	1150	1160	1720	1110	1080	917	1760	880	290
12	12	898	892	1750	1000	995	875	1600	817	268

Box Chart

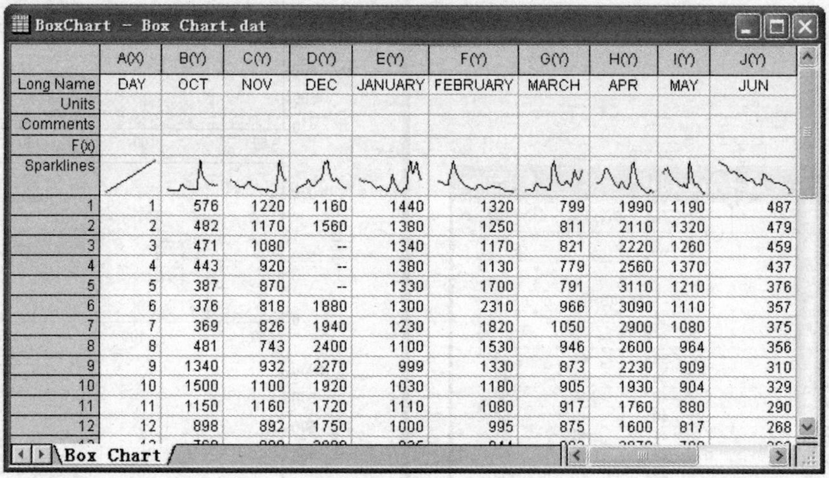

图 12-9　“Box Chart.dat”工作表

（2）选中工作表中“January”“February”和“March”列，选择菜单命令【Plot】→【Statistics】→【Box Chart】。系统将自动生成方框统计图，并创建数据区间工作表保存数据。创建的方框统计图如图 12-10 所示。

区间数据工作表给出了区间中心的 X 值、计数值（Counts）、累积和（Cumulative Sum）和累积概率（Cumulative Probability）等统计数据。用右键单击方框统计图，在快捷菜单中选择“Go to Bin Worksheet”，则同时创建三个工作表存放上述数据。“Bins”工作表如图 12-11 所示。

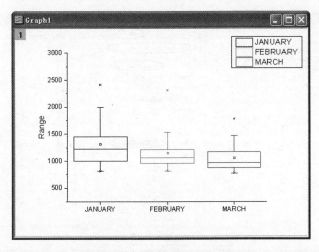

图 12-10 创建的方框统计图

	BinCenters	Counts	CumulativeSum	CumulativePro
Long Name	Bin Centers	Counts	Cumulative Sum	Cumulative Proba
Units				
Comments	Bins	Bins	Bins	Bins
F(x)				
1	700	0	0	0
2	900	9	9	32.14286
3	1100	12	21	75
4	1300	3	24	85.71429
5	1500	1	25	89.28571
6	1700	1	26	92.85714
7	1900	1	27	96.42857
8	2100	0	27	96.42857
9	2300	1	28	100
10	2500	0	28	100

Box Chart / BoxChart_E Bins / **BoxChart_F Bins** / BoxChart_G

图 12-11 "Bins"工作表

2. 定制方框统计图

（1）定制显示栅格。双击 Y 轴，打开【Y Axis】对话框，选择"Grid Lines"选项卡，选中"Major Grid"复选框。在"Line"下拉列表框内选择线型为"Dot"，单击"OK"按钮。

（2）定制方框（Box）属性。右键单击方框统计图，打开【Plot Details - Plot Properties】对话框。选择"Box"选项卡。在"Type"下拉列表框内选择"Box [Right] + Data[Left]"，则方框显示在右，数据显示在左；在"Style"下拉列表框内选择"Diamond Box"，则方框形状改为钻石形；在"Range"下拉列表框内选择"5-95"。单击"OK"按钮，完成定制方框。【Plot Details - Plot Properties】对话框中"Box"选项卡的设置如图 12-12 所示。

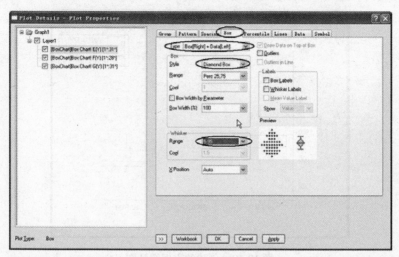

图 12-12　【Plot Details - Plot Properties】对话框中 "Box" 选项卡的设置

（3）在【Plot Details - Plot Properties】对话框中的 "Data" 选项卡中对图形的数据属性进行设置。在 "Distribution Curve" 中的 "Type" 下拉列表框中将 "None" 改为 "Normal"。

（4）在【Plot Details - Plot Properties】对话框中的 "Group" 选项卡中定制图形颜色、填充。此外，在 "Group" "Pattern" 和 "Line" 选项卡中对图形进行适当修饰。单击 "OK" 按钮，完成对图形的设置。

（5）定制坐标轴，添加图形说明。将 X 轴、Y 轴名称分别设置为 "Month" 和 "Discharge [ft^3/sec]"。为图形增加说明文字 "Water Discharge at Station 12001"，并设 "Background" 为 "Black Line"，即在文字周围增加黑色线框，删除图例。最终完成定制的方框统计图如图 12-13 所示。

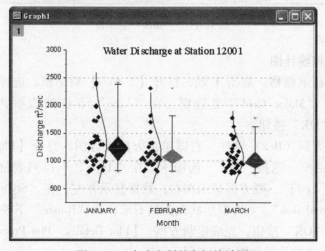

图 12-13　完成定制的方框统计图

12.1.5 分组方框统计图

分组方框统计图（Grouped Box Plot）是 Origin 9.1 的新增功能，它能按索引数据（indexed data）或原始数据（raw data）进行绘图。索引数据为一数据索引列和与其相关的多列分组数据，而原始数据为按标签行组合的多列相关数据。下面结合实例介绍分组方框统计图的创建。

1. 按索引数据创建分组方框统计图

（1）打开"Origin 9.1\Samples\91 Tutorial Data.opj"项目文件，用项目浏览器在"Grouped Box Plot and Axis Tick Table"目录选择"Book4G-CC.MI-Index"工作表，如图 12-14 所示。该工作表中 E(Y) 列是索引列，C(Y) 列和 D(Y) 列为分组列，其中 C(Y) 列分有 SEG1 组、SEG2 组和 SEG3 组，D(Y) 分有 CC 组和 MI 组。

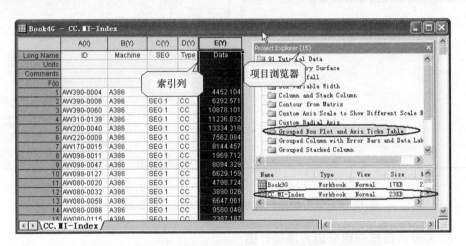

图 12-14　"Book4G-CC.MI-Index"工作表和项目浏览器

（2）在选中 E（Y）列后，选择菜单命令【Plot】→【Statistics】→【Grouped Box Charts-Indexed Data】，打开【plot_gboxindexed】对话框。在"Group List"栏中单击右上角的三角形，选择"Select Columns"选项，打开【Column Browser】窗口，选择 C(Y) 列和 D(Y) 列为分组数据列。设置好的【Grouped Box Charts-Indexed Data】对话框如图 12-15 所示。

（3）单击"OK"按钮，创建索引数据分组方框统计图（见图 12-16a）和索引数据分组方框统计图数据工作表（见图 12-16b）。

图 12-16a 中方框图显示数据为每分组的数据，其含义参见图 12-8。图中数据由 SEG1 组、SEG2 组和 SEG3 三大组组成，每个大组又分为 CC 组和 MI 组两个小组。图 12-16b 所示工作表是将数据按分组进行排列输出的结果。

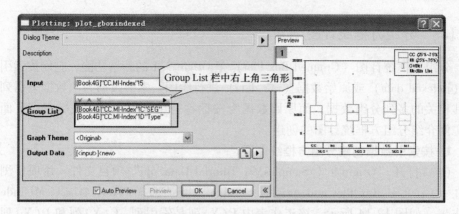

图 12-15　设置好的【Grouped Box Charts-Indexed Data】对话框

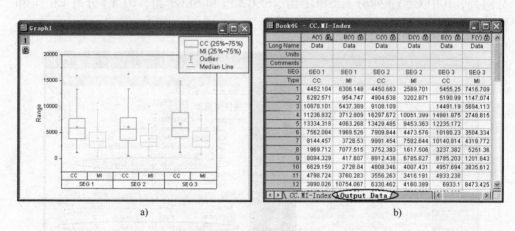

图 12-16　索引数据分组方框统计图和输出的数据工作表

2. 按原始数据创建分组方框统计图

按索引数据创建分组方框统计图时，输出的数据工作表即是按原始数据排列的工作表。下面用该原始数据排列的工作表介绍按原始数据创建分组方框统计图。

（1）打开图 12-16b 中所示输出数据工作表（Output Data），并全部选中。选择菜单命令【Plot】→【Statistics】→【Grouped Box Charts-Raw Data】，打开【plot_gboxraw】对话框。

（2）在【plot_gboxraw】对话框中，按输出工作表分为 SEG 组和 Type 两组进行设置，如图 12-17 所示。单击"OK"按钮，得到与图 12-16a 所示同样结果。

12.1.6　质量控制（QC）图

质量控制（QC）图是平均数 $\bar{X}$ 控制图和极差 R（Range）控制图同时使用的一种质量控制图，用于研究连续过程中数据的波动。创建 QC 图步骤为在工作表窗口内选择一个或多个 Y 列（或者其中的一段），然后选择菜单命令【Plot】→【Statis-

图 12-17 【plot_gboxraw】对话框中设置

tics】→【QC（X Bar R）Chart】。下面结合实例介绍 QC 图的创建和属性。

（1）导入 "Origin 9. 1\Samples\Graphing\QC Chart. dat" 数据文件。

（2）选中工作表窗口 "QC Chart" 的 B 列，选择菜单命令【Plot】→【Statistics】→
【QC（X Bar R）Chart】，接受默认值，创建质量控制（QC）图（见图 12-18）和存
放统计数据的工作表（见图 12-19）。

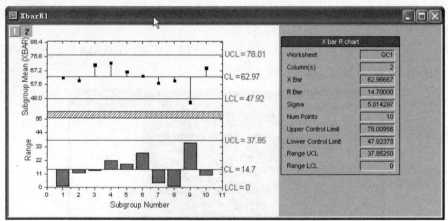

图 12-18 质量控制（QC）图

图 12-19 存放统计数据的工作表

图 12-18 所示的质量控制（QC）图有两个图层。图层 1 是 X 棒图，该层由一组带垂线于平均值的散点图组成。图中有三条平行线，中间一条为中心线（CL 线），上下等间距的两条分别为上控制线（UCL）和下控制线（LCL）。在生产过程中，如果数据点落在上、下控制线之间，则说明生产过程处于正常状态。图层 2 是 R 图，该层由一组柱状图组成，从每一组值域平均线开始。图 12-19 所示的存放统计数据的工作表中包含了平均值（Mean）、值域（Range）和标准差（SD）等统计数据。

12.1.7 散点矩阵统计图

散点矩阵统计图（Scatter Matrices）多用于判别分析。它可以分析各分量与其数学期望之间的平均偏离程度，以及各分量之间的线性关系。其中，带直方图的散点矩阵统计图是 Origin 9.1 新增的统计图。

创建散点矩阵统计图的方法为：在工作表窗口内选择一个或多个 Y 列（或者其中的一段），然后选择菜单命令【Plot】→【Statistics】→【Scatter Matrix】。散点矩阵统计图模板将选中的列之间以一个矩阵图的形式进行绘图，图存放在新建的工作表中。选中 N 组数据，绘出的散点矩阵统计图的数量为 $N^2 - N$。因此，随 N 组数据增加，图形尺寸会变小，绘图计算时间会增加。下面结合实例介绍带直方图的散点矩阵统计图绘制。

（1）导入"Origin 9.1\Samples\Statistics\Fisher's Iris Data. dat"数据文件，选中工作表的 A(X)～D(Y)列，如图 12-20 所示。

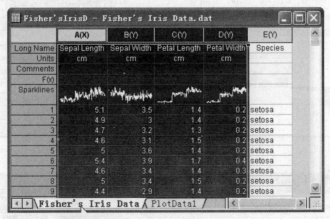

图 12-20　选中工作表的 A(X)～D(Y)列

（2）选择菜单命令【Plot】→【Statistics】→【Scatter Matrix】，打开【Plotting：plot_matrix】对话框。在该对话框的"Options"中，选中"Confidence Ellipse"置信椭圆和设置置信水平（0～100），默认值为95。选中"Linear Fit"。在"Show in Diagonal Cells"下拉列表框中选择直方图（Histogram）。设置完成后的【Plotting：plot_matrix】对话框如图 12-21 所示。

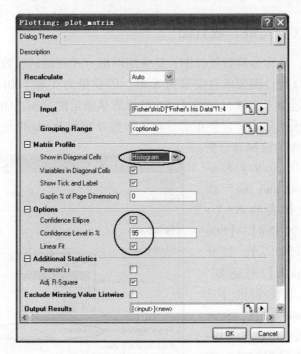

图 12-21 设置完成后的【Plotting: plot_matrix】对话框

（3）单击"OK"按钮，计算并绘图，自动生成的散点矩阵统计图如图 12-22
所示。同时生成存放散点矩阵统计图的新工作表。如果选中"Linear Fit"，图中会
给出校正决定系数 R_{adj}^2 值（相当于相关系数 Correlation Coefficient）。

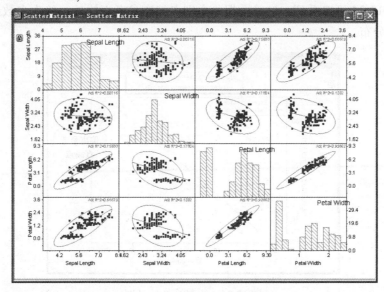

图 12-22 自动生成的散点矩阵统计图

12.1.8　Q-Q（分位数）统计图

Q-Q 统计图，也称分位数统计图，是采用图形方式测试试验数据是否遵循给定的一种分布。Q-Q 统计图要求自变量为 X 轴，因变量为 Y 轴。如果所有试验数据绘制点的分布接近参考直线，则测试试验数据服从给定的分布。Origin 中的 Q-Q 统计图给定分布有正态分布、对数正态分布、指数分布和 Weibull 分布。下面结合实例介绍 Q-Q 统计图的绘制和分析。

（1）导入"Origin 9.1\Samples\Graphing\Q-Q plot.dat"数据文件，选中工作表的 B（Y）列，选择菜单命令【Plot】→【Statistics】→【Q-Q Plot...】，打开【Plotting：plot_prob】对话框。在"Distribution"下拉列表框中选择正态分布（Normal），在"Score Method"下拉列表框中选择"Benard"计算方法。设置完成后的【Plotting：plot_prob】对话框如图 12-23 所示。

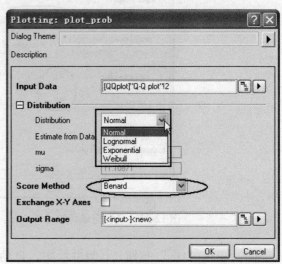

图 12-23　设置完成后的【Plotting：plot_prob】对话框

（2）单击"OK"按钮，绘制 Q-Q 统计图，如图 12-24 所示。从图 12-24 可以看到，试验数据除个别点偏离参考直线外，绝大多数试验数据遵循正态分布。

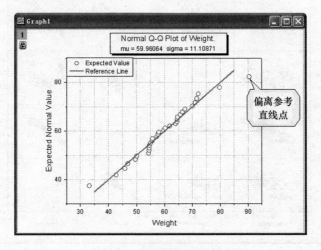

图 12-24　绘制 Q-Q 统计图

12.1.9　Weibull（威布尔）概率统计图

概率统计图是用于观察 X 轴的累计百分率与预期 X 轴的累计百分率的图形，而 Weibull 概率统计图是用于测试试验数据是否符合 Weibull 分布的图形。此时 X 轴是以 Log10 对数为坐标，Y 轴坐标是以双 Log10 对数的倒数为坐标。如果所有试验数据绘制点的分布接近参考直线，则测试试验数据遵循 Weibull 分布。下面结合实例介绍 Q-Q 统计图的绘制和分析。

（1）打开 "Origin 9.1＼Samples＼Statistical and Specialized Graphs. opj" 项目文件，用项目浏览器在 "Sta-tistical" 目录下选择 "Proba-bility，QQ Plot" 中的 "Prob-Plot" 工作表。将工作表中 A（X）列设置为 A（Y）列，如图 12-25 所示。

（2）在选中 A（Y）列后，选择菜单命令【Plot】→【Sta-tistics】→【Probability Plot】，打开【Plotting：plot＿prob】对话框。在 "Distribution"

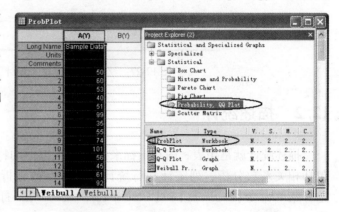

图 12-25　"ProbPlot" 工作表和项目浏览器

下拉列表框中选择 Weibull 分布，设置好的【Plotting：plot_prob】对话框如图 12-26 所示。单击 "OK" 按钮，绘制 Weibull 概率统计图，如图 12-27 所示。从图 12-27 可以看出，工作表中的试验数据能很好地服从 Weibull 分布。

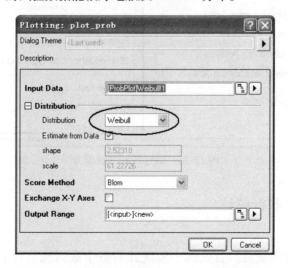

图 12-26　设置好的【Plotting：plot_prob】对话框

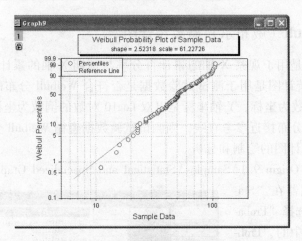

图 12-27　绘制 Weibull 概率统计图

12.2　描述统计

描述统计就是用表、图和指标来描述样本数据的特征。Origin 9.1 中描述统计包括相关系数分析、列统计和行统计、相关系数分析、频率计数和正态测试等。选择菜单命令【Statistics】→【Descriptive Statistics】，打开描述统计二级菜单，如图 12-28 所示。

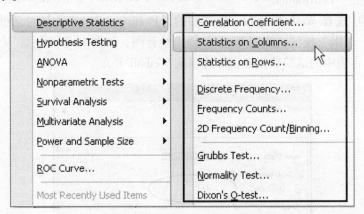

图 12-28　描述统计二级菜单

12.2.1　列统计和行统计

1. 列统计

对工作表进行列统计，首先选中要统计的整个数列或数列的一段，然后选择菜单命令【Statistics】→【Descriptive Statistics】→【Statistics on Columns...】，打开

【Statistics on Columns】对话框，如图 12-29 所示。在该对话框中选择要统计的参数、输出的地方和统计图类型等，单击"OK"按钮，即可对该列进行统计分析。该菜单命令会自动创建一个新的工作表窗口，给出平均值（Mean）、最小值（Minimum）、最大值（Maximum）、值域（Range）、和（Sum）、数据点数（N）、标准差（Standard Deviation，SD）和抽样标准差（Standard Error Of the Mean，SE）等统计参数、统计图表等。导入了"Origin 9.1\Samples\Statistics\body. dat"数据文件，选中了 D(Y)列进行列统计，按默认设置创建的新的列统计工作表窗口如图 12-30 所示。

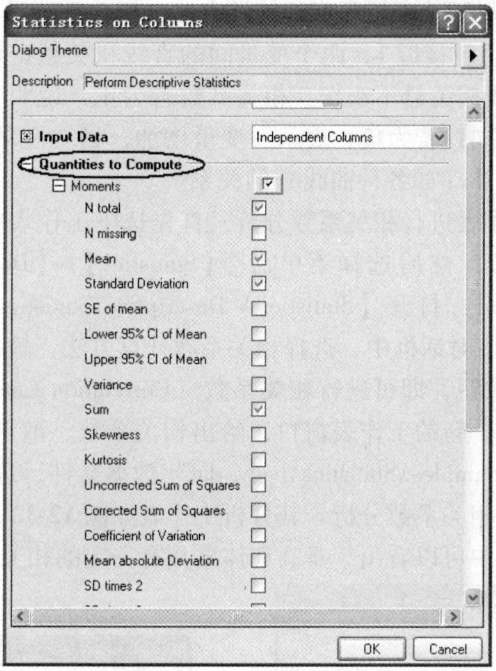

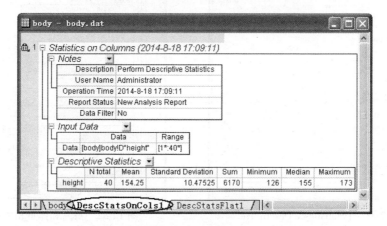

图 12-29 【Statistics on Columns】对话框

图 12-30 按默认设置创建的列统计工作表窗口

2. 行统计

对工作表进行行统计，首先选中要统计的数据行，然后选择菜单命令【Statistics】→【Descriptive Statistics】→【Statistics on Rows...】，即可对该行进行统计分析。行统计的方法，得出的统计参数与列统计基本相同，这里不再重复。

12.2.2　相关系数分析

相关系数（Correlation Coefficient）分析是用相关系数（r）来表示两个变量间相互的直线关系，并判断其密切程度的统计方法。相关系数没有单位，在 −1 ~ +1 范围内变动。其绝对值越接近 1，两个变量间的直线相关越密切；其绝对值越接近 0，两个变量间的直线相关越不密切。相关系数若为正，说明一变量随另一变量的增减而增减，方向相同；若为负，表示一变量增加，另一变量减少，即方向相反，但它不能表达直线以外（如各种曲线）的关系。

Origin 9.1 对工作表进行相关系数分析，首先选中工作表中要统计的两列数据或两列数据中的一段，然后选择菜单命令【Statistics】→【Descriptive Statistics】→【Correlation coefficient】，打开【Statistics \ Descriptive Statistics：corrcoef】对话框，如图 12-31 所示。在该对话框中，选择相关系数计算方法、输出的地方和统计图类型等，单击"OK"按钮，即可进行相关系数（Correlation Coefficient）分析。该菜单命令会自动创建一个新的工作表窗口，给出相关系数、散点图等工作表。例如，导入了"Origin 9.1\Samples\Statistics\body.dat"数据文件，选中 D（Y）列和 E（Y）列进行的身高和体重相关系数分析，其分析工作表如图 12-32 所示。从身高和体重相关系数分析工作表中可以看出，身高和体重具有一定的相关。

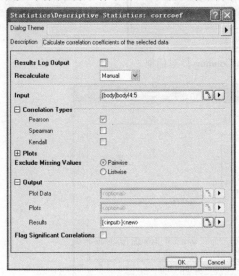

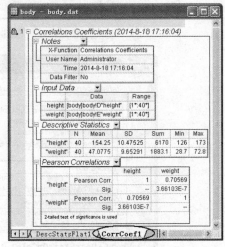

图 12-31 【Statistics \ Descriptive
Statistics：corrcoef】对话框

图 12-32　身高和体重相关系数
分析工作表

12.2.3 频率计数和不连续频率计数

1. 频率计数

频率计数（Frequency Count）是对工作表中一列或其中一段进行频率计数的方法，输出结果可以用于绘制直方图。选择菜单命令【Statistics】→【Descriptive Statis-
tics】→【Frequency Counts...】，打开
【Statistics \ Descriptive Statistics：freq-
counts】对话框。在该对话框中，Origin
自动设置最小值、最大值和增量值等参
数（也可以用户自己设置），如图 12-33
所示。根据这些信息，Origin 将创建一
列数据区间段（bin），该区间段存放的
数据由最小值开始，按增量值递增，每
一区间段数值范围为增量值；而后 Ori-
gin 对要进行频率计数的数列进行计数，
将计数结果等有关信息存放在新创建的
工作表窗口中。

该输出的工作表第 1 列为每一区间
段数值范围的中间值，第 2 列为每一区
间段数值范围的结束值，第 3 列记录了
每一区间段中的频率计数，第 4 列记录
了该计算的累积计数。图 12-34 所示为
导入了"Origin 9.1 \ Samples \ Statistics \

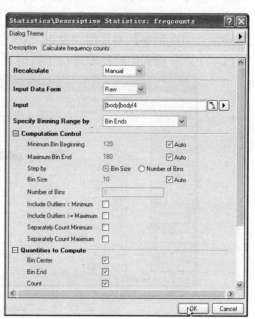

图 12-33 【Statistics \ Descriptive
Statistics：freqcount】对话框

body. dat"数据文件，选中 D(Y)列进行频率计数的输出工作表。

	BinCenter(Y)	BinEnd(Y)	Counts(Y)	CumulCounts(Y)
Long Name	Bin Center	Bin End	Count	Cumulative Count
Units				
Comments	Frequency	Frequency Cou	Frequency Counts o	Frequency Counts of D"h
F(x)				
1	125	130	2	2
2	135	140	2	4
3	145	150	6	10
4	155	160	16	26
5	165	170	12	38
6	175	180	2	40
7				

DescStatsFlat1 \ CorrCoef1 \ FreqCounts1

图 12-34 选中 D（Y）列进行频率计数的输出工作表

2. 离散频率计数

离散频率计数（Discrete Frequency）的统计操作过程与频率计数基本相同，不

同点为可以统计在试验数据中某一些具体值出现的次数。Origin 9.1 在离散频率计数统计功能中新增了快速获取分组数据的频率信息。下面结合实例介绍离散频率计数统计分析。

（1）导入“Origin 9.1\Samples\Statistics\automobile.dat”数据文件，如图 12-35 所示。选中“automobile”工作表中的 A(X)列和 B(Y)列，选择菜单命令【Statistics】→【Descriptive Statistics】→【Discrete Frequency】，打开【Statistics \ Descriptive Statistics：discfreqs】对话框。单击“OK”按钮，得到统计工作表，该统计工作表按汽车生产年份和生产厂家进行了数据统计，如图 12-36 所示。

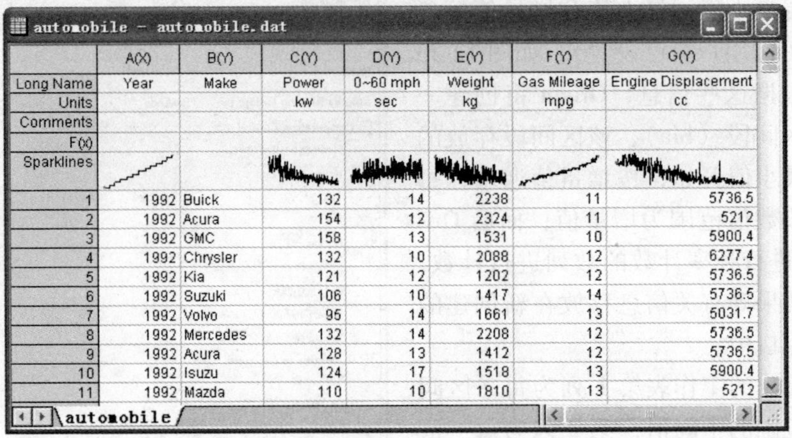

	A(X)	B(Y)	C(Y)	D(Y)	E(Y)	F(Y)	G(Y)
Long Name	Year	Make	Power	0~60 mph	Weight	Gas Mileage	Engine Displacement
Units			kw	sec	kg	mpg	cc
Comments							
F(x)							
Sparklines							
1	1992	Buick	132	14	2238	11	5736.5
2	1992	Acura	154	12	2324	11	5212
3	1992	GMC	158	13	1531	10	5900.4
4	1992	Chrysler	132	10	2088	12	6277.4
5	1992	Kia	121	12	1202	12	5736.5
6	1992	Suzuki	106	10	1417	14	5736.5
7	1992	Volvo	95	14	1661	13	5031.7
8	1992	Mercedes	132	14	2208	12	5736.5
9	1992	Acura	128	13	1412	12	5736.5
10	1992	Isuzu	124	17	1518	13	5900.4
11	1992	Mazda	110	10	1810	13	5212

图 12-35　“automobile.dat”工作表

（2）在“automobile”工作表为当前窗口时，选择菜单命令【Statistics】→【Descriptive Statistics】→【Statistics on Columns】，打开【Statistics on Columns】对话框。单击【Statistics on Columns】对话框中“Range 1”栏中的“Data Range”右边的按钮，将工作表中 C(Y)列 ~ G(Y)列添加进来，单击“Grouping Range”右边的按钮，选择 B(Y)列为分组列。选择输出和绘图设置，设置好的【Statistics on Columns】对话框如图 12-37 所示。

（3）单击“OK”按钮，完成对分组数据频率统计，如图 12-38a 所示。该图分别按功率、汽车重量、汽油里程等对各生产厂家的汽车进行了统计。双击图 12-38a 中所示图例可对其进行修改和分析。例如，单击第一个图例 Power，可得到图 12-38b

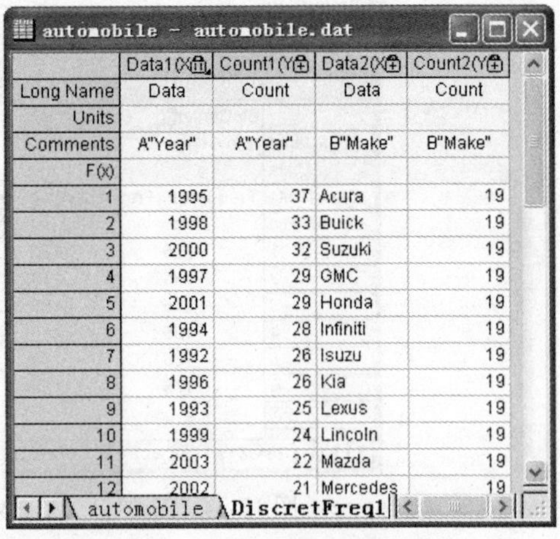

	Data1(X)	Count1(Y)	Data2(X)	Count2(Y)
Long Name	Data	Count	Data	Count
Units				
Comments	A"Year"	A"Year"	B"Make"	B"Make"
F(x)				
1	1995	37	Acura	19
2	1998	33	Buick	19
3	2000	32	Suzuki	19
4	1997	29	GMC	19
5	2001	29	Honda	19
6	1994	28	Infiniti	19
7	1992	26	Isuzu	19
8	1996	26	Kia	19
9	1993	25	Lexus	19
10	1999	24	Lincoln	19
11	2003	22	Mazda	19
12	2002	21	Mercedes	19

图 12-36　按汽车生产年份和生产厂家统计的工作表

所示图形，该图是按汽车功率统计各生产厂的情况。

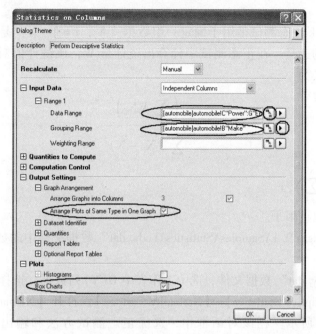

图 12-37　设置好的【Statistics on Columns】对话框

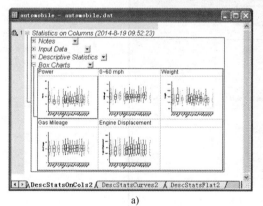

a)

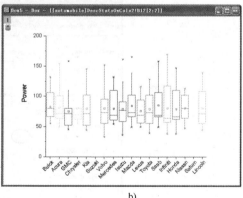

b)

图 12-38　分组数据频率统计图

12.2.4　正态测试

很多统计方法（如 t 检验和 ANOVA 检验）为获得有效的结果，要求数据从正态分布数据总体中取样获得，因此对数据进行正态测试（Normality Test），分析是否正态分布是非常重要的。Origin 正态测试有 Shapiro-Wilk 方法，对于 OriginPro，还有 Kolmogorov-Smirnov 方法和 Lilliefors 方法。这里仅对 Shapiro-Wilk 方法进行介绍。

Shapiro-Wilk 正态测试是用于确定一组数据（X_i, $i = 1 \sim N$）是否服从正态分布的非常有用的工具。在正态测试中计算出统计量 W，该统计值对进行统计决定非常有用，定义为

$$W = \frac{\left(\sum\limits_{i=1}^{N} A_i X_i \right)^2}{\sum\limits_{i=1}^{n} (X_i - \overline{X})^2} \tag{12-1}$$

式中 $\overline{X} = \dfrac{1}{n} \sum\limits_{i=1}^{N} X_i$ ；

A_i——权重因子。

下面以"Origin 9.1\Samples\Statistics\body.dat" 数据文件中的数据为例，进行正态测试。

导入"body.dat" 数据文件，选中工作表中 D(Y) 列数据。选择菜单命令【Statistics】→【Descriptive Statistics】→【Normality Test...】，打开【Normality Test】对话框，如图 12-39 所示。在该对话框中，选择正态测试方法和输出图形等，单击"OK" 按钮，完成正态测试。输出正态测试结果如图 12-40 所示。

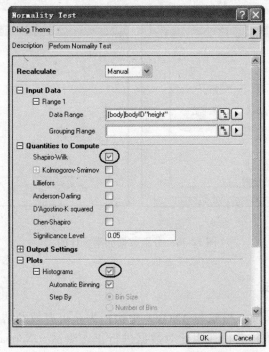

图 12-39 【Normality Test】对话框

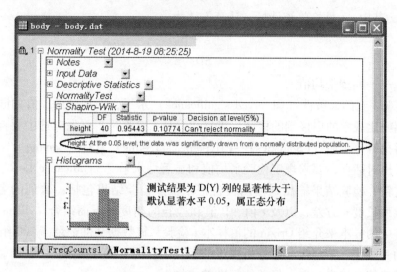

图 12-40 输出正态测试结果

12.3 假设检验

假设检验是利用样本的实际资料，来检验事先对总体某些数量特征所作的假设是否可信的一种统计分析方法。它通常用样本统计量和总体参数假设值之间差异的显著性来说明。差异小，假设值的真实性就可能大；差异大，假设值的真实性就可能小。因此，假设检验又称为显著性检验。

单样本假设检验主要用于一组定量的观测结果是否与给出的一个标准值或总体均值有显著差异，双样本假设检验主要用于测试均值或变量是否相同，配对样本假设检验主要用于配对设计。Origin 9.1 假设检验主要为 t 检验，包括单样本 t 检验（One-Sample t-Test）、双样本 t 检验（Two-Sample t-Test）和配对样本 t 检验（Pair-Sample t-Test）等。选择菜单命令【Statistics】→【Hypothesis testing】，打开假设检验二级菜单，如图 12-41 所示。

图 12-41 假设检验二级菜单

12.3.1 单样本 t 检验

对于服从正态分布的样本数列 X_1，…，X_n 来说，设样本均值为 $\overline{X}$，样本方差为 SD^2，此时可以应用单样本 t 检验方法来检验样本平均值是否等于规定的常数。要检验的原假设 $H_0: \mu = \mu_0$，备择假设 $H_1: \mu \neq \mu_0$。单样本 t 检验又分为单边（one-tailed）和双边（two-tailed）t 检验，其检验的假设见附录 A。它的两个参数

是 t 和 P，其中，t 是检验统计量，计算方法为

$$t = \frac{\overline{X} - \mu_0}{SD/\sqrt{n}}$$

（12-2）

式中　μ_0——期望平均值

P 是观察到的显著性（Observed significance）水平，即得到的 t 值如同观察的同样极端或比观察的更极端的机会。进行单总体 t 检验时，首先应选中要检验的数列，然后执行菜单命令【Statistics】→【Hypothesis Testing】→【One Sample t-Test】。此时系统弹出对话框，要求规定检验平均值和显著性水平（Significance Level）。单击"OK"按钮，检验结果输出到输出报告记录窗。检验结果包括：数列的名称、平均值、数列长度、方差，以及 t 值、P 值和检验的精度。下面结合"diameter. dat"数据文件中的样本来介绍 Origin 的单样本 t 检验。该数据文件记录了 100 组 M21 螺母直径的测试值，希望能通过分析螺母的平均直径是否等于 21mm。已知螺母的直径的测试值符合正态分布，但总体标准差未知。

（1）导入"Origin 9. 1\Samples\Statistics\diameter. dat"数据文件。选择菜单命令【Statistics】→【Hypothesis Testing】→【One Sample t-Test】，打开【Statistics \ Hypothesis Testing：OneSampletTest】对话框。在该对话框中，将工作表 A(X)列设置为输入数据，在测试均值栏"Test Mean"输入期望均值 21 并选择双边 t 检验。设置好的【Statistics \ Hypothesis Testing：OneSampletTest】对话框如图 12-42 所示。

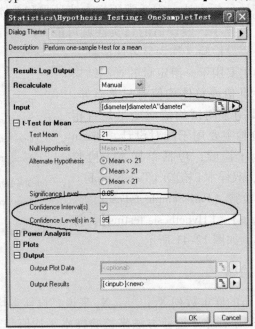

图 12-42　【Statistics \ Hypothesis Testing：OneSampletTest】对话框

（2）单击"OK"按钮，创建一个输出统计分析报告工作表，如图 12-43 所示。

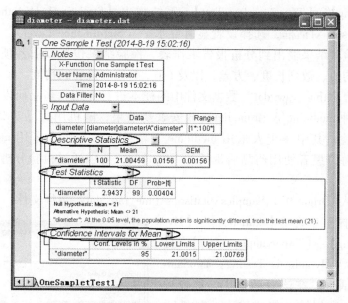

图 12-43 单样本 t 检验分析报告工作表

该输出统计分析报告中描述统计表（Descriptive Statistics）显示样本大小、样本均值、标准差和标准误差。其中，样本均值为 21.00459，标准误差为 0.00156。统计分析报告中 t 统计表（Test Statistics）的 t 统计量为 2.94337，P 为 0.00404，证明在规定的 0.05 显著性水平上样本实测均值（21.00459）与期望平均值 21 显著不同。统计分析报告中的均值置信区间（Confidence Intervals for Mean）表明，在 95% 置信条件下，样本均值范围为 21.0015 ~ 21.00769。

12.3.2 双独立样本 t 检验

1. 比较双独立样本均值差别

在实际工作中，常常会遇到比较双独立（Independent）样本参数的问题，如比较两地区的收入水平，比较两种工艺的精度等。对于 X、Y 两个样本数列来说，如果它们互相独立，并且都服从方差为常数的正态分布，那么可以使用双独立样本 t 检验[Two Sample T-test(Independent)]来检验两个数列的平均值是否相同。两个样本总体 t 检验的统计量按式（12-3）计算。式中，S^2、d_0 分别为总的样本方差和两个样本的平均值差。

$$t = \frac{(\overline{X}_1 - \overline{X}_2 - d_0)}{\sqrt{S^2\left(\dfrac{1}{N_1} + \dfrac{1}{N_2}\right)}} \tag{12-3}$$

双独立样本 t 检验是分析两个符合正态分布的独立样本的均值是否相同，或与给定的值是否有差异。进行双独立样本 t 检验时，选择菜单命令【Statistics】→【Hypothesis Testing】→【Two Sample t-Test】，系统弹出【Statistics \ Hypothesis Testing：TwoSampletTest】对话框，选择设置显著性水平（Significance Level）。单击"OK"按钮以后，检验结果输出到分析报告工作表。检验结果包括以下各项：两个数列的名称、平均值、数列长度、方差，以及 t 值、P 值和检验的精度。

下面结合"time_raw. dat"数据文件中的样本进行介绍。药品研发人员想比较开发出的两种 medicine A 和 medicine B 安眠药效果，随机用药品对 20 位失眠症患者进行试验，其中一半人采用 medicine A 治疗，另一半人采用 medicine B 治疗，记录下每位患者使用药品后延长的睡眠时间，要求通过检验分析这两种药品的差别。

（1）导入"Origin 9. 1 \ Samples \ Statistics \ time_raw. dat"数据文件。

（2）选择菜单命令【Statistics】→【Hypothesis Testing】→【Two Sample t-Test】，打开【Statistics \ Hypothesis Testing：TwoSampletTest】对话框。在该对话框中，选择按原始"Raw"数据输入格式输入，在"1st Data Range"选择 A（X）列，在"2nd Data Range"选择 B（Y）列，在期望平均值"Test Mean"中接受默认值"0"。设置好的【Statistics \ Hypothesis Testing：TwoSampletTest】对话框如图 12-44 所示。

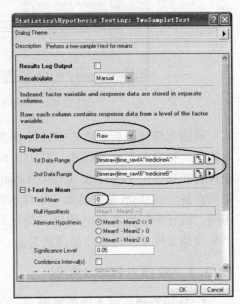

图 12-44　【Statistics \ Hypothesis Testing：TwoSampletTest】对话框

（3）单击"OK"按钮，新建一个输出分析报告工作表，如图 12-45 所示。

输出结果中的两组统计值分别是针对原假设（两组数据的方差相等/不等）所做出的 t 检验值。从图 12-45 可以看出，相对应的两组 P 值分别为 0. 07384 和 0. 074，均大于 0. 05 的置信水平。由此得出的结论是，在统计意义上，两组试验的治疗效果没有明显差别。

2. 比较双独立样本方差

（1）再导入"Origin 9. 1 \ Samples \ Statistics \ time_raw. dat"数据文件。

（2）选择菜单命令【Statistics】→【Hypothesis Testing】→【Two-Sample Test for Variance】，打开【Statistics \ Hypothesis Testing：TwoSampletTestVariance】对话框。在该对话框中，选择按"Raw"方式输入，在"1st Data Range"选择 A（X）列，在

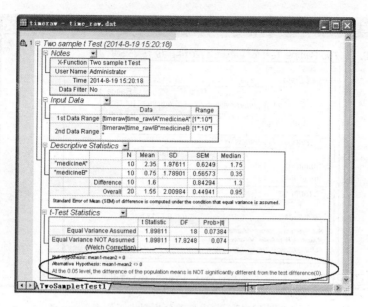

图 12-45 双独立样本 t 检验分析报告工作表

"2nd Data Range" 选择 B(Y)列，其余接受默认值。设置好的【Statistics \ Hypothesis Testing：TwoSampletTestVariance】对话框如图 12-46 所示。

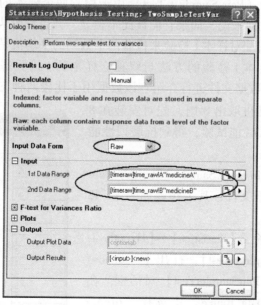

图 12-46 【Statistics \ Hypothesis Testing：TwoSampletTestVariance】对话框

（3）单击"OK"按钮，新建一个输出方差分析报告工作表，如图 12-47 所示。输出结果 P 值为 0.77181，大于 0.05，表明两个样本的方差没有明显差别。

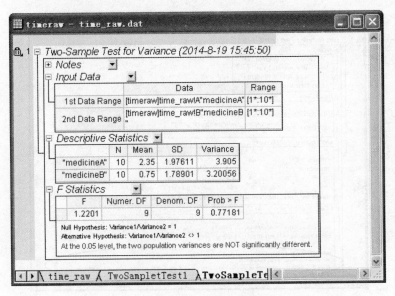

图 12-47　输出方差分析报告工作表

12.3.3　配对样本 t 检验

配对样本 t 检验（Pair-Sample t-Test）用于检验两个样本的均值是否相同。对于 X、Y 两个样本数列来说，如果它们彼此不独立，并且都服从方差为常数的正态分布，那么可以使用配对样本 t 检验来检验两个数列的平均值是否相同。

进行两个配对样本 t 检验的方法与双独立样本的 t 检验基本相同，下面结合"abrasion_raw. dat"数据文件进行介绍。该数据用于比较两种飞机轮胎的抗磨损性能。在两种轮胎中随机取出 8 组，配对安装在 8 架飞机上进行抗磨损性能试验，得到抗磨损性能数据。

（1）导入"Origin 9.1 \ Samples \ Statistics \ abrasion_raw. dat"数据文件，其工作表如图 12-48 所示。

（2）选择菜单命令【Statistics】→【Hypothesis Testing】→【Pair-Sample t-Test】，打开【Statistics \ Hypothesis Testing：PairSampletTest】对话框。在该对话框的"1st Data Range"中选择"tireA"列，在"2nd Data Range"中选择"tireB"列，在期望平均值"Test Mean"中输入值"0"，如图 12-49 所示。

图 12-48　"abrasion_raw. dat"工作表

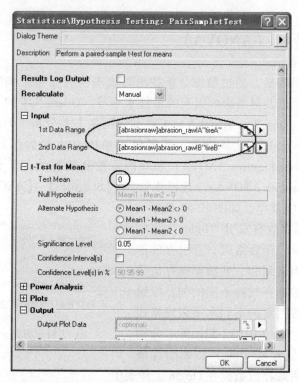

图 12-49 【Statistics \ Hypothesis Testing：PairSampletTest】对话框

单击 "OK" 按钮，会创建一个分析报告工作表，如图 12-50 所示。输出结果中，t 统计量（2.83119）和 P 值（0.02536）表明两组数据平均值的差异是显著的，即两种轮胎的抗磨损性是不同的。

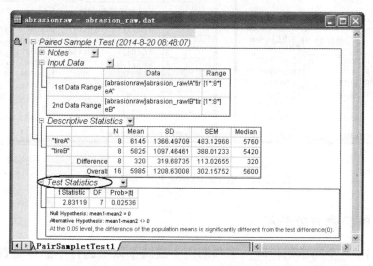

图 12-50 配对样本 t 检验分析报告工作表

12.4　方差分析（ANOVA）

　　方差分析的目的是，通过数据分析找出对该事物有显著影响的因素、各因素之间的交互作用，以及显著影响因素的最佳水平等。Origin 9.1 的方差分析工具有单因素方差分析（One-Way ANOVA）工具和双因素方差分析（Two-Way ANOVA）工具等。OriginPro 9.1 在此基础上，还提供了单因素重测数据的方差分析工具（One-Way Repeated Measures ANOVA）和双因素重测数据的方差分析工具（Two-Way Repeated Measures ANOVA）。选择菜单命令【Statistics】→【ANOVA】，打开 Origin 的方差分析二级菜单，如图 12-51 所示。

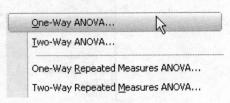

　　Origin 的数据存放有索引"Index"存放格式和原始"Raw"存放格式。索引存放格式数据是以一列因素列和一列数据列存放数据，因素与相关数据存放在不同的列；原始存放格式数据是按因素的不同水平以列格式存放数据。图 12-52a 和图 12-52b 所示分别为 4 种植物中的氧含量（mg）以索引存放格式和原始存放格式存放数据在 Origin 工作表中。

图 12-51　方差分析二级菜单

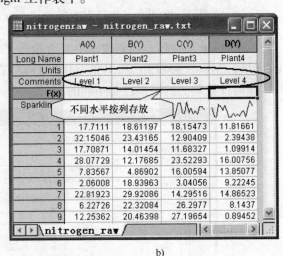

a)　　　　　　　　　　　　　　b)

图 12-52　索引存放格式和原始存放格式

12.4.1　单因素方差分析

　　如果用于一个简单的检验，来判断两个或两个以上的样本总体是否有相同的平均值，使用单因素方差分析［One-Way Analysis of Variance(ANOVA)］十分合适。

这种分析方法是建立在各数列均方差为常数，服从正态分布的基础上的。

如果 P 值比显著性水平值 α 小，那么拒绝原假设，断定各数列的平均值显著不同。换句话说，至少有一个数列的平均值与其他几个显著不同。如果 P 值比显著性水平值 α 大，那么接受原假设，断定各数列的平均值没有显著不同。

进行单因素方差分析，检验两个或两个以上的数列是否有相等的平均值时，首先应选中这些数列，选择菜单命令【Statistics】→【ANOVA】→【One-Way ANO-VA】；在弹出的【ANOVAOneWay】对话框内设定显著性水平（Significance Level）。单击"OK"按钮，则检验结果将自动生成输出结果报告，其中包括各数列的名称、平均值、长度、方差以及 F 值、P 值和检验的精度。下面结合索引数据存放格式和原始数据存放格式实例，进行单因素方差分析介绍。

1. 索引数据存放格式

（1）导入"Origin 9.1\Samples\Statistics\nitrogen.txt"数据文件，如图 12-52a 所示。该工作表以索引存放格式记录了 4 种植物中的氧含量，希望通过方差分析不同植物的氧含量是否有明显不同。

（2）对每组数据进行正态分布测试，以确定是否数据遵循正态分布。选中工作表第一列，选择菜单命令【Worksheet】→【Sort Worksheet】→【Ascending】。选择菜单命令【Statistics】→【Descriptive Statistics】→【Normality Test】，在打开的【Normality Test】窗口中，在"Input Data and Range 1"栏中选择工作表的 B(Y)列，在"Grouping Range"栏中选择工作表的 A(X)列。设置好的【Normality Test】窗口如图 12-53 所示。单击"OK"按钮，进行正态分布测试。得到的结果为记录的 4 种植物中氧含量数据均遵循正态分布。

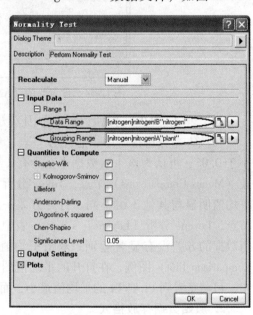

图 12-53　设置好的【Normality Test】窗口

（3）以图 12-52a 中的数据工作表为当前窗口，选择菜单命令【Statistics】→【ANOVA】→【One-Way ANOVA...】，在弹出的【ANOVAOneWay】对话框中的"Input Data"栏中选择"Indexed"，单击"Factor"栏的右边三角形，选择工作表 A(X)列，单击"Data"栏的右边三角形，选择工作表 B(Y)列。在"Means Comparison"栏中选中"Tukey"复选框。在"Tests for Equal Variance"栏中选中"Levene"复选框。在"Plots"栏中选中"Means Plot[SE as Error]"和"Means Comparison Plot"复选框。设置好的【ANOVAOneWay】对话框如图 12-54 所示。

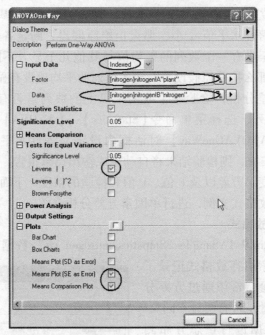

图 12-54　设置好的【ANOVAOneWay】对话框

（4）单击"OK"按钮，创建单因素方差分析报告，如图 12-55 所示。

在该方差分析报告中，总体方差表（Overall ANOVA）中的 P 为 6.993 38E-7，小于 0.05，可认为该 4 组数据中至少有 2 组数据平均值有显著差别。打开平均值比较（Means Comparisons）节点，Tukey 分析（Tukey Test）表中数据显示，PLANT4 的平均值明显与其他 3 组不同。打开方差一致性分析（Homogeneity of Variance Test）节点，Levene 分析（Levene's Test）表中的 P 为 0.79229，大于 0.05，可认为该 4 组数据的方差没有显著差别。双击平均值图（Means Plot）和均值比较图（Means Comparison Plot）图例，在打开的平均值图（图 12-56a）和均值比较图（图 12-56b）中，可清楚看到 PLANT4 的平均值最小，而且明显不同于其他 3 组。

2. 原始数据存放格式

（1）导入"Origin 9.1\Samples\Statistics\nitrogen_raw.txt"数据文件，如图 12-52b 所示。该工作表以原始数据存放格式记录了与"nitrogen.txt"数据文件中相同的数据，希望通过方差分析不同植物的氧含量是否有明显不同。

（2）全部选中工作表所有数据，选择菜单命令【Statistics】→【ANOVA】→【One-Way ANOVA...】，在弹出的【ANOVAOneWay】对话框中的"Input Data"栏中选择"Raw"，如图 12-57 所示。

（3）单击"OK"按钮，创建单因素方差分析报告。

请读者将此处得到的单因素方差分析报告与采用索引数据存放格式分析得到的报告进行比较。

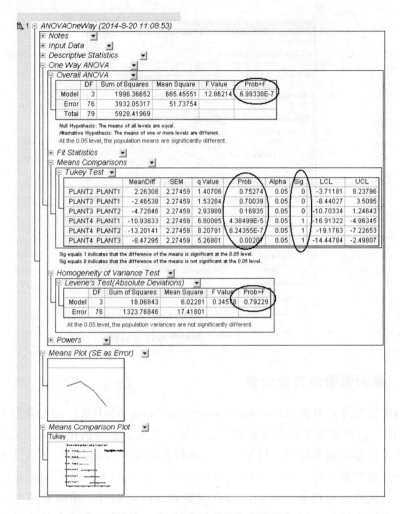

图 12-55 创建单因素方差分析报告

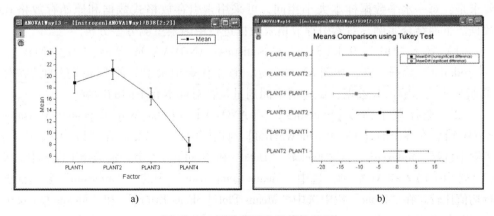

图 12-56 平均值图和均值比较图

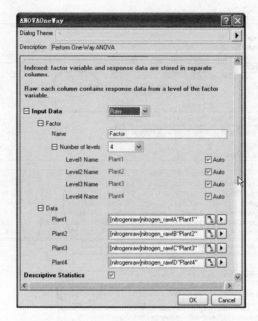

图 12-57 【ANOVAOneWay】对话框

12.4.2　单因素重测方差分析

单因素重测方差分析（One-way repeated measures ANOVA）是专业版 OriginPro 9.1 的功能，它主要用于独立变量的重复测量。在重复测量的情况下，采用单因素方差的无关性假设则不可行，这是因为可能存在重复的因素在某一水平上相关。

与单因素方差分析一样，单因素重测方差分析可用于检验不同测量的均值和不同主题的均值是否相等。除确定均值间是否存在差别外，单因素重测方差检验还提供了多均值比较，以确定哪一个均值有差别。单因素重测方差检验对数据的要求是：每一水平数据样本大小相同，可采用索引存放格式数据和原始存放格式数据。下面结合实例，对索引存放格式数据进行单因素重测方差分析。

（1）导入"Origin 9.1 \ Samples \ Statistics \ ANOVA \ One-Way _ RM _ ANOVA _ indexed. dat"数据文件，如图 12-58 所示。该工作表记录了 3 种不同剂量的药物对 30 组样本的影响试验数据，试分析不同剂量是否对样本有不同的影响。

（2）选择菜单命令【Statistics】→【ANOVA】→【One-Way Repeated Measures ANOVA】，在弹出的【ANOVAOneWayRM】对话框中设置参数。在"Input Data"列表框中选择"indexed"；在"Factor""Data"和"Subject"中分别选择工作表中的 B（Y）列、C（Y）列和 A（X）列。选中"Means Comparison"中的"Bonferroni"复选框进行均值比较。在"Plots"栏中选中"Means Plot［SE as Error］"和"Means Comparison Plot"复选框。设置好的【ANOVAOneWayRM】对话框如图 12-59 所示。

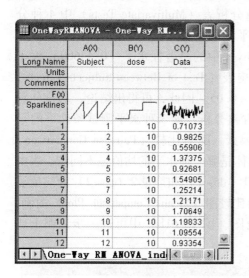

图 12-58 "One-Way_RM_ANOVA_ indexed. dat" 工作表

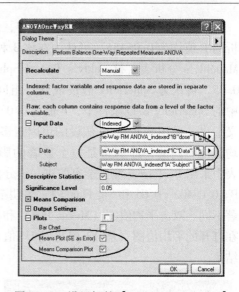

图 12-59 设置好的【ANOVAOneWayRM】 对话框

（3）单击"OK"按钮，创建单因素重测方差分析报告，如图 12-60 所示。

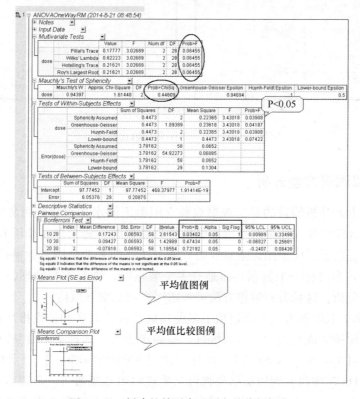

图 12-60 创建的单因素重测方差分析报告

在该单因素多重方差分析报告中，多重分析表（Multivariate Tests）中 4 种分析的 P 值均为 0.06455，可认为在该 3 种水平测试条件下的平均值没有显著差别。Mauchly's 分析表（Mauchly's Test of Sphericity）中的显著性水平（0.44609）大于 0.05，可认为 Sphericity 假设成立。组间影响表（Test of Between-Subjects Effects）中的 Sphericity 假设条件下，P 值为 0.03908 < 0.05。因此，可得出结论，从统计意义上讲，采用 Sphericity 假设的单因素多重方差分析，该 3 种水平测试条件下的平均值是不同的，即剂量是一个显著的影响因素。配对比较（Pairwise Comparison）表中采用 Bonferroni 测试能有效进一步分析具体是哪一种水平的均值是不同的。表中 P = 0.03402 < 0.05 和 Sig Flag = 1，表明剂量 1（dose1）和剂量 2（dose2）的均值显著不同。双击平均值图（Means Plot）和均值比较图（Means Comparison Plot）图例，在打开的平均值图（图 12-61a）和均值比较图（图 12-61b）中可进一步证明上述结论。

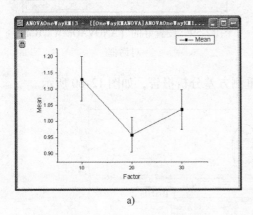 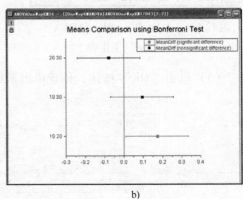

图 12-61　平均值图和均值比较图

12.4.3　双因素方差分析

双因素方差分析的目的是，观察双独立因素不同水平对研究对象的影响的差异是否有统计学意义。如果两个因素纵横排列数据时，每个单元格仅有一个数据，则称为无重复数据，应采用无重复双边方差分析；如果两个因素纵横排列数据时，每个单元格并非只有一个数据，而是有多个数据时，则有重复数据，应采用有重复双边方差分析，这种分析数据方法可考虑因素间的交互效应。

Origin 9.1 双因素方差分析包括了多种均值比较、真实和假设推翻假设概率分析等，能方便地完成双边方差分析统计。检验步骤为：选择菜单命令【Statistics】→【ANOVA】→【Two-Way ANOVA】，在弹出的【ANOVATwoWay】对话框内设定参数；单击"OK"按钮，则检验结果将自动生成输出结果报告。双因素方差检验对数据的要求是：每一水平数据样本大小相同，可采用索引存放格式数据和原始存放格式数据。下面结合实例，分别对采用索引 "Indexed" 存放格式数据和原始 "raw" 存放格式数据进行双因素方差分析。

分析数据（SBP_Index. dat）为分析性别（Sex）和饮食（Dietary）对人的收缩压（SBP）的影响。饮食因素分为纯素食组（strict vegetarians，SV）、乳制品素食组（lacto vegetarians，LV）和常规饮食组（normal，NOR）。试采用双因素方差分析人的平均收缩压（SBP），探讨性别和饮食组相互独立或有相互影响。

1. 对索引 "Indexed" 存放格式数据

（1）导入 "Origin 9.1\Samples\Statistics\SBP_Index. dat" 数据文件，该工作表以索引 "indexed" 存放格式存放了 "Dietary" 和 "Sex" 两个因素列和一个收缩压 "SBP" 数据列，如图 12-62 所示。

（2）选择菜单命令【Statistics】→【ANOVA】→【Two-Way ANOVA】，打开【ANOVATwoWay】对话框，进行参数设置。在 "Input Data" 列表框中选择 "indexed"；在 "FactorA" "FactorB" 和 "Data" 分别选择工作表中的 B(Y) 列、A(X) 列和 C(Y) 列。选中 "Interaction and Descriptive" 复选框。打开 "Means Comparison" 节点，设置 "Significance Level" 为 "0.05" 并选中 "Tukey" 复选框作为平均值比较方法。设置好的【ANOVATwoWay】对话框如图 12-63 所示。

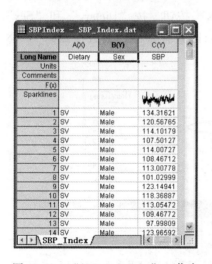

图 12-62　"SBP_Index. dat" 工作表

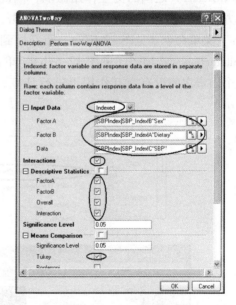

图 12-63　设置好的【ANOVATwoWay】对话框

（3）单击 "OK" 按钮，进行方差分析，自动生成双因素方差分析报告表。

在该双因素方差分析报告的总体方差（Overall ANOVA）表中，"Dietary" 和 "Sex" 两个因素均是显著影响因素，但双因素之间的交互作用（Interaction）并不显著，双因素方差分析报告中的总体方差表如图 12-64 所示。

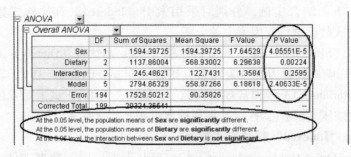

图 12-64　双因素方差分析报告中的总体方差表

　　为进一步分析双因素之间的交互作用，可用双因素方差分析报告中数据绘制交互作用图（Interaction Plot）。单击交互作用（Interaction）表头，选择"Create Copy As New Sheet"命令（见图 12-65a），创建交互作用数据表（见图 12-65b）。用右键单击创建的交互作用数据表中的 B(X2)列，在弹出的菜单中选择将该列设置为"Set As Categorical"。用 D(Y2)列中男性（Male）的均值数据和女性（Female）的均值数据绘制线图，如图 12-66 所示。图 12-66 表明，性别（Sex）和饮食（Dietary）之间的交互作用微弱，因此应该重新对数据进行分析计算。在双因素方差分析报告左上角的绿色锁上单击，在弹出的菜单中选择"Change Parameters"菜单命令（见图 12-67a），重新回到【ANOVATwoWay】窗口，去掉交互作用（Interaction）选项☑（见图 12-67b）。单击"OK"按钮，按"Dietary"和"Sex"两个因素之间没有交互作用再进行计算，更新双因素方差分析报告，如图 12-68 所示。

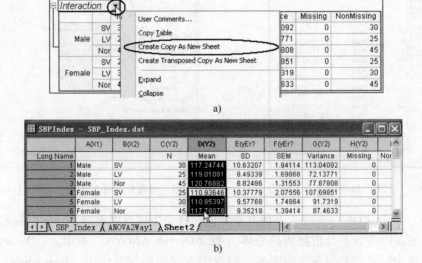

a)

b)

图 12-65　创建交互作用数据表

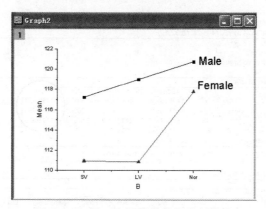

图 12-66 男、女性均值数据绘制线图

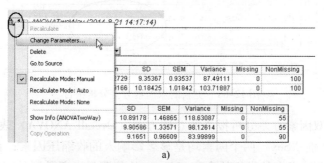

a)

图 12-67 重新对数据进行分析计算步骤

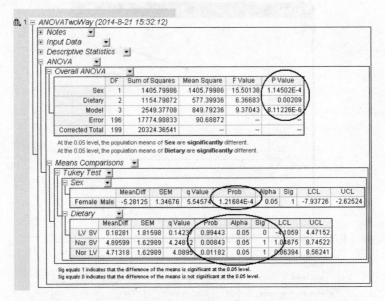

图 12-68　更新的双因素方差分析报告

在更新的双因素方差分析报告的总体方差（Overall ANOVA）表中，得出饮食"Dietary"和性别"Sex"两个因素均是显著影响人的收缩压因素；在饮食（Dietary）表中，饮食因素中的常规饮食组（Nor）均值明显大于乳制品素食组（LV）和纯素食组（SV）的均值，男性的收缩压均值明显大于女性的。

2. 对原始"Raw"存放格式数据

（1）导入"Origin 9.1\Samples\Statistics\SBP_Raw.dat"数据文件，如图 12-69所示。该工作表以原始数据存放格式记录了与"SBP_Index.dat"数据文件中相同的数据，希望对数据进行双因素方差分析。

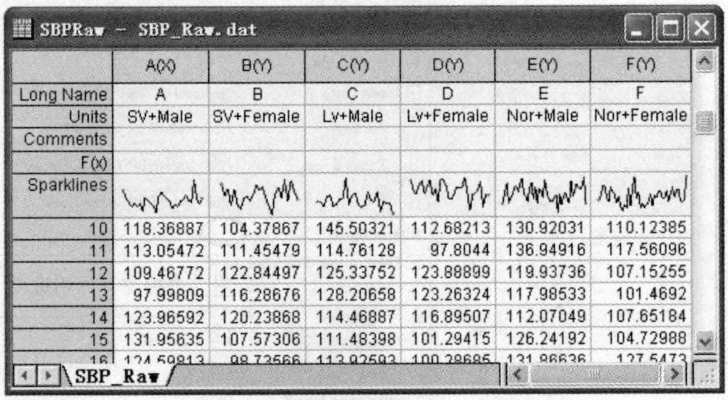

（2）全部选中"SBP_Raw.dat"工作表，选择菜单命令【Statistics】→【ANOVA】→【Two-Way ANOVA】，打开【ANOVATwoWay】对话框，按图 12-70 进行设置。

图 12-69　"SBP_Raw.dat"工作表

（3）单击"OK"按钮，创建双因素方差分析报告。

请读者将此处得到的双因素方差分析报告与采用索引数据存放格式分析得到的报告进行比较。

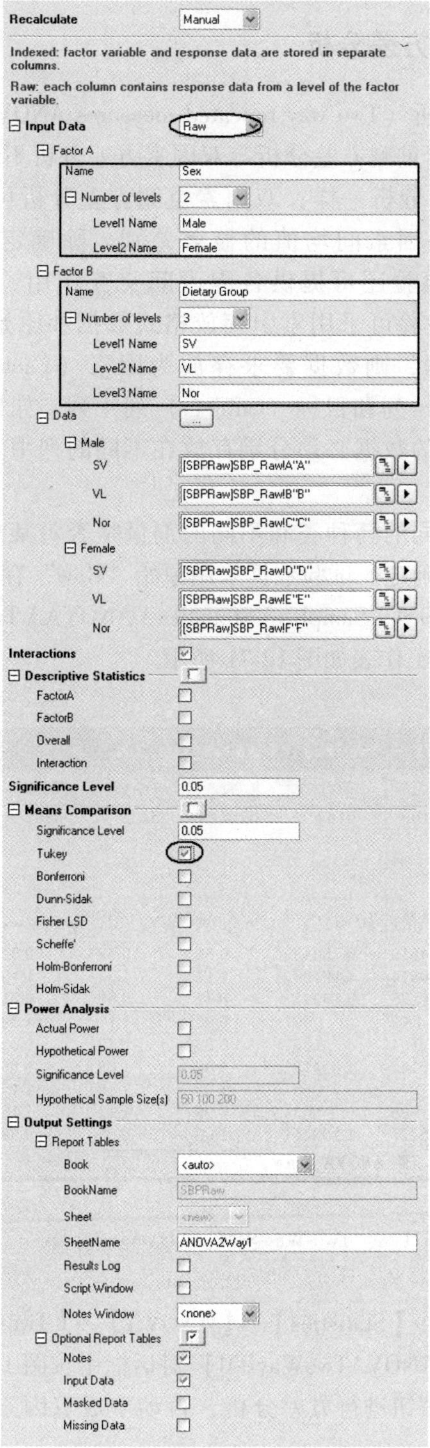

Recalculate	Manual ∨

Indexed: factor variable and response data are stored in separate columns.

Raw: each column contains response data from a level of the factor variable.

⊟ Input Data	Raw ∨
⊟ Factor A	
Name	Sex
⊟ Number of levels	2 ∨
Level1 Name	Male
Level2 Name	Female
⊟ Factor B	
Name	Dietary Group
⊟ Number of levels	3 ∨
Level1 Name	SV
Level2 Name	VL
Level3 Name	Nor
⊟ Data	...
⊟ Male	
SV	[SBPRaw]SBP_Raw!A"A"
VL	[SBPRaw]SBP_Raw!B"B"
Nor	[SBPRaw]SBP_Raw!C"C"
⊟ Female	
SV	[SBPRaw]SBP_Raw!D"D"
VL	[SBPRaw]SBP_Raw!E"E"
Nor	[SBPRaw]SBP_Raw!F"F"
Interactions	☑
⊟ Descriptive Statistics	☐
FactorA	☐
FactorB	☐
Overall	☐
Interaction	☐
Significance Level	0.05
⊟ Means Comparison	☐
Significance Level	0.05
Tukey	☑
Bonferroni	☐
Dunn-Sidak	☐
Fisher LSD	☐
Scheffe'	☐
Holm-Bonferroni	☐
Holm-Sidak	☐
⊟ Power Analysis	
Actual Power	☐
Hypothetical Power	☐
Significance Level	0.05
Hypothetical Sample Size(s)	50 100 200
⊟ Output Settings	
⊟ Report Tables	
Book	\<auto\> ∨
BookName	SBPRaw
Sheet	\<new\> ∨
SheetName	ANOVA2Way1
Results Log	☐
Script Window	☐
Notes Window	\<none\> ∨
⊟ Optional Report Tables	☑
Notes	☑
Input Data	☑
Masked Data	☐
Missing Data	☐

图 12-70　【ANOVATwoWay】对话框设置

12.4.4　双因素重测方差分析

双因素重测方差分析（Two-way repeated measures ANOVA）也是专业版 OriginPro 9.1 的功能。双因素重测方差分析与双因素方差分析不同之处是至少有一个重测变量。与双因素方差分析一样，双因素重测方差分析可用于检验因素的水平均值间的显著差别和各因素间均值的显著差别。除确定均值间是否存在差别外，双因素重测方差检验还可提供各因素间交互作用，以及描述性统计分析等。双因素重测方差检验可采用索引存放格式数据和原始存放格式数据。如果采用索引存放格式数据，则数据要求存放为因素（Factor）A 列、因素（Factor）B 列、数据（Data）列和目标（Subject）列 4 列。如果采用原始存放格式数据，则不同因素和水平的数据必须分别存放在不同的列中。下面结合实例进行具体介绍。

试验数据是分析不同的药种类和不同的剂量是否对某疾病有不同的疗效，并采用配对比较方法进行确定。试验数据采用原始“Raw”存放格式。

（1）导入“Origin 9.1 \ Samples \ Statistics \ ANOVA \ Two-Way _ RM _ ANOVA _ raw. dat”数据文件，其工作表如图 12-71 所示。

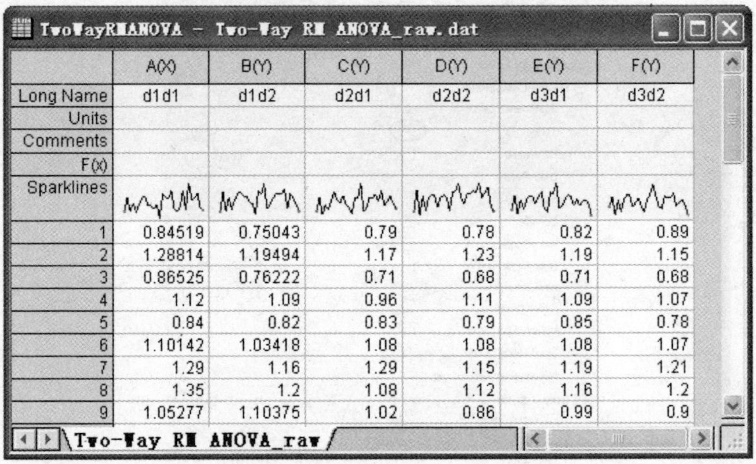

	A(X)	B(Y)	C(Y)	D(Y)	E(Y)	F(Y)
Long Name	d1d1	d1d2	d2d1	d2d2	d3d1	d3d2
Units						
Comments						
F(x)						
Sparklines						
1	0.84519	0.75043	0.79	0.78	0.82	0.89
2	1.28814	1.19494	1.17	1.23	1.19	1.15
3	0.86525	0.76222	0.71	0.68	0.71	0.68
4	1.12	1.09	0.96	1.11	1.09	1.07
5	0.84	0.82	0.83	0.79	0.85	0.78
6	1.10142	1.03418	1.08	1.08	1.08	1.07
7	1.29	1.16	1.29	1.15	1.19	1.21
8	1.35	1.2	1.08	1.12	1.16	1.2
9	1.05277	1.10375	1.02	0.86	0.99	0.9

图 12-71　“Two-Way_RM_ANOVA_raw. dat”工作表

（2）选择菜单命令【Statistics】→【ANOVA】→【Two-Way Repeated Measures ANOVA】，在弹出的【ANOVATwoWayRM】对话框中按图 12-72 所示进行设置。

（3）单击“OK”按钮进行方差分析，自动生成双因素重测方差分析报告表，如图 12-73 所示。

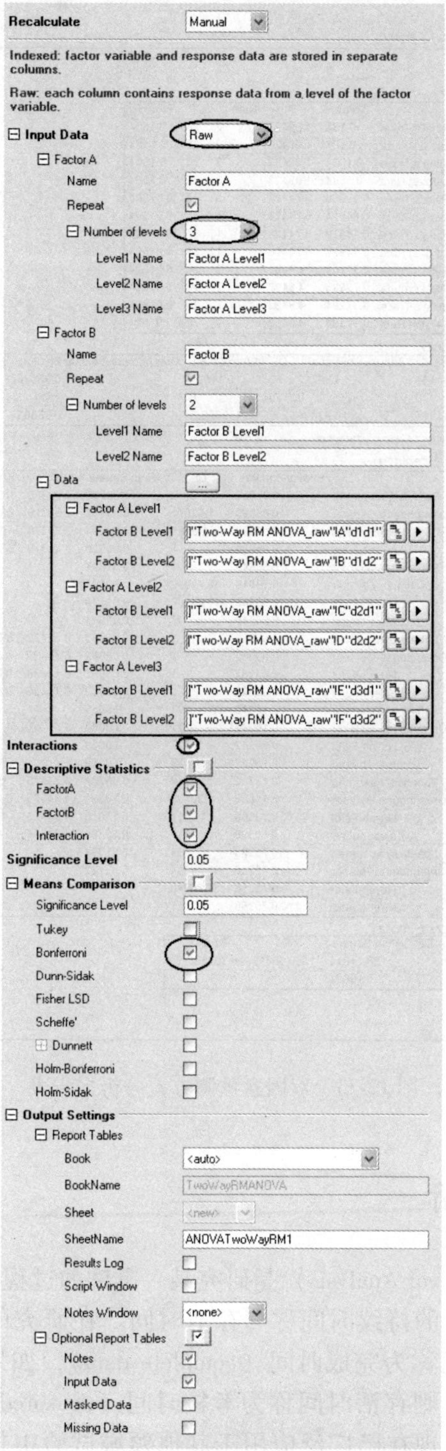

图 12-72 【ANOVATwoWayRM】对话框中的设置

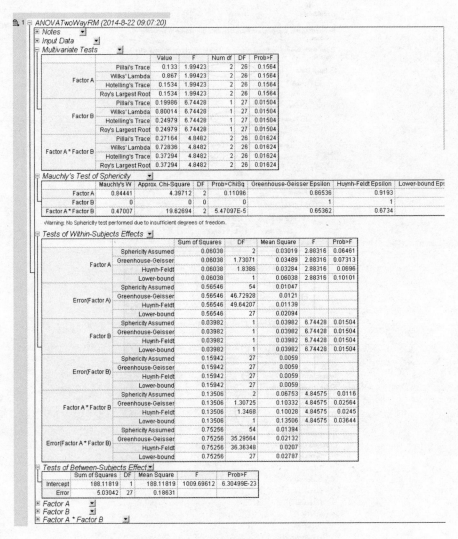

图 12-73   双因素重测方差分析报告表

12.5   存活率分析

存活率分析（Survival Analysis）是研究某一事件的过程分析方法，如治疗过程中的死亡分析，该过程的持续时间称为存活时间。在研究的过程中，如果观测的事件发生，则存活时间称为完成时间（complete data），如果在研究的过程中，观测的个案事件未发生，则存活时间称为考核时间（censored time）。存活率分析原来主要用于生物科学，现在已广泛应用于其他领域试验中估计存活率分析，如某种药物对某种疾病是否有效，某种药物效力作用时间，某种试验方法对某种材料寿命的影响,某种部件的使用寿命分析等。

OriginPro9.1 的存活率分析具有广泛使用的 3 个存活率分析模型,即 Kaplan-Meier(Product-Limit Estimator)模型、Cox Proportional Hazards 模型和 Weibull Fit 模型。它们的计算方法都是基于在多次失败的基础上,估计可能存活的生存函数,绘制存活曲线和描述存活率。本节仅介绍 Kaplan-Meier(Product-Limit Estimator)模型和 Weibull Fit 模型。

12.5.1 Kaplan-Meier 模型

为研究两种不同的药物的抗癌疗效,采用老鼠进行试验,试验数据存放在"SurvivedRats. dat"数据文件中。实验过程为将实验老鼠接触致癌物质二甲基苯并蒽(DMBA)后,采用两种不同的药物分两组进行治疗,观察和记录 2 组实验老鼠在 60h 内的生存状态。第一组采用药物 1(Drug 1)治疗,在 30h 时,出现第一只老鼠死亡(非癌症死亡),60h 实验完成时有 15 只实验老鼠存活。第二组采用药物 2(Drug 2)治疗,在 14h、15h 和 25h 时,分别有一只老鼠出现死亡(非癌症死亡),60h 实验完成时也有 15 只实验老鼠存活。存活状态(Status)用数字表示,"0"为非癌症死亡、"1"为癌症死亡和"2"为存活。试采用计算存活率的经典模型 Kaplan-Meier 模型进行分析并给出解释。用 Kaplan-Meier 模型分析存活率的方法如下:

(1)导入"Origin 9.1\Samples\Statistics\SurvivedRats. dat"数据文件,其工作表如图 12-74 所示。工作表 A(X)列为存活时间,B(Y)列为存活状态,C(Y)列为药物组列。

(2)选择菜单命令【Statistics】→【Survival Analysis】→【Kaplan-Meier Estimator...】,打开【Statistics/Survival Analysis:kaplanmeier】对话框进行设置。

(3)在"Input"栏中的"Time Range""Censor Range"和"Grouping Range"分别选择工作表中的 A(X)列、B(Y)列和 C(Y)列。在"Censoring Value(s)"中选择"0"和

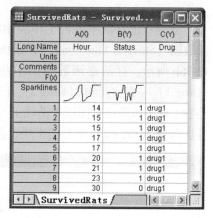

图 12-74　"SurvivedRats. dat"工作表

"2",在"Survival Table"栏中选中所有的复选框,在"Survival Plot"栏中选中"Survival""Add confidence intervals""One Minus Survival"和"Hazard"复选框,在"Test Equality of SA Functions"栏中选中所有的复选框。设置好的【Statistics/Survival Analysis:kaplanmeier】对话框如图 12-75 所示。

(4)单击"OK"按钮,完成存活率计算,数据和图表(略)保存在自动生成的存活率报告工作表中。

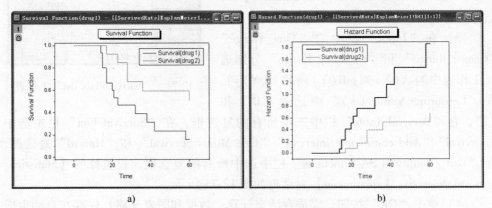

图 12-75　设置好的【Statistics/Survival Analysis：kaplanmeier】对话框

　　分别双击存活率报告工作表中的存活率图（Survival Plots）图例，得到存活率函数图（Survival Function）和风险函数图（Hazard Function），分别如图 12-76a 和图 12-76b 所示。存活率函数图图中曲线下降越快，则存活率越低。可以看到药物 1（Drug 1）一直比药物 2（Drug 2）下降的速率快，因此可以认为药物 2 的抗癌效果比药物 1 好。风险函数图图中曲线上升越快，则风险越大。可以看到药物 1（Drug 1）一直比药物 2（Drug 2）上升速率快，因此可以认为药物 2 的抗癌可靠性比药物 1 好。

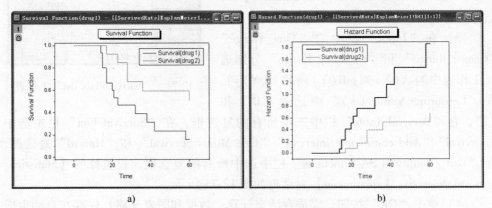

a)　　　　　　　　　　　　　　　　b)

图 12-76　存活率函数图和风险函数图

12.5.2　Weibull Fit 模型

Weibull Fit（威布尔拟合）模型是一种用参数方法分析存活函数和失效时间的模型。采用 Weibull Fit 分析，可对存活率函数和风险函数的参数进行估计。Weibull Fit 模型的存活率函数和风险函数的参数估计是 OriginPro 9.1 的新增功能。

Weibull 分布函数为

$$f(x) = \frac{c}{\sigma}\left(\frac{x-\theta}{\sigma}\right)^{c-1} \exp\left[-\left(\frac{x-\theta}{\sigma}\right)^{c}\right] \tag{12-4}$$

式中　x > θ；

　　　c、σ > 0。

由 Weibull 分布函数得到存活率函数 S(x) 和风险函数 h(x) 分别为

$$S(x) = \exp\left[-\left(\frac{x-\theta}{\sigma}\right)^{c}\right] \tag{12-5}$$

$$h(x) = \frac{c}{\sigma}\left(\frac{x-\theta}{\sigma}\right)^{c-1} \tag{12-6}$$

式中　c——形状参数；

　　　σ——比例参数；

　　　θ——位置参数。

如果 c > 1，则风险增大；如果 c = 1，则风险不变；如果 c < 1，则风险降低。

用 Weibull Fit 模型对存活率函数和风险函数的参数进行估计的方法如下：

（1）导入"Origin 9.1 \ Samples \ Statistics \ Weibull fit. dat"数据文件，如图 12-77 所示。工作表 A(X)列为存活时间，B(Y)列为存活状态。

（2）选择菜单命令【Statistics】→【Survival Analysis】→【Weibull Fit...】，打开【Statistics/Survival Analysis：weibullfit】对话框。

（3）在"Time Range"中选择输入工作表中 A(X)列，在"Censor Range"中选择输入工作表中 B(Y)列，并在"Censoring Value（s）"下拉列表框选择"0"。其余接受默认值。设置好的【Statistics/Survival Analysis：weibullfit】对话框如图 12-78 所示。

（4）单击"OK"按钮，完成存活率计算，图表和数据保存在自动生成的 Weibull 模型分析报告工作表中，如图 12-79 所示。

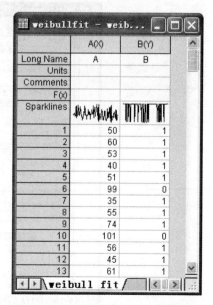

图 12-77　"Weibull fit. dat"数据文件

Weibull 模型分析报告工作表的总结考核表（summary of event and censored values）中的 censored 值为 19，percent Censored 值为 0.2111。参数估计分析表（Analysis of parameter estimates）可得到存活率函数 S(x) 和风险函数 h(x) 中的全部参数。其中，Intercept 代表 θ = 4.1959，Weibull Shape 代表 c = 2.0204，Weibull Scale 代表 σ = 66.4153。由于 c > 1，故随时间增加，风险增大。通过对存活率函数和风险函数的参数进行估计，得到存活率函数和风险函数分别为

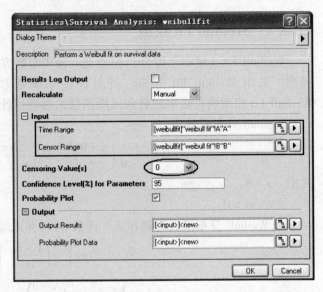

图 12-78 【Statistics/Survival Analysis：weibullfit】对话框

$$S(x) = \exp\left[-\left(\frac{x - 4.1959}{66.4153} \right)^{2.0204} \right] \qquad (12\text{-}7)$$

$$h(x) = \frac{2.0204}{66.4153}\left(\frac{x - 4.1959}{66.4153} \right)^{1.0204} \qquad (12\text{-}8)$$

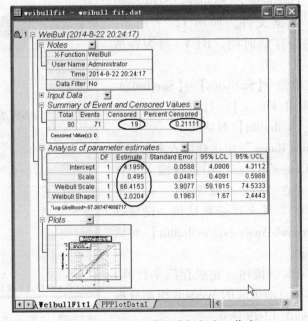

图 12-79　Weibull 模型分析报告工作表

双击 Weibull 模型分析报告工作表中的（Plots）图例，得到 Weibull 概率图（Weibull Probability Plot），如图 12-80 所示。

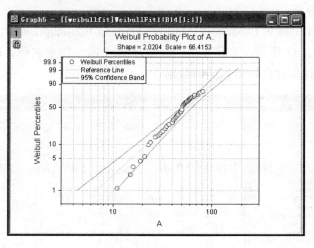

图 12-80　Weibull 概率图

12.6　多变量分析

多变量分析（Multivariate Analysis）主要包括回归分析、判别分析、因子分析、主成分分析、聚类分析和生存分析等 6 个大的分支。多变量分析是 OriginPro 8.6 版本后新增功能，目前 OriginPro 9.1 的多变量分析（Multivariate Analysis）包括主元素分析（Principal Component Analysis）、聚类分析（Cluster Analysis）、判别分析（Discriminant Analysis）和偏最小二乘法（Partial Least Squares）。本节介绍应用 OriginPro 进行主元素分析、聚类分析和偏最小二乘法分析。选择菜单命令【Statistics】→【Multivariate Analysis】，打开 OriginPro 的多变量分析二级菜单，如图 12-81 所示。

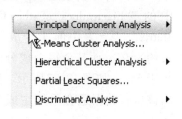

图 12-81　OriginPro 的多变量分析二级菜单

12.6.1　主成分分析

主成分分析方法是研究将彼此相关的变量综合成一个（或少数几个）主成分，而该主成分指标能在最大程度上反映观测变量所提供的信息的一种方法。

下面结合实例具体介绍用 Origin 进行主成分分析。试验数据为 25 个欧洲国家的 9 种食物的蛋白质消耗量，存放在 "Protein Consumption in Europe. dat" 数据文件中。试采用主成分分析方法分析蛋白质来源与这些欧洲国家之间的关系。能否采用主成分分析方法对数据进行分析，须对数据进行预分析，根据预分析结果，决定是否采用。

1. 数据预分析

（1）导入"Origin 9.1\Samples\Statistics\Protein Consumption in Europe. dat"数据文件，如图 12-82 所示。工作表 A(X)列为 25 个欧洲国家名称，B(Y)~J(Y)列为 25 个国家消耗 9 种食物蛋白质的数据。

Long Name	A(X) Country	B(Y) Red Meat	C(Y) White Meat	D(Y) Eggs	E(Y) Milk	F(Y) Fish	G(Y) Cereals	H(Y) Starch	I(Y) Nuts	J(Y) Fruits & Vegetables
Units										
Comments										
F(x)										
Sparklines										
1	Albania	10.1	1.4	0.5	8.9	0.2	42.3	0.6	5.5	1.7
2	Austria	8.9	14	4.3	19.9	2.1	28	3.6	1.3	4.3
3	Belgium	13.5	9.3	4.1	17.5	4.5	26.6	5.7	2.1	4
4	Bulgaria	7.8	6	1.6	8.3	1.2	56.7	1.1	3.7	4.2
5	Czechoslovakia	9.7	11.4	2.8	12.5	2	34.3	5	1.1	4
6	Denmark	10.6	10.8	3.7	25	9.9	21.9	4.8	0.7	2.4
7	E Germany	8.4	11.6	3.7	11.1	5.4	24.6	6.5	0.8	3.6
8	Finland	9.5	4.9	2.7	33.7	5.8	26.3	5.1	1	1.4
9	France	18	9.9	3.3	19.5	5.7	28.1	4.8	2.4	6.5

图 12-82　"Protein Consumption in Europe. dat"工作表

（2）选择菜单命令【Statistics】→【Multivariate Analysis】→【Principal Component Analysis】，打开【Statistics/Multivariate Analysis：pca】对话框。接受默认值，单击"OK"按钮。

（3）打开新创建的 PCA1 工作表中的"Eigenvalues of the Correlation Matrix"表，表中前 4 个成分的贡献占约 86%，而其余每个成分的贡献约小于 5%，如图 12-83 所示。因此，得出该试验数据适合采用主成分分析方法来分析。

（4）双击新创建的 PCA1 工作表中的"Scree plot"图例，得到"Scree plot"图，如图 12-84 所示。根据图中的本征值（Eigenvalues）出现的凸出点（Elbow），确定合适的主成分数量。根据图 12-84 出现的凸出点，选择主成分数量为"4"。

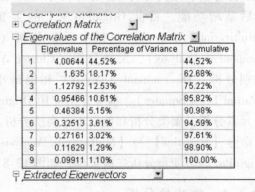

	Eigenvalue	Percentage of Variance	Cumulative
1	4.00644	44.52%	44.52%
2	1.635	18.17%	62.68%
3	1.12792	12.53%	75.22%
4	0.95466	10.61%	85.82%
5	0.46384	5.15%	90.98%
6	0.32513	3.61%	94.59%
7	0.27161	3.02%	97.61%
8	0.11629	1.29%	98.90%
9	0.09911	1.10%	100.00%

图 12-83　PCA1 工作表中的"Eigenvalues of the Correlation Matrix"表

2. 主成分分析

（1）单击图 12-84 中左上角的绿色锁🔒，在打开的菜单中选择菜单命令"Change Parameters"，再次打开【Statistics/Multivariate Analysis：pca】对话框。

（2）在【Statistics/Multivariate Analysis：pca】对话框的"Settings"栏中的"Number of Components to Extract"中输入"4"，在"Plot"栏中选中"Scree Plot""Loading Plot"和"Biplot"复选框。由于主成分1和主成分2通常起主导作用，因此选择主成分1和主成分2分别为X轴和Y轴绘图。设置好的【Statistics/Multivariate Analysis：pca】对话框如图12-85所示。

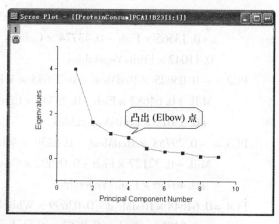

图 12-84 "Scree plot" 图

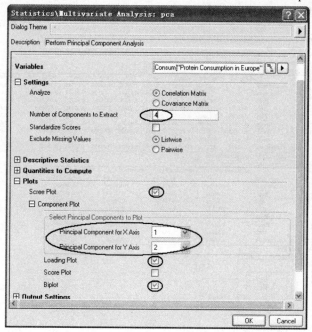

图 12-85 设置好的【Statistics/Multivariate Analysis：pca】对话框

（3）单击"OK"按钮，进行主成分分析，得到主成分分析报告，如图12-86所示。

从主成分分析报告的相关系数矩阵（Correlation Matrix）表中可以看出，变量高度相关，很多都大于0.3，因此可认为采用主成分分析方法是合适的。主成分分析报告的萃取特征向量（Extracted Eigenvectors）表提供了主成分与原组员间的线性关系式。根据萃取特征向量表，可得出4个主成分与原组员的关系式分别为式(12-9)～式(12-12)。

$$PC1 = 0.30261 \times RedMeat + 0.31056 \times WhiteMeat + 0.42668 \times Eggs + 0.37773 \times Milk$$
$$+ 0.13565 \times Fish - 0.43774 \times Cereals + 0.29725 \times Starch - 0.42033 \times Nuts -$$
$$0.11042 \times FruitsVegetables \tag{12-9}$$

$$PC2 = -0.05625 \times RedMeat - 0.23685 \times WhiteMeat - 0.03534 \times Eggs - 0.18459 \times$$
$$Milk + 0.64682 \times Fish - 0.23349 \times Cereals + 0.35283 \times Starch + 0.14331 \times Nuts$$
$$+ 0.53619 \times FruitsVegetables \tag{12-10}$$

$$PC3 = -0.29758 \times RedMeat + 0.6239 \times WhiteMeat + 0.18153 \times Eggs - 0.38566 \times$$
$$Milk - 0.32127 \times Fish + 0.09592 \times Cereals + 0.24298 \times Starch - 0.05439 \times Nuts$$
$$+ 0.40756 \times FruitsVegetables \tag{12-11}$$

$$PC4 = 0.64648 \times RedMeat - 0.03699 \times WhiteMeat + 0.31316 \times Eggs - 0.00332 \times Milk$$
$$- 0.21596 \times Fish - 0.0062 \times Cereals - 0.33668 \times Starch + 0.33029 \times Nuts +$$
$$0.46206 \times FruitsVegetables \tag{12-12}$$

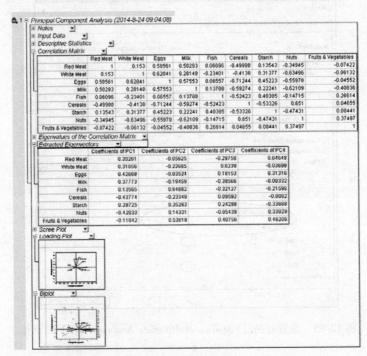

图 12-86　主成分分析报告

双击主成分分析报告中的"Loading Plot"图例，得到图 12-87a 所示图形。从图中可得到主成分 1 和主成分 2 与原组员的关系。红肉（Red Meat）、鸡蛋（Eggs）、牛奶（Milk）和白肉（White Meat）对主成分 1 具有相同的贡献，而鱼类（Fish）、水果和蔬菜（Fruit and Vegetables）对主成分 2 具有相同的贡献。

双击主成分分析报告中的"Biplot"图例，得到图 12-87b 所示图形。通过数据

读取工具 （Data Reader）可进一步分析这些欧洲国家的蛋白质来源的差异。例如，用数据读取工具 单击图 12-87b 所示图形中的数据点得到该点数据为葡萄牙 （Portugal）的，该国主要蛋白质来源主要为水果和蔬菜（Fruit and Vegetables）。

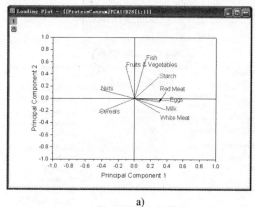 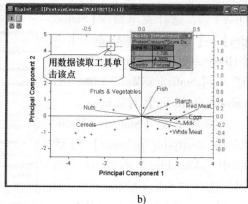

a)   b)

图 12-87 "Loading Plot" 图和 "Biplot" 图

12. 6. 2 聚类分析

聚类分析（Cluster Analysis）是一组将研究对象分为相对同质的群组（Clusters）的统计分析技术。它将看似无序的对象进行分组、归类，以达到更好地理解研究对象的目的。下面结合实例，具体介绍用 Origin 进行聚类分析。试验数据 3 年期间美国城市的平均温度，存放在 "US Mean Temperature. dat" 数据文件中。试采用聚类分析对美国城市按纬度进行聚类分析。为找到最佳的聚类分析方法，先采用层次（Hierarchical）聚类分析对工作表中部分随机数据进行分析，而后采用 K-means 聚类分析对工作表所有数据进行聚类分析。

1. 层次（Hierarchical）聚类分析

（1）导入 "Origin 9.1\Samples\Graphing\US Mean Temperature. dat" 数据文件，如图 12-88 所示。工作表 A(X) 列为美国城市名称，B(Y) 和 C(Y) 列分别为对应城

	A(X)	B(Y)	C(Y)	D(Y)	E(Y)	F(Y)	G(Y)	H(Y)	I(Y)	J(Y)
Long Name	City	Longitude	Latitude	January	February	March	April	May	June	July
Units										
Comments										
F(x)										
Sparklines										
1	EUREKA, CA.	-124.1	40.8	47.9	48.9	49.2	50.7	53.6	56.3	58
2	ASTORIA, OR	-123.8	46.2	42.4	44.2	46	48.5	52.7	56.7	60
3	EUGENE, OR	-123.1	44.1	39.8	42.8	46.3	49.8	54.8	60.2	66
4	SALEM, OR	-123	44.9	40.3	43	45.6	50	55.3	61.2	66
5	OLYMPIA, WA	-122.9	47	38.1	40.5	43.6	47.4	53.3	58.2	62
6	MEDFORD, OR	-122.9	42.3	39.1	43.5	47.1	51.6	58.1	65.6	72
7	PORTLAND, OR	-122.7	45.5	39.9	43.1	47.2	51.2	57.1	62.7	68
8	REDDING, CA	-122.4	40.6	45.5	49.1	52.5	57.8	66.2	75.2	81
9	SAN FRANCISCO AP, CA	-122.4	37.8	49.4	52.4	54	56.2	58.7	61.4	62

US Mean Temperature

图 12-88 "US Mean Temperature. dat" 数据文件

市的经纬度，D(Y)~O(Y)列分别为对应城市的 3 年的月平均温度，P(Y)列为对应城市的 3 年的年平均温度。

（2）选中"US Mean Temperature. dat"工作表中 D(Y)~O(Y)列，选择菜单命令【Statistics】→【Multivariate Analysis】→【Hierarchical Cluster Analysis】，打开【Statistics/Multivariate Analysis：hcluster】对话框。

（3）单击【Statistics/Multivariate Analysis：hcluster】对话框中"Variables"右边的三角形，选择"Select Columns"，如图 12- 89 所示。打开【Column Browser】面板，单击【Column Browser】下面板中右上角的 □ 按钮，选择数据范围从"1"到"100"，如图 12-90 所示。单击"OK"按钮，回到【Statistics/Multivariate Analysis：hcluster】

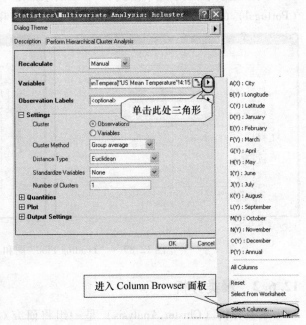

图 12-89　【Statistics/Multivariate Analysis：hcluster】对话框进入【Column Browser】面板

对话框。在"Settings"栏中的"Cluster"选中"Observations"复选框，"Cluster

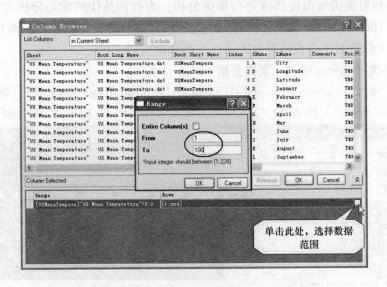

图 12-90　【Column Browser】面板设置

Method"下拉列表框中选择"Furthest Neighbour",在"Number of Clusters"中输入"1"。设置好的【Statistics/Multivariate Analysis：hcluster】对话框如图12-91所示。

（4）单击"OK"按钮,进行层次聚类分析,得到聚类分析报告。双击该报告中的"Dendrogram"图例,得到图12-92所示图形。依据该图,认为合适的聚类数为"5"。

（5）因此按聚类数为"5"重新计算。单击图12-84中左上角的绿色锁,在打开的菜单中选择菜单命令"Change Parameters",再次打开【Statistics/Multivariate Analysis：hcluster】对话框。在"Settings"栏下的"Number of Clusters"输入"5",在"Quantities"中选中"Cluster Center"复选框。重新设置好的【Statistics/Multivariate Analysis：hcluster】对话框如图12-93所示。

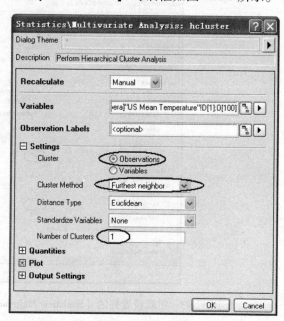

图 12-91　设置好的【Statistics/Multivariate Analysis：hcluster】对话框

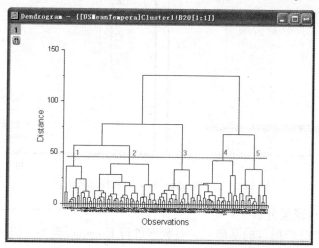

图 12-92　"Dendrogram"图聚类数为"5"

（6）单击"OK"按钮,得到层次聚类分析报告。双击层次聚类分析报告中的"Dendrogram"图例,得到图12-94a所示图形。由于有大量观察数据,横坐标数据重叠,可选取放大工具,将图中感兴趣的地方放大,如图12-94b所示。

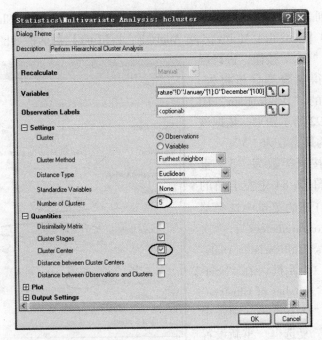

图 12-93　重新设置好的【Statistics/Multivariate Analysis：hcluster】对话框

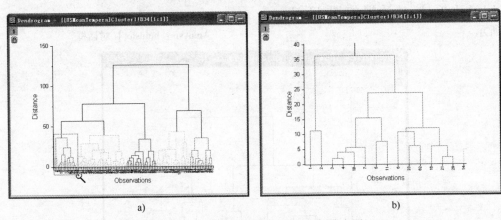

图 12-94　"Dendrogram"图和局部放大图

2. K-means 聚类分析

在层次聚类分析报告的基础上，对数据进行 K-means 聚类分析。

（1）用右键单击层次聚类分析报告中的聚类中心（Cluster Center）表，在弹出的菜单中选择"Create Copy as New Sheet"命令（见图 12-95），得到采用层次聚类分析的聚类中心数据表（Sheet2）。聚类中心数据表为 K-means 聚类分析中的"Initial Cluster Centers"数据，如图 12-96 所示。

（2）选中"US Mean Temperature. dat"工作表中的 D（Y）～O（Y）列，选择菜单

USMeanTempera – US Mean Temperature.dat

Hierarchical Cluster Analysis (2014-8-24 11:05:08)
- Notes
- Input Data
- Descriptive Statistics
- Cluster Stages
- Cluster Center

单击此三角形

		May	June	July	August	September	October
User Comments…		30714	62.52143	68.06429	67.92857	62.05714	52.91429
Copy Table		14375	68.75312	74.5625	72.90625	63.85312	51.9625
Create Copy As New Sheet		87368	62.74737	68.82632	67.49474	57.08947	45.15263
Create Transposed Copy As New Sheet		7.5381	73.88571	77.60952	77.01905	72.29524	64.19048
		48571	83.18571	86.32857	85.87857	80.95	71.77143
Expand							
Collapse							

Cluster | Count | Jan.
1 | 14 | 38.1
2 | 32 | 27.2
3 | 19 | 16.9
4 | 21 | 45.9
5 | 14 | 52.1

- Dendrogram

US Mean Temperature | Cluster Plot

图 12-95　在层次聚类分析报告中的聚类中心（Cluster Center）表创建新表

USMeanTempera – US Mean Temperature.dat

Long Name	A(X)	B Cluster	C Count	D January	E February	F March	G April	H May	I June	J July	K August	Sep
1		1	14	38.14286	41.49286	45.52143	50.10714	56.30714	62.52143	68.06429	67.92857	62
2		2	32	27.20313	32.77187	40.92187	49.675	59.14375	68.75312	74.5625	72.90625	63
3		3	19	16.90526	23.18947	32.87895	43.51053	53.87368	62.74737	68.82632	67.49474	57
4		4	21	45.90476	50.1	55.09524	60.95238	67.5381	73.88571	77.60952	77.01905	72
5		5	14	52.10714	56.09286	62.50714	69.05714	76.48571	83.18571	86.32857	85.87857	
6												

Cluster1 ∕ Cluster Members ∕ ip1 ∕ Cluster Plot Data1 ∕ Sheet2

图 12-96　聚类中心数据表

命令【Statistics】→【Multivariate Analysis】→【K-Means Cluster Analysis】，打开【Statistics/ Multivariate Analysis：kmeans】对话框。在该窗口中选中"Specify Initial Cluster Centers"复选框，在"Initial Cluster Centers"右边单击切换按钮，输入聚类中心数据表（Sheet2）中的Col(D)~Col(O)列。在"Plot"栏中选中"Group Graph"复选框，并通过单击切换按钮，回到"US Mean Temperature. dat"工作表。在"X Range"和"Y Range"分别输入 Col(B) 经度和 Col(C) 纬度。设置好的【Statistics/Multivariate Analysis：kmeans】对话框如图 12-97 所示。

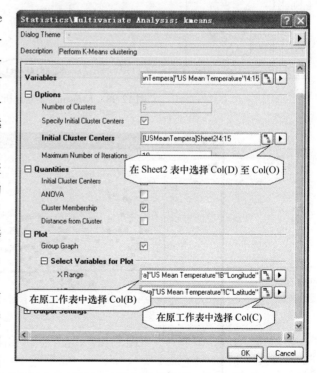

图 12-97　设置好的【Statistics/Multivariate Analysis：kmeans】对话框

　　（3）单击"OK"按钮，得到 K-means 聚类分析报告，如图 12-98 所示。在该分析报告中，城市平均温度数据根据城市的纬度聚类为 5 组。双击该分析报告中的"Group Plots"图，得到图 12-99 所示图形。该图用 5 中颜色清晰地聚类分析了城市平均温度。

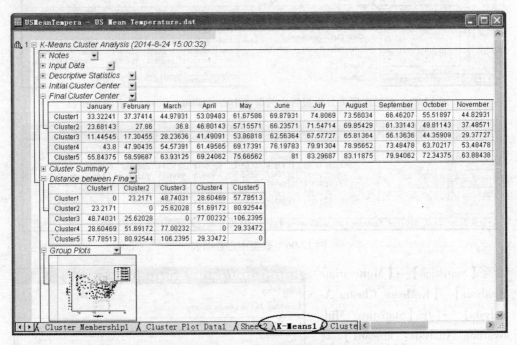

图 12-98　K-means 聚类分析报告

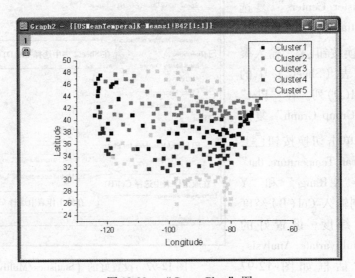

图 12-99　"Group Plots"图

12.6.3 偏最小二乘法分析

偏最小二乘法（Partial Least Squares）分析是一种新型的多元统计数据分析方法，在处理多重共线性数据方面具有较大的优势。偏最小二乘法分析是 OriginPro 9.1 的新增功能。下面结合实例，具体介绍用 Origin 进行偏最小二乘法分析。试验光谱数据（MixtureSpectra. dat）共有 25 组（编号 E1~E25），其中 E1~E20 为 20 个同类型样品在不同波长（v1~v43）的发射强度和对应的 3 种化合物（comp1，comp2，comp3）的含量，E21~E25 为同类型样品在不同波长（v1~v43）的发射强度。试验数据符合多重共线性，试采用偏最小二乘法分析方法，确定该光谱数据样品在不同波长的发射强度与 3 种化合物（comp1，comp2，comp3）含量的预报模型。采用试验光谱数据中 20（编号 E1~E20）个样品的数据进行建模，余下的 5（编号 E21~E25）个样品的数据进行预测。

1. 偏最小二乘法回归建模

（1）导入"Origin 9.1\Samples\Statistics\MixtureSpectra. dat"数据文件。该工作表 A(X)列为试样编号列，B(Y)~C42(Y)列为 25 个试样在不同波长(v1~v43)下的发射强度，C43(Y)~C45(Y)列为对应的 20 个试样 3 种化合物（comp1，comp2，comp3）含量。

（2）选中"MixtureSpectra. dat"工作表中 B(Y)~C42(Y)列，选择菜单命令【Statistics】→【Multivariate Analysis】→【Partial Least Squares】，打开【Statistics/Multivariate Analysis：pls】对话框。

（3）此时，选中工作表中的列自动添加为自变量。单击【Statistics/Multivariate Analysis：pls】对话框中"Independent Variables"右边的三角形，选择"Select Columns"。打开【Column Browser】面板，单击【Column Browser】下面板中右上角▢按钮，将数据范围改设为从"1"到"20"，如图 12-100 所示。单击"Dependent Variables"右边的切换按钮▣，将工作表中的 C43~C45 列输入，再次单击切换按钮▣，回到【Statistics/Multivariate Analysis：pls】对话框。

（4）由于数据 v1~v43 已经为标准化数据，在"Settings"栏中去掉"Scale Variables"复选框。为获得优化模型的因素，选择"Cross Validation"复选框。在"Plots"栏中选中"Variable Importance Plot""X Loadings Plot""Y Loadings Plot""X Scores Plot""Y Scores Plot"和"Diagnostics Plots"复选框。设置好的【Statistics/Multivariate Analysis：pls】对话框如图 12-101 所示。

（5）单击"OK"按钮，进行偏最小二乘法回归计算，得到偏最小二乘法回归工作表（PLS1）。

2. 偏最小二乘法模型分析

下面用偏最小二乘法回归工作表（PLS1）中的交叉验证表、诊断图、变量重

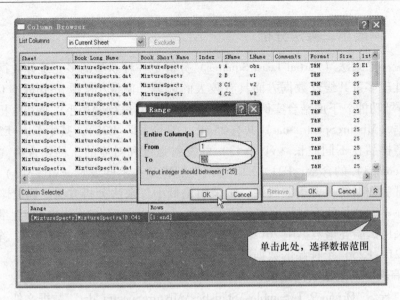

图 12-100 【Column Browser】面板设置

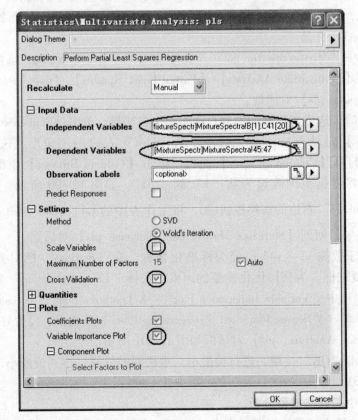

图 12-101 设置好的【Statistics/Multivariate Analysis：pls】对话框

要性图、系数图、方差解释和负荷图对建立的模型进行分析。

打开偏最小二乘法回归工作表（PLS1）中的交叉验证（Cross Validation）表，根据 Root Mean PRESS 最小为最优因数原则，确定最优因数为 4，如图 12-102 所示。

偏最小二乘法回归工作表中的诊断图（Diagnostics Plots）为残差图，用于判断模型的质量，如图 12-103 所示。诊断图由 4 个图组成，其中图 1（Predicted values-Actual values）表明模型能很好地与第一个化合物（comp1）拟合；图 2 和图 3（Predicted values-Residual）显示残差在"0"附近随机均匀分布，表明该拟合过程无明显漂移。图 4 为 P-P 图，用于检验方差是否正态分布。图中数据几乎在同一直线上，因此可认为该方差的均值属于正态分布。

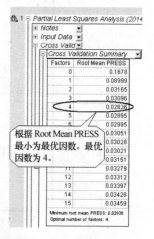

图 12-102　交叉验证
（Cross Validation）表

变量重要性图（Variable Importance Plot，VIP）总结了 v1 ~ v43 量的贡献率，如图 12-104 所示。如果变量回归系数小或 VIP 值小，则可考虑在模型中删去该参数。例如，图 12-104a 中显示 v41 ~ v43 的 VIP 值很小。同理，在系数图（Coefficients Plots）中，也显示 v41 ~ v43 的值很小，如图 12-104b 所示。

方差解释（Variance Explained）表给出了 4 个因数在 X 和 Y 的方差比例，如图 12-105 所示。表中因数 1（Factor1）对 X 的影响为 71.36%，对 Y 的影响为 75.6%；因数 2（Factor2）对 X 的影响为 23.99%，对 Y 的影响为 22.14。因数 1 和因数 2 对 X 和 Y 的影响作用很大，超过了 95%。

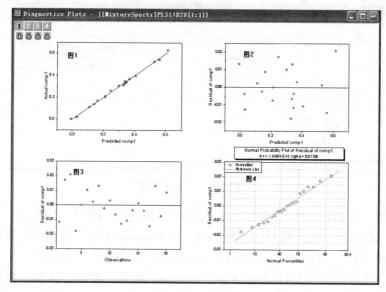

图 12-103　诊断图

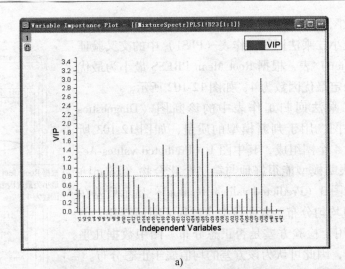

a)

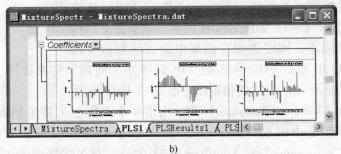

b)

图 12-104　变量重要性图和系数图

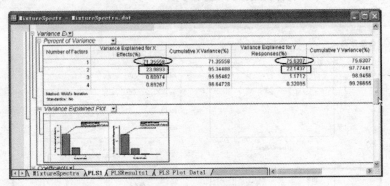

图 12-105　方差解释表

负荷图（Loadings Plot）揭示了 X 变量和 Y 变量与因数 1（Factor1）和因数 2（Factor2）之间的关系。图 12-106 所示为"Y-Loadings Plot"负荷图，该图显示 3 个化合物对因数 1（Factor1）和因数 2（Factor2）的负荷是不相同的。

同理，可以研究"X-Loadings Plot"负荷图。因此，总体可认为该模型拟合效果较好。

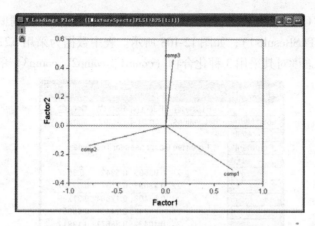

图 12-106 "Y-Loadings Plot" 负荷图

3. 偏最小二乘法模型应用

通过建立的模型，根据 E21～E25 样品不同波长的光谱强度数据，对样品中的化合物进行预测。

（1）单击偏最小二乘法回归工作表（PLS1）中左上角的绿色锁 🔒，在打开的菜单中选择菜单命令 "Change Parameters"，打开【Statistics/Multivariate Analysis：pls】窗口。

（2）在 "Input Data" 栏中选中 "Predict Responses" 复选框。单击 "Independent Variables for Prediction" 右边的切换按钮 📷，输入 "MixtureSpectra" 工作表中的 B～C42 列，再次单击切换按钮 📷，回到【Statistics/Multivariate Analysis：pls】对话框。单击 "Independent Variables for Prediction" 右边的三角形，在弹出的菜单中选择 "Select Columns..."，进入【Column Browser】窗口。单击【Column Browser】窗口下面板右上角的 ⬚ 按钮，选择预测数据范围为从 "21" 到 "25"，单击 "OK" 按钮。设置好的【Statistics/Multivariate Analysis：pls】对话框如图 12-107 所示。

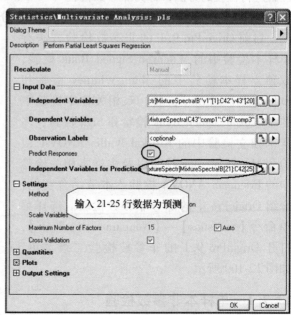

图 12-107 设置好的【Statistics/Multivariate Analysis：pls】对话框

（3）单击"OK"按钮，进行偏最小二乘法回归预报计算，得到偏最小二乘法回归预报工作表（PLSResults1），如图 12-108 所示。表中数据为采用 E21-E25 组样品在不同波长的发射强度对其采用 3 种化合物（comp1，comp2，comp3）的预报结果。

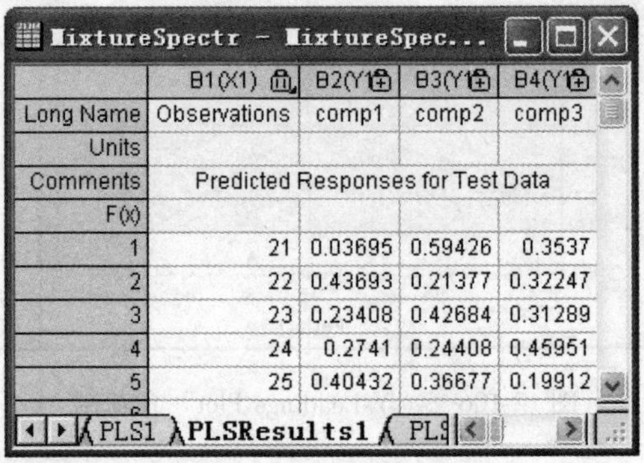

图 12-108　偏最小二乘法回归预报工作表

12. 7　非参数检验

在总体分布未知，不能用参数统计的方法进行检验时，需要一种不依赖于总体分布类型，不是对总体参数进行统计推断假设检验，而是对总体的分布或分布的位置进行检验的方法，称为非参数检验（Nonparametric Tests）。非参数检验不需要样本服从正态分布假设，通常应用于小样本空间、分类数据、序数等的数据检验。

目前 OriginPro 9.1 的非参数检验方法有单样本检验中的 Wilcoxon Signed Rank 检验、双独立样本检验中的 Mann-Whitney 检验和 Kolmogorov-Smirnov 检验、双相关样本检验中的 Wilcoxon Signed Rank 检验和 Sign 检验、多样本独立检验中的 Kruskal-Wallis ANOVA 检验和 Mood's Median 检验以及多样本相关检验中的 Friedman ANOVA 检验。本节结合实例，介绍 OriginPro 中的部分非参数检验。选择菜单命令【Statistics】→【Nonparametric Tests】，打开 OriginPro 9.1 的非参数检验二级菜单，如图 12-109 所示。

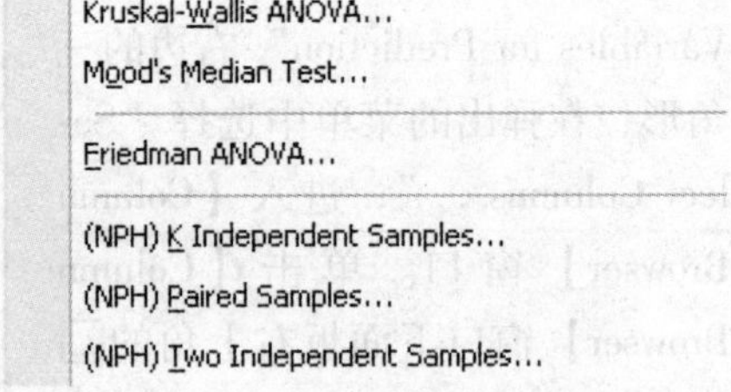

图 12-109　非参数检验二级菜单

12. 7. 1　单样本非参数检验

某产品质量检验测得一组 10 个样品的重量数据（151.5g，152.4g，153.2g，156.3g，179.1g，180.2g，160.5g，180.8g，149.2g，188.0g）。试检验该产品的重

量均值是否等于 166g。采用 Origin 的正态测试分析该组数据不服从正态分布（Origin 的数据正态测试分析参见本章 12.2.4 节），因此可采用非参数检验；而单样本的 One-Sample Wilcoxon Signed Rank Test 适合用于检验样本均值是否等于某一值的检验，因此选用 OriginPro 中的 One-Sample Wilcoxon Signed Rank Test 对数据进行分析。

（1）在 Origin 工作表中的 A（X）列输入数据，选择菜单命令【Statistics】→【Nonparametric Tests】→【One-sample Wilcoxon Signed Rank Test...】，打开【Statistics \ Nonparametric Tests：signrank1】对话框，如图 12-110 所示。

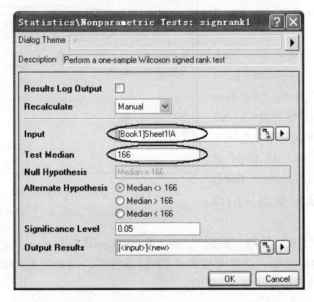

图 12-110 【Statistics \ Nonparametric Tests：signrank1】对话框

（2）在"Input"栏输入工作表 A（X）列，在"Test Median"输入均值数据"166"。

（3）单击"OK"按钮，得到检验工作表，如图 12-111 所示。根据该检验结果，在显著性为 0.05 的条件下，10 个样品的重量均值为 166g。

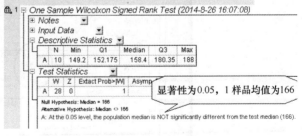

图 12-111 检验工作表

12.7.2 双样本非参数检验

下面结合两种轮胎（tireA 和 tireB）的 8 组磨损量（mg）测试数据，进行双样本非参数检验。样本数据只有 8 组，属于小样本。相关性检验表明，两种轮胎磨损量数据明显相关（Origin 的数据相关系数分析参见本章 12.2.2 节），因此采用双相关样本检验中的 Wilcoxon Signed Rank 非参数检验。

（1）导入"Origin 9.1\Samples\Statistics\abrasion_raw.dat"数据文件。选择菜单命令【Statistics】→【Nonparametric Tests】→【Paired Sample Wilcoxon Signed Rank Tests】，打开【Statistics\Nonparametric Tests：signrank2】对话框。

（2）在【Statistics\Nonparametric Tests：signrank2】对话框的"Input"中的"1st Data Range"中选择工作表中 A(X)列，"2nd Data Range"中选择工作表中 B(Y)列。设置好的【Statistics\Nonparametric Tests：signrank2】对话框如图 12-112所示。

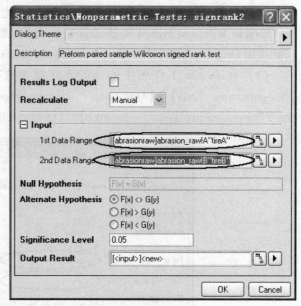

图 12-112　设置好的【Statistics\Nonparametric Tests：signrank2】对话框

（3）单击"OK"按钮，得到"SignedRankPaired1"检验工作表，如图 12-113所示。根据该检验结果，在显著性为 0.05 的条件下，两种轮胎的磨损量均值有明显差别，tireA 的磨损量大于 tireB 的。

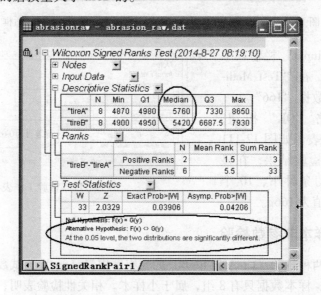

图 12-113　"SignedRankPaired1"检验工作表

12.7.3 多样本非参数检验

4 个汽车生产厂各自提供的 4 种汽车油耗测试数据见表 12-1。试用多样本非参数检验 4 种汽车的油耗以及判断哪一种汽车的燃油性最好。由于样本数据较少且相互之间是独立的，因此采用 Kruskal-Wallis ANOVA 多样本独立非参数检验。

表 12-1 4 种汽车油耗测试数据

车 型	油耗/MPG（每加仑英里）						
GMC	26.1	28.4	24.3	26.2	27.8	30.6	28.1
Infinity	32.2	34.3	29.5	35.6	32.5	30.2	—
Saab	24.5	23.5	26.4	27.1	29.9	—	—
Kia	28.4	34.2	29.5	32.2	—	—	—

（1）新建 Origin 工作表，按列输入 4 种汽车油耗测试数据。

（2）选择菜单命令【Statistics】→【Nonparametric Tests】→【Kruskal-Wallis ANOVA】，打开【Statistics \ Nonparametric Tests：kwanova】对话框。

（3）在【Statistics \ Nonparametric Tests：kwanova】对话框中的"Input Data Form"栏选择"Raw"数据存放格式，在"Input"栏单击右边的三角形，将工作表数据全部输入。设置好的【Statistics \ Nonparametric Tests：kwanova】对话框如图 12-114 所示。

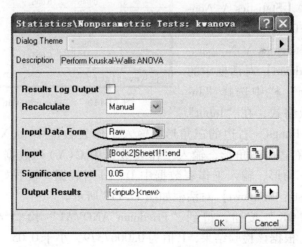

图 12-114 设置好的【Statistics \ Nonparametric Tests：kwanova】对话框

（4）单击"OK"按钮，得到"KWANOVA1"检验结果工作表，如图 12-115 所示。根据该检验结果，统计表（Test Statistics）显示在显著性为 0.05 的条件下，4 种汽车油耗有明显差异；秩序（Rank）表表明，Infinity 的燃油性最好。

多样本检验的另一个实例为研究采用 He-Ne 激光治疗对少年儿童视力改善的效果。试验数据分为 6～10 岁组和 11～16 岁组，每组由 5 人组成。数据为两组少年儿童经 3 个疗程治疗后，裸眼视力改善的差异。数据存放在"eyesight. dat"数据文件中。由于样本数据较少且相互之间有一定关联，因此采用"Friedman ANOVA"多样本相关非参数检验。

（1）导入"Origin 9.1\Samples\Statistics\eyesight. dat"数据文件，如图 12-116 所示。该工作表 A(X)列和 B(Y)列分别为 6～10 岁组和 11～16 岁两组少年儿童治疗后的视力数据，C(Y)列为治疗疗程次数，D(Y)列为治疗人数数据。

（2）选择菜单命令【Statistics】→【Nonparametric Tests】→【Friedman ANOVA】，打开【Statistics \ Non-parametric Tests：friedman】对话框。

（3）在【Statistics \ Nonparametric Tests：friedman】对话框中的"Input Data Form"栏中选择"Indexed"数据存放格式，在"Input"

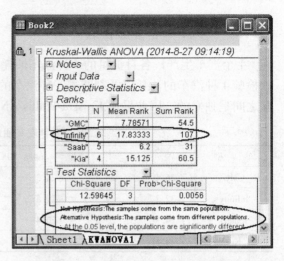

图 12-115 "KWANOVA1"检验结果工作表

图 12-116 "eyesight. dat"数据文件

栏中单击"Data Range"右边的三角形，输入工作表数据中 A(X)列数据，单击"Factor Range"右边的三角形，输入工作表数据中 C(Y)列数据，单击"Subject Range"右边的三角形，输入工作表数据中 D(Y)列数据。设置好的【Statistics \ Nonparametric Tests：kwanova】对话框如图 12-117 所示。

（4）单击"OK"按钮，得到"Friedman ANOVA1"检验结果工作表，如图 12-118a 所示。根据该检验结果，P 值为 0.0067379，小于 0.05。因此，采用 He-Ne 激光治疗对改善 6～10 岁组儿童视力的效果显著。

（5）同理，采用步骤（2）~（4），选择工作表数据中 B(Y)列数据，得到 11～16 岁组少年的"Friedman ANOVA2"检验结果工作表，如图 12-118b 所示。根据该检验结果，P 值为 0.025991，小于 0.05。因此，采用 He-Ne 激光治疗对改善 11～16 岁组少年视力的效果也显著。进一步比较两组数据的检验结果工作表发现，6～10 岁组的

P值明显小于11~16岁组的，因此得出采用该He-Ne激光治疗方法对改善6~10岁组儿童视力的效果更为显著，年龄较小的儿童的治疗效果优于年龄较大的结论。

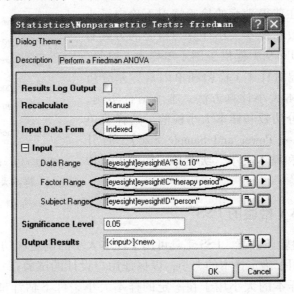

图12-117 设置好的【Statistics \ Nonparametric Tests：kwanova】对话框

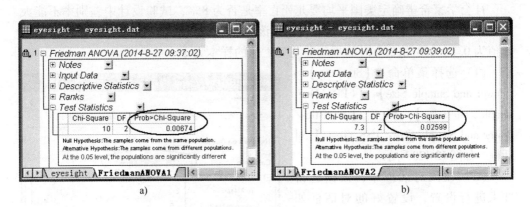

图12-118 "Friedman ANOVA"检验结果工作表

12.8 功效和样本大小分析

检验的功效是当备择假设为真时，拒绝原假设的概率。功效和样本大小（Power and Sample Size，PSS）分析是Origin 9.1的功能，它能在给定样本大小的条件下计算试验的功效值，也可在给定功效值的情况下计算所需样本的大小。功效和样本大小分析对实验设计非常有用，样本数据不够和功效不够会导致得出错误的结论，而样本数据太大会造成时间和金钱的浪费。

在给定样本大小的条件下，功效和样本大小检验可用于试验是否能给出有价值的信息；相反，功效分析也能用于在获得满意的检验情况下确定最小的样本大小。功效和样本大小计算与检验的方式有关，为此，OriginPro 9.1 提供了用于单样本 t 检验、双样本 t 检验、配对样本 t 检验和单因素方差分析等 8 种功效和样本大小计算方法。本节结合实例，介绍 Origin 中部分功效和样本大小检验。选择菜单命令【Statistics】→【Power and Sample Size】，打开 Origin 9.1 的功效和样本大小二级菜单，如图 12-119 所示。

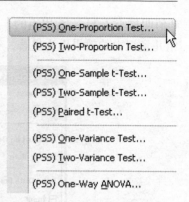

图 12-119　Origin 9.1 功效和样本大小二级菜单

12.8.1　单样本 t 检验的 PSS

在单样本 t 检验条件下，PSS 工具可用于样本大小的确定和功效的计算。给定样本大小的检验用于确定样本的大小，以保证用户设计的试验在一定的功效水平；确定特定功效下样本的大小用于在一定的样本大小条件下估计试验结果的精度。下面结合实例进行具体介绍。

社会学家希望确定美国平均婴儿死亡率是否为 8%，试验设计中差别率不能大于 0.5%。根据前期的研究，标准离差应该为 2.1。试估计在置信水平 95% 下，功效值为 0.7、0.8 和 0.9 时的平均婴儿死亡率的样本大小。

（1）选择菜单命令【Statistics】→【Power and Sample Size】→【（PPS）One-sample t-test...】，弹出【Statistics/ Power and Sample Size：PSS_tTest1】对话框，如图 12-120 所示。

（2）在该对话框中，根据题目要求进行设置，设置好的对话框如图 12-120所示。

（3）单击"OK"按钮，进行计算，输出的结果报告如图 12-121 所示。

根据该报告，得出的结果是：在功效为 0.7 条件下，调查样本的大小为 111；在功效为 0.8 条件下，调查样本的大小为 141；在功效为 0.9 条件下，调查样本的大小为 188。

图 12-120　【Statistics/Power and Sample Size：PSS_tTest1】对话框

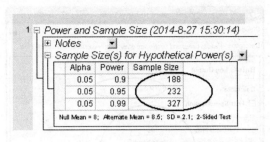

图 12-121　输出的结果报告

12.8.2　双样本 t 检验的 PSS

确定在双样本 t 检验给定样本大小检验的功效或确定特定功效下双独立样本的大小。PSS 工具可用于样本大小的确定和功效的计算。前者用于确定样本的大小，以保证用户设计的试验在一定的功效水平；后者用于在一定的样本大小条件下，估计试验结果的精度。下面结合实例进行具体介绍。

一个医疗办公室参加了 Healthwise 和 Medcare 两个保险计划，希望比较要求赔付时两个保险计划的平均理赔时间（天）。Healthwise 保险计划以前的平均理赔时间为 32 天，标准差为 7.5 天；Medcare 保险计划以前的平均理赔时间为 42 天，标准差为 3.5 天。试分析在两个保险计划中，均对 5 个要求理赔的进行调查，功效值是多少可以确定理赔时间的差别大于 5%。

（1）计算总标准差 $\sqrt{(5-1) \times 7.05^2 + (5-1) \times 3.5^2/(5+5-2)} = 5.855235$，双样本大小为 $5+5=10$。

（2）选择菜单命令【Statistics】→【Power and Sample Size】→【(PPS) Two-sample t-test...】，弹出【Statistics/Power and Sample Size：PSS_tTest2】对话框。

（3）在该对话框中，根据题目要求进行设置。设置好的对话框如图 12-122 所示。

（4）单击"OK"按钮，进行计算，输出的结果报告如图 12-123 所示。根据该报告可以得出，该医疗办公室若均对 5 个要求理赔的进行调查，具有 0.95036∶1 或 95% 的机会检测到不同。

另一个例子为用两种测厚仪测量不同零件同一部位的 α-Si 薄膜厚度，以确定两种测厚仪的测量结果是否有差异。根据研究测量 α-Si 薄膜厚度的经验，测量误差的标准偏差估计为 $2\mu m$；当测量的平均厚度范围为 $1 \sim 5000\mu m$ 时，两种测厚仪测量的误差应小于 $0.5\mu m$。试问在置信度为 99% 时，需要测量多少样品才能使功效值分别为 0.8、0.9、0.95？

（1）根据以上信息，当第一组的厚度测量均值为 $5000\mu m$ 时，第二组的厚度测量均值为 $5000.5\mu m$。应采用配对样本 t 检验的 PPS 进行分析。

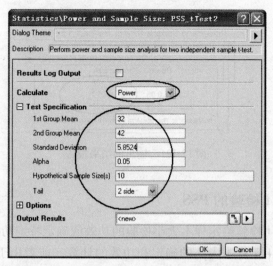

图 12-122　设置好的【Statistics/Power and Sample Size：PSS_tTest2】对话框

（2）选择菜单命令【Statistics】→
【Power and Sample Size】→【（PPS）Paired
t-Test…】，弹出【Statistics/Power and
Sample Size：PSS_tTestPair】对话框。

（3）在该对话框中，根据题目
要求进行设置。设置好的对话框如
图 12-124 所示。

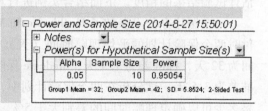

图 12-123　输出的结果报告

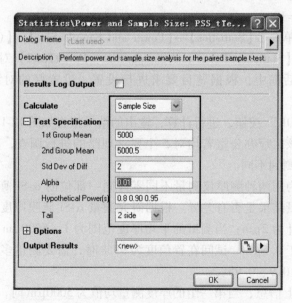

图 12-124　设置好的【Statistics/Power and Sample Size：PSS_tTestPair】对话框

（4）单击"OK"按钮，进行计算，输出的结果报告如图 12-125 所示。该报告列出了根据不同功效值计算出的需检测的样品数量。

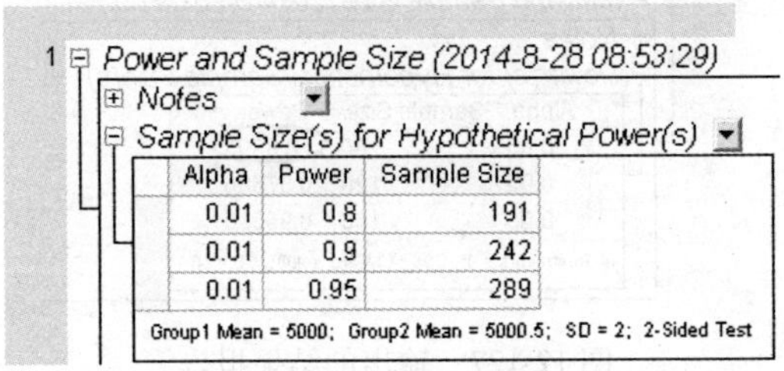

Alpha	Power	Sample Size
0.01	0.8	191
0.01	0.9	242
0.01	0.95	289

Group1 Mean = 5000; Group2 Mean = 5000.5; SD = 2; 2-Sided Test

图 12-125 输出的结果报告

12.8.3 单因素 ANOVA 检验的 PSS

确定在单因素 ANOVA 检验给定样本大小检验的功效或确定特定功效下样本的大小。PSS 工具可用于样本大小的确定和功效的计算。前者用于确定样本的大小，以保证用户设计的试验在一定的功效水平；后者用于在一定的样本大小条件下，估计试验结果的精度。下面将结合实例进行具体介绍。

研究者希望了解是否不同的植物具有不同的氮含量。记录了 4 种植物的氮含量（mg），每一种植物有 20 组数据，以前的研究表明标准差为 60，校正均方和（Corrected Sum of Squares of means）为 400，希望了解该试验是否可行。

（1）计算总样本尺寸为 $20 \times 4 = 80$。

（2）选择菜单命令【Statistics】→【Power and Sample Size】→【One Way ANOVA】，弹出【Statistics/Power and Sample Size：PSS_ANOVA1】对话框。

（3）在该对话框中，根据题目要求进行设置。设置好的对话框如图 12-126 所示。

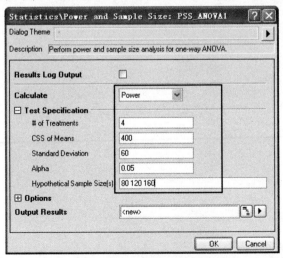

图 12-126 设置好的对话框

（4）单击"OK"按钮，进行计算，输出的结果报告如图 12-127 所示。

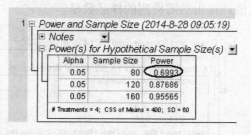

图 12-127　输出的结果报告

从结果中可以看出研究者的计划不很理想，当总样本尺寸为 80 时，只有 69%
的机会检测到每一组间的差别。为获得更好的检测效果，需要增大样本的大小。
例如，总样本尺寸增大至 160 时，有 95% 的机会检测到每一组间的差别。

第 13 章 图片文件数字化工具

在撰写科技文章时，经常需要将工程手册中的经典数据曲线，或他人在科技杂志上发表的试验曲线与自己的试验数据曲线进行对比，并将它们绘在一张图中。Origin 图片文件数字化工具（Digitizer）使这一问题变得极为方便。Origin8.6 版本以来，软件将广泛应用的 Origin 数字化插件（Digitize. opk）整合为软件的图片文件数字化工具，使软件功能更加全面。经过不断完善和改进，现 Origin 9.1 的图片文件数字化工具功能非常强大，不仅能处理图片文件中直角坐标系数据和对数坐标数据，其增强后的图片文件数字化工具还能处理图片文件中极坐标和三元系坐标数据。打开 Origin 9.1 图片文件数字化工具的方法为：选择菜单命令【Tools】→【Digitizer...】，打开【Digitizer】工具菜单，如图 13-1 所示。下面结合具体例子说明 Origin 图片文件数字化工具的使用。本章主要介绍以下内容：

- 图片中曲线数字化
- 曲线数字化增强工具和使用

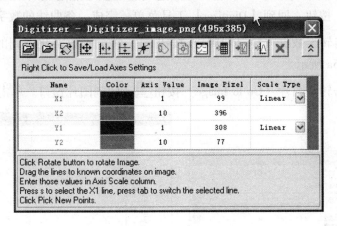

图 13-1 【Digitizer】工具菜单

13.1 图片中曲线数字化

（1）选择菜单命令【Tools】→【Digitizer...】，打开【Digitizer】工具菜单。单击输入（Import）按钮 ，打开 "Origin 9.1\Samples\Import and Export\ Digitizer_image. png" 图片文件，如图 13-2 所示。

（2）单击图片旋转（Rotate Image）按钮，通过单击 << 或 >> 按钮，调整图片的角度（见图 13-3a），使图的 X、Y 坐标轴与软件中的 X、Y 坐标轴平行，如图 13-3b 所示。再次单击按钮，回到【Digitizer】工具菜单。

（3）单击轴编辑（Edit Axes）按钮，用鼠标分别拖曳图中一对红线和一对蓝线，使之与图片中的最小和最大 X、Y 值一致（见图 13-4），并在【Digitizer】工具菜单中的"Axis Value"处输入图片中的最小和最大 X、Y 值（图中分别为 0、8 和 -20、120），如图 13-4 所示。

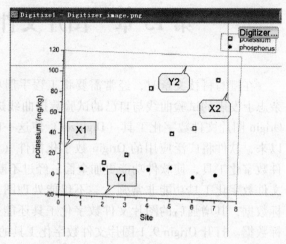

图 13-2　打开"Digitizer_image.png"图片文件

（4）单击手工选点（Manually Pick Points）按钮，用鼠标移动，由小到大在图片中每个实心点上双击，将实心点连线后（实心点连线后如图 13-5 所示），单击"Done"按钮，回到【Digitizer】工具菜单，完成一条曲线的数字化。

（5）单击转至数据（Go to Data）按钮，转至刚数字化得到的数据点工作表，如图 13-6a 所示。

（6）单击转至图片（Go to Image）按钮，回到图片窗口。单击按钮，按

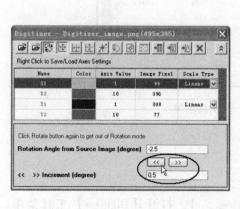

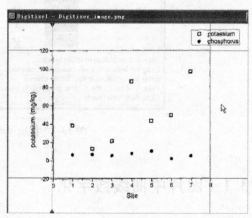

　　　　a)　　　　　　　　　　　　　　　　　　　b)

图 13-3　旋转图片的角度和调整后的图片

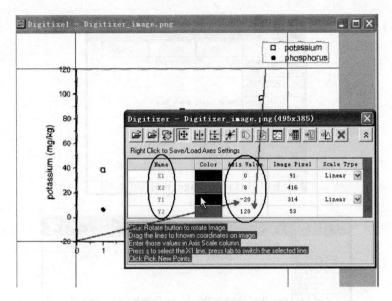

图 13-4　设置图片中坐标

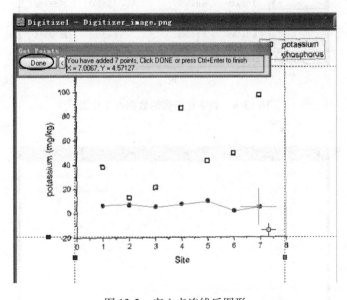

图 13-5　实心点连线后图形

步骤(4)～(5)进行下一组数据点的选取。此时工作表中已包含了两组数据点的数据，如图 13-6b 所示。

（7）单击█按钮，回到图片窗口，再单击数字化图形绘制（Go to Graph）按钮█，得到数字化后的图形，如图 13-7 所示。

DigiData

	A(X)	B(Y)	C(L)
Long Name		PickedY1	
Units			
Comments			
F(x)			
Scale Type	Linear Scale	Linear Scale	
1	1.01434	5.57296	
2	2.05683	5.57296	
3	3.09931	5.09389	
4	4.05192	7.48925	
5	5.0285	8.92647	
6	6.04902	0.73869	
7	7.06954	3.61312	

Digitizer_image.png

a)

DigiData

	A(X1)	B(Y1)	C(L1)	D(X2)	E(Y2)
Long Name		PickedY1			PickedY2
Units					
Comments					
F(x)					
Scale Type	Linear Scale	Linear Scale		Linear Scale	Linear Scale
1	1.01434	5.57296		1.01434	37.93213
2	2.05683	5.57296		2.05683	11.84446
3	3.09931	5.09389		3.05537	20.55486
4	4.05192	7.48925		3.98602	85.27319
5	5.0285	8.92647		5.0285	42.7664
6	6.04902	0.73869		6.02705	48.07975
7	7.06954	3.61312		7.0915	96.42251

Digitizer_image.png

b)

图 13-6　数字化得到的数据点工作表

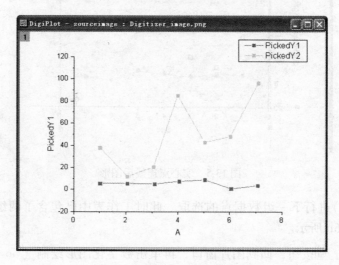

图 13-7　数字化后的图形

（8）修改图片中曲线数据点。由于操作失误，在图片数字化时可能出现错误，如图 13-8a 中 A 点的数据在数字化时错误地输入在了 A′处，需进行修改。打开【Digitizer】工具菜单，用鼠标直接将 A′拖曳到 A 处，释放鼠标即完成了修改，如图 13-8b 所示。删除图片中曲线多余数据点的方法与修改的方法类似，本书不再介绍。

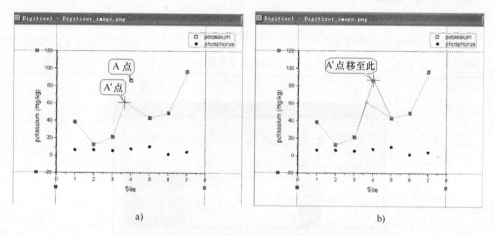

图 13-8　修改图片中曲线数据点

13.2　曲线数字化增强工具

Origin 曲线数字化增强工具（Enhanced Digitizer）为 Origin 网站（http：// www. originlab. com）提供的一个免费下载的工具（EnhancedDigitizer. opx），为 Origin 9.1 版本的一个新增功能。曲线数字化增强工具安装非常简单，在运行 Origin 9.1 后，直接从 Windows 文件管理器将 EnhancedDigitizer. opx 拖曳到 Origin 9.1 的工作空间，就完成了安装。安装完成后，再打开【Digitizer】工具菜单，可看到增强后【Digitizer】工具菜单增加了主菜单和很多工具按钮，如图 13-9a 所示。单击【Digitizer】工具菜单中的　　按钮，则窗口中的下面板收回，如图 13-9b 所示。增强后【Digitizer】工具可对图片中有极坐标和三元坐标系的数据进行数字化。增强后的【Digitizer】工具主要增加的工具按钮见表 13-1。

表 13-1　增强后的【Digitizer】工具主要增加的工具按钮

主要增加的工具按钮名称	功　能
（Auto Trace Line By Points）沿曲线追踪选点工具	自动沿曲线追踪数据点
（Auto Pick Points By Grids）网格选点工具	用鼠标在图片中拖曳出网格区间，进行自动获取该区间数据点

（续）

主要增加的工具按钮名称	功　能
（Auto Trace Area）区间整条曲线追踪选点工具	用鼠标在图片中拖曳矩形区间，自动沿曲线获取数据点
（Boundary-Limited Area Auto Trace）有界区间沿曲线追踪选点工具	用鼠标在图片中拖曳矩形区间，自动在矩形区间获取数据点
（Delete Points）删除数据点工具	删除图形中的数据点
（Reorder Points）数据点排序工具	数据点重新排序

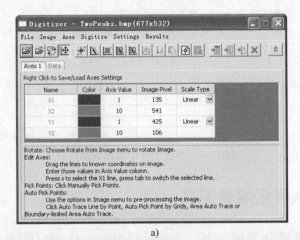

a)

b)

图 13-9　增强后的【Digitizer】工具窗口

13.3　曲线数字化增强工具的使用

13.3.1　谱线图片数字化

下面以有网格线的谱线图片数字化过程来说明曲线数字化增强工具的使用。

（1）单击标准工具栏中的图片数字化（Digitize Image）按钮 ，打开"Origin 9.1\Samples\Import and Export\TwoPeaks.bmp"图片文件。图片为带网格线的谱线，其中一条为基线，两条为谱线，如图 13-10a 所示。通过在按下"A"键的同时，用鼠标调整图片的位置和大小。

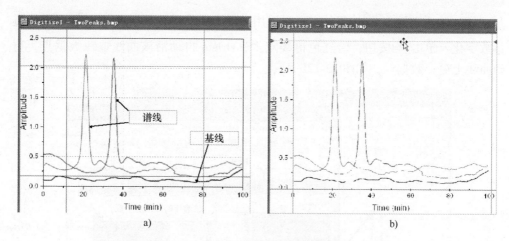

a)　　　　　　　　　　　　　　　b)

图 13-10　带网格线和删去网格线进行轴编辑的谱线图片

（2）在增强的【Digitizer】工具菜单中选择菜单命令【Image】→【Remove Cartesian Gridlines】，删去网格线。

（3）单击轴编辑按钮 ⊞，用鼠标分别拖曳图中一对蓝线和一对红线，使之分别与图片中的最小 X、Y 值和最大 X、Y 值一致（见图 13-10b），并在【Digitizer】工具菜单中的"Axis Value"输入图片中的最小和最大 X、Y 值（图中分别为 0、100 和 0、2.5），如图 13-11 所示。

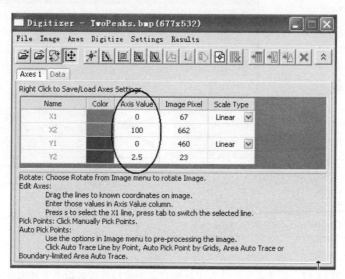

图 13-11　在【Digitizer】工具菜单中输入 X、Y 轴最小和最大值

（4）选择手工数据选点工具数字化。单击手工选点 ✛ 按钮，在图片中沿红线双击选点。此时可用弹出的曲线放大窗口精确对曲线进行选点，如图 13-12a 所示。

（5）除手工选点 ![][+] 按钮外，还可采用自动沿曲线追踪数据点工具 ![][N] 对谱线进行数字化。单击 ![][N] 按钮，沿红色谱线双击，Origin 自动沿该曲线追踪数据点，得到曲线上更多数据点，如图 13-12b 所示。

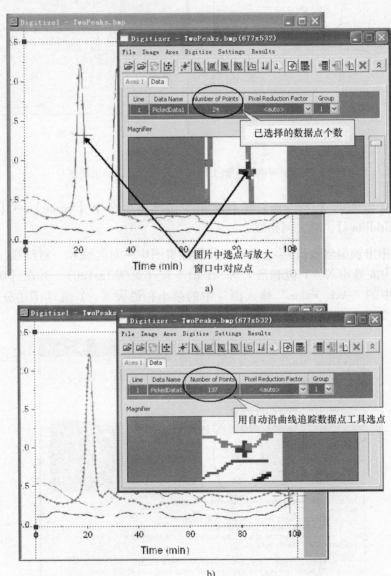

图 13-12　用手工数据选点工具和自动沿曲线追踪数据点工具选点

（6）单击转至数据按钮 ![][icon]，转至刚数字化得到的数据点工作表窗口，选择数据点排序工具 ![][icon]，对数据进行排序。排序后的数据点工作表如图 13-13 所示。

（7）用网格选点工具对图片中基线数字化。单击增强的【Digitizer】工具菜单中新曲线（New Line）⊞按钮，单击网格选点工具▦按钮，在图片中用鼠标拖曳出含基线的矩形，如图 13-14a 所示。释放鼠标获得该基线的矩形中基线的数据（该数据中有部分谱线的数据）。

（8）单击删除数据点工具▦按钮，删除基线以外多余的数据点。删除多余的数据点的图片如图 13-14b 所示。删除完成后的基线数字化曲线如图 13-14c 所示。

（9）单击转至数据按钮▦，将基线数字化数据添加到数据点工作表。

	A(X1)	B(Y1)
Long Name		PickedData1
Units		
Comments		
F(x)		
Scale Type	Linear Scale	Linear Scale
1	1.7053	0.38747
2	3.05637	0.37016
3	4.40744	0.3413
4	5.92739	0.32399
5	7.44734	0.30091
6	9.13617	0.28936
7	10.82501	0.28359
8	12.51384	0.28936
9	14.20268	0.30091
10	15.55375	0.32976

TwoPeaks.bmp

图 13-13 数字化的数据点工作表

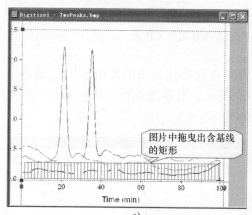

a)

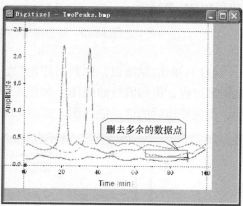

b)

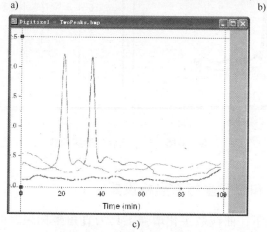

c)

图 13-14 基线数字化过程

（10）再次单击增强的【Digitizer】工具菜单中新曲线（New Line）⊞按钮，重复步骤(5)～(6)，对图 13-10 中另一条蓝色谱线进行数字化。此时，数据点工作表已有红色谱线数据、基线数据和蓝色谱线数据，如图 13-15 所示（读者也可以尝试采用曲线数字化增强工具的区间整条曲线追踪选点工具和有界区间沿曲线追踪选点工具对曲线进行数字化）。

	A(X1)	B(Y1)	C(L1)	D(X2)	E(Y2)	F(L2)	G(X3)	H(Y3)	I(L3)
Long Name		PickedData1			PickedData			PickedData3	
Units									
Comments		红线谱线数据			基线数据			蓝线谱线数据	
F(x)									
Scale Type	Linear Scale	Linear Scale		Linear Scale	Linear Scale		Linear Scale	Linear Scale	
1	1.7053	0.38747		0.692	0.11623		1.19865	0.5433	
2	3.05637	0.37016		2.38083	0.11046		2.88748	0.54907	
3	4.40744	0.3413		4.06967	0.11623		4.57632	0.5433	
4	5.92739	0.32399		5.7585	0.15085		5.92739	0.51444	
5	7.44734	0.30091		7.44734	0.17971		7.61622	0.5029	
6	9.13617	0.28936		9.13617	0.17971		8.96729	0.46827	
7	10.82501	0.28359		10.82501	0.16817		10.48724	0.42787	
8	12.51384	0.28936		12.51384	0.15663		11.83831	0.38747	
9	14.20268	0.30091		14.20268	0.14508		13.18938	0.37016	
10	15.55375	0.32976		15.89152	0.13931		14.20268	0.3413	

TwoPeaks.bmp

图 13-15　红色谱线、基线和蓝色数据点工作表

（11）单击 按钮，回到图片窗口，再单击数字化后图形按钮 ，完成数字化图形过程，得到谱线曲线图，如图 13-16a 所示。对该图进行适当修饰和调整坐标，得到修饰后的谱线曲线图，如图 13-16b 所示。

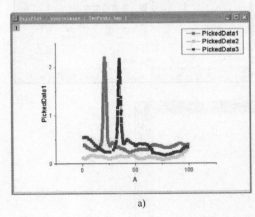
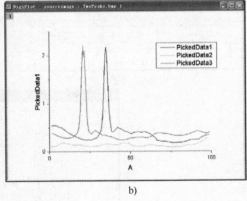

a)　　　　　　　　　　　　b)

图 13-16　数字化后的谱线曲线

13.3.2　极坐标和三元坐标系坐标设置

在默认的情况下，曲线数字化增强工具为直角坐标系，但在科研工作中常会用到需要将有极坐标和三元坐标系的图片数字化。此时，须对曲线数字化增强工

具的坐标轴进行设置。坐标轴设置后，极坐标和三元坐标系的图片数字化过程与前面直角坐标系完全一致。因此，这里仅介绍曲线数字化增强工具中的极坐标和三元坐标系的设置。

1. 极坐标系定位点设置

（1）打开【Digitizer】工具菜单。单击输入（Import）按钮 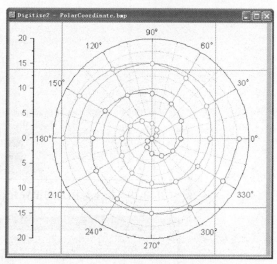，打开"Origin 9.1 \ Samples \ Import and Export \ PolarCoordinate. bmp"图片文件。图片是一个含极坐标数据的图片，如图 13-17 所示。通过在按下"A"键的同时，用鼠标调整图片的位置和大小。

（2）在增强的【Digitizer】工具菜单中，选择菜单命令【Axes】→【Polar Coordinate...】，打开【Polar Coordinate Settings】极坐标设置窗口，如图 13-18 所示。接受曲线数字化增强工具的极坐标方向为反时针方向，角度为度默认设置，单击"OK"按钮。

图 13-17　含极坐标数据的图片

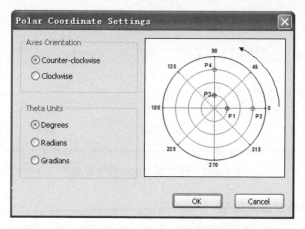

图 13-18　【Polar Coordinate Settings】极坐标设置

（3）在极坐标数据的图片上出现 2 组 P1、P2 和 P3、P4 点 4 个定位点，用鼠标调整定位点的角度和半径。在【Digitizer】工具菜单中"Axes"设置使 P1 和 P2 定位点相同的角度（0°）和半径（5，20），P3 和 P4 定位点相同的角度（90°）和半径（5，20）。设置好的极坐标数据的图片和【Digitizer】工具菜单如图 13-19 中所示。

（4）采用与直角坐标系相同的方法，用数字化工具对图片进行数字化、调整曲线线型和适当修饰，得到数字化的极坐标曲线，如图 13-20 所示。

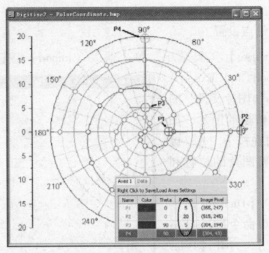

图 13-19　极坐标图片和设置好的【Digitizer】工具菜单

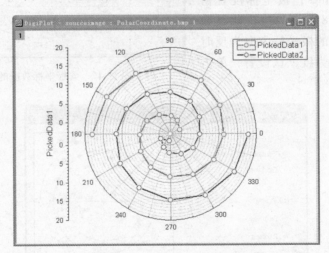

图 13-20　得到数字化的极坐标曲线

2. 三元坐标系定位点设置

（1）打开【Digitizer】工具菜单。单击输入（Import）按钮 ，打开"Origin9.1\Samples\Import and Export\TernaryCoordinate.bmp"图片文件。通过在按下"A"键的同时，用鼠标调整图片的位置和大小。

（2）在增强的【Digitizer】工具菜单中，选择菜单命令【Axes】→【Ternary Coordinate...】，打开【Ternary Coordinate Settings】三元坐标系设置窗口，如图 13-21 所示。接受曲线数字化增强工具的三元坐标系方向为反时针方向，变量范围 0 ~ 1

默认设置，单击"OK"按钮。

（3）在三元坐标系数据的图片上出现 P1、P2 和 P3 三个定位点，用鼠标调整定位点的位置为三角形的三个顶角。在【Digitizer】工具菜单中"Axes"设置 P1、P2 和 P3 定位点的数值。设置好的三元坐标系数据的图片和【Digitizer】工具菜单如图 13-22 中所示。

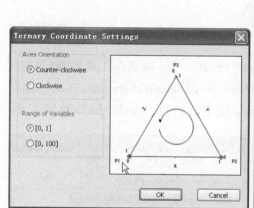

图 13-21　【Ternary Coordinate Settings】三元坐标系设置窗口

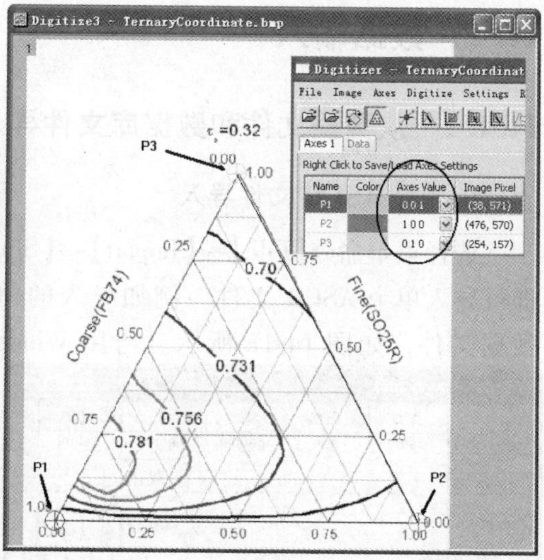

图 13-22　三元坐标系图片和设置好的【Digitizer】工具菜单

（4）采用与直角坐标系相同的方法，用数字化工具对图片进行数字化、调整曲线线型和适当修饰，得到数字化的三元坐标系曲线，如图 13-23 所示。

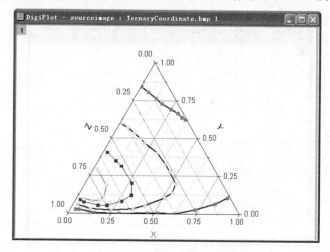

图 13-23　数字化的三元坐标系曲线图

第 14 章 综合练习

14.1 数据输入

14.1.1 从数据文件和数据库文件导入

1. 单个 ASCII 文件导入

选择菜单命令【File】→【Import】→【Single ASCII...】，或单击工具栏 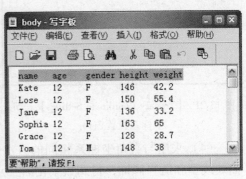 按钮，即可导入单个 ASCII 文件。例如导入的"Origin 9.1\Samples\Statistics\body.dat"数据文件，如图 14-1a 所示。与用 Windows 写字板打开"body.dat"数据文件

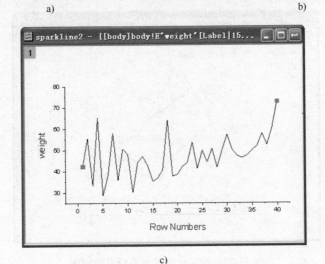

图 14-1 导入单个 ASCII 文件

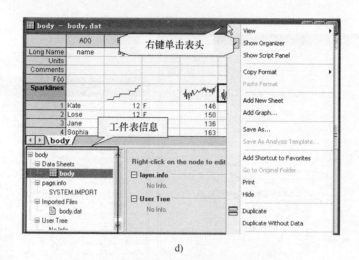

d)

图 14-1 导入单个 ASCII 文件（续）

（见图 14-1b）进行对比，可以看到两者是一样的，在 Origin 工作表中数据的类别栏以 "Long Name" 存放。此外，在工作表中还有一个 "Sparklines" 栏，表示该列数据的趋势，双击单元格，则该单元格以图形显示。例如，双击 "weight" 列的 "Sparklines"，如图 14-1c 所示。若用鼠标右键在该工作表头单击，打开快捷菜单，选择菜单命令 "Show Organizer"，可以显示该工作表的详细信息，如图 14-1d 所示。

2. 多个 ASCII 文件导入

多个 ASCII 文件导入与单个 ASCII 文件导入基本相同。选择菜单命令【File】→【Import】→【Multiple ASCII...】，或单击工具栏 按钮，即可导入多个 ASCII 文件。例如，单击 按钮，选择 "Origin 9.1 \ Samples \ Curve Fitting" 目录下 "Sensor01. dat" "Sensor02. dat" 和 "Sensor03. dat" 数据文件，选中 "Show Options Dialog" 选择按钮，如图 14-2a 所示。单击 "OK" 按钮，打开【Import and Export：impASC】对话框，如图 14-2b 所示。在 "Import Options" 节点的 "Import Mode" 选择 "Start New

a)

图 14-2 导入多个 ASCII 文件

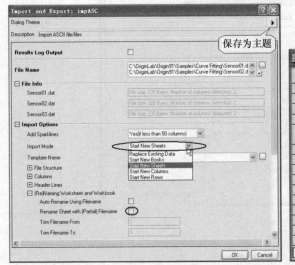

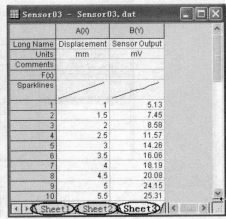

b)   c)

图 14-2　导入多个 ASCII 文件（续）

Sheets"（如果单击对话框右上角的三角形 ▶，可将多个 ASCII 文件导入的设置保存为主题，以备导入同样数据时使用）。单击"OK"按钮，将三个数据文件的数据同时导入到同一个工作表中的三个表单中，导入结果如图 14-2c 所示。

3. 通过导入向导（Wizard）导入数据文件

选择菜单命令【File】→【Import】→【Import Wizard...】，或单击工具栏 按钮，即可通过数据导入向导（Wizard）导入数据文件。例如，单击 按钮，此时打开【Import Wizard】菜单，单击数据文件选择按钮，选择导入"Origin 9.1\Samples\Import and Export\F1. dat"，如图 14-3a 所示。通过单击"Next"按钮，在向导（Wizard）的不同页面对导入的数据的文件名、数据类型、数据精度和数据格式进行设置。在"File Name Lines"页面选中"worksheet with file name"复选框。在"Header Lines"对导入的数据的头文件进行设置。图 14-3b 所示是选择了将数据文件的"Time Sample Error"设置导入为工作表中的"Long Names"栏，将"sec"设置导入为工作表中的"Units"栏。在"Data Columns"页面的"Column Designa-tions"下拉列表框中选择数据名称为 XYE，单击"Apply"按钮，如图 14-3c 所示。为方便同样数据的导入，可在"Save Filters"页面选中"Save Filters"按钮和输入数据过滤文件名，如图 14-3d 所示。单击"Finish"按钮，将数据文件按要求导入至工作表。导入的数据工作表如图 14-4 所示。工作表中的文件名为"F1. dat"，第 3 列为误差列。

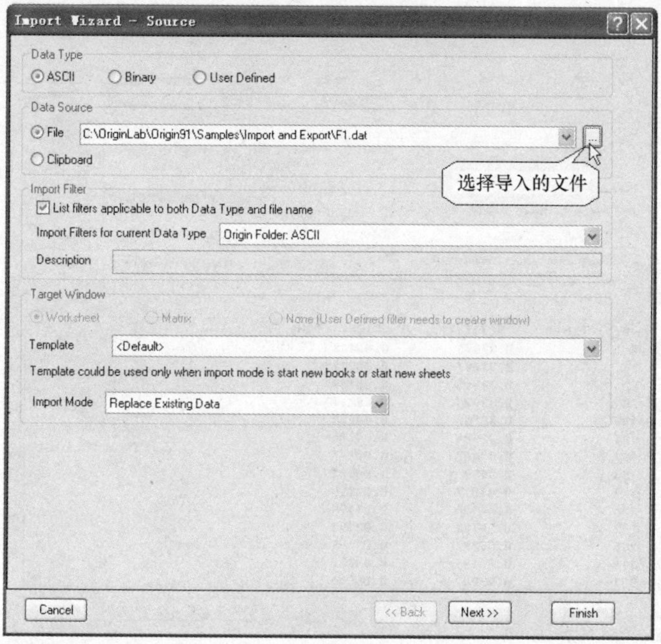

a)

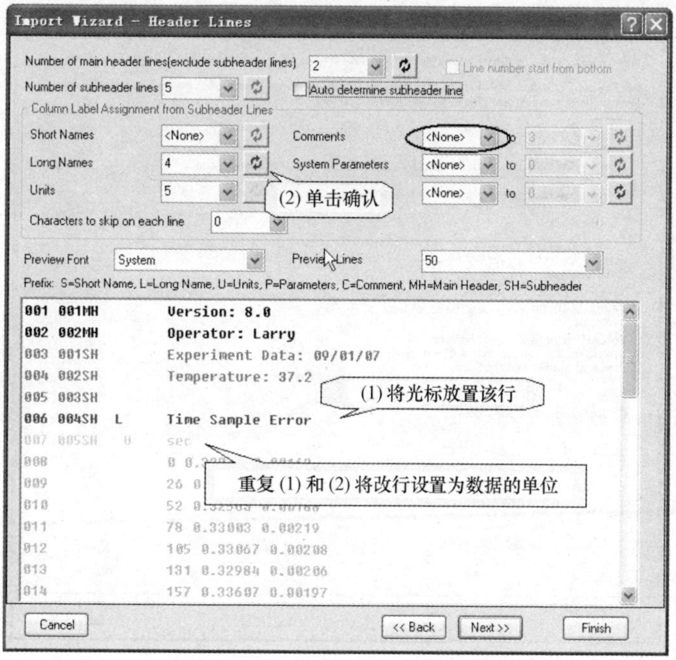

b)

图 14-3 【Import Wizard】菜单选项

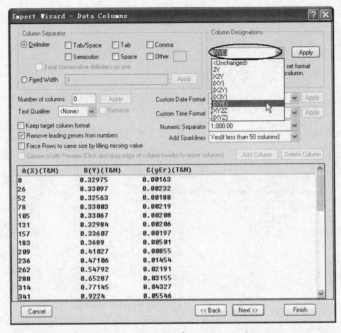

c)

d)

图 14-3 【Import Wizard】菜单选项（续）

4. 数据库文件的导入

Origin 9.1 支持各类数据库的导入，它采用 SQL（Structured Query Language）
结构式查询语言，对存放的数据库中
的数据进行组织、管理和检索，而后
按要求导入到 Origin 工作表中。选择
菜单命令【File】→【Database Import】→
【New...】，或单击"Database Ac-
cess"工具栏 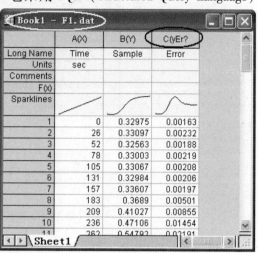 按钮，打开【Query
Builder】对话框。该对话框可以使用
户建立与数据库的链接和 SQL 查询。
按用户要求选择要导入的数据，即可
将数据库中的数据按要求导入到 Ori-
gin 工作表里。下面举例说明。

（1）选择菜单命令【File】→【Da-
tabase Import】→【New...】，打开
【Open Query Builder】对话框，如图 14-5a 所示。

图 14-4　通过数据导入向导导入的工作表

（2）在【Query Builder】对话框中，选择菜单命令【Query】→【Data Source】→
【New...】，打开【数据链接属性】菜单。在"提供程序"选项卡中，选择"Mi-
crosoft Jet 4.0 OLE DB Provider"数据链接方式，如图 14-5b 所示。在"链接"选项
卡中，选择数据库文件，本例中选择的是"Origin 9.1\Samples\Import and Export\
Stars.mdb"数据库文件，如图 14-5c 所示。单击"确定"按钮，完成【数据链接
属性】菜单设置。

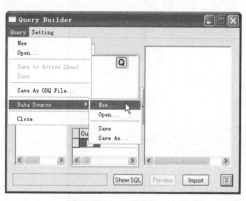

a)

b)

图 14-5　【数据链接属性】菜单中的选择

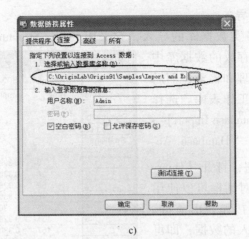

c)

图 14-5 【数据链接属性】菜单中的选择（续）

（3）此时可以看到，"Stars. mdb"数据库文件中的"Stars""Observation"和"Telescopes"数据表导入到【Query Builder】对话框右面板。将"Stars"和"Observation"数据表用鼠标拖曳到【Query Builder】对话框的面板中，选择导入数据列及链接，如图 14-6 所示。

（4）单击"Show SQL"按钮（即图 14-6 中的"Q"按钮），可以显示选择要导入的数据和链接，如图 14-7 所示。

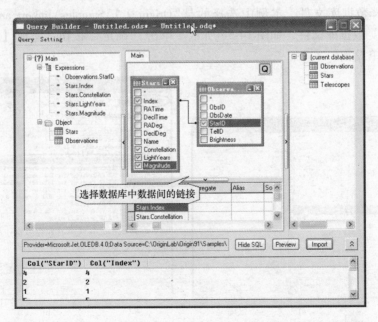

图 14-6　在【Query Builder】对话框的面板中选择导入数据列及链接

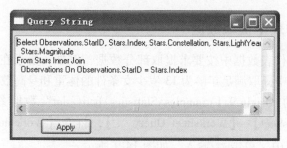

图 14-7 显示选择要导入的数据和链接

（5）单击"Import"按钮，导入数据到工作表，如图 14-8a 所示。通过双击"Index"列，将"Index"数据类型选择为日期型，如图 14-8b 所示。此时工作表数据如图 14-8c 所示。该工作表左上角有一标记，表示该工作表与数据库查询链接。

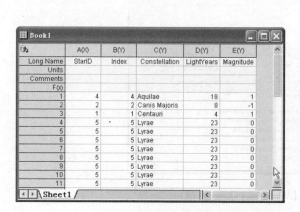

a)

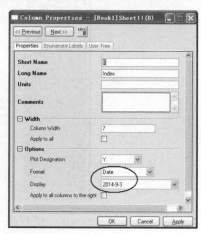

b)

c)

图 14-8 从"Stars. mdb"数据库文件选择导入的工作表

（6）保存该数据库查询为 SQL 文件，该文件的扩展名为"ods"。此时也可将该工作表或该 Origin 项目文件保存为模板文件，这时数据库查询也同时被保存在模板中，可用于以后数据的导入。

14.1.2 从工作表中提取数据

有时需要从工作表数据中按要求提取部分数据，例如，要求在导入"body. dat"数据文件的工作表中提取满足年龄为 13 岁少女条件的体重和身高数据。

（1）在导入的"Origin 9.1\Samples\Statistics\body. dat"数据文件的前提下，选择菜单命令【Worksheet】→【Worksheet Query...】，打开【Worksheet Query】窗口，将年龄和性别栏选中，单击 ═⟩ 输入，如图 14-9 所示。

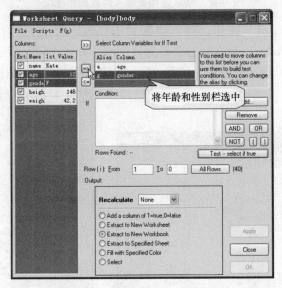

图 14-9 【Worksheet Query】窗口

（2）单击"Add"按钮，选择 a 列在弹出的对话框中恒等于"13"，如图 14-10a 所示。再单击"AND"按钮添加与运算符，选择 g 列在弹出的对话框中恒等于"F"，如图 14-10b 所示。此时，【Worksheet Query】窗口如图 14-11 所示。

（3）单击"Apply"按钮，此时创建一个新的工作表，从原工作表中提取出满足年龄为 13 岁少女的体重和身高的数据，如图 14-12 所示。

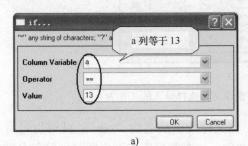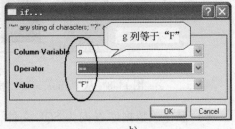

a)   b)

图 14-10 在 a 列和 g 列弹出的对话框中设置

图 14-11 【Worksheet Query】窗口

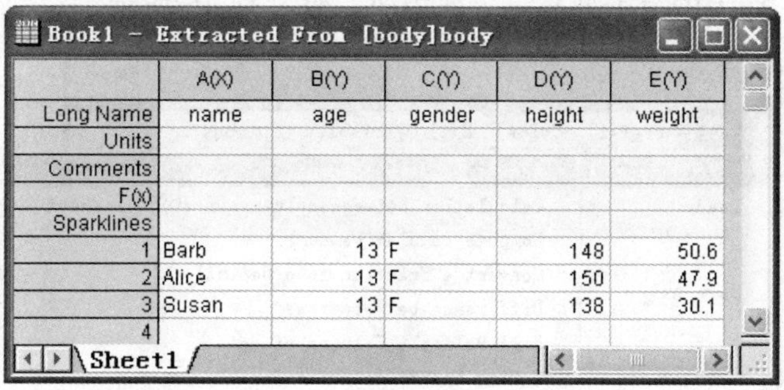

图 14-12 从原工作表中提取出满足条件的数据

14.1.3 给工作表输入数据

除从数据文件导入数据外，Origin 还有多种数据的输入方法。

1. 给工作表输入行号

在工作表为当前窗口时，选中要输入行号的列用鼠标右键单击，在弹出的快捷菜单中选择菜单命令【Fill Column With】→【Row Numbers】，或单击 按钮，即给该列输入了行号。输入行号的工作表如图 14-13 所示。

2. 用【Set Values】对话框输入

在工作表为当前窗口时，选中要输入的列用鼠标右键单击，选择菜单命令【Set Column Values】，或单击 按钮，打开【Set Values】，在该对话框中输入公式或数据，单击"OK"按钮，完成输入。图 14-14 所示为在 B 列中输入了 2×A 列。

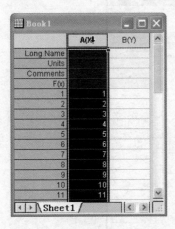

图 14-13　输入行号的工作表　　　　　图 14-14　在 B 列中输入了 2×A 列

3. 用"Formula"菜单输入

若在【Set Values】窗口中，选择菜单【Formula】→【Adding 1st two columns】，即将工作表中第 1 列与第 2 列相加，如图 14-15 所示。

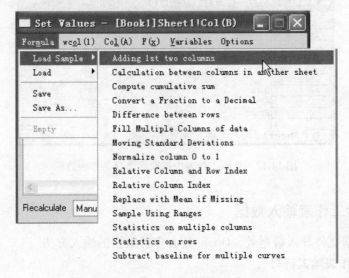

图 14-15　将工作表中第 1 列与第 2 列相加

4. 用函数"F(x)"菜单输入

若在【Set Values】窗口中，选择菜单【F(x)】，在其中选择具体函数进行输入，如图 14-16 所示。若在"Recalculation"列表框中选择了"Auto"，则工作表数据会自动更新；若在"Recalculation"列表框中选择了"Manual"，则工作表数据不会自动更新。

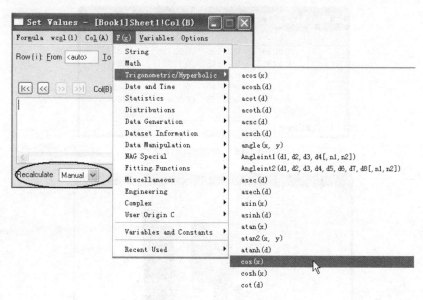

图 14-16 选择具体函数进行输入

14.2 工作表向矩阵转换

用 Origin 的工作表数据绘制 3D 图或绘制轮廓（contour）图，需要先将工作表向矩阵进行转换。Origin 转换方法主要有直接转换和 XYZ 网格转换（XYZ Gridding）转换。

14.2.1 直接转换

以采用"Origin 9.1\Samples\Matrix Conversion and Gridding\Direct.dat"数据文件为例。具体操作步骤如下：

（1）导入"Direct.dat"数据文件，其工作表如图 14-17 所示。

（2）在工作表为当前窗口时，选择菜单命令【Worksheet】→【Convert to Matrix】→【Direct】，打开对话框进行转换。转换后的矩阵如图 14-18 所示。

（3）在该矩阵窗口为当前窗口时，选择菜单命令【Plot】→【3D Symbol/Bars】→【Bars】绘图。绘图结果如图 14-19 所示。

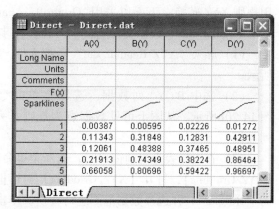

图 14-17 导入"Direct.dat"数据文件的工作表

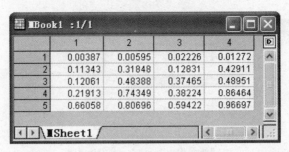

图 14-18　转换后的矩阵

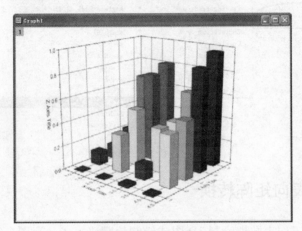

图 14-19　绘图结果

14.2.2　规则 XYZ 转换

规则 XYZ 转换要求工作表数据的 X 列和 Y 列数据个数相同并且等间距。一般可以用 X 列、Y 列数据绘制散点图的方法来验证数据是否属于规则（Regular）数据。如果用 X 列、Y 列数据绘制散点图行列规则对齐，则属于规则数据，可以采用规则 XYZ 转换。下面以采用"Origin 9.1\Samples\Matrix Conversion and Gridding\XYZ Regular. dat"数据文件为例。具体操作步骤如下：

（1）导入"XYZ Regular. dat"数据文件，将 C 列轴属性改为 Z 轴，如图 14-20a 所示。

（2）选中 B（Y）列数据，选择菜单命令【Plot】→【Line + Symbol】绘图，如图 14-20b 所示。从图上可见数据点为规则排列，由此可以断定该数据属于规则排列数据。

（3）在工作表为当前窗口时，选择菜单命令【Worksheet】→【Convert to Matrix】→【XYZ Gridding】，打开【XYZ Gridding】对话框，如图 14-21 所示。选择转换化方式为"Regular"，并选择数据范围进行转换。单击"OK"按钮进行转换，转换后的矩阵如图 14-22 所示。

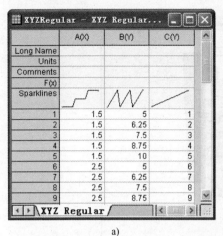

a)

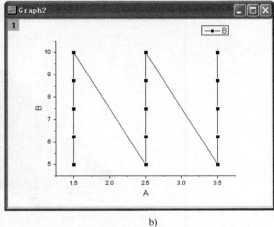

b)

图 14-20 "导入 XYZ Regular. dat" 数据及绘图

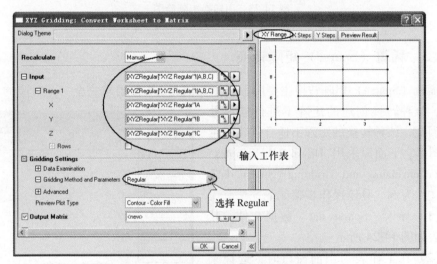

图 14-21 【XYZ Gridding】对话框设置

图 14-22 转换后的矩阵

（4）在该矩阵窗口为当前窗口时，选择菜单命令【Plot】→【3D Symbol/Bars】→【Bars】绘图，如图 14-23 所示。

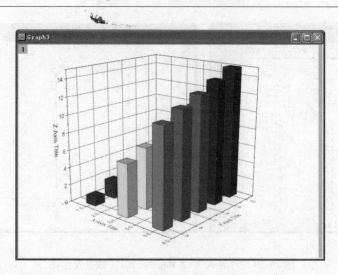

图 14-23　用转换矩阵绘图

14.2.3　稀疏（Sparse）矩阵转换

稀疏（Sparse）矩阵转换主要用于创建 Z 值与 XY 值要求完全一一对应的三维图形，该种转换创建的矩阵不进行插值处理。因此，该种转换的矩阵不适合创建三维表面图形。下面以采用"Origin 9.1\Samples\Matrix Conversion and Gridding\Sparse.dat"数据文件为例。具体操作步骤如下：

（1）导入"Sparse.dat"数据文件，其工作表如图 14-24 所示。

（2）在工作表为当前窗口时，选择菜单命令【Worksheet】→【Convert to Matrix】→【XYZ Gridding】，打开【XYZ Gridding】对话框，如图 14-25 所示。选择转换化方式为"Sparse"，并选择数据范围进行转换。单击"OK"按钮进行转换，转换后的矩阵如图 14-26 所示。

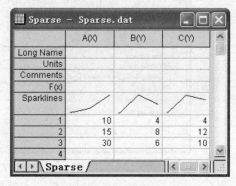

图 14-24　导入"Sparse.dat"
数据文件的工作表

（3）用转换后的矩阵绘制的 3D 棒图如图 14-27 所示。

14.2.4　矩阵输入及绘制轮廓图

直接通过函数 $\sin(x) - \cos(x)$，向矩阵输入数据并绘制轮廓图。

（1）选择菜单命令【File】→【New】→【Matrix...】，或单击 按钮，打开一个

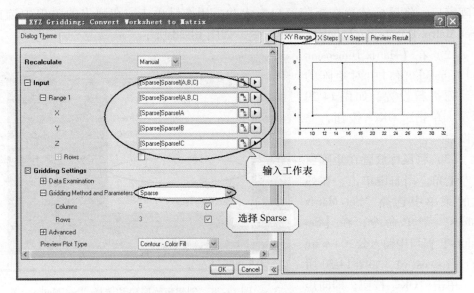

图 14-25　【XYZ Gridding】对话框

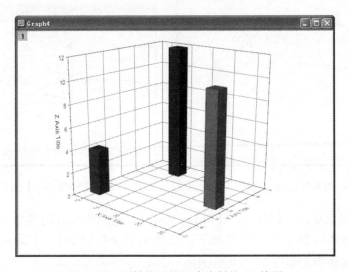

图 14-26　转换后的矩阵

图 14-27　用转换后的矩阵绘制的 3D 棒图

矩阵窗口。将鼠标放置在矩阵窗口左上角，用右键单击，在弹出的菜单中选择 "Set Matrix Dimension/Labels" 菜单命令，如图 14-28 所示。

（2）在【Matrix Dimension and Labels】窗口中对矩阵的行、列进行设置，如图 14-29 所示。单击 "OK" 按钮，完成设置。

（3）将鼠标放置在矩阵窗口左上角，用右键单击，在弹出的菜单中选择 "Set Matrix Values" 菜单命令，在【Set Values】窗口中输入公式 $i*\sin(x)-j*\cos(y)$，如图 14-30 所示。单击 "OK" 按钮，即向矩阵输入了该函数的数据，如图 14-31a 所示。此时，矩阵数

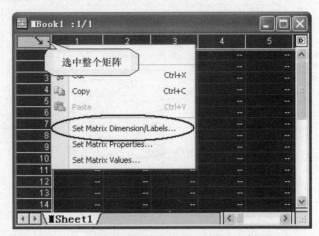

图 14-28　创建矩阵窗口和选择 "Set Matrix Dimension/Labels" 命令

据是按行号和列号进行排列的。选择菜单命令【View】→【Show X/Y】，则矩阵按 X 轴和 Y 轴进行排列，如图 14-31b 所示。

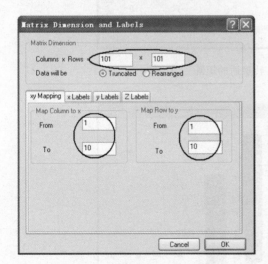

图 14-29　对矩阵的行、列进行设置

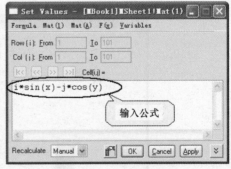

图 14-30　【Set Values】窗口输入公式

（4）选择菜单命令【View】→【Image Mode】，得到该矩阵的图像，如图 14-32a 所示。在回到矩阵数据模式的情况下，选择菜单命令【Plot】→【Contour】→【Color Fill】，绘制轮廓图，如图 14-32b 所示。

Book1 :1/1　　列号

	1	2	3	4	5
1	0.30117	-0.19398	-0.6963	-1.20611	-1.72365
2	1.22046	0.84828	0.46176	0.06026	-0.3567
3	2.14349	1.89803	1.63104	1.3416	1.02897
4	3.0696	2.95395	2.80958	2.63528	2.43005
5	3.99812	4.01466	3.99531	3.93855	3.84313
6	4.92832	5.07876	5.18613	5.24859	5.26467
7	5.85951	6.14481	6.37987	6.56254	6.69109
8	6.79094	7.21135	7.57436	7.87748	8.11876
9	7.72189	8.27694	8.76741	9.19051	9.54403
10	8.65164	9.34013	9.95685	10.49872	10.96329
11	9.57947	10.39948	11.14053	11.79927	12.37296
12	10.50469	11.45359	12.31637	13.08934	13.76954
13	11.4266	12.50111	13.48232	14.36624	15.14965
14	...8	13.54075	14.63644	15.62735	16.51003

行号

a)

Book1 :1/1　　X 轴

	1	1.09	1.18	1.27	1.36
1	0.30117	-0.19398	-0.6963	-1.20611	-1.72365
1.09	1.22046	0.84828	0.46176	0.06026	-0.3567
1.18	2.14349	1.89803	1.63104	1.3416	1.02897
1.27	3.0696	2.95395	2.80958	2.63528	2.43005
1.36	3.99812	4.01466	3.99531	3.93855	3.84313
1.45	4.92832	5.07876	5.18613	5.24859	5.26467
1.54	5.85951	6.14481	6.37987	6.56254	6.69109
1.63	6.79094	7.21135	7.57436	7.87748	8.11876
1.72	7.72189	8.27694	8.76741	9.19051	9.54403
1.81	8.65164	9.34013	9.95685	10.49872	10.96329
1.9	9.57947	10.39948	11.14053	11.79927	12.37296
1.99	10.50469	11.45359	12.31637	13.08934	13.76954
2.08	11.4266	12.50111	13.48232	14.36624	15.14965
2.17		13.54075	14.63644	15.62735	16.51003

Y 轴

b)

图 14-31　输入数据的矩阵窗口

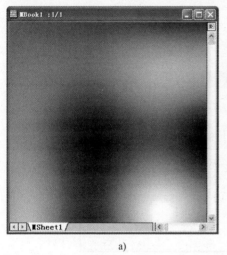

a)

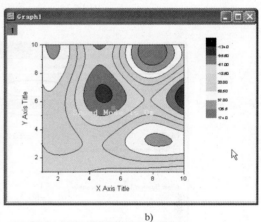

b)

图 14-32　矩阵数据的图像和绘制轮廓图

14.3　2D 图形绘制

14.3.1　图形模板建立和使用

1. 建立绘图模板

（1）导入"Origin 9.1\Samples\Curve Fitting\Dose Response - Inhibitor. dat"数据文件，如图 14-33a 所示。选择 B 列绘制散点图。

（2）将该图 X 轴坐标改变为以 10 为底的对数坐标，单击重新调整坐标按钮，调整坐标，图形如图 14-33b 所示。

（3）用右键单击该图标题栏，在弹出的快捷菜单中选择"Save Template As..."

菜单命令，将该图保存在"My Defined"目录下文件名为"Log10 X Axis"的模板文件，如图 14-34 所示。

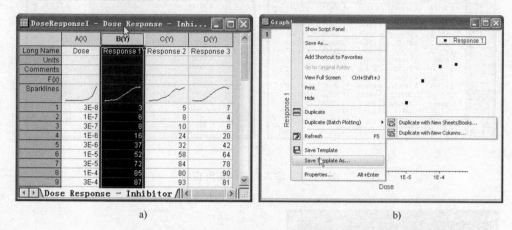

a)   b)

图 14-33   导入数据文件和绘图

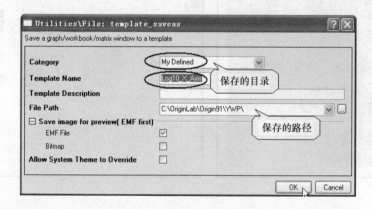

图 14-34   模板文件保存窗口

2. 用新建绘图模板绘图

（1）选中"Dose Response-Inhibitor. dat"数据工作表中 C 列，选择菜单命令【Plot】→【Template Library...】，在弹出的【Template Library】窗口左面板中选择自定义的绘图模板，如图 14-35 所示。

（2）单击"Plot"按钮，进行绘图，其图形形式与图 14-33b 所示完全一样。用自定义绘图模板绘制的图如图 14-36 所示。

14.3.2   多图层图形的设置绘制

1. 图形绘制与设置

（1）打开"Origin 9.1\Samples\2D and Contour Graphs. opj"项目文件，并用项

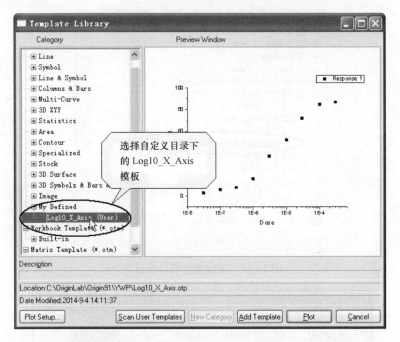

图 14-35 选择自定义绘图模板

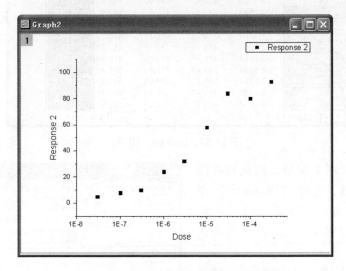

图 14-36 用自定义绘图模板绘制的图

目浏览器打开 "2D and Contour Graphs\Multi Axis and Multi Panel\Multiple Layers with Step Plot" 目录，如图 14-37 所示。打开该目录下的 Book1D 工作表，如图 14-38 所示。分别用该工作表中的数据 B、C、D 和 E 列绘制 4 张点线符号（Line + Symbol）图。

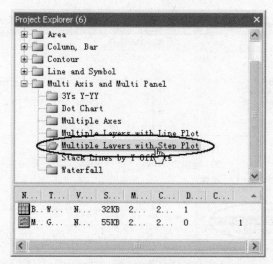

图 14-37　项目浏览器打开目录

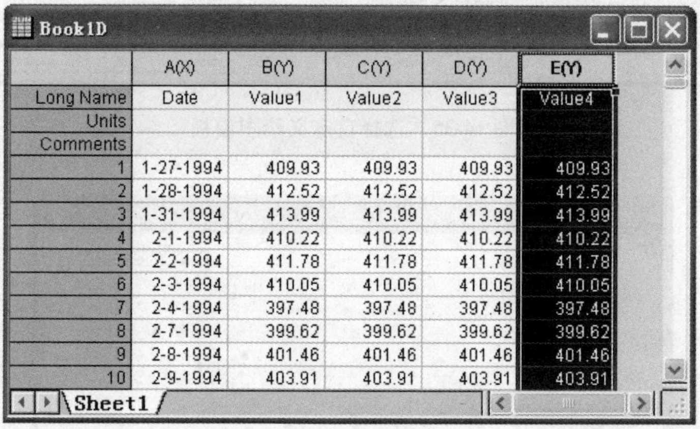

图 14-38　Book1D 工作表

（2）打开图 1 窗口，用鼠标在图例上单击右键，选择"Properties"菜单，打开【Object Properties】窗口，在该窗口中对图例按图 14-39 所示进行设置。

（3）双击图 1 中空白处，打开【Plot Details】对话框，在"Background"选项卡中的颜色栏选择"LT Gray"，如图 14-40a 所示。在左面板为全部打开时，在"Symbol"选项卡中，对图中数据点标志的颜色设置为

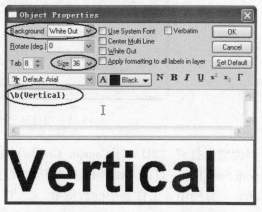

图 14-39　【Object Properties】窗口设置

"2 Red" 和尺寸设置为 "15"，设置好的图形如图 14-40b 所示。在 "Line" 选项卡中，对图中线的连接方式设置为 "Step Vert" 和线宽度设置为 "4"，设置好的图形如图 14-40c 所示。

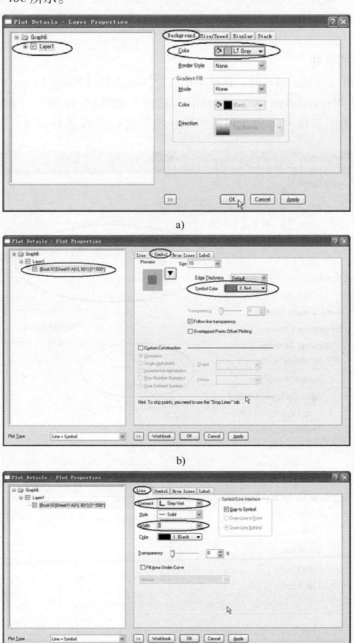

a)

b)

c)

图 14-40 【Plot Details】对话框设置

（4）同理，重复步骤（2）～（3），分别对图 2、图 3 和图 4 进行设置，不同的地方仅为图 2、图 3 和图 4 的图例名称和曲线连接方式不同。图 2、图 3 和图 4 的图例名称分别为 "Vertical Center" "Horizontal" 和 "Horizontal Center"。图 2、图 3 和图 4 的曲线连接方式分别为 "Step V Center" "Step Horz" 和 "Step H Center"。

2. 图形的合并

在图形窗口为当前窗口时，选择菜单命令【Graph】→【Merge Graph Windows...】，打开【Graph Manipulation merge_graph】对话框，如图 14-41 所示。在该对话框中，对将要合并的图形排列方式、图形间隔、图形的输出等进行设置。当设置好后，

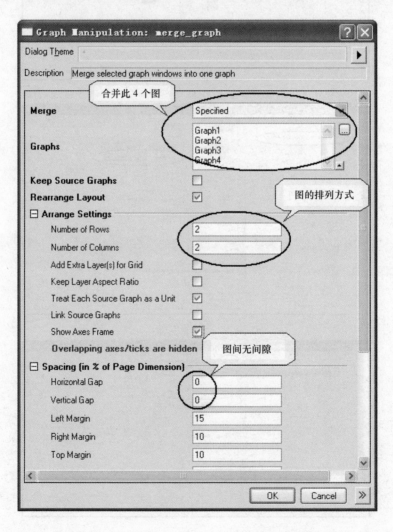

图 14-41　【Graph Manipulation merge_graph】对话框设置

单击"OK"按钮，完成图形合并。图 14-41 所示为两列和两行、图间无间隙的设置。合并的图形如图 14-42 所示。

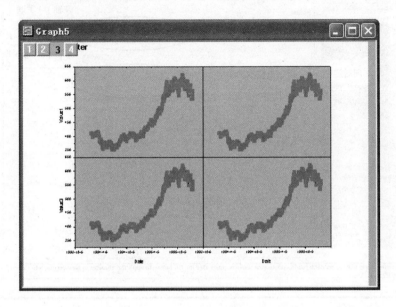

图 14-42　合并的图形

3. 图形的图层管理

合并完成的图形具有 4 个图层，需要对图层进行管理。

选择菜单命令【Graph】→【Layer Management...】，打开【Layer Management】对话框。在"Layer Section"面板中将图层名重新命名为"Vertical""Vertical Center""Horizontal"和"Horizontal Center"。在按下"Ctrl"键的同时，用鼠标选中"Vertical Center""Horizontal"和"Horizontal Center"图层，在"Link"选项卡中选择与图层"Vertical"关联的同时选择 X 轴和 Y 轴 1∶1 关联。关联设置如图 14-43 所示。单击"Apply"按钮完成关联。关联后，当图层 1 的 X 坐标改变时，关联的图层坐标也随之改变。

4. 图形轴的设置与管理

（1）在"Layer Section"面板中选中"Vertical"图层，在右面板中选择"Axes"选项卡，在"Modify Axes"栏中选中"Bottom""Left""Top"和"Right"中的"Axes"选项；在"Bottom"中清除"Title"；在"Top"中的"Tick"中选择"In"，设置好的面板如图 14-44a 所示。单击"Apply"按钮。

同理，对"Vertical Center"图层、"Horizontal"图层和"Horizontal Center"图层分别按图 14-42b、c 和 d 所示进行设置。设置好后，单击"OK"按钮，关闭【Layer Management...】窗口。

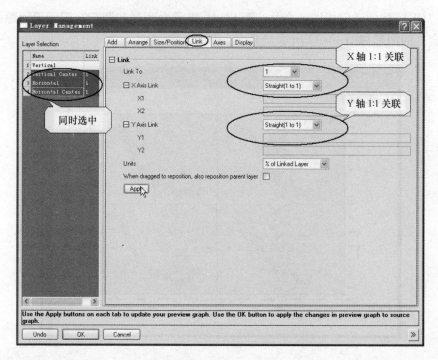

图 14-43 【Layer Management】对话框

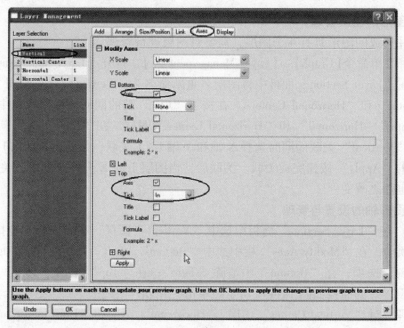

a)

图 14-44 【Layer Management...】窗口轴设置

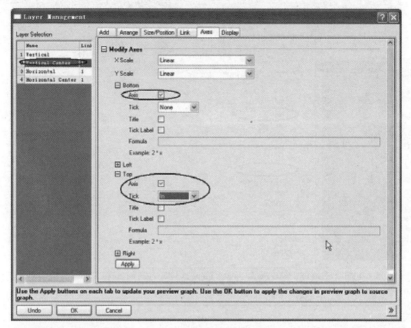

b)

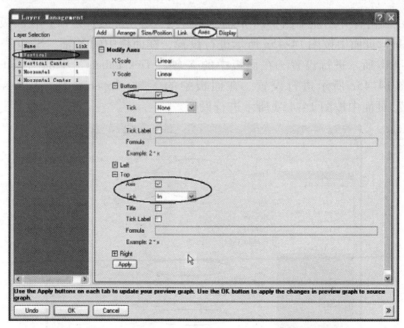

c)

图 14-44 【Layer Management...】窗口轴设置（续）

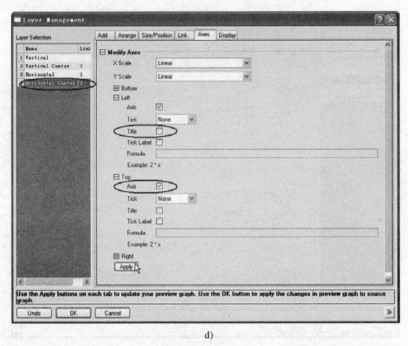

d)

图 14-44　【Layer Management...】窗口轴设置（续）

（2）双击合并图左下图中的 X 轴，打开【Axis Dialog】窗口，在面板中的 X 轴 "Scale" 页面中按图 14-45a 所示进行设置，在面板中的 Y 轴 "Scale" 页面中按图 14-45b 所示进行设置。在面板中的 X 轴 "Tick Labels" 中的 "Bottom" 页面中按图 14-45c 所示进行设置。在面板中的 X 轴 "Special Tick Labels" 中的 "Bottom" 页面中按图 14-45d 所示进行设置。

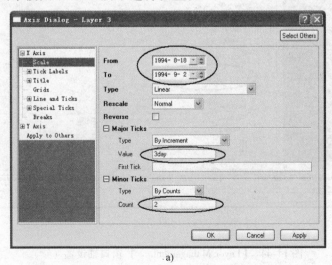

a)

图 14-45　【Axis Dialog】窗口设置

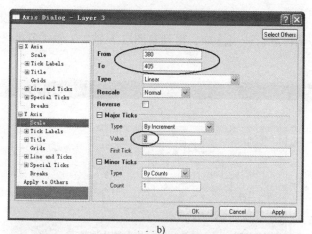

- - b)

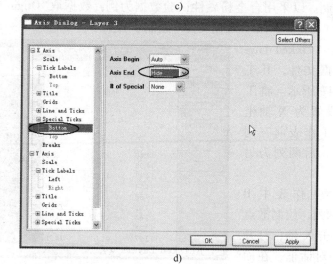

c)

d)

图 14-45 【Axis Dialog】窗口设置（续）

（3）同理，重复步骤（2），双击合并图右下图中的 X 轴进行设置。

（4）对合并图再进行适当修饰，得到多图层 X 轴、Y 轴关联的图形，如图 14-46 所示。

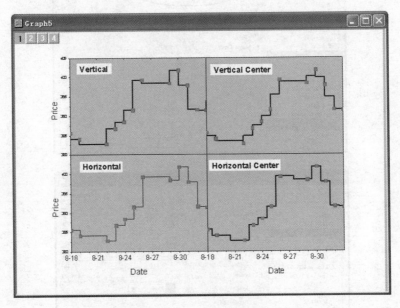

图 14-46　多图层 X 轴、Y 轴关联图形

14.3.3　二维多轴系图绘制

在科技数据绘图处理时，有时希望将多组数据绘制在一张图中，这时就需要采用多 Y 轴图绘制。以采用合金粉磁性试验数据为例，数据取"Origin 9.1\Samples\Graphing\Linked Layers 2. dat"数据文件。绘制步骤如下：

（1）导入"Linked Layers 2. dat"数据文件，其工作表如图 14-47 所示。将工作表中 D 列设置为 X 轴坐标。此时，该工作表前三列为一个坐标系，后两列为另一个坐标系。

（2）选中工作表中 B(Y)和 C(Y)两列，绘制散点图。用鼠标双击 X 轴，打开【Axis Dialog】对话框，在面板中的 X 轴"Scale"页面

	A(X1)	B(Y1)	C(Y1)	D(X2)	E(Y2)
Long Name	A	B	C	E	D
Units	H	4piM	B	BH	B||
Comments					
F(x)					
Sparklines					
1	14.56	11.02	25.58	-372.28	25.58
2	14.48	11.02	25.5	-369.39	25.5
3	14.39	11.02	25.41	-365.58	25.41
4	14.27	11.02	25.29	-360.96	25.29
5	14.14	11.02	25.16	-355.65	25.16
6	13.98	11.02	25	-349.65	25
7	13.82	11.02	24.84	-343.44	24.84
8	13.64	11.02	24.66	-336.41	24.66
9	13.45	11.01	24.47	-329.15	24.47
10	13.27	11.01	24.28	-322.21	24.28

Linked Layers 2

图 14-47　"Linked Layers 2. dat"工作表

中，将 X 轴的起止坐标分别设置为 "-20" 和 "20"，"Rescale" 下拉列表框中选用手动（Manual）设置，如图 14-48 所示。同理，在面板中的 Y 轴 "Scale" 页面中，将 Y 轴的起止坐标分别设置为 "0" 和 "16"，"Rescale" 下拉列表框中选用手动（Manual）设置。

（3）在【Axis Dialog】对话框的面板 Y 轴 "Grid" 页面中，选中 "X = 0" 复选框和 "Opposite" 复选框。

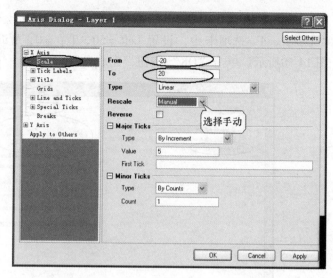

图 14-48　在【Axis Dialog】窗口中 X 轴的设置

（4）选择菜单命令【Graph】→【New Layer(Axes)】→【Top-X Right-Y(Linked Dimension)】。

（5）单击图层 "Layer 1" 标记，在图中曲线上用鼠标右键单击，打开快捷菜单，选择 "Plot Details..." 命令，如图 14-49 所示。

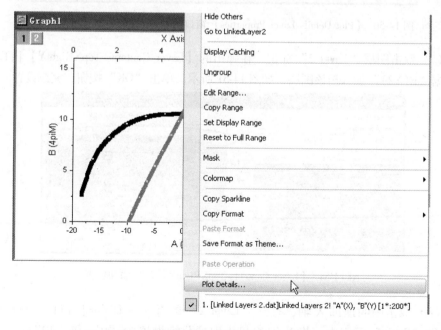

图 14-49　在快捷菜单中选择 "Plot Details..." 命令

（6）弹出【Plot Details Layer Properties】窗口。在"TopXRightY"页面的"Size/Speed"选项卡中，设置 Left = 50，Top = 0，Width = 50 和 Height = 100，如图 14-50 所示。单击"OK"按钮，完成设置。

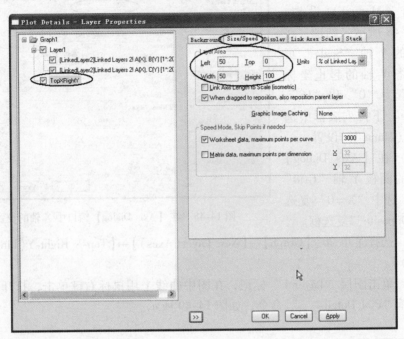

图 14-50　【Plot Details Layer Properties】窗口的"Size/Speed"选项卡设置

（7）双击图层"Layer 2"标记，在弹出的【Layer Contents-TopXRightY】窗口中，将数据"E(Y2)"加入至该图层，如图 14-51 所示。单击"OK"按钮，完成设置。

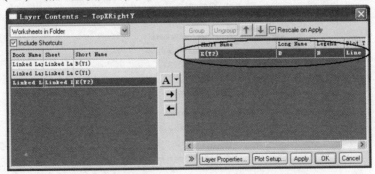

图 14-51　【Layer Contents-TopXRightY】窗口添加数据

（8）双击图的顶部 X 轴，打开"Layer 2"的【Axis Dialog】窗口，在面板中的 X 轴"Scale"页面中，将 X 轴的起止坐标分别设置为"0"和"40"；在 Y 轴"Scale"页面中，将 Y 轴的起止坐标分别设置为"0"和"16"。设置完成后，单击"OK"按钮，得到的图形如图 14-52 所示。

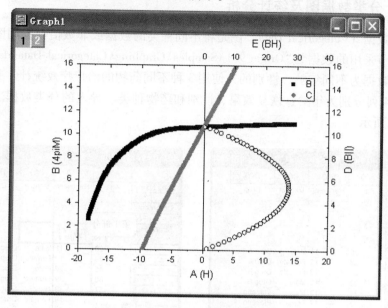

图 14-52 设置完成后的图形

（9）选择栅格线和输入坐标轴标题，选择曲线线形和添加图中箭头。绘制完成的最终图形如图 14-53 所示。其中，第一层中红线代表磁场，蓝线代表磁感应强度；第二层中绿线为 BH 曲线。

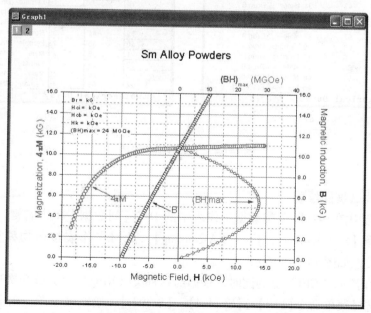

图 14-53 绘制完成的最终图形

14.3.4　分类数据图及统计分析

分类数据（Categorical Data）图是将不同种类的数据或非数值数据用图形进行表示。本节采用的数据为"Origin 9.1\Samples\Graphing\Categorical Data. dat"数据文件，该数据为不同年龄、性别的人使用3种不同药物的治疗疗效统计。其中，第1列至第4列分别为年龄、恢复效果、性别和药物种类。导入的分类数据工作表如图14-54a所示。

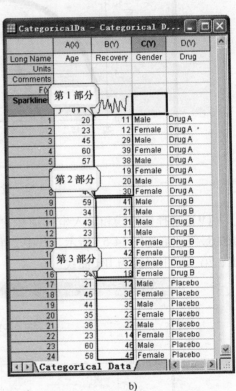

a)　　　　　　　　　　　　　　　　　b)

图 14-54　分类数据工作表

1. 分类数据图绘制

（1）选中图14-54a分类数据工作表中的D(Y)列数据，单击右键，在弹出的菜单中选择【Sort Worksheet】→【Ascending】。此时工作表按药物种类（Drug）分类为3类，如图14-54b所示。

（2）在按下"Ctrl"键的同时，根据药物种类（Drug）分类分3次选中B(Y)列数据，选择菜单命令【Plot】→【Symbol】→【Scatter】，绘制散点图，图中用3种符号分类表示治疗效果。散点图如图14-55a所示。

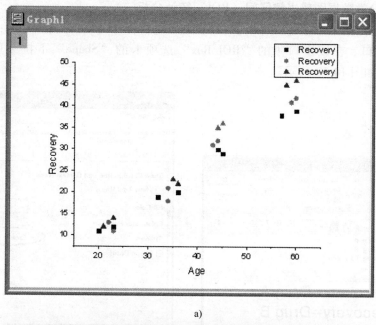

a)

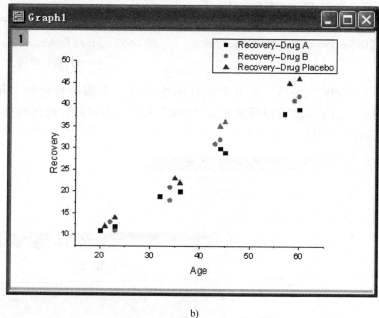

b)

图 14-55　表示治疗效果的分类统计图

（3）用鼠标右键单击图 14-55a 中图例，选择"Properties"命令，打开【Object Properties】窗口，按图 14-56 所示编辑图例，单击"OK"按钮，得到图 14-55b 所示图形。

2. 对分类数据图感兴趣区间（ROI）统计分析

（1）选择菜单命令【Gadgets】→【Cluster】，打开【Data Exploration：addtool_cluster】窗口。在该窗口中的"ROI Box"选项卡的"Shape"下拉菜单中选择"Circle"，如图 14-57 所示。

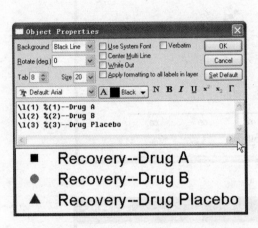

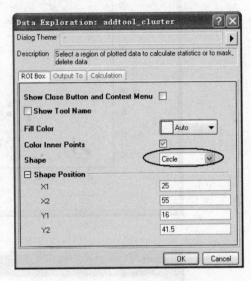

图 14-56　【Object Properties】窗口编辑图例　　　图 14-57　【Data Exploration：addtool_cluster】窗口设置

（2）单击"OK"按钮，在分类统计图中出现一个圆形黄色的"ROI"，如图 14-58a所示。用鼠标将该圆形黄色的"ROI"移至分析区间，则得到对该区间的统计数据，如图 14-58b 所示。

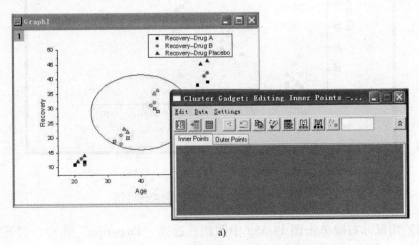

a)

图 14-58　用统计工具对分类统计图进行分析

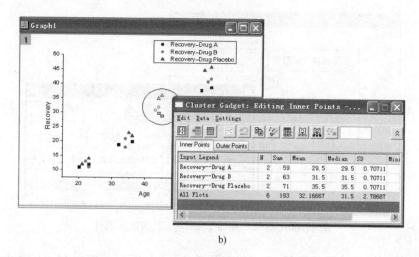

b)

图 14-58　用统计工具对分类统计图进行分析（续）

（3）单击【Cluster Gadget：Editing Inner Points】窗口中的 按钮，可得到统计报告。单击 按钮，则将统计数据输入到新建的工作表中，如图 14-59 所示。从该统计数据看，3 种药物在该区间各有 2 个数据点，其中"Drug Placebo"的效果最大。

图 14-59　统计数据输入到新建的工作表

3. 对分类数据图感兴趣区间（ROI）部分数据统计分析

有时仅需要对分类图中感兴趣区间（ROI）部分数据进行统计分析，如对上面 "ROI" 中的 "Drug A" 和 "Drug B" 进行分析统计。

在【Cluster Gadget：Editing Inner Points】窗口中选择【Data】菜单，去掉 Plot (1) 和 Plot(2) 选中钩，"Drug A" 和 "Drug B" 行变为浅灰色。单击 按钮，此时 "Drug Placebo" 行的数据被屏蔽，如图 14-60 所示。

4. 对分类数据图感兴趣区间（ROI）外的数据统计分析

（1）在【Cluster Gadget：Editing Inner Points】窗口中选择【Settings】→【Prefer-

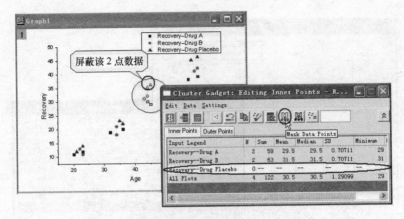

图 14-60　屏蔽 "Drug Placebo" 后的数据统计

ences】菜单，打开【Cluster Manipulation Preferences】窗口，如图 14-61 所示。

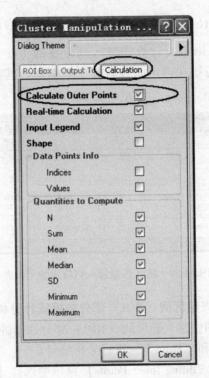

图 14-61　【Cluster Manipulation Preferences】窗口

（2）在 "Calculation" 选项卡选中 "Calculate Outer Points" 选项，单击 "OK"
按钮，此时在【Cluster Gadget：Editing Inner Points】窗口中的 "Outer Points" 选项
则得到对分类数据图感兴趣区间外的数据统计结果，如图 14-62 所示。

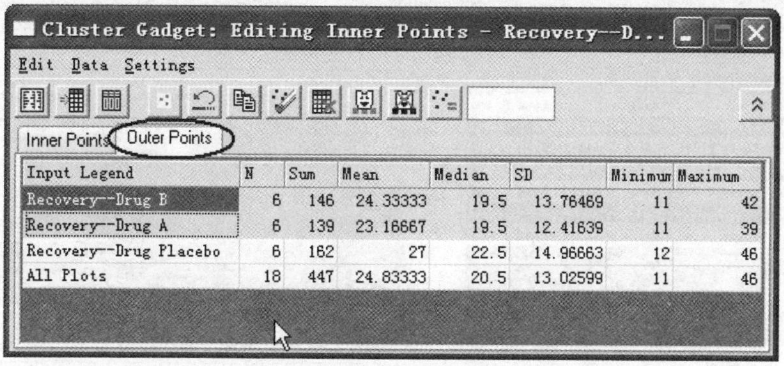

图 14-62 对分类数据图感兴趣区间外的数据统计结果

14.3.5 颜色标度图

颜色标度图（Color Scale）是采用平面图的形式表示三维的数据，其中第三维的数据是采用不同颜色标度表示的。本节采用的数据为"Origin 9.1\Samples\Graphing\Color Scale1. dat""Color Scale2. dat"和"Color Scale3. dat"3 个数据文件中的数据。分别导入 3 个数据文件为 3 个工作表，每个工作表均有"Zr(X)""Zi(Y)"和"Freq(Y)"3 列试验数据。3 个工作表如图 14-63 所示。

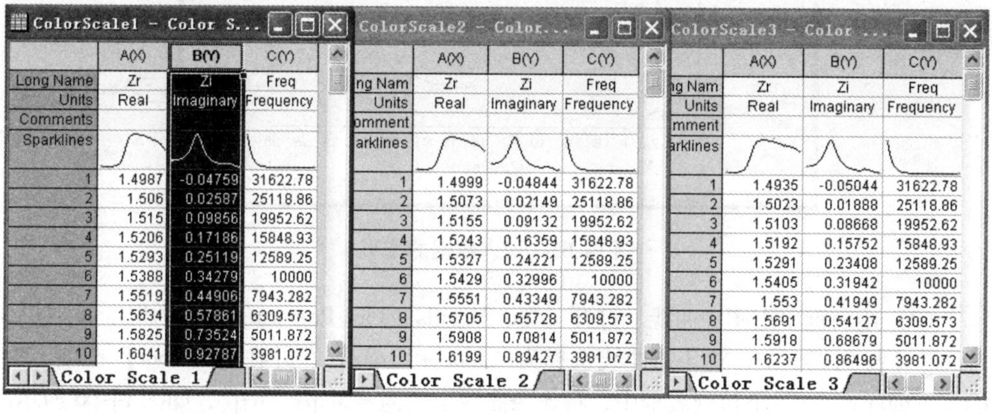

图 14-63 导入的 3 个工作表

颜色标度图的绘制步骤如下：

（1）新建一个图形窗口，双击图层"Layer 1"标记，选择"Layer Contents..."，打开图层对话框，将数据 3 个工作表中的"Color Scale 1""Color Scale 2"和"Color Scale 3"，即 3 个工作表中的"Zi（Y）"加入至该图层。图层对话框如图 14-64 所示。加入数据的图形如图 14-65 所示。

图 14-64 图层对话框

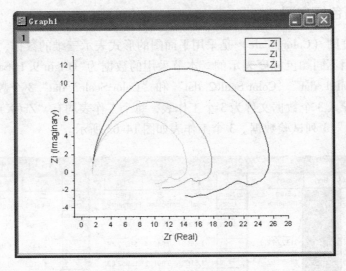

图 14-65 加入数据的图形

（2）用右键单击图中曲线，打开【Plot Details - Plot Properties】对话框。在"Plot Type"下拉列表框中，将3条曲线选择为"Line + Symbol"，并在【Symbol】选项卡中的"Symbol Color"下拉列表框中，将3条曲线设置为"Map：Freq"，如图14-66所示。

（3）在【Plot Details - Plot Properties】对话框中，选择【Color Map】选项卡，单击【Level】列标签，打开【Set Level】输入对话框，按图14-67中所示数据进行设置。

（4）将【Plot Details - Plot Properties】对话框颜色充填栏中的"6.310""39.81"和"251.2"分别调整为整数"6""40"和"251"，如图14-68所示。

（5）单击图14-68中所示【Fill】列标签，打开【Fill】对话框，按图14-69所示进行设置。设置完成后，关闭【Plot Details - Plot Properties】对话框。设置完成后的图形如图14-70所示。

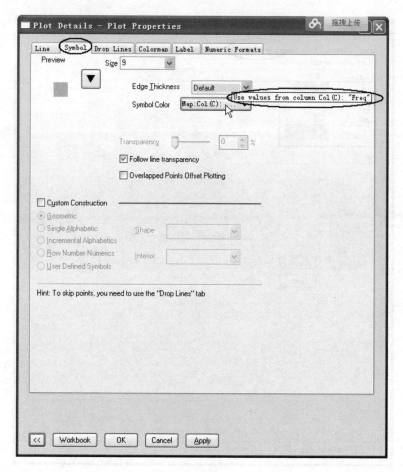

图 14-66 【Plot Details - Plot Properties】对话框的 "Symbol Color" 下拉列表框设置

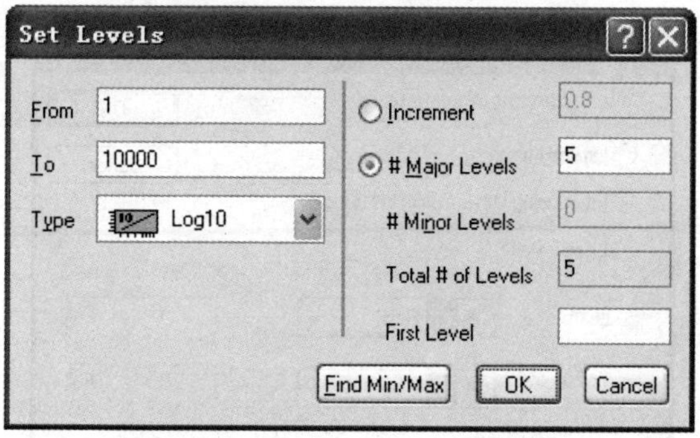

图 14-67 【Set Level】输入对话框

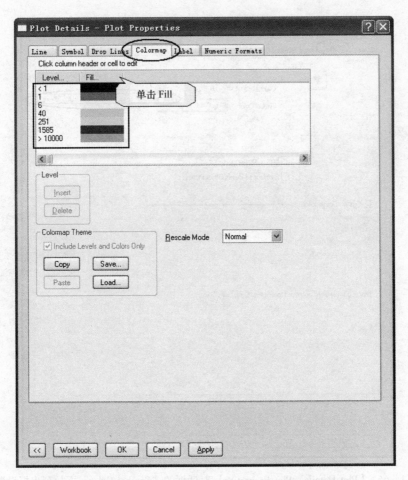

图 14-68　【Plot Details - Plot Properties】对话框的颜色充填栏

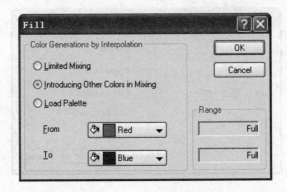

图 14-69　【Fill】对话框

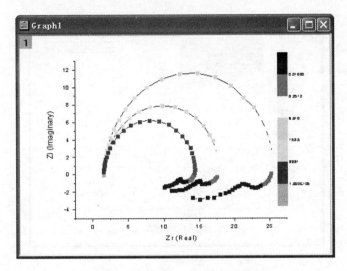

图 14-70 设置完成后的图形

14.3.6 在曲线上标出数据点

在科技论文中，有时需要在图形曲线上标出具体试验数据。选择"Origin 9.1\
Samples\Signal Processing\EPR Spectra. dat"数据文件导入并绘图。在图形为当前窗
口时，单击按钮，在感兴趣的区域用鼠标拖出一个矩形，如图 14-71 所示。

在 Tool 工具栏中的按钮组中选择"Annotation"按钮，如图 14-72 所示。在
图形曲线上选择要进行标识的点单击，如图 14-73a 所示；在该点双击后，在曲线
上标出数据点，如图 14-73b 所示。

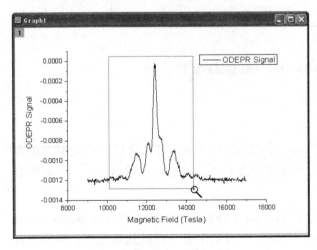

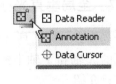

图 14-71 在感兴趣区域拖出矩形　　　　图 14-72 选择"Annotation"按钮

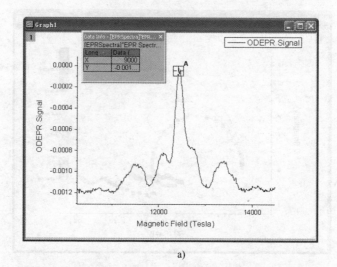

a)

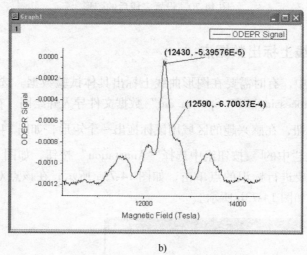

b)

图 14-73 标识和调整显示数据

14.3.7 全局垂直光标工具

全局垂直光标工具（Global Vertical Cursor Gadget）可在叠层图中同时获取多条曲线的 X 轴和 Y 轴坐标数据，并通过输出工作表将获取的数据输出。下面结合实例进行介绍。

（1）单击数据向导 按钮，用数据向导分别导入"Origin 9.1\Samples\Curve Fitting\Step01. dat"和"Step02. dat"数据文件到工作表（在默认情况下，系统选择的滤波文件为 step）。在向导的"File Name Options"页面去掉"Rename Long Name for Book Only"选项，单击"Finish"按钮，导入数据。

（2）单击标准工具栏中按钮，在 Origin 工程文件中新建一个"Folder2"目录。在该目录下，按同样方法，采用数据向导工具导入"Origin 9.1\Samples\Curve Fitting\Step03.dat"。

（3）全部选中"Step01.dat"工作表，选择菜单命令【Plot】→【Multi-Curve】→【Stack】，打开【Plotting：Plotstack】窗口。在"Plot Assignment"栏输入"3"，单击"OK"按钮，新建1个叠层图（Graph1）。【Plot ting：Plotstack】窗口如图14-74所示。

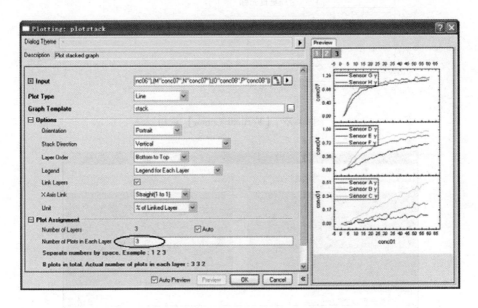

图 14-74 【Plotting：Plotstack】窗口

（4）重复步骤（3），分别采用"Step02.dat"和"Step03.dat"工作表数据，新建2个叠层图（Graph2 和 Graph3）。

（5）在"Graph1"为当前窗口时，选择菜单命令【Gadgets】→【Vertical Cursor】，打开【Vertical Cursor】窗口。在"X＝"中输入 X 轴坐标的数据（35.2）或用鼠标拖动图形中全局垂直光标线，则在图中曲线上和【Vertical Cursor】窗口中给出 X＝35.2 时的 Y 轴坐标数据，如图14-75所示。

（6）单击该窗口中按钮，打开【Graph Browser】窗口，在【Graph Browser】窗口中选择是否要将工程文件中的其他图形与当前图形连接。图14-76 中选中了"Graph2"和"Graph3"与"Graph1"连接。单击"OK"按钮，此时也得到在"Graph2"和"Graph3"中 X＝35.2 时的 Y 轴坐标数据。

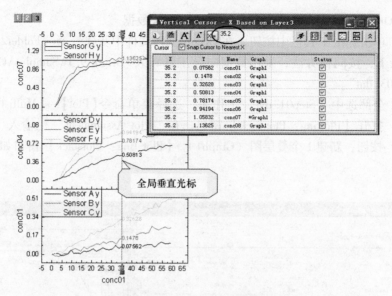

图 14-75 【Vertical Cursor】窗口

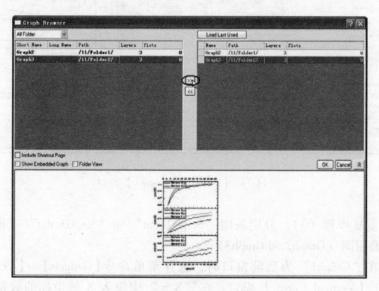

图 14-76 【Graph Browser】窗口

14.4　谱线图处理

14.4.1　XRD 谱线图处理

　　X 射线衍射（X-ray Diffraction，XRD）是材料科学中经常用来确定物相的一种方法。常需要将不同样品的 XRD 谱线放在一起进行物相对比分析。此处用 D/

MAX-RB 转靶 X 射线衍射仪实测的 XRD 谱线数据（两个对比样品 A 和 B）进行对比图绘制。D/MAX-RB 转靶 X 射线衍射仪测的 XRD 谱线数据以 "∗.usr" 格式存放。可以直接在 Origin 中采用数据导入，或先将其转变为 Excel 数据表格再进行导入。下面采用 Origin 数据导入向导进行导入并进行处理。

（1）在工作表窗口中，用菜单命令【File】→【Import...】→【Import Wizard...】打开向导对话框，选择导入的数据文件（XRD 谱线数据文件多以 "∗.usr" 格式存放），单击多次 "Next" 按钮进入下一步。当出现【Import Wizard-Header Lines】对话框时，可以看到该数据文件前 6 个行为试验测试参数，按图中选择 "Number of Subheaders" 和选择 "Comments" 范围，如图 14-77 所示。

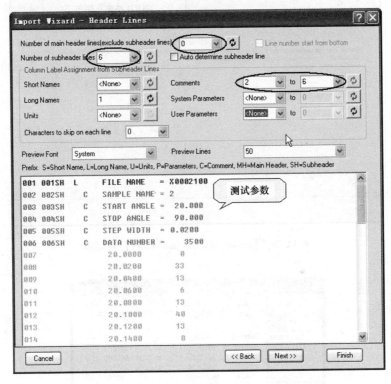

图 14-77 【Import Wizard-Header Lines】对话框

（2）单击多次 "Next" 按钮，进入【Import Wizard-Save Filter】对话框，如图 14-78 所示。选择滤波文件保存的文件目录和文件名（当有大量的同样 XRD 数据时，以后在导入同样类型数据时可以采用该滤波文件，以提高效率）。

（3）单击 "Finish" 按钮，完成用向导导入 XRD 数据。改变各列名称和用标签标明各列含义。导入后的工作表如图 14-79 所示。

（4）新建一个工作表，选择菜单命令【File】→【Import...】→【Import Wizard...】，打开向导对话框。在【Import Wizard-Source】对话框中，选择同样类型的 XRD

文件和滤波文件，如图 14-80 所示。单击"Finish"按钮，导入其他 3 个数据文件。

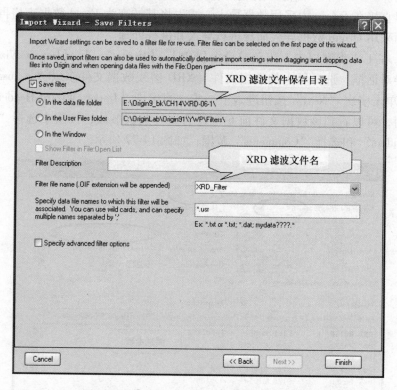

图 14-78 【Import Wizard-Save Filter】对话框

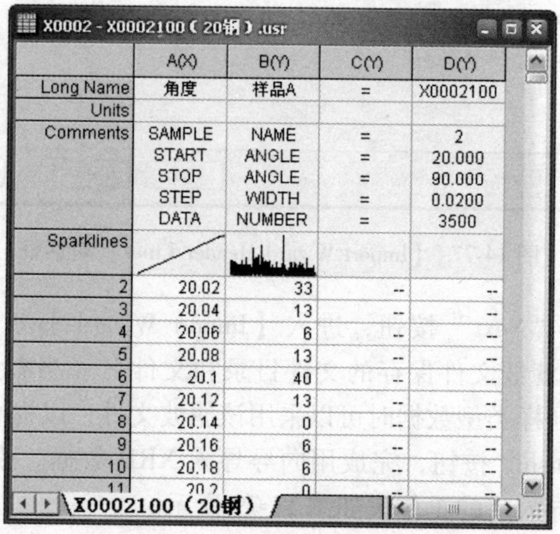

图 14-79 导入后的工作表

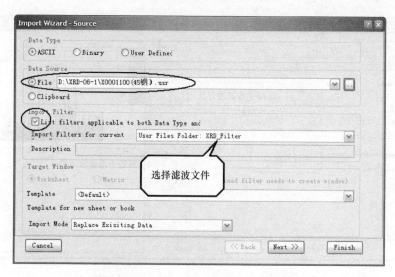

图 14-80 【Import Wizard-Source】对话框

（5）选中工作表中标签为"样品 A"列，选择菜单命令【Plot】→【Line】绘图，如图 14-81 所示。此时，由于数据点太多和数据"噪声"太大，曲线显示不清楚。

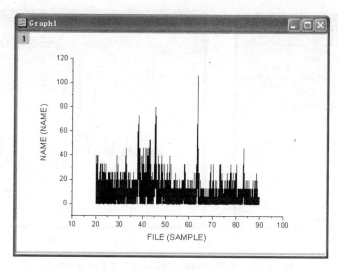

图 14-81 用"样品 A"数据点直接绘图曲线

（6）在图形窗口为当前窗口时，选择菜单命令【Analysis】→【Signal Processing】→【Smoothing...】，打开【Signal Processing：Smoothing】对话框。选中"Auto Preview"复选框，选择平滑处理方法。通过观察平滑处理效果，确定平滑处理点等参数。【Signal Processing：Smoothing】对话框如图 14-82 所示。

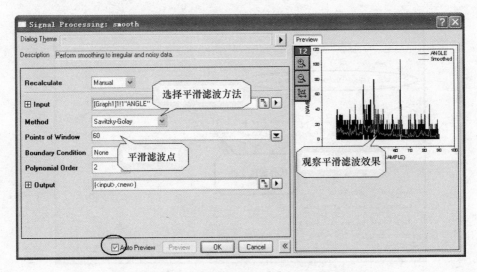

图 14-82　【Signal Processing：Smoothing】对话框

（7）平滑处理后的数据存放在该工作表新建的两列中，用该平滑处理数据绘图。平滑处理后"样品 A"的数据和曲线分别如图 14-83a、b 所示。比较平滑处理前后的 XRD 曲线，可以看到经过平滑处理的图比较容易进行衍射峰标定。

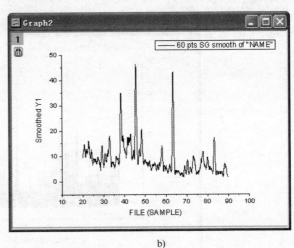

a)　　　　　　　　　　　　　　　　　　　　b)

图 14-83　平滑处理后"样品 A"工作表和曲线

（8）同理处理其他 XDR 曲线。将其他 3 个样品平滑处理后的数据合并在同一个工作表中，如图 14-84 所示。

（9）选择菜单命令【Plot】→【Multi-Curve】→【Stack Lines by Y Offsets】，将 4 个样品的 XRD 谱线绘制到同一个图中，如图 14-85a 所示。经适当调整得到图 14-85b 所示图形。

	A(X)	B(Y)	C(Y)	D(Y)	E(Y)
Long Name	衍射角	20钢	45钢	T8钢	T12
Units					
Comments		20钢	45钢	T8钢	T12
F(x)					
1	20	9.4573	12.20727	8.16333	25.57448
2	20.02	9.67704	12.01209	8.21194	25.12745
3	20.04	9.88983	11.82067	8.25785	24.69142
4	20.06	10.09568	11.63302	8.30107	24.2664
5	20.08	10.29457	11.44913	8.3416	23.85238
6	20.1	10.48652	11.26901	8.37943	23.44936
7	20.12	10.67153	11.09265	8.41458	23.05735
8	20.14	10.84958	10.92007	8.44703	22.67634
9	20.16	11.02069	10.75124	8.47678	22.30634
10	20.18	11.18486	10.58619	8.50385	21.94734
11	20.2	11.34207	10.4249	8.52822	21.59934
12	20.22	11.49234	10.26738	8.5499	21.26235
13	20.24	11.63567	10.11362	8.56888	20.93636
14	20.26	11.77204	9.96363	8.58518	20.62137
15	20.28	11.90147	9.8174	8.59878	20.31739
16	20.3	12.02395	9.67494	8.60968	20.02441
17	20.32	12.13949	9.53625	8.6179	19.74244

X0004100（T12钢）　4条平滑处理的谱线

图 14-84　4 个样品平滑处理后的数据工作表

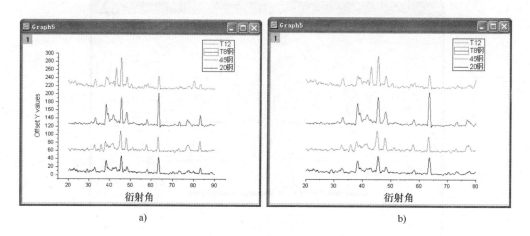

a)　　　　　　　　　　　　　　　　　b)

图 14-85　4 个样品的 XRD 谱线

14.4.2　谱线三维瀑布图处理

Origin 9.1 采用 OpenGL 支持三维瀑布（3D Waterfall）图，可方便对图形进行旋转及调整大小和形状。三维瀑布图非常适用于展示在相同条件下的多组数据谱线图。下面结合实例进行介绍。

（1）打开"Origin 9.1\Samples\91TutorialData.opj"项目文件，并用项目浏览器打开"3D Waterfall"目录下的工作表 Book4I，如图 14-86 所示。该工作表中数据

第 1 列为波长，为 X 轴数据；其余 4 列为不同溶度的样品的吸收强度数据。

	A(X)	F(Y)	G(Y)	H(Y)	I(Y)
Long Name	Wavelength	Absorbance			
Comments		Divided by Max of "1"	Divided by Max of "5"	Divided by Max of "10"	Divided by Max of "20"
Units	nm				
Concentration (mg/ml)		1	1.5	2.2	3
1	413.28064	-0.01557	0	0.00512	7.58846E-4
2	413.26756	0.01522	0.00765	-0.005	0.00226
3	413.25447	-0.01393	0.00407	-2.69019E-4	0.00228
4	413.24139	-0.01557	3.63288E-4	0.00928	9.01304E-4
5	413.2283	-0.0021	-0.0067	0.01466	7.58894E-4
6	413.21591	0	-0.00455	0.01536	0.00138
7	413.20282	0	0.00522	0.01536	3.30304E-4
8	413.18974	0.01154	0.01348	0.01536	0.00112
9	413.17666	0.01557	0.00736	0.01177	-7.57795E-5
10	413.16358	0.01557	-0.00123	0.00687	2.40972E-4
11	413.1505	0.04442	0.00569	0.0146	0.0017
12	413.13742	-5.43648E-4	0.00715	0.01457	5.26977E-4

Sheet1

图 14-86　"3D Waterfall" 目录下的工作表 Book4I

（2）全部选中工作表数据，选择菜单命令【Plot】→【3D XYY】→【3D Water-fall】，绘制三维瀑布图，如图 14-87 所示。

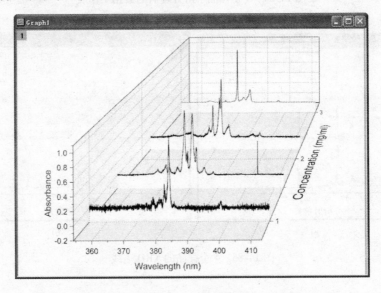

图 14-87　三维瀑布图

（3）选择菜单命令【Format】→【Layer Properties】，打开【Plot Details-Layer Properties】窗口。在 "Planes" 选项卡中，选中 XY 选项，并按图 14-88a 所示设置颜色和透明度，去掉 "Plane Border" 中的 "Enable" 选项。"Planes" 选项卡中的设置如图 14-88a 所示。

（4）在【Plot Details-Layer Properties】窗口左面板中显示所有曲线，此时右面

板的选项卡发生改变。在"Pattern"选项卡中，选择"Fill Color"为"LT Gray"。"Pattern"选项卡中的设置如图 14-88b 所示。单击"OK"按钮，关闭【Plot Details-Layer Properties】窗口。

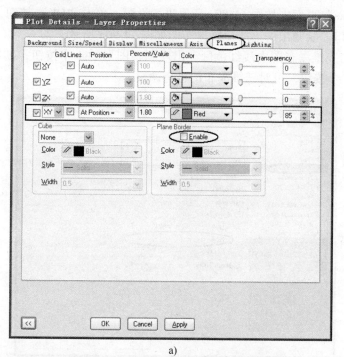

a)

b)

图 14-88　【Plot Details-Layer Properties】窗口设置

(5) 双击图中坐标轴，打开【Axis Dialog】窗口。去掉"Use Only One Axis For Each Direction"选项，在 Z 轴的"Scale"页面中按图 14-89a 所示进行设置。

(6) 在 Z 轴的"Tick Labels"页面中按图 14-89b 所示进行设置，在 Z 轴的"Line and Ticks"页面中按图 14-89c 所示进行设置。单击"OK"按钮，关闭【Axis Dialog】窗口。绘制出的谱线三维瀑布图如图 14-90a 所示。

(7) 单击三维瀑布图中浅红色区，出现调整图形的 4 个按钮，如图 14-90b 所示。通过该 4 个按钮，可对三维瀑布图进行调整。

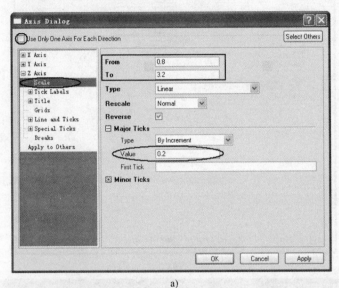

图 14-89　【Axis Dialog】窗口设置

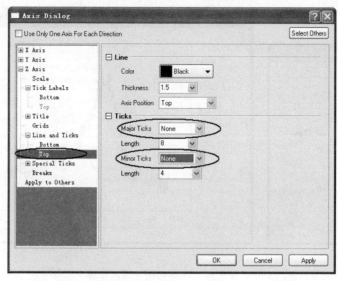

c)

图 14-89 【Axis Dialog】窗口设置（续）

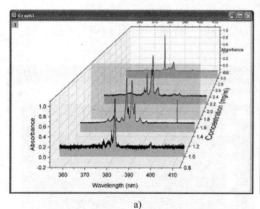

a)

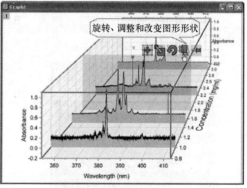

b)

图 14-90 谱线三维瀑布图

14.4.3 XPS 图谱处理

X 射线光电子能谱（X-ray Photoelectron Spectroscopy，XPS）分析是一种对表面元素化学成分和元素化学态进行分析的技术。它可以给出原子序数为 3～92 的元素信息，以获得元素成分，还可以给出元素化学态信息，进而可以分析出元素的化学态或官能团。因此，XPS 分析是材料科学研究的有力工具。本节采用的数据为试验中的 XPS 图谱，要求进行基线分析、寻峰和峰拟合。

（1）导入试验数据文件为工作表，如图 14-91a 所示；用该数据文件绘制的线图如图 14-91b 所示。

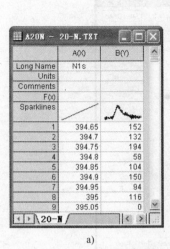

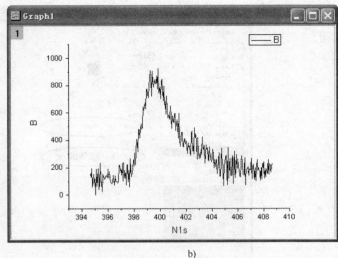

a)   b)

图 14-91　导入的工作表和用该数据绘制的线图

（2）选择菜单命令【Analysis】→【Peak Analyzer...】，打开【Peak Analyzer】向导开始页面，如图 14-92 所示。在"Goal"中选择"Fit Peaks"复选框。

（3）单击"Next"按钮，进入"Baseline Mode"页面，如图 14-93 所示。选择"User Defined"基线模式。

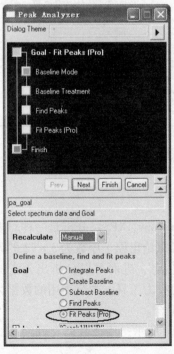

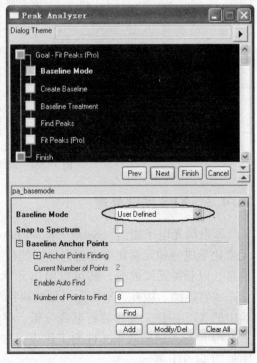

图 14-92　【Peak Analyzer】向导开始页面　　　　图 14-93　"Baseline Mode"页面

（4）单击"Add"按钮，在曲线上基线处双击添加定位点；单击"Done"按钮，完成定位点设置。

（5）单击"Next"按钮，进入"Create Baseline"页面，选择基线链接方式。此时，可以通过单击"Add"按钮再添加定位点，或通过单击"Modify/Del"按钮修改定位点或删去定位点。"Create Baseline"页面如图14-94所示。此时，在线图上可以看到定位点的位置和该定位点所确定的基线，如图14-95所示。

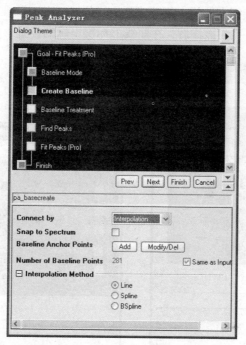

图 14-94 "Create Baseline" 页面

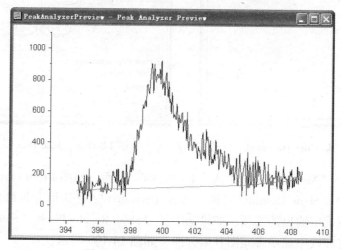

图 14-95 有定位点和基线的线图

（6）单击"Next"按钮，进入"Baseline Treatment"页面，如图 14-96 所示。在该页面中可以进行减去基线的处理。可以选中"Auto Subtract Baseline"复选框，或单击"Subtract Now"按钮，则立即在图形中显示减去基线的效果。图 14-96 中由于基线基本是一条水平直线，所以未进行减去基线的处理。

（7）单击"Next"按钮进入"Find Peaks"页面，如图 14-97 所示。在该页面中去掉"Auto Find"复选框。通过单击"Add"按钮在曲线上添加峰位置，或通过单击"Modify/Del"按钮在曲线上修改或删去峰位置（此时需要结合专业知识完成）。当完成"Find Peaks"页面操作后，在曲线上标识出峰的位置，如图 14-98 所示。

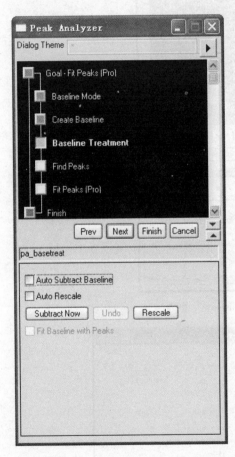

图 14-96   "Baseline Treatment" 页面

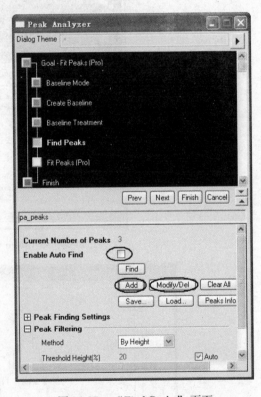

图 14-97   "Find Peaks" 页面

（8）单击"Next"按钮，进入"Fit Peaks"页面，如图 14-99 所示。在该页面中，可以选中"Show Residual"和"Show Derivative"复选框分析峰拟合的效果，可以通过定制确定输出的选项。如果选中了"Show Residual"和"Show Derivative"复选框，则在曲线中显示参差图和微分图，如图 14-100 所示。

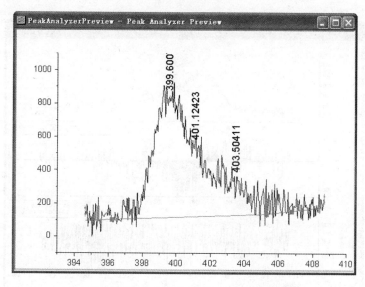

图 14-98　在曲线上标识出峰位置

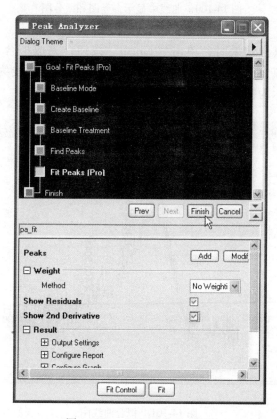

图 14-99　"Fit Peaks" 页面

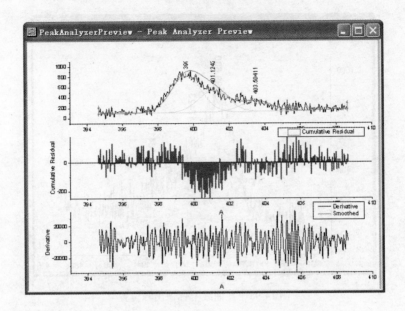

图 14-100　曲线中显示参差图和微分图

（9）当满意拟合效果时，单击"Finish"按钮，完成拟合，输出拟合报表。
图 14-101 所示为拟合曲线图，图中绿线为单个拟合峰，红线为 3 个拟合峰的叠
加。图 14-102 所示为拟合输出报表。

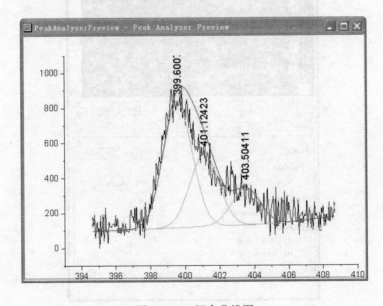

图 14-101　拟合曲线图

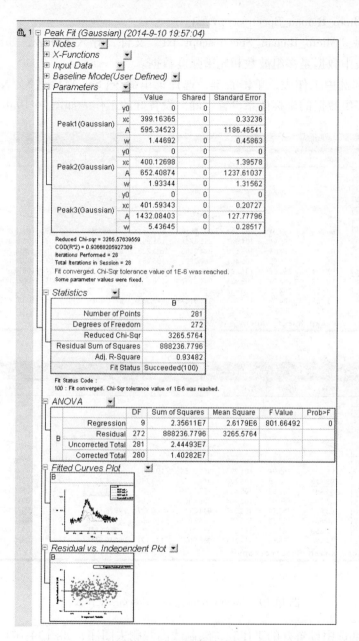

图 14-102 拟合输出报表

14.4.4 Micro-Raman 谱线分析

Raman 光谱是研究和了解材料微结构变化的有力工具。下面对纳米矿物复杂体系进行 Micro-Raman 光谱分析，数据来源于 http：//www. originlab. com/ftp/graph_ gallery/data/Micro_Raman_Spectroscopy. txt。

（1）下载"Micro_Raman_Spectroscopy. txt"文件，导入工作表，如图 14-103a 所示。工作表中数据是多组波数和光谱强度数据。

（2）全部选中工作表，单击右键，选择菜单命令【Set As】→【XY XY】，将工作表数据中多组数据的坐标体系设置正确。设置好的工作表如图 14-103b。

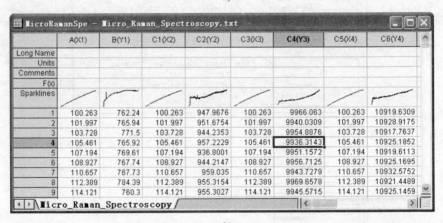

图 14-103　Micro_Raman_Spectroscopy 工作表

（3）全部选中设置好的工作表，绘制线图并删去图注，如图 14-104 所示。

（4）双击图中坐标轴，打开【Axis Dialog】窗口，在 X 轴的页面和在 Y 轴的页面分别按图 14-105a、b 所示进行设置。

（5）选择菜单命令【Tool】→【Theme Organizer】，打开【Theme Organizer】窗口。在"Graph"选项卡中选择"Opposite Lines"作为图形的顶部 X 轴和右部 Y 轴的主题，如图 14-106 所示。

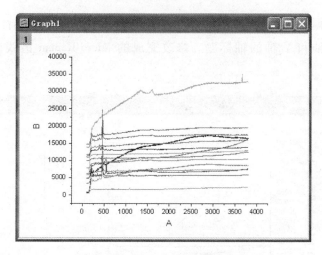

图 14-104 绘制线图

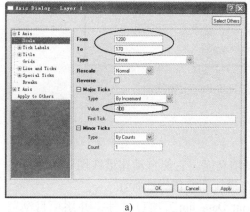

a)

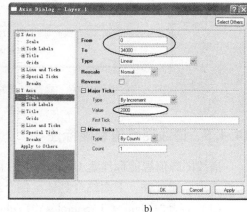

b)

图 14-105 【Axis Dialog】窗口的设置

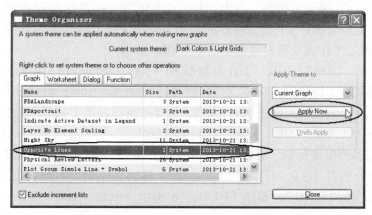

图 14-106 在【Theme Organizer】窗口选择主题

（6）在"Tool"工具栏中选择 ╱ 工具和选择 **T** 工具在波数 461 处加上垂线和标注。修改 X 轴和 Y 轴的轴标题。修改完成的 Micro-Raman 谱线图如图 14-107 所示。

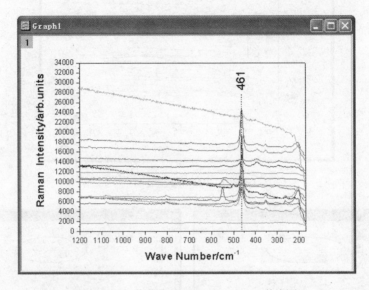

图 14-107　　修改完成的 Micro-Raman 谱线图

14.4.5　谱线图峰值智能标注

谱线图峰值智能标注是 Origin 9.1 的新增功能，它能自动在谱线图中智能标注而不造成标注重叠。下面结合具体实例介绍谱线图峰值智能标注。

（1）打开"Origin 9.1\Samples\91Tutorial Data.opj"项目文件，并用项目浏览器打开"Smart Peak Labels with Leader Line"目录。该目录下有"100-52-7-IR"和"Peak_Centers1"两个工作表，其中"100-52-7-IR"工作表存放的是 IR 吸收光谱数据，"Peak_Centers1"工作表存放的是用 Origin 寻峰工具分析得到的峰值数据。"100-52-7-IR"工作表及项目浏览器如图 14-108 所示。

（2）选中"100-52-7-IR"工作表数据 B（Y）列，绘制线图。用右键单击图层标记，选择菜单"Layer Contents..."，打开【Layer Contents】窗口。在该窗口中选择"Peak_Centers1"工作表 pcy（Y）列，选择散点图绘图方式添加到图层中，如图 14-109 所示。单击"OK"按钮，回到绘图窗口。

（3）双击图中坐标轴，打开【Axis Dialog】窗口。在 Y 轴的"Scale"页面设置起止坐标分别为"-0.05"和"0.8"，在 X 轴的"Scale"页面设置起止坐标分别为"400"和"3 500"，如图 14-110a、b 所示。单击"OK"按钮，回到绘图窗口。

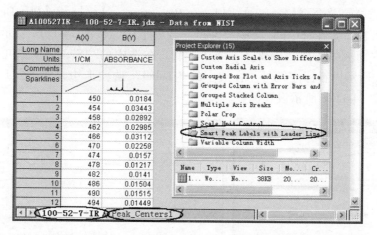

图 14-108 "100-52-7-IR"工作表及项目浏览器

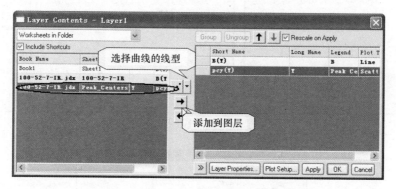

图 14-109 【Layer Contents】窗口

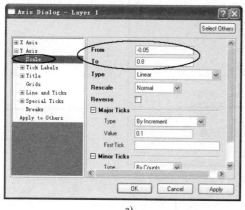

a)

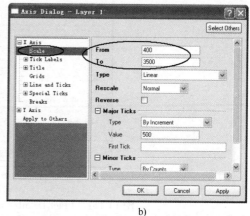

b)

图 14-110 【Axis Dialog】窗口设置

（4）选择菜单命令【Format】→【Layer Properties...】，打开【Plot Details-Layer Properties】窗口。在选中的"Size/Speed"选项卡中，按图 14-111a 所示设置图形尺寸。在左面板中选择"Peak_Centers1"后，在选中的"Symbol"选项卡中，按图 14-111b 所示设置标注符号。在选中的"Label"选项卡中，选中"Enable"选项，并按图 14-111c 所示设置标签。

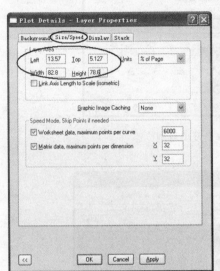

a)

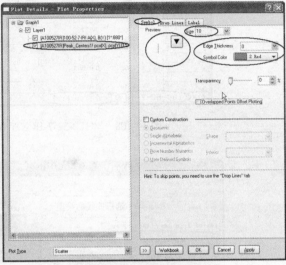

b)

c)

图 14-111　【Plot Details-Layer Properties】窗口设置

（5）单击"Apply"按钮，此时在部分图中有选项卡重叠，如图 14-112 所示。

回到"Label"选项卡，选中"Auto Reposition to Avoid Overlapping"选项和在"Reposition Direction"下拉列表框中选择"Y"。在"Leader Lines"组中按图 14-113 所示进行设置。单击"OK"按钮，回到绘图窗口。标注好的谱线图如图 14-114 所示。

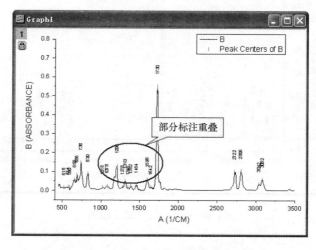

图 14-112 部分图中有选项卡重叠谱线

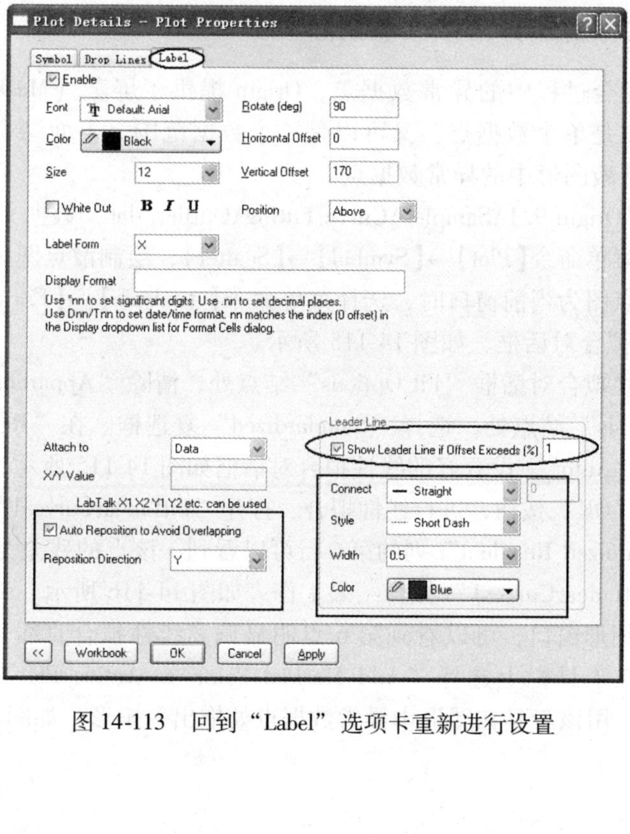

图 14-113 回到"Label"选项卡重新进行设置

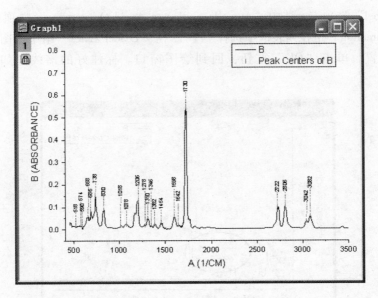

图 14-114　标注好的谱线图

14.5　拟合分析

14.5.1　线性拟合及异常数据点剔除

为了剔除拟合过程中的异常数据点，Origin 提供了屏蔽（Mask）工具。被屏蔽的数据既可以是单个数据点，又可以是一个数据范围。下面结合线性拟合，介绍用屏蔽工具屏蔽图形中的异常数据点。

（1）导入"Origin 9.1\Samples\Curve Fitting\Outlier. dat"数据文件。

（2）选择菜单命令【Plot】→【Symbol】→【Scatter】，绘制散点图。

（3）当散点图为当前窗口时，选择菜单命令【Analysis】→【Fitting】→【Fit Linear】，打开线性拟合对话框，如图 14-115 所示。

（4）在线性拟合对话框"Fit Options"结点处，清除"Apparent Fit"选项。在"Residual Analysis"结点处，选择"Standardized"复选框。在"Recalculate"下拉列表框中选择"Auto"。设置好的线性拟合对话框如图 14-115 所示。

（5）单击"OK"按钮，进行线性拟合。打开"FitLinearCurves1"拟合结果工作表，在"Standardized Residual"列的第 6 行可以看到，该点的残差为"-2.54889"，明显过大。"FitLinearCurves1"拟合结果工作表如图 14-116 所示。

（6）打开图形窗口，可以看到第 6 点明显偏离线性拟合直线，故打算剔除此异常数据点。在工具栏上选择"Add Masked Points to Active Plot"屏蔽按钮，如图 14-117 所示。用该工具在图形中异常数据点处拖出一矩形，如图 14-118 所示。

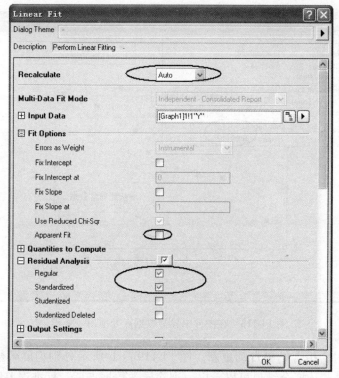

图 14-115　线性拟合对话框

	A1(X1)	A2(Y1)	A3(X2)	A4(Y2)	A5(Y2)
Long Name	Independent Variable	Linear Fit of Outlier B"Y"	Independent Vari	Regular Residual	Standardized Residua
Units					
Comments					
Parameters		Fitted Curves Plot			
1	0.79	1.43673	0.79	0.23327	0.13281
2	0.79813	1.44455	2.16	0.08563	0.04875
3	0.80626	1.45236	2.56	1.08092	0.61539
4	0.81438	1.46018	3.57	0.28951	0.16483
5	0.82251	1.468	4.43	-0.14762	-0.08404
6	0.83064	1.47582	5.23	-4.47705	-2.54889
7	0.83877	1.48363	5.55	-0.31482	0.17923
8	0.8469	1.49145	6.06	0.4	25316
9	0.85503	1.49927	6.67	2.4	87662
10	0.86315	1.50709	7.61	0.48391	0.2755

残差过大!

FitLinearCurve1

图 14-116　"FitLinearCurves1"拟合结果工作表

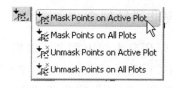

图 14-117　选择"Add Masked Points to Active Plot"屏蔽按钮

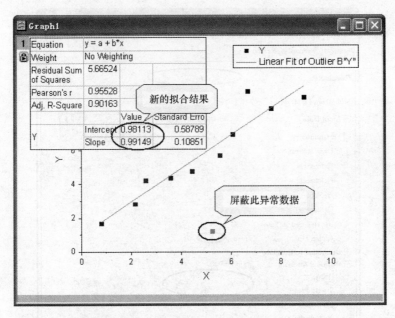

图 14-118　在图形中异常数据点处拖出一矩形

（7）此时，拟合结果自动更新。图 14-119a、b 所示分别为屏蔽数据异常点前后的拟合结果。从拟合结果可以看出，剔除异常数据点后，标准误差明显降低。

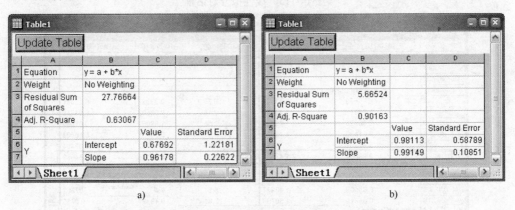

图 14-119　屏蔽数据异常点前、后的拟合结果

14.5.2　共享参数的全局非线性拟合

S（Sigmoidal）曲线在科学研究中使用很多，如相变动力学模型曲线、药物反应（Does Response）研究对数模型等。Origin 9.1 对 S 曲线拟合的模型有"Boltzmann"模型，"Logistical"模型、"Hill"模型和"Dose-response"模型，其拟合工具也比以前版本作了很大的改进。

共享参数的全局非线性拟合（Global Fit）是对两组数据同时拟合，拟合时共享部分拟合参数。下面结合酶（Enzyme）动力学中的 Michaelis-Menten 函数，介绍用全局共享参数对两组数据同时进行非线性拟合，即在拟合过程中共享同一个参数值。Michaelis-Menten 函数为

$$v = \frac{V_{max}[S]}{K_m + [S]} \tag{14-1}$$

式中　v——反应速度；

[S]——基体浓度；

V_{max}——最大速度；

K_m——Michaelis 常数。

通过 v 与[S]曲线进行非线性拟合，可以确定 V_{max} 和 K_m。在 Origin 软件中没有内置的 Michaelis-Menten 函数，但可以利用 Origin 软件中内置的 Hill 函数完成拟合工作。Hill 函数为

$$v = V_{max}\frac{x^n}{K^n + x^n} \tag{14-2}$$

从式（14-2）中可以看到，当 n = 1 时，Hill 函数简化为 Michaelis-Menten 函数。

（1）用 ASCII 数据向导导入“Origin 9. 1\Samples\Curve Fitting\Enzyme. dat”数据文件，绘制散点图。导入的工作表如图 14-120 所示。

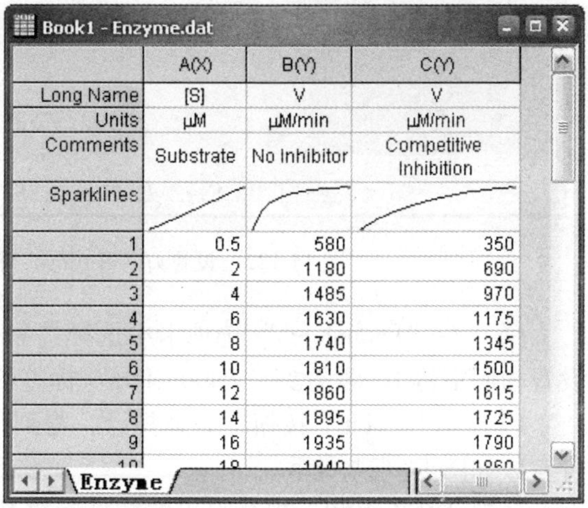

	A(X)	B(Y)	C(Y)
Long Name	[S]	V	V
Units	μM	μM/min	μM/min
Comments	Substrate	No Inhibitor	Competitive Inhibition
Sparklines			
1	0.5	580	350
2	2	1180	690
3	4	1485	970
4	6	1630	1175
5	8	1740	1345
6	10	1810	1500
7	12	1860	1615
8	14	1895	1725
9	16	1935	1790
10	18	1940	1860

图 14-120　导入的工作表

（2）从工作表中可以看到，有“No Inhibitor”和“Competitive Inhibitor”两组反应数据。因为 V_{max}（最大速度）对两种反应应该相同，因此可以将 V_{max} 作为共享参数，进行全局拟合。

（3）选中工作表中 B(Y)和 C(Y)，绘制散点图，如图 14-121 所示。

（4）在绘制散点图为当前窗口时，选择菜单命令【Analysis】→【Fitting】→【Nonlinear Curve Fit】，打开【NLFit】窗口，选择“Hill”拟合函数。

（5）在“Settings”选项卡中选择“Data Selection”栏，在“Multi-Data Fit Mode”下拉列表框中选择“Global Fit”；在“Input Data”栏中选择“Add all plots in active page”。设置好“Settings”标签的【NLFit】窗口如图 14-122 所示。

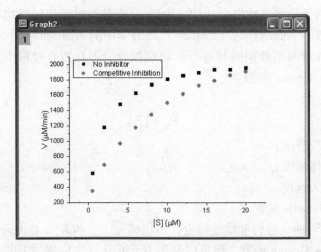

图 14-121　选中工作表中 B(Y)和 C(Y)绘制散点图

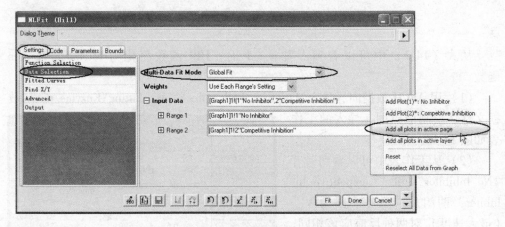

图 14-122　设置好"Settings"标签的【NLFit】窗口

（6）在"Parameters"选项卡中选择"Vmax"为全局拟合参数（Share），将 n 设置为固定值 1。设置好"Parameters"标签的【NLFit】窗口如图 14-123 所示。

（7）单击"Fit"按钮，完成拟合，得到拟合曲线和拟合参数。拟合曲线和拟合参数如图 14-124 所示。

从拟合结果得知，拟合得出的共享参数 $V_{max} = 2160\mu M$，而 K_m 参数对"No Inhibitor"和"Competitive Inhibitor"两组反应数据的拟合结果分别为 $1.78\mu M$ 和 $4.18\mu M$。拟合得到的函数关系式为

$$y = 2162 \frac{x}{1.78 + x} \tag{14-3}$$

$$y = 2162 \frac{x}{4.18 + x} \tag{14-4}$$

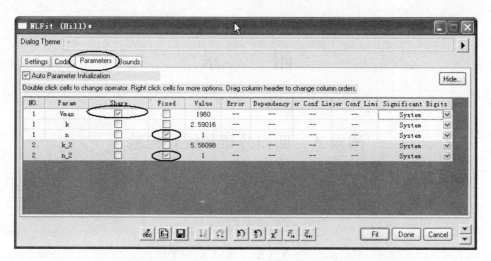

图 14-123 设置好 "Parameters" 标签的【NLFit】窗口

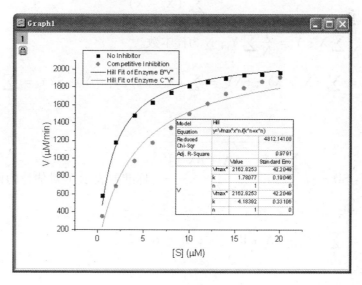

图 14-124 拟合曲线和拟合参数

附　　录

附录 A　回归分析和统计检验

1. 线性拟合

（1）有截距项线性拟合

$$Y_i = A + BX_i$$

被估系数：$A = \overline{Y} - B\overline{X}$；$B = \dfrac{\sum\limits_i^N (X_i - \overline{X})(Y_i - \overline{Y})}{\sum\limits_i^N (X_i - \overline{X})^2}$

式中，$\overline{X} = \dfrac{1}{N}\sum\limits_i^N X_i$；$\overline{Y} = \dfrac{1}{N}\sum\limits_i^N Y_i$；N 为样本数。

令 $SXX = \sum\limits_i^N (X_i - \overline{X})^2$；$SXY = \sum\limits_i^N (X_i - \overline{X})(Y_i - \overline{Y})$；$SYY = \sum\limits_i^N (Y_i - \overline{Y})^2$

则 $B = \dfrac{SXY}{SXX}$

标准差：$SD = \sqrt{\dfrac{\sum\limits_i^N [Y_i - (A + BX_i)]^2}{N - 2}}$（标准差表示 Y 对估计的回归线的离

差标准差）。

令 $RSS = \sum\limits_i^N [Y_i - (A + BX_i)]^2$；$df = N - 2$

则 $SD = \sqrt{\dfrac{RSS}{df}}$

抽样标准差：$SE(B) = \dfrac{SD}{\sqrt{SXX}}$；$SE(A) = SD\sqrt{\left(\dfrac{1}{wTotal} + \dfrac{\overline{X}^2}{SXX}\right)}$

式中，wTotal 为权重总和。

置信度为 α 的 Y 均值的置信区间：

$$Y = A + Bx \pm t(\alpha/2, N - 2)SD\sqrt{\dfrac{1}{wTotal} + \dfrac{(X - \overline{X})^2}{SXX}}$$

决定系数：$R - Square = 1 - \dfrac{RSS}{SYY}$

校正 R^2：$R^2_{adj} = 1 - [1 - R - Square] \dfrac{N-1}{df}$

有截距项直线方差分析（ANOVA）见表 A-1。

表 A-1　有截距项直线方差分析（ANOVA）

项　目	自由度	平方和（SS）	均方（MS）	F 值
回归（Regression）	1	SSreg = SYY – RSS	MSreg = SSreg/1	MSreg/MSE
残差（Residual）	N – 2	RSS	MSE = RSS/（N – 2）	
总计（Total）	N – 1	SYY		

注：F 值服从于 F(1，N–2) 分布。

（2）过原点直线拟合

$$Y_i = BX_i$$

被估系数：$B = \dfrac{\sum\limits_{i}^{N} X_i Y_i}{\sum\limits_{i}^{N} X_i^2}$

令 $sxy = \sum\limits_{i}^{N} X_i Y_i$；$sxx = \sum\limits_{i}^{N} X_i^2$

标准差：$SE(B) = \dfrac{SD}{\sqrt{sxx}}$

估计的标准差：表示 Y 对估计的回归线的离差标准差。

则 $SD = \sqrt{\dfrac{RSS}{df}}$；$df = N - 1$

置信度为 α 的 Y 均值的置信区间：$Y = Bx \pm t(\alpha/2, N-2) SD \sqrt{\dfrac{X^2}{sxx}}$

决定系数：$R - Square = 1 - \dfrac{RSS}{SYY}$

校正 R^2：$R^2_{adj} = 1 - [1 - R\text{-}Square] \dfrac{N-1}{df}$

过原点直线方差分析（ANOVA）见表 A-2。

表 A-2　过原点直线方差分析（ANOVA）

项　目	自由度	平方和（SS）	均方（MS）	F 值
回归（Regression）	1	SSreg = SYY – RSS	MSreg = SSreg/1	MSreg/MSE
残差（Residual）	N – 1	RSS	MSE = RSS/（N – 1）	
总计（Total）	N	SYY		

注：F 值服从于 F(1，N–1) 分布。

2. 多项式回归

$$Y = A + B_1 X + B_2 X^2 + \cdots + B_k X^k$$

残差：$res_i = Y_i - (A + B_1 X + B_2 X^2 + \cdots + B_k X^k) \sim N(0, \sigma_i^2)$

构造 χ^2 分布：$\chi^2 = \sum_{i=1}^{N} \frac{res_i^2}{\sigma_i^2} = \sum_{i=1}^{N} w_i res_i^2$。$w_i$ 为权重，Origin 中采用相等权重，即取 $\sigma_i = 1$。

各系数 $b[i]$ 的最大可能估计值由 χ^2 取最小值时取得。

被估系数：$b = [\tilde{A}A]^{-1}\tilde{A}Y$

式中，$\tilde{A}$ 为 A 矩阵的转置；$[\tilde{A}A]^{-1}$ 为矩阵 A 和该矩阵的转置矩阵之积的逆。

$$b = \begin{bmatrix} A \\ B_1 \\ \vdots \\ B_k \end{bmatrix} \quad A = \begin{bmatrix} \dfrac{1}{\sigma_1} & \cdots & \dfrac{X_1^k}{\sigma_1} \\ \vdots & & \vdots \\ \dfrac{1}{\sigma_N} & \cdots & \dfrac{X_N^k}{\sigma_N} \end{bmatrix} \quad Y = \begin{bmatrix} \dfrac{Y_1}{\sigma_1} \\ \vdots \\ \dfrac{Y_N}{\sigma_N} \end{bmatrix}$$

估计的标准误：表示 Y 对估计的回归线的离差标准差。

则 $SD = \sqrt{\dfrac{RSS}{df}}$；$df = N - (k+1)$

其中残差平方和：$RSS = \sum_{i}^{N} w_i [y_i - \hat{y}]^2$

多项式回归方差分析（ANOVA）见表 A-3。

表 A-3　多项式回归方差分析（ANOVA）

项 目	自 由 度	平方和（SS）	均方（MS）	F 值
回归（Regression）	k	SSreg = SYY − RSS	MSreg = SSreg/k	MSreg/MSE
残差（Residual）	N − (k+1)	RSS	MSE = RSS/(N − k − 1)	
总计（Total）	N − 1	SYY		

注：F 值服从于 F(k, df) 分布。

3. 多元回归

$$Y = A + B_1 X_1 + B_2 X_2 + \cdots + B_k X_k$$

残差：$res_i = y_i - (A + B_1 X_{1i} + B_2 X_{2i} + \cdots + B_k X_{ki}) \sim N(0, \sigma^2)$

构造 χ^2 分布：$\chi^2 = \sum\limits_{i}^{N} \text{res}_i^2$，各系数 $b[i]$ 的最大可能估计值由 χ^2 取最小值时取得。

被估系数：$b = [\tilde{A}A]^{-1}\tilde{A}Y$

$$b = \begin{bmatrix} A \\ B_1 \\ \vdots \\ B_k \end{bmatrix} \quad A = \begin{bmatrix} 1 & X_{11} & \cdots & X_{k1} \\ \vdots & & & \vdots \\ 1 & X_{n1} & \cdots & X_{kN} \end{bmatrix} \quad Y = \begin{bmatrix} Y_1 \\ \vdots \\ Y_N \end{bmatrix}$$

估计标准差：$\text{Root} - \text{MSE} = \text{SD} = \sqrt{\dfrac{\text{RSS}}{\text{df}}}$（表示 Y 对估计的回归线的离差标准差）

式中，$\text{df} = N - (k+1)$。

决定系数：$\text{R} - \text{Square} = 1 - \dfrac{\text{RSS}}{\text{SYY}}$（表示拟合优度）

校正 R^2：$R_{adj}^2 = 1 - [1 - \text{R} - \text{Square}]\dfrac{N-1}{\text{df}}$（用于比较两个不同个数 X 变量模型拟合度）

多元回归方差分析（ANOVA）见表 A-4。

表 A-4　多元回归方差分析（ANOVA）

项　目	自由度	平方和（SS）	均方（MS）	F 值
回归（Regression）	k	SSreg = SYY – RSS	MSreg = SSreg/1	MSreg/MSE
残差（Residual）	N – (k+1)	RSS	MSE = RSS/(N – k – 1)	
总计（Total）	N – 1	SYY		

注：F 值服从于 F(k, df) 分布。

4. 基本统计量

方差：各单位标志值与其平均数的离差平方和的平均数，样本方差用 Ver 表示。$\text{Ver} = \dfrac{1}{N-1}\sum\limits_{i}^{N}(X_i - \overline{X})^2$，其中 N 为样本大小，$\overline{X}$ 为样本的平均值。

标准差：方差的算术平方根，用 SD 表示。$\text{SD} = \sqrt{\text{Ver}}$。

抽样标准差：反映在重复抽样的情况下，样本的平均值 $\overline{X}$ 与总体平均数的平均误差程度，用 SE 表示。$\text{SE} = \dfrac{\text{SD}}{\sqrt{N}}$。

5. 正态性检验

正态性检验用于检验某个样本的数值是否呈正态分布，它为 t 检验等其他统计检验的基础，正态性检验统计量为 W，在 Origin 中正态性检验要求样本大小在 3 ~ 2 000 之间。

$$W = \frac{\left(\sum_{i}^{N} A_i X_i \right)^2}{\left(\sum_{i}^{N} X_i - \overline{X} \right)^2}$$

式中，A_i 为权重。

6. 假设检验

假设检验是为判断总体的某些性质，提出关于总体的各种假设，再根据样本提供的信息，对所提出的假设做出判断的一种统计推断方式。假设检验公式归纳于表 A-5。

表 A-5　假设检验公式归纳表

	原假设 H_0	备择假设 H_1	检验统计量	H_0 为真时统计量分布	拒绝域
单总体 t 检验	$\mu = \mu_0$ $\mu \leq \mu_0$ $\mu \geq \mu_0$	$\mu \neq \mu_0$ $\mu > \mu_0$ $\mu < \mu_0$	$t = \dfrac{(\overline{X} - \mu_0)}{SD / \sqrt{N}}$	$t(N-1)$	$\|t\| > t_{\alpha/2}(N-1)$ $t > t_\alpha(N-1)$ $t < -t_\alpha(N-1)$
两个独立总体的 t 检验	$\mu_1 - \mu_2 = d_0$ $\mu_1 - \mu_2 \leq d_0$ $\mu_1 - \mu_2 \geq d_0$	$\mu_1 - \mu_2 \neq d_0$ $\mu_1 - \mu_2 > d_0$ $\mu_1 - \mu_2 < d_0$	$t = \dfrac{(\overline{X}_1 - \overline{X}_2 - d_0)}{\sqrt{S^2 \left(\dfrac{1}{N_1} + \dfrac{1}{N_2} \right)}}$ $S^2 = \dfrac{(N_1-1)S_1^2 + (N_2-1)S_2^2}{(N_1+N_2-2)}$ $S_i = \sum_{j}^{N_i} \dfrac{X_{ij} - \overline{X}_i}{N_i - 1}$	$t(N_1+N_2-2)$	$\|t\| > t_{\alpha/2}(N_1+N_2-2)$ $t > t_\alpha(N_1+N_2-2)$ $t < -t_\alpha(N_1+N_2-2)$
两个关联总体的 t 检验	$D = X_{1j} - X_{2j}$ $\mu_D = d_0$	$\mu_D \neq d_0$	$t = \left(\dfrac{\overline{D} - d_0}{S_D} \right)$ $\overline{D} = \dfrac{1}{N} \sum_{j}^{N} D_j$ $S_D = \sqrt{\dfrac{1}{N-1} \sum_{j}^{N} (D_j - \overline{D})^2}$	$t(N-1)$	$\|t\| > t_{\alpha/2}(N-1)$

注：d_0 为两个样本的平均值差；S，S_1，S_2 分别为总的样本方差和两个样本的样本方差。

附录 B　Origin 9.1 工具栏一览表

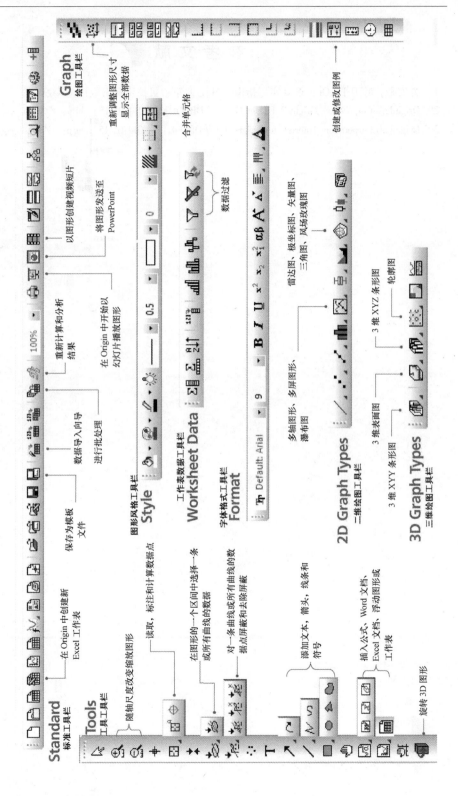

Standard 标准工具栏

Tools 工具工具栏

在 Origin 中创建新 Excel 工作表

保存为模板文件

随轴尺度改变缩放图形

读取、标注计算数据点

在图形的一个区间中选择一条或所有曲线的数据

对一条曲线或所有曲线的数据点屏蔽和去除屏蔽

添加文本、箭头、线条和符号

插入公式、Word 文档、Excel 文档、浮动图形或工作表

旋转 3D 图形

数据导入向导

进行批处理

重新计算和分析结果

以图形创建视频短片

将图形发送至 PowerPoint

在 Origin 中开始以幻灯片播放图形

Graph 绘图工具栏

重新调整图形尺寸

显示全部数据

Style 图形风格工具栏

合并单元格

Worksheet Data 工作表数据工具栏

数据过滤

Format 字体格式工具栏

创建或修改图例

Tr Default: Arial

多轴图形、多屏图形、瀑布图

雷达图、极坐标图、矢量图、三角图、风场玫瑰图

2D Graph Types 二维绘图工具栏

3 维表面图

3 维 XYY 条形图

3 维 XYZ 条形图

轮廓图

3D Graph Types 三维绘图工具栏

参 考 文 献

［1］方安平，叶卫平.Origin8.0 实用指南［M］.北京：机械工业出版社，2009.

［2］OriginLab Corporation. Origin 9.1 User Guide ［DB/OL］.［2014-05-15］. http：//www.originlab.com.

［3］OriginLab Corporation. Tutorials for Origin 9.1 ［DB/OL］.［2014-05-15］. http：//www.originlab.com.